2008 年度普通高等教育精品教材
普通高等教育“十一五”国家级规划教材
全国高等职业教育规划教材

变频技术原理与应用

第 2 版

吕　汀　石红梅　编
梁　栋　姚锡禄　审

机 械 工 业 出 版 社

本教材主要介绍变频技术的基本概念，电力电子器件的特性，交-直-交变频技术，脉宽调制技术，交-交变频技术，变频器的选用和安装调试，变频技术的综合应用等。内容系统、简洁，图文并茂，实用性较强。

本教材可供高职高专院校和中等职业技术学校的自动控制、机电一体化等专业的学生使用，也可供机电一体化及电气技术人员参考。

图书在版编目（CIP）数据

变频技术原理与应用/吕汀，石红梅编. —2版. —北京：机械工业出版社，2007.6（2014.7重印）

普通高等教育“十一五”国家级规划教材．全国高等职业教育规划教材

ISBN 978-7-111-11364-5

Ⅰ.变… Ⅱ.①吕…②石… Ⅲ.变频调速-高等学校：技术学校-教材 Ⅳ.TM921.51

中国版本图书馆CIP数据核字（2007）第078779号

机械工业出版社（北京市百万庄大街22号 邮政编码100037）

责任编辑：刘闻雨 版式设计：张世琴 责任校对：张晓蓉

责任印制：刘 岚

北京京丰印刷厂印刷

2014年7月第2版·第9次印刷

184mm×260mm·15.25印张·374千字

51 001—55 000册

标准书号：ISBN 978-7-111-11364-5

定价：29.00元

凡购本书，如有缺页、倒页、脱页，由本社发行部调换

电话服务

社服务中心：（010）88361066

销售一部：（010）68326294

销售二部：（010）88379649

读者购书热线：（010）88379203

网络服务

门户网：http：//www.cmpbook.com

教材网：http：//www.cmpedu.com

封面无防伪标均为盗版

全国高等职业教育规划教材
机电类专业编委会成员名单

出版说明

根据《教育部关于以就业为导向深化高等职业教育改革的若干意见》中提出的高等职业院校必须把培养学生动手能力、实践能力和可持续发展能力放在突出的地位，促进学生技能的培养，以及教材内容要紧密结合生产实际，并注意及时跟踪先进技术的发展等指导精神，机械工业出版社组织全国近60所高等职业院校的骨干教师对在2001年出版的“面向21世纪高职高专系列教材”进行了全面的修订和增补，并更名为“全国高等职业教育规划教材”。

本系列教材是由高职高专计算机专业、电子技术专业和机电专业教材编委会分别会同各高职高专院校的一线骨干教师，针对相关专业的课程设置，融合教学中的实践经验，同时吸收高等职业教育改革的成果而编写完成的，具有“定位准确、注重能力、内容创新、结构合理和叙述通俗”的编写特色。在几年的教学实践中，本系列教材获得了较高的评价，并有多个品种被评为普通高等教育“十一五”国家级规划教材。在修订和增补过程中，除了保持原有特色外，针对课程的不同性质采取了不同的优化措施。其中，核心基础课的教材在保持扎实的理论基础的同时，增加实训和习题；实践性较强的课程强调理论与实训紧密结合；涉及实用技术的课程则在教材中引入了最新的知识、技术、工艺和方法。同时，根据实际教学的需要对部分课程进行了整合。

归纳起来，本系列教材具有以下特点：

（1）围绕培养学生的职业技能这条主线来设计教材的结构、内容和形式。

（2）合理安排基础知识和实践知识的比例。基础知识以“必需、够用”为度，强调专业技术应用能力的训练，适当增加实训环节。

（3）符合高职学生的学习特点和认知规律。对基本理论和方法的论述要容易理解、清晰简洁，多用图表来表达信息；增加相关技术在生产中的应用实例，引导学生主动学习。

（4）教材内容紧随技术和经济的发展而更新，及时将新知识、新技术、新工艺和新案例等引入教材。同时注重吸收最新的教学理念，并积极支持新专业的教材建设。

（5）注重立体化教材建设。通过主教材、电子教案、配套素材光盘、实训指导和习题及解答等教学资源的有机结合，提高教学服务水平，为高素质技能型人才的培养创造良好的条件。

由于我国高等职业教育改革和发展的速度很快，加之我们的水平和经验有限，因此在教材的编写和出版过程中难免出现问题和错误。我们恳请使用这套教材的师生及时向我们反馈质量信息，以利于我们今后不断提高教材的出版质量，为广大师生提供更多、更适用的教材。

机械工业出版社

前　言

伴随着电力电子技术、微电子技术及现代控制理论的发展，变频技术已广泛应用于各个领域，并正在日新月异地发展着。已从最初的整流、交直流可调电源等发展到直流输电、不同频率电网系统的连接、静止无功功率补偿和谐波吸收、超导电抗器的电力储存、高频输电。在运输及产业行业正在以交流电动机调速逐步代替直流电动机调速，并应用到超导磁悬浮列车、高速铁路、电动汽车、产业用机器人；在家用电器方面有变频空调、变频洗衣机、变频电动自行车等；军事方面则有通信、导航、雷达、宇宙设备的小型轻量化电源等。

本书是在第1版的基础上进行修订的，是对第1版教材的总结和完善，书中删减了部分内容，增加了新的内容，并对部分章节进行了调整，使之更加系统化。

本书共分两大部分：第一部分（第1~5章）主要介绍变频技术概念、电力电子器件、交—直—交变频技术、脉宽调制技术、交—交变频技术等；第二部分（第6~8章）主要介绍变频器的选择和容量计算、变频器的安装调试以及变频技术在一些领域的应用等。推荐学时为60~70学时（带*号的章节为选学内容）。

本书第1、6、7、8章由吕汀编写，第2、3、4、5章由石红梅编写，吕汀统稿，梁栋、姚锡禄审稿。

限于作者水平与经验，书中疏漏与错误之处，请读者批评指正。

编　者

目　录

第1章　概　　述

本章要点

- 变频技术的概念
- 变频技术的主要类型
- 变频技术的发展

1.1　变频技术

变频技术，简单地说就是把直流电逆变成不同频率的交流电，或是把交流电变成直流电再逆变成不同频率的交流电，或是把直流电变成交流电再把交流电变成直流电。在这些变化过程中，一般只是频率发生变化。

变频技术是能够将电信号的频率，按照对具体电路的要求而进行变换的应用型技术。其主要类型有以下几种：

1）交—直变频技术（即整流技术）。它通过二极管整流、二极管续流或晶闸管、功率晶体管可控整流而实现交—直流转换。这种转换多属于工频整流。

2）直—直变频技术（即斩波技术）。它通过改变功率半导体器件的通断时间，即改变脉冲的频率（定宽变频），或改变脉冲的宽度（定频调宽），从而达到调节直流平均电压的目的。

3）直—交变频技术，电子学中称振荡技术，电力电子学中称逆变技术。振荡器利用电子放大器件将直流电变成不同频率的交流电（甚至电磁波）。逆变器则利用功率开关将直流电变成不同频率的交流电。

4）交—交变频技术（即移相技术）。它通过控制功率半导体器件的导通与关断时间，实现交流无触点开关、调压、调光、调速等目的。

表1-1为变频技术的类型表。

表1-1　变频技术的类型表

输出＼输入	交　流	直　流
直流	整流	斩波
交流	移相	振荡/逆变

现在人们一说起变频技术，往往首先想到的是变频调速技术。其实这只是变频技术的一个重要应用领域。它是将工频交流电通过不同的技术手段变换成不同频率的交流电，主要应用在控制交流异步电动机的拖动系统中，可产生巨大的节能效果和使自动化程度大大地提高。实际上变频技术应用的范围是非常广的。

变频技术随着微电子学、电力电子技术、电子计算机技术、自动控制理论等的不断发展而发展，现已进入了一个崭新的时代，其应用也越来越普及。从起初的整流、交直流可调电源等已发展至高压直流输电、不同频率电网系统的连接、静止无功功率补偿和谐波吸收、超导电抗器的电力储存等。在运输、石油、家用电器、军事等领域得到了广泛的应用。如超导磁悬浮列车、高速铁路、电动汽车、机器人；采油的调速、超声波驱油；变频空调、变频洗衣机、变频微波炉、变频电冰箱；军事通信、导航、雷达、宇航设备的小型化电源等。

1.2 变频技术的发展

变频技术的发展，主要以电力电子器件的发展为基础。第一代以晶闸管为代表的电力电子器件出现于20世纪50年代。1956年贝尔实验室发明了晶闸管，1958年通用电气公司推出商品化产品。晶闸管主要用于电流控制型开关器件，以小电流控制大功率的变换，但其开关频率低，只能导通而不能自关断。

第二代电力电子器件以功率晶体管（GTR）和门极关断（GTO）晶闸管为代表，在20世纪60年代发展起来。它是一种电流型自关断的电力电子器件，可方便地实现变频、逆变和斩波，其开关频率只有1～5kHz。

第三代电力电子器件以绝缘栅双极型晶体管（IGBT）和功率场效应晶体管（MOSFET）为代表，在20世纪70年代开始应用。它是一种电压（场控）型自关断的电力电子器件，具有在任意时刻用基极（栅极、门极）信号控制导通和关断的功能。其开关频率达到了20kHz甚至200kHz以上，为电气设备的高频化、高效化、小型化创造了条件。

第四代电力电子器件，有出现于20世纪80年代末的智能化功率集成电路（PIC）和20世纪90年代的智能功率模块（IPM）、集成门极换流晶闸管（IGCT）。它们实现了开关频率的高速化、低导通电压的高性能化及功率集成电路的大规模化，包括了逻辑控制、功率传递、保护、传感及测量等电路功能。

图1-1所示为电力电子器件“树”。图1-2所示为各种电力电子器件的外形图。

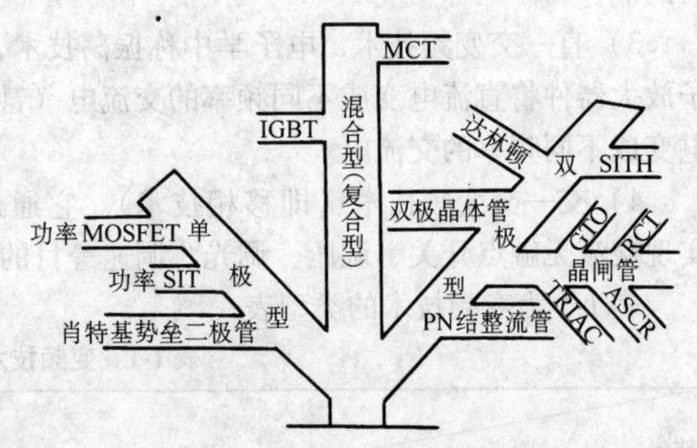

图1-1 电力电子器件“树”

经过40多年的发展，电力电子技术已成为一门多学科的边缘技术，它包含交流电路、电力电子器件、计算机辅助设计、模拟电子学和数字电子学、微型计算机、控制理论、超小规模集成电路、高频技术和电磁兼容等。

电力电子技术的发展方向是：高电压大容量化、高频化、组件模块化、小型化、智能化和低成本化。应用的技术有：脉宽调制（PWM）、滑模控制、非线性变换、功能控制及交流电动机矢量控制、直接转矩控制、模糊控制和自适应控制等。

随着电力电子技术的发展，变频技术的发展方向是：

1）交流变频向直流变频方向转化。直流变频是指以数字转换电路代替交流变频中的交流转换电路，使负载电动机始终处于最佳运行状态。直流变频摒弃了交流变频技术的交流—直流—交流—变转速方式的交流电动机的循环工作方式，采用先进的交流—直流—变转速方

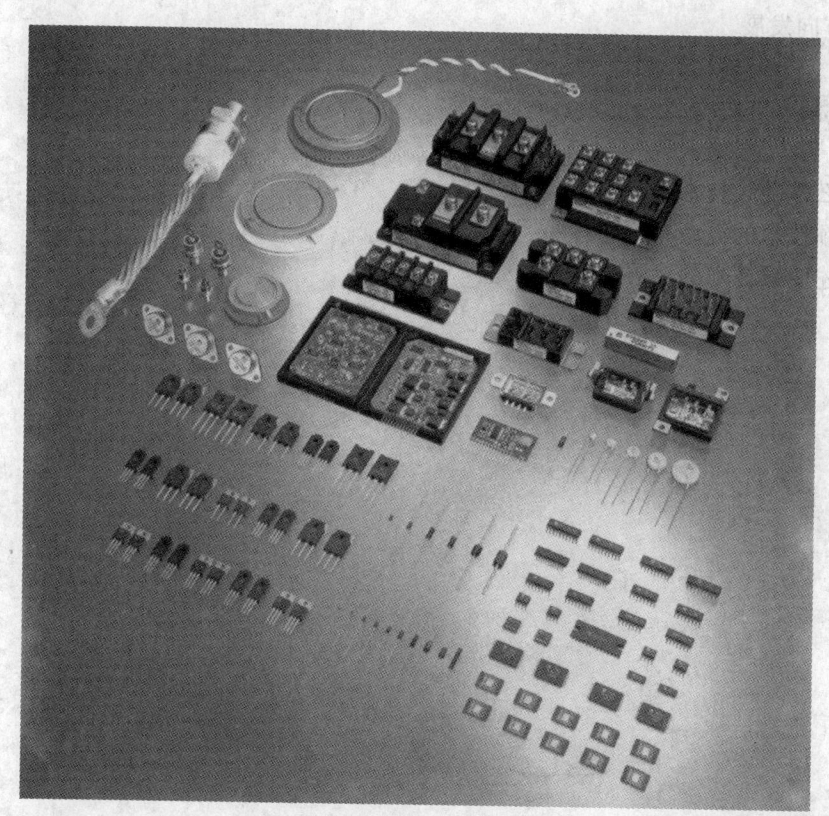

图 1-2　电力电子器件

式的数字电动机的控制技术，无逆变环节，因而减少电流在工作中的转变次数，使电能转化效率大大提高，能够实现精确控制及平稳高效的运转。同时，避免了交流变频电动机电磁噪声较大的缺点，噪声更低。

2）功率器件向高集成智能功率模块发展。虽然单个功率器件的效率越来越高，控制简化，但电的复杂性给生产和测试带来不便。智能功率模块（IPM）是将功率器件的配置、散热乃至驱动问题在模块中解决，因而易于使用，可靠性高。以变频空调为例，我国的变频空调几乎 100% 采用 IPM 方式。

3）缩小装置的尺寸。紧凑型变频器要求功率和控制元件具有高的集成度，其中包括智能化的功率模块、紧凑型的光耦合器、高频率的开关电源，以及采用新型电工材料制造的小体积变压器、电抗器和电容器。功率器件冷却方式的改变（如水冷、蒸发冷却和热管）对缩小装置的尺寸也很有效。

4）高速度的数字控制。以 32 位高速微处理器为基础的数字控制模块有足够的能力实现各种控制算法，Windows 操作系统的引入使得软件设计更便捷。图形编程的控制技术也有很大的发展。

5）模拟器与计算机辅助设计（CAD）技术。电机模拟器、负载模拟器以及各种 CAD 软件的应用，对变频技术的应用、变频器的设计和测试提供了强有力的支持。

总之，变频技术的发展趋势，是朝着高度集成化、高频化、模块化、采用表面安装技术、转矩控制高性能化、保护功能健全、操作简便化、驱动低噪声化、高可靠性、低成本和小型化的方向发展。

1.3 习题

1. 什么是变频技术?
2. 变频技术的类型有哪几种?
3. 简述变频技术的发展趋势。

第2章 电力电子器件

本章要点

- 晶闸管的特性参数及保护
- 门极关断晶闸管的特性参数
- 功率晶体管的特性参数及驱动电路
- MOS 器件的特性参数及保护
- 绝缘栅双极型晶体管的特性参数、驱动电路及其保护
- 集成门极换流晶闸管和功率集成电路简介

电力电子器件是电力电子技术的物质基础和技术关键，也是变频技术发展的“龙头”。可以说，电力电子技术起步于晶闸管，普及于功率晶体管 GTR，提高于绝缘栅双极型晶体管 IGBT。新型电力电子器件的涌现与发展，促进了电力电子电路的结构、控制方式、装置性能的提高。本章从应用的角度出发，对电力电子器件的种类、性能及应用等加以介绍。

2.1 半控型电力电子器件

半控型电力电子器件主要是指晶体闸流管（简称晶闸管）。“半控”的含义是指晶闸管可以被控制导通，而不能用门极控制关断。由于晶闸管耐压高、电流大、抗冲击能力强，所以即使全控型电力电子器件在飞速地发展，它仍具有很强的生命力。

2.1.1 晶闸管的特性及参数

1. 晶闸管的特性

晶闸管（Thyristor）㊀是最早开发的电力电子器件。它相当于一个可以控制接通的导电开关。从使用的角度来说，最关心的问题是它的特性。

（1）晶闸管的伏安特性

晶闸管的结构如图 2-1 所示。晶闸管有三个引线端子：阳极 A（anode）、阴极 K（cathode）和门极 G（gate），有三个 PN 结。晶闸管阳极与阴极间的电压和它的阳极电流之间的关系，称为晶闸管的伏安特性，如图 2-2 所示。位于第Ⅰ象限的是正向特性，位于第Ⅲ象限的是反向特性。

当门极电流 $I_G=0$ 时，如果在晶闸管两端施加正向电压，则 J_2 结处于反偏，晶闸管处于正向阻断状态，只流过很小的正向漏电流。如果正向电压超过临界极限即正向转折电压 U_{bo} 时，则漏电流急剧增大，晶闸管导通。随着门极电流幅值的增大，正向转折电压降低。导通

㊀ 普通晶闸管（Thyristor）曾称为硅可控整流器（SCR，简称可控硅），但为方便起见，往往仍沿用 SCR 表示普通晶闸管。

后晶闸管特性和二极管的正向特性相仿，即使通过较大的阳极电流，晶闸管本身的压降仍很小。导通期间，如果门极电流为零，并且阳极电流降到维持电流 I_H 以下，则晶闸管又回到正向阻断状态。当在晶闸管上施加反向电压时，晶闸管的 J_1、J_3 结呈现反偏状态，这时伏安特性类似二极管的反向特性。晶闸管处于反向阻断状态时，只有极小的反向漏电流流过，当反向电压超过反向击穿电压后，反向漏电流便急剧增大，导致晶闸管反向击穿而损坏。

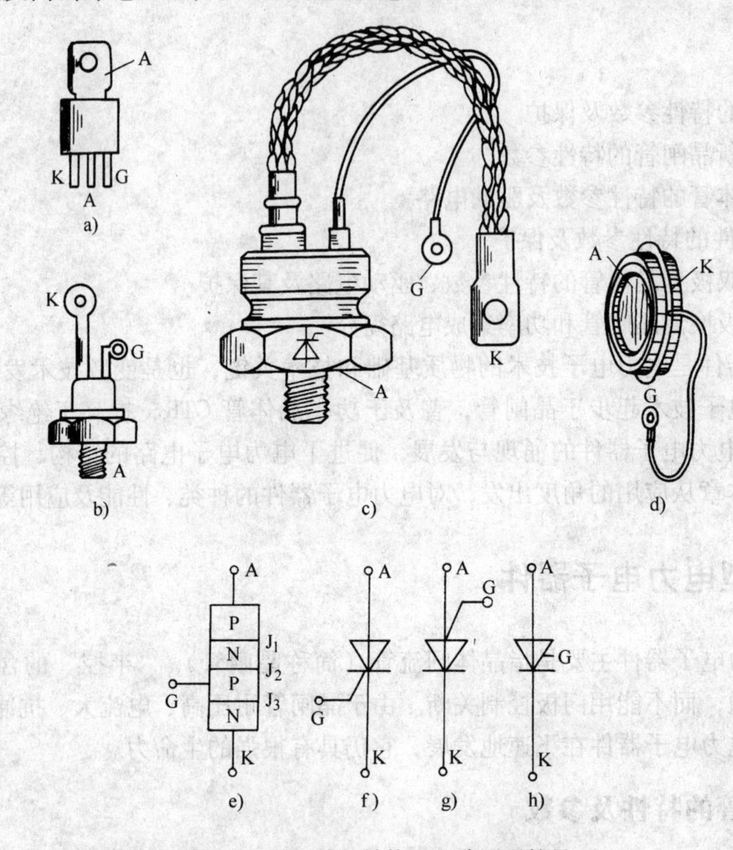

图 2-1　晶闸管的结构及电路图形符号

a）小电流塑封式　b）小电流螺旋式　c）大电流螺旋式　d）大电流平板式　e）内部结构　f）P 型门极、阴极侧受控电路图形符号　g）N 型门极、阳极侧受控电路图形符号　h）晶闸管电路图形符号

（2）晶闸管的门极伏安特性

在给晶闸管施加正向阳极电压的情况下，若再给门极加入适当的控制信号，可使晶闸管由阻断变为导通。

晶闸管的门极和阴极之间是一个 PN 结 J_3，它的伏安特性称为门极伏安特性。实际产品的门极伏安特性分散性很大，为了应用方便，常以一条典型的极限高阻门极伏安特性和一条极限低阻门极伏安特性之间的区域来代表，称之为门极伏安特性区域。图 2-3 示出 500A 晶闸管门极伏安特性区域（右边图为放大图），图中各符号的名称和数值见表 2-1。曲线 *OD* 和 *OG* 分别为极限低阻和极限高阻伏安特性。放大图中的 *OHIJO* 的范围称为不触发区，任何合格器件在额定结温（PN 结温度）时，其门极信号在此区域中都不会被触发。*OABCO* 的范围称为不可靠触发区，在室温下，此区域内有些器件被触发，而对于触发电流或电压较高的器件来说，触发是不可靠的。图中 *ADEFGCBA* 称为可靠触发区，对于正常使用的器件，其门极触发电流和电压都应该处于这个区域内。当给门极加上一定的功率后，会引起门极附近发热，当加入过大功率时，会使晶闸管整个结温上升，直接影响晶闸管的正常工作，甚至会使门极烧坏。所以施加于门极上的电压、电流和功率是有一定的限制的（见表 2-1）。可靠触发区就是由门极正向峰值电流 I_{FGM}、正向峰值电压 U_{FGM} 和允许的最大瞬时功率 P_{GM} 划定的区域。此外，门极的平均功率损耗不应超过规定的平均功率 $P_{G(AV)}$，如图 2-3 中的曲线 *KL* 所示。

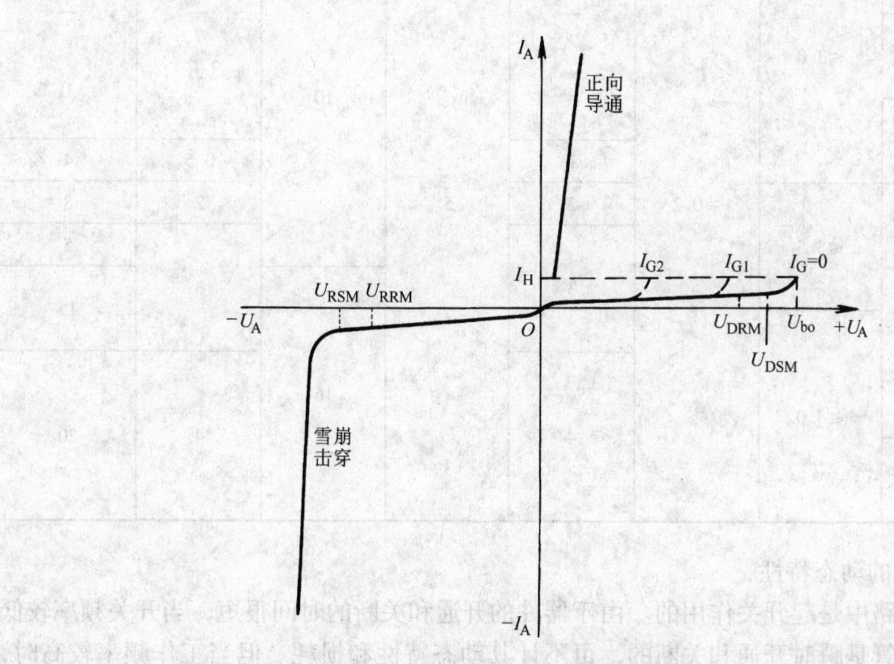

图 2-2　晶闸管的伏安特性

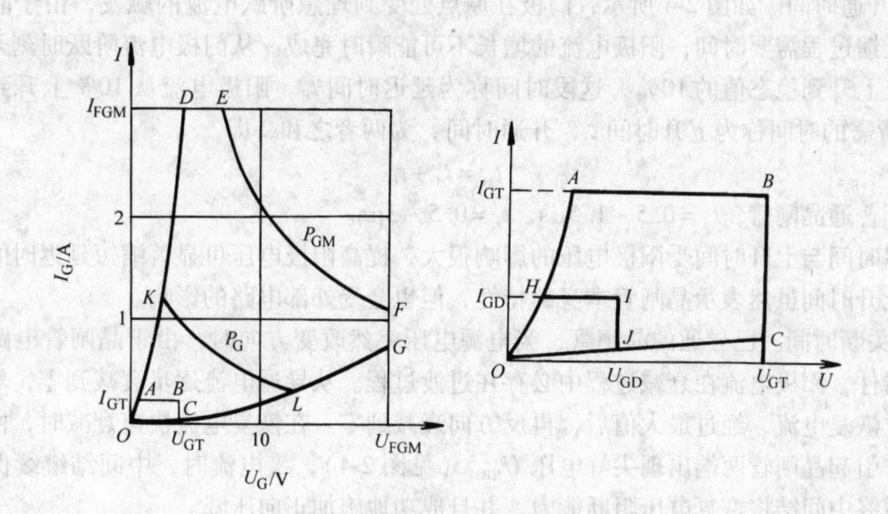

图 2-3　500A 晶闸管的门极伏安特性

表 2-1　晶闸管的门限参数

<table>
<tr><th>通态平均电流 $I_{T(AV)}$/A</th><th>门极触发电流 I_{GT}/mA</th><th>门极触发电压 U_{GT}/V</th><th>门极不触发电压 U_{GD}/V</th><th>门极正向峰值电流 I_{FGM}/A</th><th>门极反向峰值电压 U_{RGM}/V</th><th>门极正向峰值电压 U_{FGM}/V</th><th>门极平均功率 $P_{G(AV)}$/W</th><th>门极峰值功率 P_{GM}/W</th></tr>
<tr><td>1</td><td>≤20</td><td>≤2.5</td><td rowspan="15">≥0.2</td><td rowspan="6">—</td><td rowspan="15">5</td><td>6</td><td rowspan="6">—</td><td rowspan="6">—</td></tr>
<tr><td>3</td><td rowspan="2">≤60</td><td rowspan="6">≤3.0</td><td rowspan="8">10</td></tr>
<tr><td>5</td></tr>
<tr><td>10</td><td rowspan="2">≤100</td></tr>
<tr><td>20</td></tr>
<tr><td>30</td><td>≤150</td></tr>
<tr><td>50</td><td>≤200</td><td>1</td><td>0.5</td><td>4</td></tr>
<tr><td>100</td><td rowspan="2">≤250</td><td rowspan="3">≤3.5</td><td>2</td><td>2</td><td>8</td></tr>
<tr><td>200</td><td rowspan="3">3</td><td rowspan="3">3</td><td>5</td></tr>
<tr><td>300</td><td rowspan="4">≤350</td><td rowspan="6">16</td><td rowspan="2">15</td></tr>
<tr><td>400</td><td rowspan="5">≤4.0</td></tr>
<tr><td>500</td><td rowspan="4">4</td><td rowspan="4">4</td><td rowspan="4">20</td></tr>
<tr><td>600</td></tr>
<tr><td>800</td><td rowspan="2">≤450</td></tr>
<tr><td>1000</td></tr>
</table>

（3）晶闸管的动态特性

晶闸管在电路中是起开关作用的。由于器件的开通和关断的时间很短，当开关频率较低时，可假定晶闸管是瞬时开通和关断的，可不计其动态特性和损耗。但当工作频率较高时，因工作周期缩短，晶闸管的开通和关断的时间就不能忽略，动态损耗所占比例相对增大，并成为引起晶闸管发热的主要原因，在这种情况下必须考虑其动态特性和动态损耗。

1）开通时间。如图 2-4 所示，门极在原点处受到理想阶跃电流的触发，由于晶闸管内部的正反馈过程需要时间，阳极电流的增长不可能瞬时完成。从门极电流阶跃时刻开始，到阳极电流上升到稳态值的 10%，这段时间称为延迟时间 t_d。阳极电流从 10% 上升到稳态值的 90% 所需的时间称为上升时间 t_r，开通时间 t_{gt} 为两者之和，即

$$t_{gt} = t_d + t_r \tag{2-1}$$

对于普通晶闸管，$t_d = 0.5 \sim 1.5\mu s$，$t_r = 0.5 \sim 3\mu s$。

延迟时间与上升时间受阳极电压的影响很大，提高阳极电压可显著缩短延迟时间和上升时间。上升时间虽然表示晶闸管本身的特性，但也会受外部电路的影响。

2）关断时间。已导通的晶闸管，当电源电压突然改变方向时，由于晶闸管电路中总带有感性器件，阳极电流在衰减过程中必存在过渡过程。从导通电流逐步衰减到零，然后在反方向建立恢复电流，经过最大值后，再反方向衰减到零。在恢复电流快速衰减时，由于漏感的作用，引起晶闸管两端出现尖峰电压 U_{RRM}（见图 2-4），零电流时，中间结继续保持正向偏置，最终中间结将恢复电压阻断能力，并且成功地施加正向压降。

电源电压反向后，从正向电流降为零到能重新施加正向电压为止的时间间隔，称为晶闸

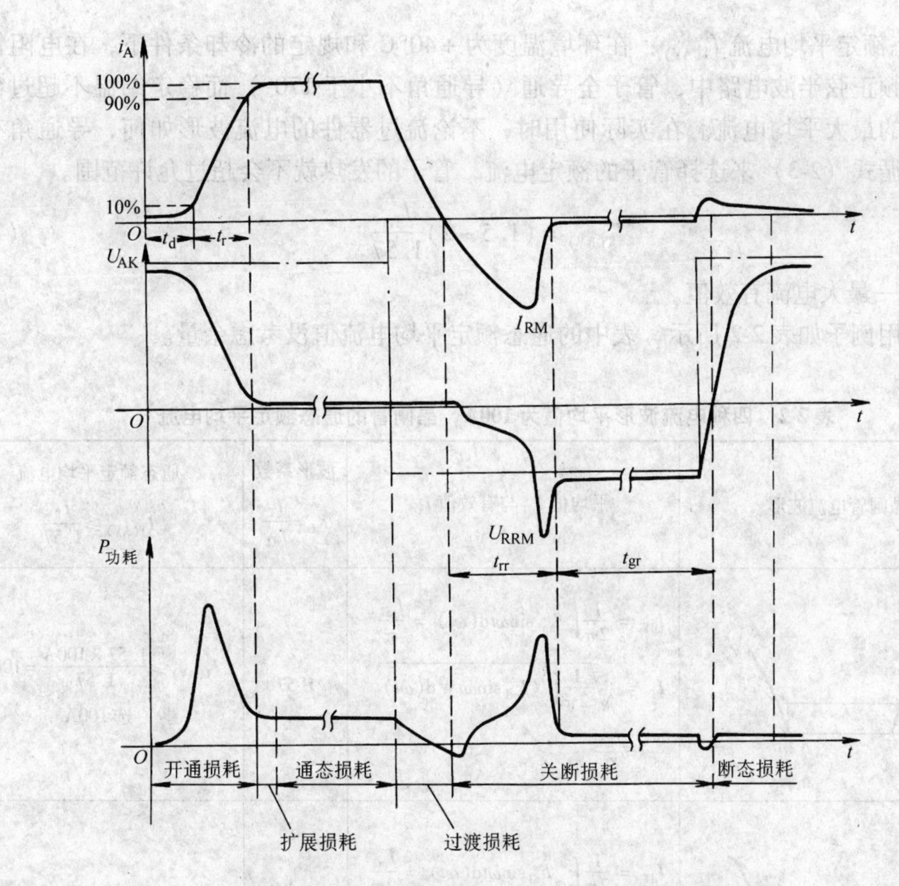

图 2-4　晶闸管的开通、关断过程及相应的损耗

管的电路换向关断时间 t_q，它由两部分组成：

$$t_q = t_{rr} + t_{gr} \tag{2-2}$$

式中　t_{rr}——反向阻断恢复时间，是电流反向的持续期；

t_{gr}——正向阻断恢复时间。

普通晶闸管的关断时间约为几百微秒，快速晶闸管的关断时间为几微秒至几十微秒。

2. 晶闸管的参数

晶闸管不能自关断，属半控型，在电路中起开关作用。由于其开通与关断的时间很短，为正常使用，必须认真研究其动态特性，定量地掌握其主要参数。

（1）晶闸管的电压定额

1）断态（正向）重复峰值电压 U_{DRM}：指当门极断路而晶闸管的结温为额定值时，允许重复加在器件上的正向峰值电压，如图 2-2 所示。重复频率为每秒 50 次，每次持续时间不大于 10ms。

2）反向重复峰值电压 U_{RRM}：指当门极断路而结温为额定值时，允许重复加在晶闸管上的反向峰值电压。重复频率为每秒 50 次，每次持续时间不大于 10ms。

3）通态（峰值）电压 U_{TM}：指当晶闸管通以 π 倍或规定倍数额定通态平均电流值时的瞬态峰值电压。

（2）晶闸管的电流定额

1）通态额定平均电流 $I_{T(AV)}$：在环境温度为 +40°C 和规定的冷却条件下，在电阻性负载的单相工频正弦半波电路中，管子全导通（导通角不小于 170°）而稳定结温不超过额定值时所允许的最大平均电流。在实际使用时，不论流过器件的电流波形如何，导通角有多大，只要遵循式（2-3）来选择管子的额定电流，管子的发热就不会超过允许范围。

$$I_{T(AV)} = (1.5 \sim 2)\frac{I_{Tm}}{1.57} \tag{2-3}$$

式中 I_{Tm}——最大电流有效值。

典型应用例子如表 2-2 所示，表中的通态额定平均电流值没考虑余量。

表 2-2 四种电流波形平均值为 100A，晶闸管的通态额定平均电流

流过晶闸管电流波形	平均值 I_{dT} 与有效值 I_T	波形系数 $K_f = \frac{I_T}{I_{dT}}$	通态额定平均电流 $I_{T(AV)} \geqslant \frac{I_T}{1.57}$
i, I_d, 0, π, 2π, ωt	$I_{dT} = \frac{1}{2\pi}\int_0^{\pi} I_{m1}\sin\omega t\,d(\omega t) = \frac{I_{m1}}{\pi}$ $I_T = \sqrt{\frac{1}{2\pi}\int_0^{\pi}(I_{m1}\sin\omega t)^2 d(\omega t)}$ $= \frac{I_{m1}}{2}$	1.57	$I_{T(AV)} \geqslant \frac{1.57 \times 100A}{1.57} = 100A$ 选 100A
i, I_d, 0, π, 2π, ωt	$I_{dT} = \frac{1}{2\pi}\int_{\pi/2}^{\pi} I_{m2}\sin\omega t\,d(\omega t) = \frac{I_{m2}}{2\pi}$ $I_T = \sqrt{\frac{1}{2\pi}\int_{\pi/2}^{\pi}(I_{m2}\sin\omega t)^2 d(\omega t)}$ $= \frac{I_{m2}}{2\sqrt{2}}$	2.22	$I_{T(AV)} \geqslant \frac{2.22 \times 100A}{1.57} = 141A$ 选 200A
i, I_d, 0, π, 2π, ωt	$I_{dT} = \frac{1}{2\pi}\int_0^{\pi} I_{m3}\,d(\omega t) = \frac{I_{m3}}{2}$ $I_T = \sqrt{\frac{1}{2\pi}\int_0^{\pi} I_{m3}^2\,d(\omega t)} = \frac{I_{m3}}{\sqrt{2}}$	1.41	$I_{T(AV)} \geqslant \frac{1.41 \times 100A}{1.57} = 89.7A$ 选 100A
i, I_d, 0, $2\pi/3$, 2π, ωt	$I_{dT} = \frac{1}{2\pi}\int_0^{2\pi/3} I_{m4}\,d(\omega t) = \frac{I_{m4}}{3}$ $I_T = \sqrt{\frac{1}{2\pi}\int_0^{2\pi/3} I_{m4}^2\,d(\omega t)}$ $= \frac{I_{m4}}{\sqrt{3}}$	1.73	$I_{T(AV)} \geqslant \frac{1.73 \times 100A}{1.57} = 110A$ 选 200A

2）维持电流 I_H：在室温和门极断路时，使晶闸管维持通态所必需的最小通态电流。

3）擎住电流 I_L：晶闸管刚从断态转入通态就立即撤除触发信号后，能维持通态所需的最小通态电流。对同一晶闸管，通常擎住电流 I_L 比维持电流 I_H 大数倍。

4）断态（正向）重复峰值电流 I_{DRM} 和反向重复峰值电流 I_{RRM}：I_{DRM} 和 I_{RRM} 分别是对应于晶闸管承受断态重复峰值电压 U_{DRM} 和反向重复峰值电压 U_{RRM} 时的峰值电流。

5）浪涌电流 I_{TSM}：一种由于电路异常情况（如故障）引起的并使结温超过额定结温的不重复性最大正向过载电流。浪涌电流有上下限两个级，这些不重复电流定额用来设计保护电路。

（3）晶闸管的门极定额

1）门极触发电流 I_{GT}：在室温下，施加6V正向阳极直流电压时使晶闸管由断态转入通态所必需的最小门极电流。

2）门极触发电压 U_{GT}：产生门极触发电流所必需的最小门极电压。

（4）动态参数

1）断态临界电压上升率 du/dt：在额定结温和门极开路的情况下，不使从断态到通态转换的最大电压上升率。如果 du/dt 过大，会使充电电流足够大，使晶闸管误导通，此时应采取措施，使其在临界值内。

2）通态临界电流上升率 di/dt：在规定条件下，晶闸管能承受而无有害影响的最大通态电流上升率。如果通态电流上升太快，则晶闸管刚一开通，就会有很大的电流集中在门极附近的很小区域内，从而造成局部过热而使晶闸管损坏。因此要采取措施限制其在临界值内。限制电流上升率的有效办法是串接空心电感。

（5）额定结温

额定结温 T_{jm}：器件在正常工作时所允许的最高结温。在此温度下，一切有关的额定值和特性都能得到保证。

2.1.2 晶闸管的串并联与保护

1. 晶闸管的串联与并联

对较大型的整流装置，单个晶闸管的额定电压和电流远不能达到要求。在高电压和大电流的应用场合，必须把晶闸管串联或并联起来使用。

（1）晶闸管的串联

当晶闸管的额定电压小于实际要求时，可以采用两个或两个以上同型号器件相串联。串联时各器件流过相等的漏电流，但由于各器件的特性不同因而各器件所承受的电压是不相等的。图2-5a是两个晶闸管串联的伏安特性图，由于其正向特性不同，在同一漏电流 I_R 情况下所承受的正向电压是不同的，即 U_{T2} 大于 U_{T1}，若外施电压继续升高，则 VT_2 首先转折，于是全部电压加在 VT_1 上，势必使 VT_1 也转折，两个器件都失去控制作用。同理，反向时，因不均压，可能使其中一个器件先反向击穿，另一个随之击穿。

为了达到均压，在选择器件时，应选用通态平均电压和恢复电流比较一致的器件，但在实际应用中很难做到这一点。工程应用中，常常需用电阻和 RC 并联支路均压。如图2-5b中的 R_p，R_p 的阻值应比任何一个串联器件阻断时的正、反向电阻都小得多，这样，每个串联晶闸管分担的电压主要决定于均压电阻的分压。

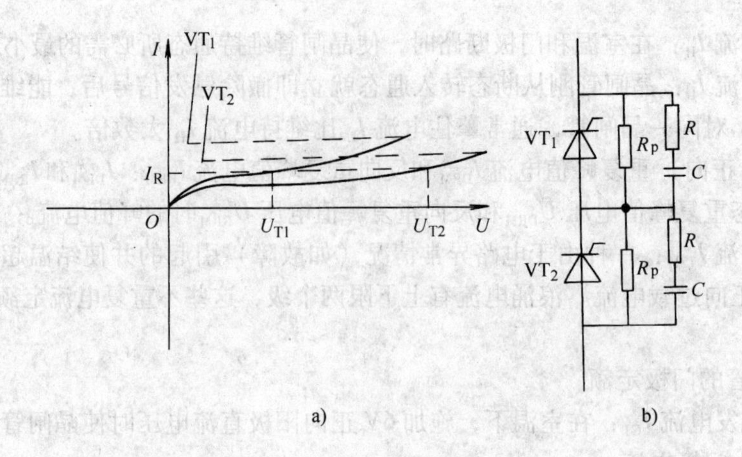

图 2-5 晶闸管串联

a）伏安特性图 b）使用 R_p 和 RC 并联支路均压的电路

均压电阻 R_p 的阻值和功率 P_{Rp} 常采用下列两式计算：

$$R_p \leqslant (0.1 \sim 0.25)\frac{U_{Tn}}{I_{DRM}} \tag{2-4}$$

式中 U_{Tn}——晶闸管的额定电压；

I_{DRM}——断态重复峰值电流。

$$P_{Rp} \geqslant K_{Rp}\left(\frac{U_m}{n}\right)^2\frac{1}{R_p} \tag{2-5}$$

式中 U_m——作用于晶闸管上的正反向峰值电压；

n——串联器件个数；

K_{Rp}——计算系数，单相取 0.25，三相取 0.45。

虽然采用了均压措施，但仍然不可能完全均压。因此，实际应用时，在选择每个管子额定电压时应按下式计算：

$$U_{Tn} = \frac{(2 \sim 3)U_m}{(0.8 \sim 0.9)n} \tag{2-6}$$

式中 n——串联器件数；

U_m——作用于串联器件上的正反向峰值电压；

0.8 ~ 0.9——考虑不均压因素的计算系数。

（2）晶闸管的并联

当一个晶闸管的额定电流不能满足负载的要求时，需采用几个晶闸管并联。晶闸管并联使用时，由于各个晶闸管特性不一致和主电路的影响，晶闸管的电流会不均衡。

1）主电路对并联晶闸管电流分配的影响。晶闸管的正向压降等于与正向电流无关的恒定压降与内阻压降之和。由于晶闸管内阻很小，并联晶闸管各回路的阻抗又不相同，因此，各支路电流分配也不均衡。当负载电流很大时，各并联支路的电阻和自感必须相等，互感也应尽量相等。

如图 2-6 所示，晶闸管并联时，即使各支路的电阻和电感相等，但主电路母线 A 及 B 的磁通也会使并联晶闸管电流分配不均匀。

2）正向压降对并联晶闸管电流分配的影响。与硅二极管比较，晶闸管的内阻较大，正向压降的分散性也大。两只正向压降不同的晶闸管并联，正向电流分配如图 2-7 所示。

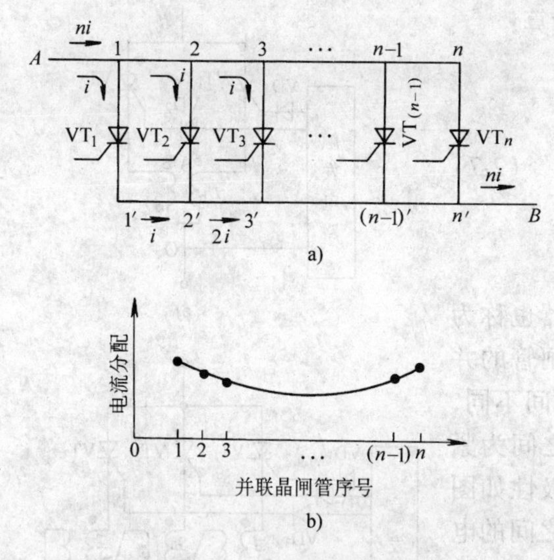

图 2-6　主电路对并联晶闸管电流分配的影响

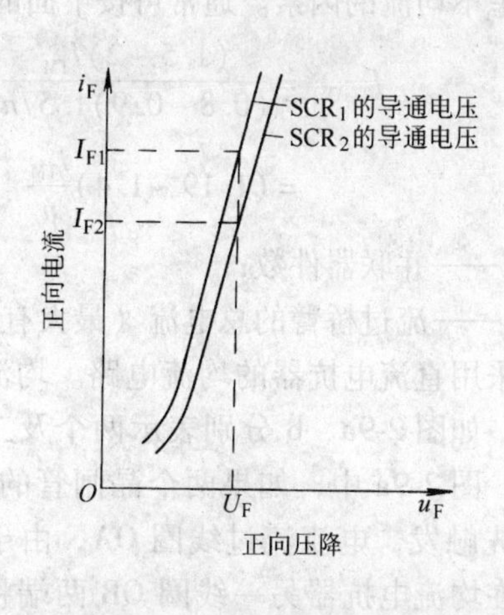

图 2-7　正向压降对并联晶闸管电流分配的影响

另外，晶闸管并联使用时，由于触发特性不同，也会产生电流分配不均衡的问题。所以，必须使并联晶闸管触发时间尽可能一致。

为了使并联晶闸管电流分配均衡，除应选择正向压降基本一致的晶闸管外，还应采用适当的均流电路。常用的均流电路有以下三种：

①串联电阻均流电路。串联电阻均流电路如图 2-8a 所示，当晶闸管的额定电流比较小时，在阳极电路中串联较小的电阻 R_s，就可以减小并联晶闸管电流不均衡的程度。串联电阻 R_s 的选择原则如下：当器件流过最大工作电流时，电阻压降 U_{RS} 为管子正向压降 $U_{T(AV)}$ 的 1～2 倍。如对 50A 的管子，R_s 取 0.04Ω 为宜。由于电阻功耗较大，所以这种方法只适用于小电流晶闸管。

②串联电抗器均流电路。串联电抗器均流电路如图 2-8b 所示。在整流或斩波电路内，晶闸管内重复流过脉冲电流，为使并联晶闸管中的电流分配均匀，通常都采用这种电路。当多个晶闸管并联时，串入电感的数值应能使晶闸管导通时的电流上升率低于允许的 di/dt。这样，就能够防止并联晶闸管因 di/dt 过大而损坏。

为了改进并联晶闸管的电流分配，应串入电感的数值决定于各并联支路的自感和互感，同时，也决定于晶闸管的触发时间。例如，当并联晶闸管承受 500V 电压时，如果串入 50μH 的电感，最高电流上升率能限制在 10A/μs 以内。各晶闸管触发时间之差达 1μs 时，各支路电流之差能限制在 10A 以下。如果主电路布线电感之差为 5μH，由此产生的电流不平衡为 +0%～-50%

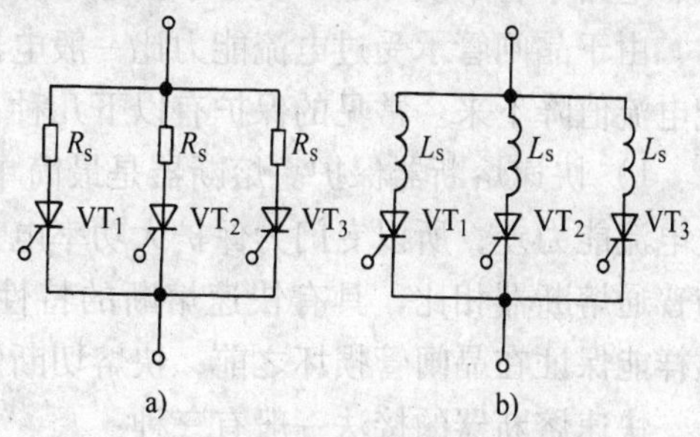

图 2-8　串联电阻及电抗器的均流电路
a）串联电阻　b）串联电抗器

时，则串联 50μH 的电感以后，电流的不平衡大致可降低到原来的 1/10，即 +0% ~ −5%。虽然采取了均流措施，但电流分配仍然不可能完全一样。所以选择每个管子额定电流时，还必须考虑不均流的因素。通常可按下面的公式计算：

$$I_{T(AV)}=\frac{(1.5\sim2)I_{TM}}{(0.8\sim0.9)1.57n}$$

$$=(1.19\sim1.4)\frac{I_{TM}}{n} \qquad (2\text{-}7)$$

式中　n——并联器件数；

I_{TM}——流过桥臂的总电流（最大有效值）。

③采用直流电抗器的均流电路。均流电抗器也称为均衡器。如图 2-9a、b 分别表示两个及三个晶闸管的并联电路。图 2-9a 中，如果两个晶闸管的触发时间不同，若 VT_1 先触发，电流流过线圈 OA，由于线圈之间为紧耦合，在均流电抗器另一线圈 OB 两端将产生极性如图所示的电压。这个电压提高了 VT_2 阳极与阴极之间的电压，因而可缩短 VT_2 的触发时间。另一方面，在 VT_1 和 VT_2 触发时，由于均流电抗器的电感作用，电流上升率下降，因而能够保证电流分配较均衡。由于二极管 VD_1、VD_2 是隔离器件，它可防止反向电流流入门极。

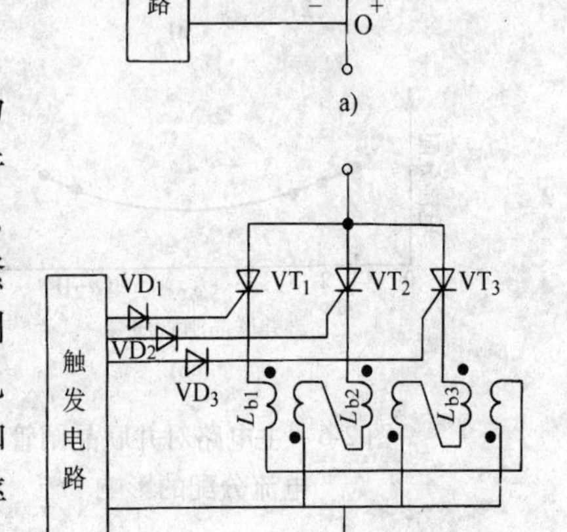

图 2-9　使用均流电抗器的均流电路
a）两个晶闸管　b）三个晶闸管

均流电抗器对并联晶闸管具有很好的均流作用。如果晶闸管的额定电流很大，或晶闸管的个数很多，均流电抗器体积就较大，而且配置也复杂。因此，这种均流电路适用于中、小容量晶闸管装置。

2. 晶闸管的保护

晶闸管承受过电流和过电压的能力较差，短时间的过电流和过电压就会使器件损坏，但不能完全根据装置运行时可能出现的暂时的过电流和过电压的数值来确定器件参数，还要充分发挥器件应有的过载能力，因此，保护就成为提高电力电子装置运行可靠性必不可少的环节。

（1）晶闸管的过电流保护

造成晶闸管过电流的重要原因是：电网电压波动太大、电动机轴上拖动的负载超过允许值、电路中管子误导通以及管子击穿短路等。

由于晶闸管承受过电流能力比一般电器元件差得多，故必须在极短时间内把电源断开或把电流值降下来。常见的保护有以下几种：

1）快速熔断器保护。熔断器是最简单有效的过电流保护器件。由于晶闸管热容量小、过电流能力差，所以专门为保护大功率电力电子器件而制造了快速熔断器（简称快熔）。它与普通熔断器相比，具有快速熔断的特性，在通常的短路过电流时，熔断时间小于 20ms，这样能保证在晶闸管损坏之前，快熔切断短路故障。

快速熔断器的接法一般有三种：

①接入桥臂而与晶闸管串联，如图 2-10a 所示，这时流过快熔的电流就是流过晶闸管的电流，保护最直接可靠，现已被广泛采用。

②接在交流侧输入端，如图 2-10b 所示。

③接在直流侧，如图 2-10c 所示。

图 b、c 这两种接法虽然快熔数量用得较少，但保护效果不如图 a，所以这两种接法较少被采用。

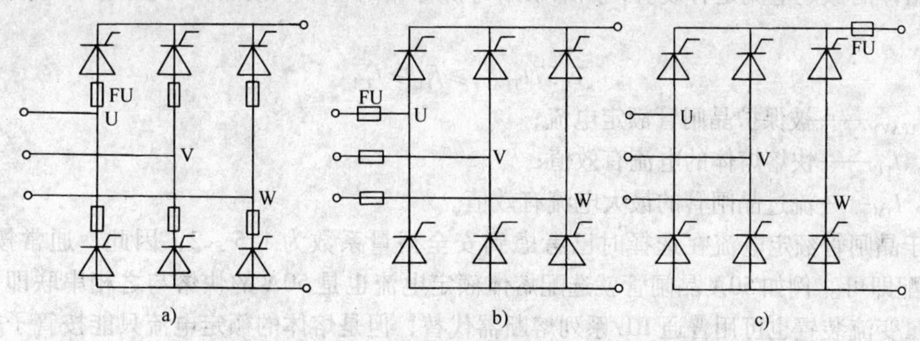

图 2-10　快速熔断器保护的接法

a）桥臂串快熔　b）交流侧接快熔　c）直流侧接快熔

快熔的熔体采用一定形状的银质熔丝（或熔片），周围充以石英砂填料，构成封闭式熔断器。目前国内生产的快熔有大容量 RTK（插入式）、RS3、RS0（汇流排式）与小容量 RLS（螺旋式）等几种。表 2-3 为 RS3 系列快速熔断器规格，表 2-4 为 RLS 系列快速熔断器规格。

表 2-3　RS3 系列快速熔断器规格

额定电压/V	熔体额定电流/A	极限分断电流/kA	保护特性	
			电流	熔断时间/ms
500	10、15、30、50、80、100、150、200、250、300	25(100A 以下)	$3.5I_n$	<60
		50(100A 以上)	$4I_n$	<20
250	10、15、20、25、30、40、50、80	25	$3.5I_n$	<60
500	100、150、200、250、300	50	$4.5I_n$(100A 以上)	<20
750	200、300		$4I_n$(100A 以上)	<20

表 2-4　RLS 系列快速熔断器规格

型　号	额定电压/V	熔体额定电流/A	熔体额定电流/A	极限分断电流/kA	保护特性	
					电流	熔断时间
RLS—10	500V	10	3 5 10	40	$1.1I_n$ $3I_n$	5h 内不断 300ms 内断
RLS—50		50	15 20 25 30 40 50		$3.5I_n$ $4I_n$	120ms 内断 60ms 内断
RLS—100		100	60 80 100		$5I_n$	20ms 内断

选择快熔时要考虑以下几点：

①快熔的额定电压应大于或等于线路正常工作的电压（有效值）；

②快熔的额定电流应大于或等于内部熔体的额定电流；

③熔体的额定电流是有效值，如果采用与桥臂晶闸管串联接法，可按式（2-8）计算选择：

$$1.57I_{T(AV)} \geqslant I_{FU} \geqslant I_{TM} \tag{2-8}$$

式中　$I_{T(AV)}$——被保护晶闸管额定电流；

I_{FU}——快熔熔体的电流有效值；

I_{TM}——流过晶闸管的最大电流有效值。

由于晶闸管额定电流在选择时已考虑到安全裕量系数为1.5～2，因此，通常按$I_{FU}=I_{T(AV)}$选配即可。例如50A晶闸管就选配熔体额定电流也是50A的快熔与之相串联即可。对于小容量变流装置也可用普通RL系列熔断器代替，但是熔体的额定电流只能按管子额定电流的1/3～2/3来选配。

快熔通常都有熔断指示。大电流的快熔熔断指示器还可以去碰撞微型开关，当某相快熔熔断后，能迅速发出报警信号或自动切断交流电源。

在大容量的变流装置中，由于大电流快熔价格高，更换不方便，故快熔必须与其他过电流保护措施同时使用，快熔是作为最后一道保护。一般总是先让其他过电流保护措施动作，尽量避免直接烧断快熔。

2）过电流继电器保护。过电流继电器可安装在交流侧或直流侧，当发生过电流故障时动作，断开交流电源开关（如电源接触器）。由于过电流继电器开关动作时间较长（约为几百毫秒），故只能保护由于机械过载引起的过电流，或在短路电流不大时能对晶闸管起保护作用。另外，可采用直流快速灵敏继电器组成的电子过电流跳闸保护电路，如图2-11所示。其工作原理是：当主电路过电流时，电流反馈信号电压U_{fi}增大，稳压管VS被击穿，晶体管V导通，直流快速灵敏继电器KA得电并自锁，并断开了电源接触器KM吸引线圈电压，使KM失电切断主电路交流电源，以达到过电流保护的目的。过电流故障排除后，想要恢复供电，先按下复位按钮SB，KA失电，KA常闭触点闭合，按下主电路起动按钮SB_2，KM得电接通主电路交流电源，恢复正常供电。调节电位器RP，可以很方便地调节过电流跳闸动作电流的大小。

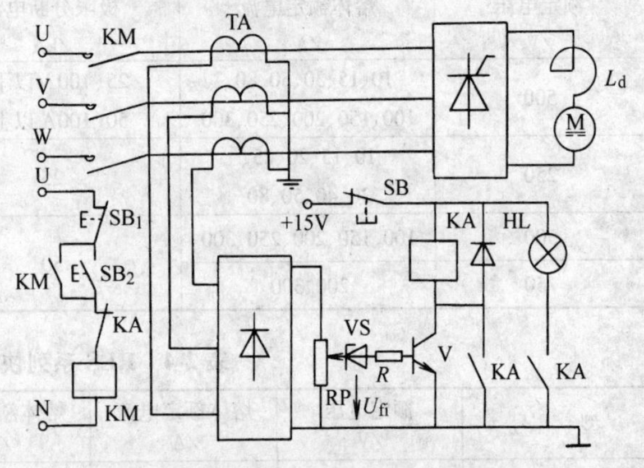

图2-11　电子过电流跳闸保护电路

3）脉冲移相过电流保护。其工作原理与电子过电流跳闸保护电路相似，如图2-12所示。当主电路出现过电流时，电流反馈信号电压U_{fi}增大，稳压管VS被击穿，V_1晶体管注入基极电流，使晶体管V_2输出电压U_o降低，于是触发电路的触发脉冲迅速右移（即触发延迟角α增大），使主电路输出整流电压迅速减小，负载电流也迅速减小，达到限流目的。

4）利用反馈控制作过电流保护。这种保护的特点是控制系统本身的动作速度快，在一些容易发生短路的设备如逆变器中，常采用这种保护方法，但内部发生短路时还得靠快熔来保护。

保护电路如图 2-13 所示。当整流器发生短路时，通过电流互感器检测，测得的信号经整流转换成直流电压后送到电压比较器，与过电流整定值进行比较。正常情况下，电流信号小于过电流整定值，电压比较器输出低电平，控制门开放，触发系统受给定电压和偏移电压控制；当负载发生短路时，由电流互感器检测到的电流信号超过过电流整定值，电压比较器输出高电平，控制门关闭，触发系统仅受偏移电压控制。偏移电压预先整定在使触发延迟角 $\alpha>90°$ 的位置，使整流器立即转入有源逆变状态。整流电路因 α 角突然增大，使整流电压迅速下降，抑制了短路电流，由于电路处于逆变状态，储存在电抗器中的能量不断释放，直到逆变电压降低到使晶闸管无法导通时，逆变结束，整流器停止工作。

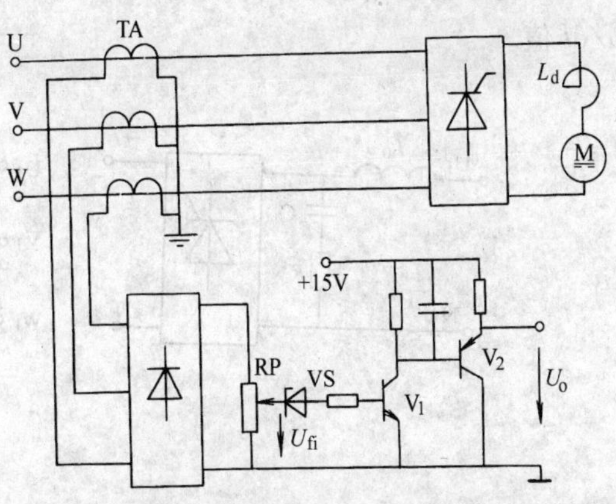

图 2-12　脉冲移相过电流保护电路

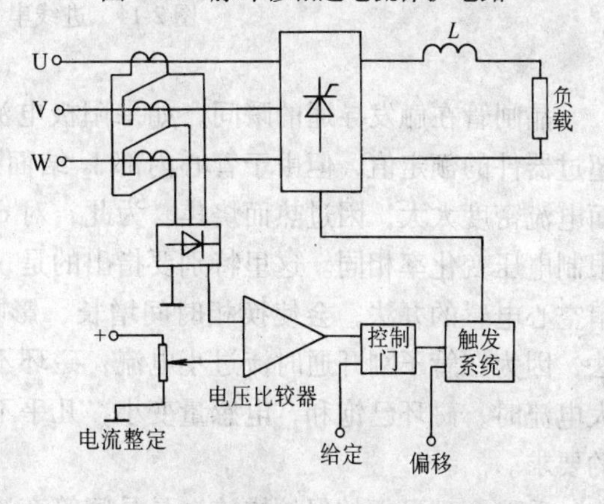

图 2-13　用反馈控制作过电流保护的电路

5）直流快速断路器过电流保护。在大容量变流装置中经常容易出现直流侧负载发生短路的场合，可以在直流侧装直流快速断路器，用作直流侧过载与短路保护，这种快速断路器动作时间仅 2ms，加上断弧时间，也不超过 30ms，可见动作时间非常短。

（2）电压与电流上升率的限制

在正向阻断状态下，晶闸管的 J_2 结面相当于一个电容。如果正向电压上升率太大，对这个电容的充电电流就太大，这个充电电流经门极到达阴极相当于触发电流，一旦达到管子的触发电流值，晶闸管就会误导通而出现过电流，使快熔或晶闸管烧坏。为此，对晶闸管的正向电压上升率 $\mathrm{d}u/\mathrm{d}t$ 应有一定限制。

限制电压变化率的措施有：

1）给整流装置接上整流变压器。由于变压器有漏感存在以及阻容吸收元件构成的电路具有滤波特性，故电源合上时，加到晶闸管两端的 $\mathrm{d}u/\mathrm{d}t$ 值不会太大。

2）对于没有整流变压器而直接由电网供电的装置，可在交流电源输入端串接空心小电感 L_0，如图 2-14 所示。该空心小电感 L_0 与交流侧阻容吸收电路构成滤波电路，用来限制 $\mathrm{d}u/\mathrm{d}t$ 不致太大。进线空心电感量可按下式估算：

$$L_0=\frac{U_2}{2\pi f I_2}U_{d1} \tag{2-9}$$

式中　U_2、I_2——交流侧相电压、相电流；

U_{d1}——与晶闸管装置容量相等的整流变压器的短路比（阻抗电压）；

f——频率。

3）每个桥臂串接空心小电感或在桥臂上套入磁环，电感量约为 20～30μH，即可限制 du/dt 值。

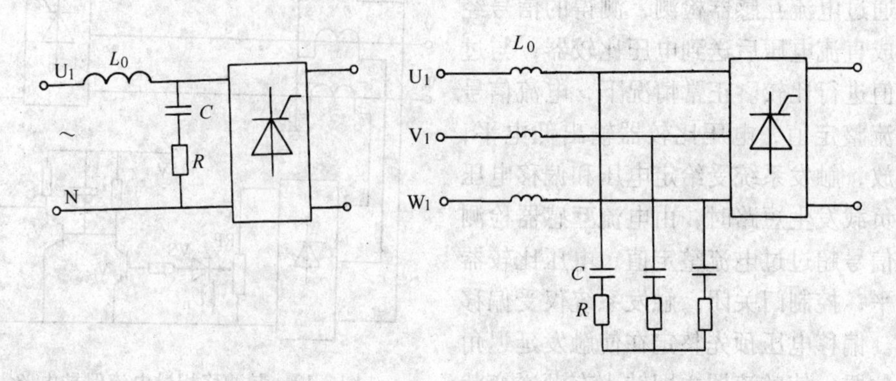

图 2-14　进线串 L_0 抑制电压上升率

晶闸管在触发导通的瞬间，如果阳极电流增大得太快（即 di/dt 值太大），虽然电流未超过器件的额定值，但由于管心内部 J_2 结面还在逐渐开通的过程，将造成部分已开通的结面电流密度太大，因过热而烧焦。为此，对 di/dt 限制是必要的。限制电流变化率的措施与限制电压变化率相同。这里特别要指出的是，在大容量或高频的逆变电路中，若采用在桥臂串空心电感的办法，会使换相时间增长，影响电路正常工作。因此通常采用串铁氧磁环办法，因为在管子刚开通时流过小电流，磁环不饱和，限制电流上升率 di/dt 能力强。当流过大电流时，磁环已饱和，电感量变小，几乎不影响换相时间，能满足大容量、高频变流电路的要求。

采取合理可靠的保护措施，是晶闸管变流装置正常运行的保证。所以在选择主电路器件及其保护措施时，应全面考虑装置的可靠性和经济性。

(3) 晶闸管的过电压保护

晶闸管从导通到阻断和开关电路一样，因为有电感（主要是变压器漏抗 L_T）释放能量，所以会产生过电压。管子在导通期间，载流子充满芯片内部，当关断过程中正向电流下降到零时，芯片内部仍残存着载流子，管子并未恢复阻断能力。在反向电压作用下瞬时出现较大的反向电流，使内部残存的载流子迅速消失，管子立即关断。这时反向电流减小的速度极快（di/dt 极大），即使回路电流很小，也会产生很大的感应电动势，反而加在已恢复阻断的管子两端，如图 2-15a 所示。这种由于管子关断过程引起的过电压，称之为关断过电压。其值可达工作电压峰值的 5～6 倍，可能会导致管子的反向击穿，所以必须采取保护措施。

图 2-15b 所示为在单相半控桥晶闸管关断过程中，晶闸管两端出现的瞬时反向过电压尖峰（毛刺）波形。

对于这种尖峰状的瞬时过电压，常用的保护方法是在晶闸管两端并接 RC 吸收元件，如图 2-16 所示。利用电容两端电压瞬时不能突变的特性，吸收尖峰过电压，把电压限制在管子允许的范围内。串联电阻的作用是：①阻尼 LC 电路振荡。由于关断回路电感的存在，在

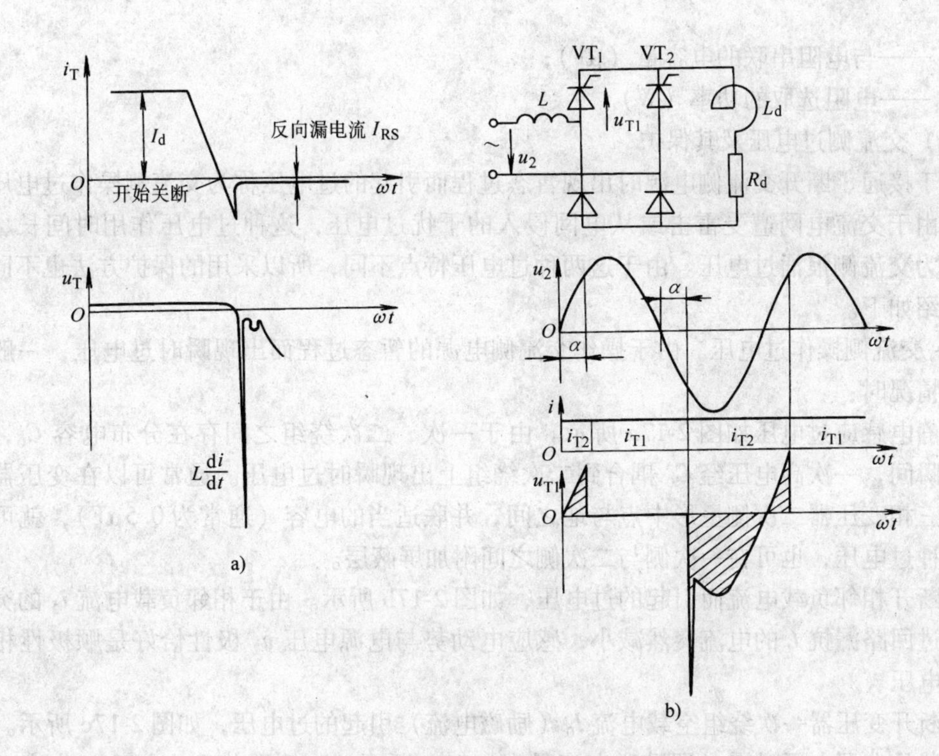

图 2-15　晶闸管关断过程过电压波形

晶闸管阻断时，L、C、R 与交流电源刚好组成串联振荡电路，如不串电阻 R，电容两端将会产生比电源电压高得多的振荡电压，将导致管子被击穿。②限制晶闸管开通损耗与电流上升率。在晶闸管承受正向电压未导通时，电容 C 已充电，极性如图 2-16 所示。在管子触发导通的瞬间，电容 C 迅速经管子放电。若没有电阻限流，这个放电尖峰电流很大，不仅增加管子开通损耗，而且使流过管子的电流上升率 di/dt 过大，易损坏管子。在并接阻容元件时，接线要尽量短，以使保护效果较好。

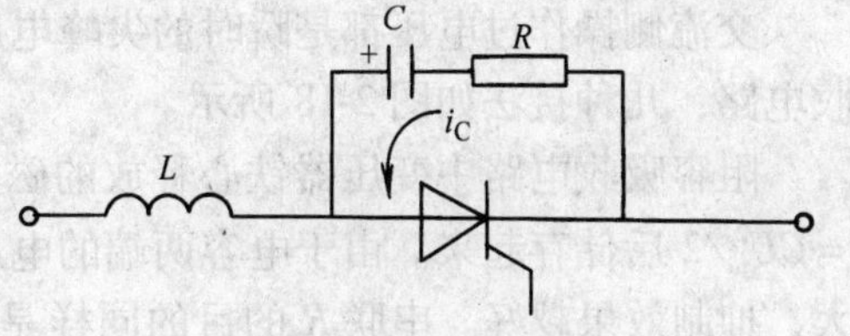

图 2-16　用电容吸收抑制关断过电压

阻容吸收元件参数可按表 2-5 所提供的经验数据选取，电容耐压一般选晶闸管额定电压的 1.1～1.5 倍。

表 2-5　晶闸管阻容元件经验数据

晶闸管额定电流 $I_{T(AV)}$/A	1000	500	200	100	50	20	10
电容 C/μF	2	1	0.5	0.25	0.2	0.15	0.1
电阻 R/Ω	2	5	10	20	40	80	100

电阻功率

$$P_R = fCU_m^2 \times 10^{-5} \tag{2-10}$$

式中　f——频率，取 50Hz；

U_m——晶闸管工作峰值电压（V）；

C——与电阻串联的电容量（μF）；

P_R——电阻选取的功率（W）。

（4）交流侧过电压及其保护

由于接通、断开交流侧电源时出现暂态过程而引起的过电压称为交流侧操作过电压。另一种是由于交流电网遭受雷击或从电网侵入的干扰过电压，这种过电压作用时间长、能量大，称为交流侧浪涌过电压。由于这两种过电压特点不同，所以采用的保护方法也不同，现分别介绍如下。

1）交流侧操作过电压。由于操作交流侧电源的暂态过程而出现瞬时过电压，一般发生在下列情况时：

①静电感应过电压如图 2-17a 所示。由于一次、二次绕组之间存在分布电容 C_0，在 Q 合上的瞬间，一次高电压经 C_0 耦合到二次绕组上出现瞬时过电压。通常可以在变压器二次侧或在三相变压器二次侧星形中点与地之间，并联适当的电容（通常为 0.5μF），就可显著减小这种过电压，也可在一次侧与二次侧之间附加屏蔽层。

②断开相邻负载电流而引起的过电压，如图 2-17b 所示。由于相邻负载电流 i_2 的突然断开，流过回路漏抗 L 的电流突然减小，感应电动势与电源电压 u_2 极性恰好是顺极性相加而引起过电压。

③断开变压器一次绕组空载电流 I_0（励磁电流）引起的过电压，如图 2-17c 所示。在变压器空载且电源电压过零（即励磁电流最大）时，断开一次侧开关 Q，由于 i_0 突变，故在二次绕组感应出很高的瞬时过电压，这种尖峰过电压很可能达到电源电压峰值的 6 倍以上，对管子极为不利。

交流侧操作过电压都是瞬时的尖峰电压，抑制这种尖峰过电压的有效方法是并联阻容吸收电路，几种接法如图 2-18 所示。

阻容吸收电路中变压器铁心释放的磁场能量 $W_L = L_m I^2/2$，转化为电容器的电场能量 $W_C = CU_m^2/2$ 后储存起来。由于电容两端的电压不能突变，故能有效地抑制尖峰过电压，C 值越大，抑制效果越好。串联 R 的目的同样是为了在能量转化过程中消耗部分能量，抑制回路的振荡。

选择电容 C 的出发点是假设磁场能量 W_L 全部被电容所吸收（实际上不会，因为操作开关的触点出现电弧会消耗一部分能量），在允许 2 倍或 3 倍过电压情况下，电容数值估算如下：

$$C = \frac{6 I_0\% S_\phi}{U_2^2} \tag{2-11}$$

式中　S_ϕ——变压器每相容量，单位为 VA；

$I_0\%$——变压器空载电流百分数，通常取 4% ~10%（容量越大，$I_0\%$ 值越小）。

对于一般整流装置，通常 C 的容量仅取式（2-11）计算结果的 1/3。电容器额定电压取正常工作时阻容两端交流电压有效值的 1.5 倍。

电阻 R 是根据电路允许产生的衰减振荡进行估算的，其公式如下：

$$R \geqslant \frac{2.3 U_2^2}{S_\phi}\sqrt{\frac{U_{dl}\%}{I_0\%}} \tag{2-12}$$

$$P_R \geqslant (3 \sim 4) I_C^2 R \tag{2-13}$$

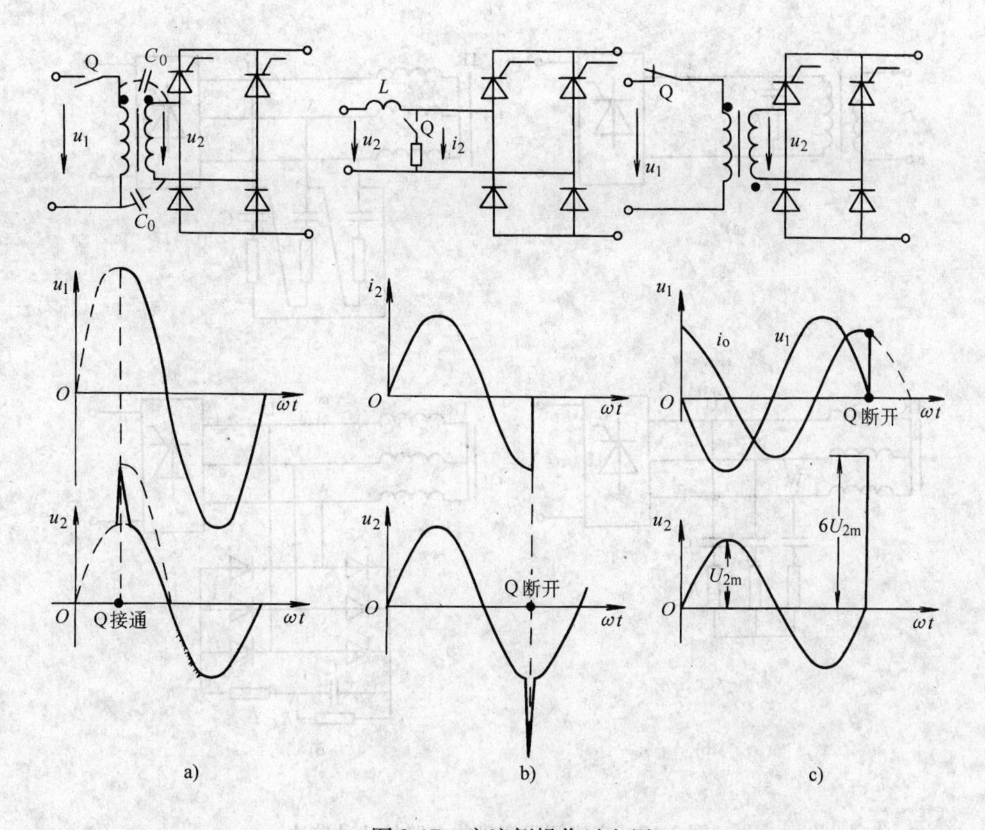

图 2-17　交流侧操作过电压

a）静电感应过电压　b）断开相邻负载的过电压　c）断开变压器励磁电流的过电压

$$I_C = 2\pi f C U_C^2 \times 10^{-6} \tag{2-14}$$

式中　I_C、U_C——电容 C 正常工作时电流与电压的有效值。

式（2-11）与式（2-12）是根据单相条件推导所得。对于三相电路，如果变压器二次绕组接线方式与阻容吸收电路接线方式相同，则上述计算公式完全适用。如果两者接线方式不同，则可先按接线方式相同进行计算，然后把阻容电路作Y—△变换，变换公式为

$$R_\triangle = 3R_Y \tag{2-15}$$

$$C_\triangle = \frac{1}{3}C_Y \tag{2-16}$$

对于大容量的变流装置，三相阻容吸收设置较庞大，可采用如图 2-18d 所示的整流式阻容吸收电路。它虽然多了一个三相整流桥，但只用一个电容。由于只承受直流电压，所以可采用体积比较小的电解电容，而且还可以避免晶闸管导通时电容的放电电流通过晶闸管。电路中电容 C 的计算同式（2-11），耐压应大于交流线电压峰值的 1.5 倍。R_C 与 R（单位均为 Ω）可按下式估算：

$$R_C = 5 \times \frac{U_{21}}{I_{21}} \tag{2-17}$$

$$P_{R_C} \geqslant (2 \sim 3) \times \frac{\left(\sqrt{2}U_{21}\right)^2}{R_C} \tag{2-18}$$

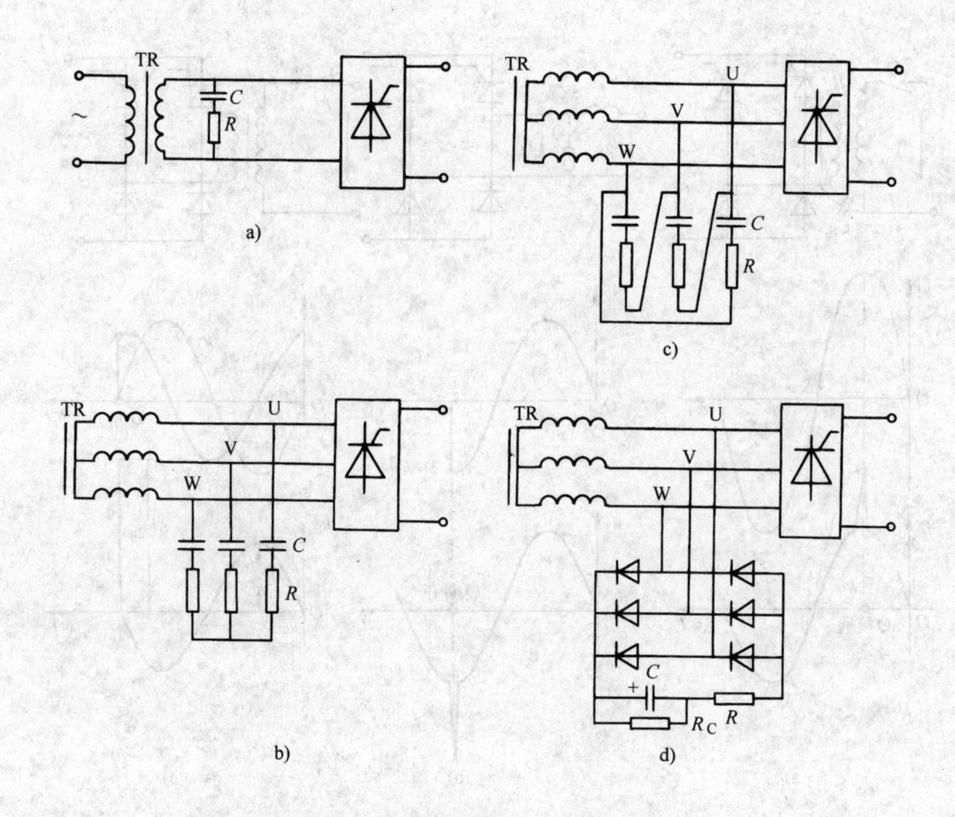

图 2-18　交流侧阻容吸收电路的几种接法

a）单相联结　b）三相Y联结　c）三相△联结　d）三相整流联结

$$R = 5 \times \frac{U_d}{I_d} \tag{2-19}$$

式中　U_{21}、I_{21}——变压器二次线电压和线电流有效值（V、A）；

U_d、I_d——整流输出电压和电流的平均值（V、A）；

P_{R_C}——电阻 R_C 的功率（W）。

电阻 R 只在过电压时才流过瞬时电流，所以电阻 R 的功率可不必专门考虑，一般取 4 ~10W。

2）交流侧浪涌过电压。由于发生雷击或从电网侵入的高电压干扰而造成的晶闸管过电压，称为浪涌过电压。浪涌过电压作用的时间长，能量大，因此无法用阻容吸收电路来抑制，只能采用类似稳压管稳压原理的压敏电阻或硒堆元件来保护。

硒堆就是成组串联的硒整流片。单相时用两组对接后再与电源并联，三相时用三组对接成Y形或六组接成△形，如图 2-19 所示。在正常电压时，硒堆总有一组处于反向阻断状态，漏电流很小。当出现一般性的过电压时，处于反向状态的一组硒堆，反向电阻降低，漏电流增大，以吸收一般的过电压能量。当出现异常的浪涌过电压时，将造成反向硒堆组的击穿，如同瞬时把电源短路一样，吸收了浪涌能量，从而限制了过电压的数值，保护了晶闸管免受过电压击穿而损坏。如果浪涌过电压持续时间过长，由于电流过大使进线电源断路器跳闸（或进线电源熔断器熔断），能及时地切断浪涌过电压。

每片硒片的额定电压有效值一般为 20～30V。考虑到电网电压的波动和硒片特性的分散性，通常用 1.1～1.3 倍的正常工作电压有效值 U_u（单相是相电压有效值 U_2）除以每片额定电压，即得每组所需的硒片数。

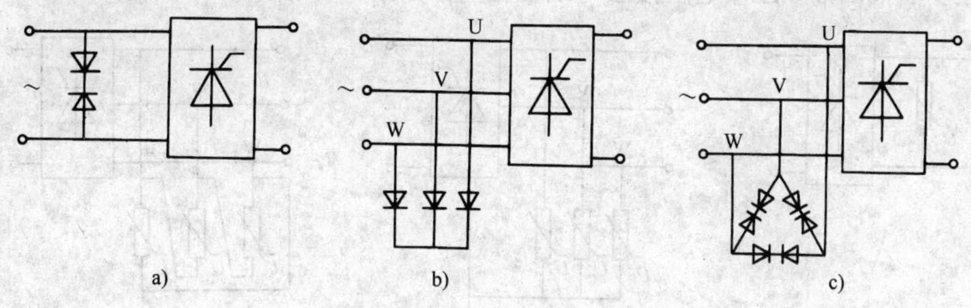

图 2-19　硒堆保护的接法

a）单相联结　b）三相Y联结　c）三相△联结

硒片的面积规格有 20mm×20mm、40mm×40mm、60mm×60mm、100mm×100mm 等几种。

硒堆的缺陷是体积大，反向伏安特性不够陡，而且长期放置不用会产生“储存老化”，即正向电阻增大，反向电阻降低。所以使用前需先加 50% 的额定电压 10min，再加额定电压 2h，以恢复原来性能。硒堆并不是理想的保护元件。

目前有一种新型非线性过电压保护元件——金属氧化物压敏电阻（简称压敏电阻），它的系列型号为 MY31，外形如图 2-20 所示。

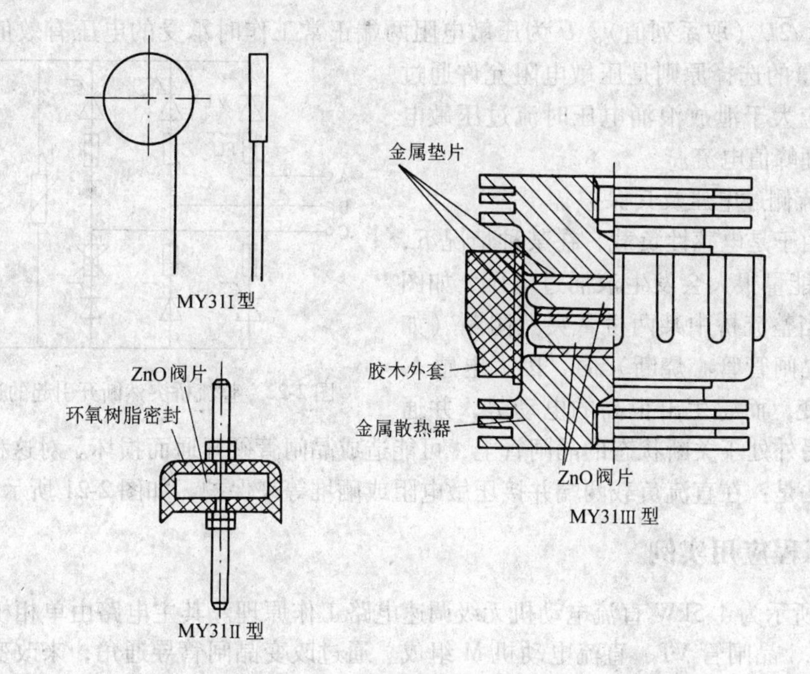

图 2-20　MY31 型压敏电阻外形

压敏电阻的正反向伏安特性都具有很陡的稳压特性。正常电压工作时，压敏电阻没有击穿，漏电流极小（通常为微安级），几乎无损耗。遇到过电压被击穿，可通过高达数千安的放电电流，因此抑制过电压的能力很强。另外压敏电阻还具有反应快、体积小、价格低等优点，正逐步取代硒堆。压敏电阻接法与硒堆相同，如图2-21所示。

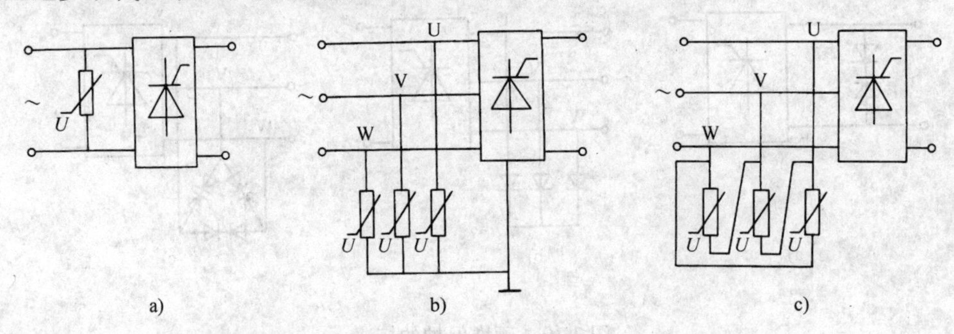

图2-21　压敏电阻的接法

a）单相联结　b）三相Y联结　c）三相△联结

压敏电阻的主要特性参数有：

①漏电流为1mA时的额定电压 U_{1mA}；

②放电电流达到规定值 I_Y 时的电压 U_Y，其数值由残电压比 U_Y/U_{1mA} 所决定；

③允许的通流容量，即在规定波形下（冲击电流前沿8ms，波长20ms），允许通过的浪涌峰值电流（kA）。

压敏电阻的选用主要考虑额定电压和通流容量。额定电压通常以30%的裕量来选择，即 $U_{1mA}=1.3\sqrt{2}U$（取系列值）。U 为压敏电阻两端正常工作时承受的电压有效值（单位为V）。通流容量的选择原则是压敏电阻允许通过的最大电流应大于泄放浪涌电压时流过压敏电阻的实际浪涌峰值电流。

（5）直流侧过电压及其保护

直流侧由于是电感性负载，在某种情况下，因 L_d 储存的能量很大会发生浪涌过电压，如图2-22所示。当整流桥中某两桥臂突然阻断（如快熔熔断或晶闸管管心烧断）时，因大电感 L_d 中的电流突变，而感生出很高的电动势，并通过负载加在另外处于关断状态的晶闸管上，可能造成晶闸管硬开通而损坏。对这种过电压抑制的有效方法是：在直流负载两端并接压敏电阻或硒堆等来保护，如图2-21所示。

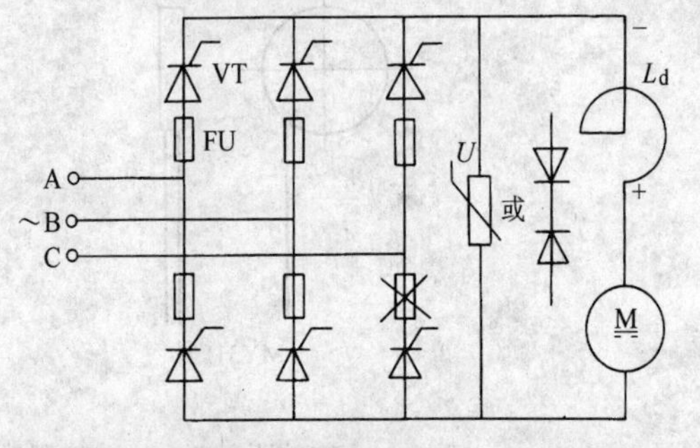

图2-22　整流桥突然断开引起的过电压

*2.1.3　工程应用实例

图2-23所示为4.5kW直流电动机无级调速电路工作原理。其主电路由单相桥式整流电路 $VD_1\sim VD_4$、晶闸管VT、直流电动机M组成。通过改变晶闸管导通角，来改变电动机电枢两端的电压。励磁电路由 $VD_6\sim VD_9$ 组成单相桥式整流电路向励磁线圈供电，保证励磁电路接通后，电枢电路才能工作。

控制电路为一单结晶体管张弛振荡器，调节 RP_1 的值就可以控制触发脉冲输出的时间。

例如调整 RP_1 使给定电压升高，则 V_1 基极电位升高趋于导通。V_1 导通后，集电极电位下降，使 V_2 导通。V_2 的集电极电流增大，C_4 充电速度加快，使 V_3 发出脉冲的时间提前，这样 VT 导通角增大，输出电压增大，电动机转速增加。如果使 RP_1 得到的给定电压下降，则 VT 的导通角减小，电动机转速降低。

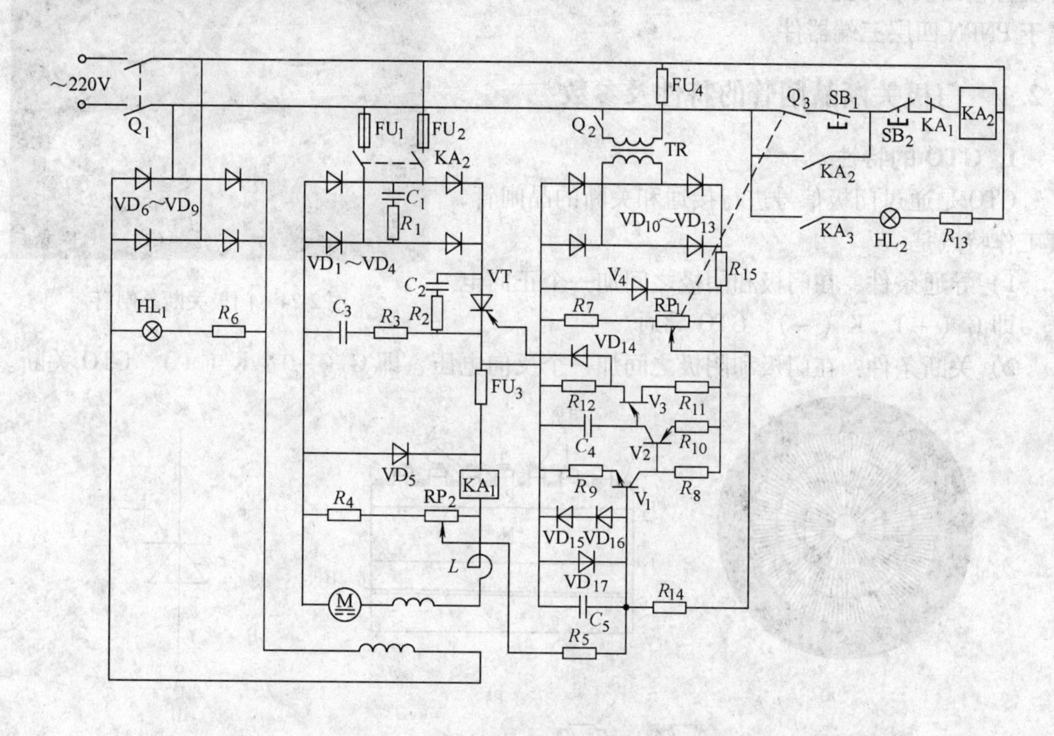

图 2-23　4.5kW 直流电动机无级调速电路

V_1—3DG6B　V_2—3AX31B　V_3—BT33B　V_4—2CW20B　VT—KP50-5　RP_1—2.7kΩ/2W　RP_2—1.5kΩ/50W
R_1—30Ω/50W　R_2，R_3—24Ω/500W　R_4—5kΩ/50W　R_5—5.6kΩ　R_6—2kΩ/50W
R_7—1kΩ/1W　R_8—10kΩ　R_9—1.5kΩ　R_{10}—1kΩ　R_{11}—360Ω　R_{12}—560Ω
R_{13}—10kΩ　R_{14}—15kΩ　C_1—2μF/400V　C_2—2.4μF/400V
C_3—2.4μF/400V　C_4—0.1μF/160V　C_5—100μF/16V

该系统还采用了电压负反馈自动稳压环节。RP_2、R_4 分压后取出一部分作为反馈信号，与给定电压反向叠加，形成负反馈。当负载增加或电网电压下降时，反馈电压也降低，使得加到 V_1 基极的叠加电压上升，触发脉冲前移，VT 导通角增加，输出直流电压上升，使电动机转速上升，维持原来转速不变。反之，当负载减小或电网电压升高引起电动机转速上升时，电动机电枢两端电压上升，反馈电压也上升，使得加到 V_1 基极的叠加电压下降，触发脉冲后移，VT 导通角变小，输出直流电压减小，使电动机转速降低，同样维持在原来转速不变。

2.2　门极关断晶闸管

门极关断晶闸管（Gate Turn Off Thyristor，GTO）如图 2-24 所示。它与普通晶闸管相比，属“全控型器件”或“自关断器件”，既可控制器件的开通，又可控制器件的关断。因此，使用 GTO 的装置与使用普通型晶闸管的装置相比，具有主电路器件少，结构简单；装置小巧；无噪声；装置效率高；易实现脉宽调制，可改善输出波形等优点。其结构如图 2-25 所示，也属于 PNPN 四层三端器件。

图 2-24　门极关断晶闸管

2.2.1　门极关断晶闸管的特性及参数

1. GTO 的特性

GTO 是通过门极信号进行接通和关断的晶闸管，其工作特点是：

1）导通条件：在门极和阴极之间加一个正向电压，即 G（+）、K（-），GTO 导通。

2）关断条件：在门极和阴极之间加一个反向电压，即 G（-）、K（+），GTO 关断。

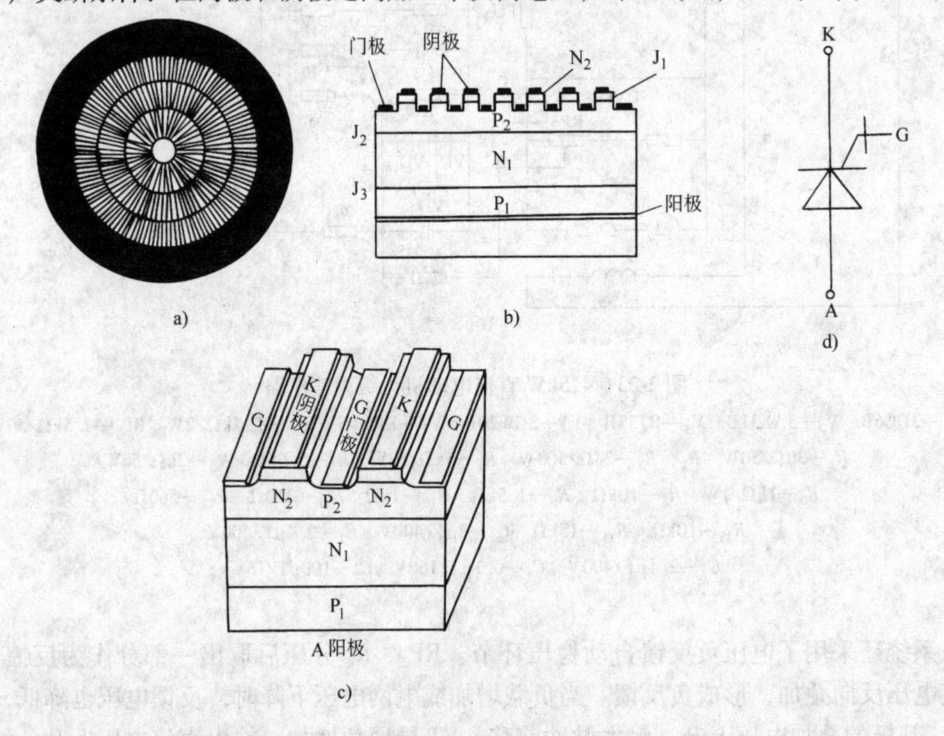

图 2-25　GTO 的结构

a）GTO 芯片　b）GTO 剖面　c）GTO 立体结构　d）符号

图 2-26 为 GTO 的工作电路简图。A、K 和 G 分别为 GTO 的阳极、阴极和门极，E_A 和 R_K 分别为工作电压和负载电阻；E_{G1} 和 R_{G1} 分别为正向触发电压和限流电阻；E_{G2} 和 R_{G2} 分别为反向关断电压和限流电阻。当 S 置于“1”时，GTO 导通，阴极电流 $I_K = I_A + I_G$。当 S 置于“2”时，GTO 关断。

2. GTO 的参数

（1）最大门极关断阳极电流 I_{ATO}

这是标称 GTO 额定电流容量的参数。它和普通晶闸管不同，普通晶闸管是以一定波形下的电流平均值来作为额定电流。实际上，GTO 的电流限制有两个：一个是发热限制，即 GTO 的额定工作结温的限制；另一个是利用门极负电流脉冲可以关断的最大阳极电流的限制，这是由 GTO 的临界饱和导通条件所限制的。阳极电流过大，GTO 便处于较深的饱和导通状态，会导致门极关断失败。一般都以最大门极关断阳极电流作为 GTO 的标称电流（通常说多少安培的 GTO 就是指这一电流）。

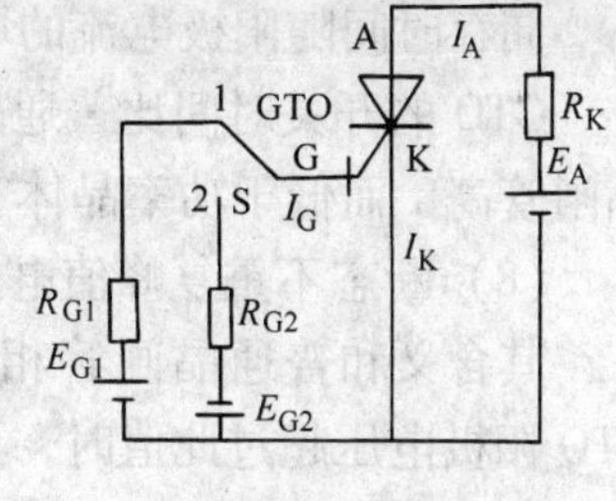

图 2-26　GTO 工作电路简图

实际上，GTO 的最大门极关断阳极电流不是一个固定不变的值。门极负电流脉冲波形、电路参数及工作条件都会对它有一定的影响。

（2）电流关断增益 β_{off}

GTO 是用门极负电流脉冲来关断阳极电流的。一般总希望用较小的门极电流来关断较大的阳极电流。最大门极关断阳极电流 I_{ATO} 和门极负电流最大值 I_{GM} 之比被称为电流关断增益。一般 β_{off} 只有 5 左右。

β_{off} 是 GTO 的一个重要参数，其值愈大，说明门极电流对阳极电流的控制能力愈强。

（3）擎住电流 I_L

GTO 经门极触发刚从断态转入通态，撤除门极信号后 GTO 仍能维持导通所需要的最小阳极电流。其含义和普通晶闸管基本相同。不同的是，GTO 是多元集成结构，各 GTO 元的擎住电流值不可能完全相同。因此，GTO 的擎住电流通常指所有 GTO 元都达到其擎住电流值时的阳极电流。GTO 达到擎住电流时，正好是处于饱和导通的临界值。

（4）维持电流 I_H

维持电流的基本含义和普通晶闸管相同。但是因为 GTO 是多元集成结构，把阳极电流减小到开始出现某些 GTO 元不能再维持导通时的值称为整个 GTO 的维持电流。可以看出，当阳极电流比维持电流略小时，只要有的 GTO 元还能继续维持导通，则从外部看 GTO 就仍处于通态。

GTO 的维持电流 I_H 和擎住电流 I_L 比普通晶闸管大得多。如通态电流为 3000A 的普通晶闸管维持电流为 300mA，而 GTO 的维持电流将达 40A。

（5）门极关断电流 I_{GM}

它是 GTO 从通态转为断态所需的门极反向瞬时峰值电流的最小值。

$$I_{GM} = I_{ATO}/\beta_{off} \tag{2-20}$$

即门极负脉冲的电流幅值 $I_{GM} \geqslant I_{ATO}/\beta_{off}$，GTO 才能关断。由于电流关断增益很小，所以关断 GTO 所需的门极瞬时负电流很大。但由于管子关断只要负窄脉冲，所以门极平均功率并不大，GTO 的功率增益仍然很大。

当 I_{ATO} 一定时，β_{off} 随门极负电流上升率的增加而减小；而门极负电流上升率一定时，β_{off} 随 I_{ATO} 的增加而增加。

（6）开通时间 t_{on}

开通时间是指延迟时间 t_d 和上升时间 t_r 之和，即

$$t_{on} = t_d + t_r \tag{2-21}$$

GTO 的延迟时间 t_d 约 1～2μs，上升时间 t_r 随通态阳极电流值的增大而增大。

(7) 关断时间 t_{off}

关断时间一般指储存时间 t_s 和下降时间 t_f 之和，即

$$t_{\mathrm{off}} = t_s + t_f \tag{2-22}$$

储存时间随阳极电流的增大而增大，下降时间一般小于 2μs。

GTO 的开关时间比普通晶闸管短而比功率晶体管长，因而可工作的频率范围也比普通晶闸管高，而低于功率晶体管。

(8) 断态不重复峰值电压 U_{RSM}

其含义和普通晶闸管相同，但普通晶闸管在超过此电压转折值时不会立刻损坏，而 GTO 阳极电压超过此值时，可能只有其中个别的 GTO 元首先转折，全部阳极电流集中于该 GTO 元，造成局部电流密度过大而损坏。

(9) 断态重复最大电压 U_{DRM}

在关断时管子能承受而不被击穿的最大重复瞬时电压。

另外，不少 GTO 都制成逆导型，不能承受反向电压，当需要承受反向电压时，应和二极管串联使用。

2.2.2 用万用表对门极关断晶闸管的检测

如图 2-27 所示，是介绍利用万用表判定 GTO 电极、检查 GTO 的触发能力和关断能力、估测关断增益 β_{off} 的方法。

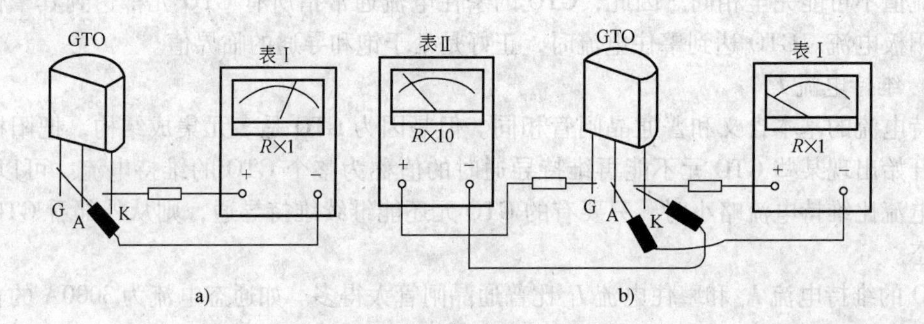

图 2-27 GTO 的检测

1. 判定 GTO 的电极

将万用表拨至 $R\times1$ 挡，测量任意两脚间的电阻，仅当黑表笔接 G 极，红表笔接 K 极时，电阻呈低阻值，对其他情况电阻值均为无穷大。由此可判定 G、K 极，剩下的就是 A 极。

2. 检查触发能力

如图 2-27a 所示，首先将表Ⅰ的黑表笔接 A 极，红表笔接 K 极，电阻值为无穷大；然后用黑表笔尖也同时接触 G 极，加上正向触发信号，表针向右偏转到低阻值即表明 GTO 已经导通；最后脱开 G 极，只要 GTO 维持通态，就说明被测管具有触发能力。

3. 检查关断能力

现采用双表法检查 GTO 的关断能力，如图 2-27b 所示，表Ⅰ的挡位及接法保持不变。将表Ⅱ拨至 $R\times10$ 挡，红表笔接 G 极，黑表笔接 K 极，施以负向触发信号，如果表Ⅰ的指

针向左摆到无穷大位置，证明 GTO 具有关断能力。

4. 估测关断增益 β_{off}

进行到第 3 步时，先不接入表Ⅱ，记下在 GTO 导通时表Ⅰ的正向偏转格数 n_1；再接上表Ⅱ强迫 GTO 关断，记下表Ⅱ的正向偏转格数 n_2。最后根据读取电流法按下式估算关断增益：

$$\beta_{off} = I_{ATO}/I_{GM} \approx K_1 n_1 / K_2 n_2 \tag{2-23}$$

式中 K_1——表Ⅰ在 $R\times1$ 挡的电流比例系数；

K_2——表Ⅱ在 $R\times10$ 挡的电流比例系数。

也可以按下式估算 β_{off}值：

$$\beta_{off} \approx 10 n_1 / n_2 \tag{2-24}$$

式（2-24）的优点是，不需要具体计算 I_{ATO}、I_{GM}之值，只要读出二者所对应的表针正向偏转格数，即可迅速估测关断增益值。

5. 注意事项

1）在检查大功率 GTO 器件时，建议在 $R\times1$ 挡外边串联一节 1.5V 电池 E'，以提高测试电压和测试电流，使 GTO 可靠地导通。

2）要准确测量 GTO 的关断增益 β_{off}，必须有专用测试设备。但在业余条件下可用上述方法进行估测。由于测试条件不同，测量结果仅供参考，或作为相对比较的依据。

2.3 大功率晶体管

大功率晶体管（Giant Transistor，GTR）也称为电力晶体管 PTR（Power Transistor），是一种具有发射极（e）、基极（b）、集电极（c）区的三层器件，有 NPN 和 PNP 两种结构，故又称双结型晶体管（Bipolar Junction Transistor，BJT）。它既有晶体管的固有特性，又扩大了功率容量。GTR 的缺点是耐冲击能力差，易受二次击穿而损坏，所以使用时必须考虑以下参数：击穿电压、电流增益、耗散功率和开关速度，这四个参数是相互制约的。

2.3.1 GTR 的结构及特性参数

1. GTR 的结构

双极型硅晶体管有 PNP 和 NPN 两种结构。对于 GTR 常用 NPN 结构。图 2-28 所示为 GTR 的结构及符号示意图。

2. GTR 的特性

GTR 通常连接成共发射极电路，其共射连接电路和伏安特性曲线和 NPN 型晶体管相同，如图 2-29 所示。其截止区、饱和区和放大区相应于晶体管工作在断态、通态和线性放大状态。乘积 $I_c \cdot U_{ce}$表示晶体管中的损耗。断态时只有很小的漏电流，通态时管压降很小，这两种状态的损耗均很小，而放大区的损耗则很大（图中虚线表示最大允许的功率损耗线）。所以，在电力电子电路中用 GTR 作功率开关器件时，只允许它工作在关（截止）、开（饱和状态）两种状态，而不允许运行于放大区。GTR 必须用基极连续的电流驱动信号才能维持在通态，当移去这个信号时，GTR 便自动关断。

GTR 的工作原理、参数特性以及基本的电路形式与普通晶体管是相同的。但 GTR 作为高频开关使用，经常处于开通和关断的动态过程中。因此，对 GTR 的开关特性要重视。

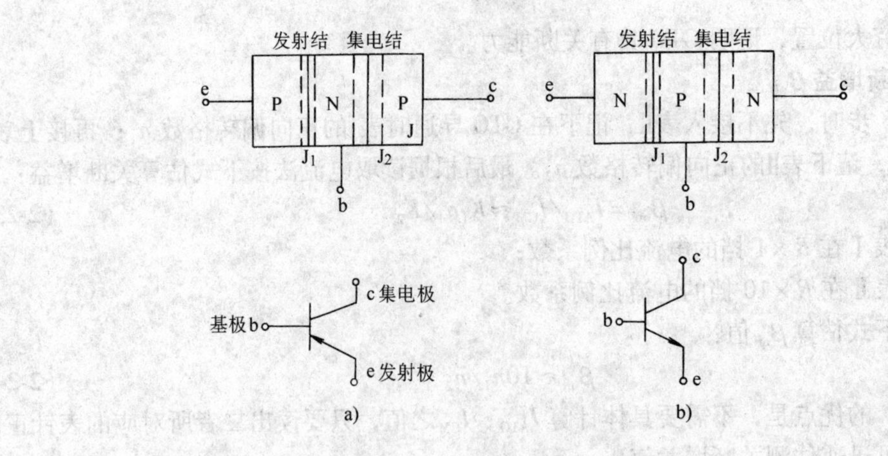

图 2-28　GTR 的结构及符号示意图

a）PNP 型 GTR　b）NPN 型 GTR

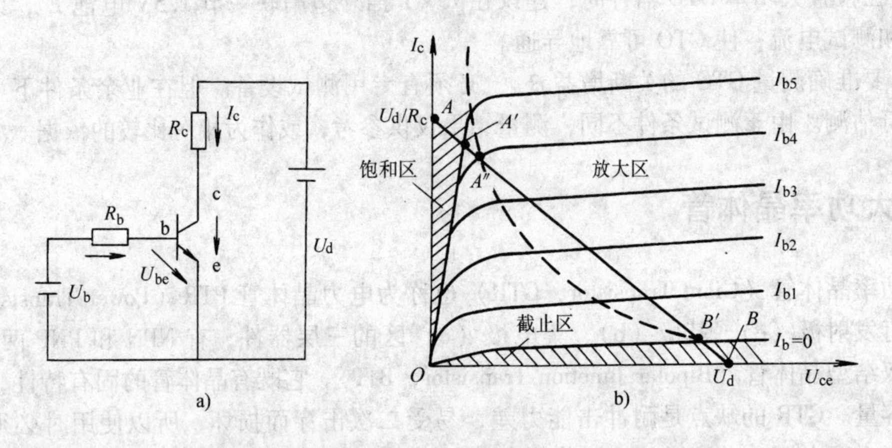

图 2-29　NPN 晶体管的共射连接电路和伏安特性曲线

a）共射连接电路　b）伏安特性曲线

图 2-30 所示为共发射极电路基极加正脉冲信号，GTR 由截止状态转为饱和导通状态的波形。其集电极电流是 i_C、集电极电压是 u_{CE}，此时的动态功率损耗 P 为

$$P = u_{CE} \cdot i_C \tag{2-25}$$

由于结电容和过剩载流子的存在，集电极电流的变化总是滞后于基极电流的变化，而且波形边缘倾斜。GTR 由截止到饱和导通的过程所用的时间为开通时间 t_{gt}，包括延迟时间 t_d 和上升时间 t_r，即

$$t_{gt} = t_d + t_r \tag{2-26}$$

t_d 对应于发射极的充电过程。这段时间内 i_C 仍保持为截止状态的小电流。t_r 对应于载流子的传输时间，即在接到输入信号后经过 t_{gt}时间，GTR 的输出信号才可达到 I_{CS}（集电极饱和电流）的 90%。集电极电压波形在很大程度上取

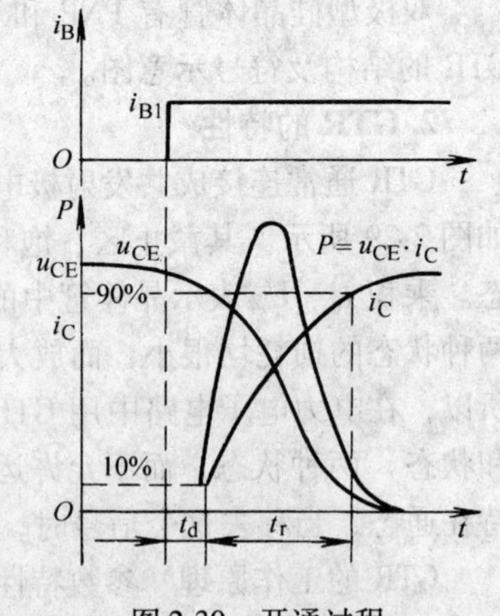

图 2-30　开通过程

决于负载电路，一般不用它表示 GTR 的开关特性。图中 P 则为导通过程中 GTR 内损耗的功率变化曲线。

图 2-31 所示为共发射极电路在饱和导通状态时加负信号，GTR 由导通到关断的变化过程。开始一段 i_C 不是立即减小，要经过 t_s 时间（存储时间）i_C 约达到 I_{CS}的 90% 时，i_C 才开始减小。t_s 一般为 3 ~ 8μs。从集电极电流开始减小直到下降为截止状态时的电流（约为 I_{CS} 的 10%）所需的时间称下降时间，用 t_f 表示，其数值约为 1μs。GTR 由导通状态过渡到关断状态所需要的时间称为关断时间 t_{gq}。

$$t_{gq} = t_s + t_f \tag{2-27}$$

图 2-31 中同样也示出了关断过程中功率损耗 $P = u_{CE} \cdot i_C$ 的曲线。

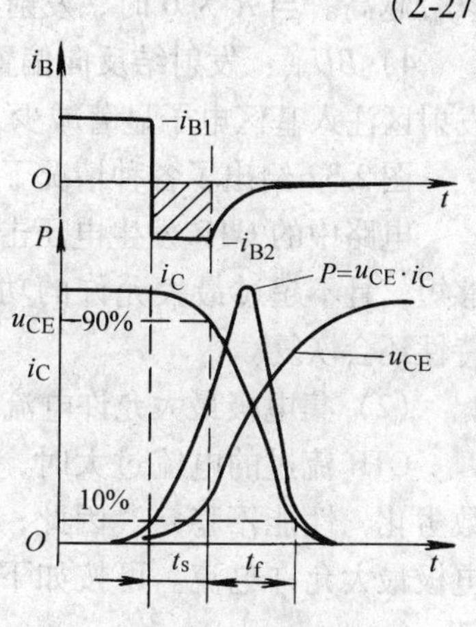

图 2-31 关断过程

从以上两个动态过程可以看出，P 与时间轴包围的面积为动态过程的能量损耗，它们都转化为热能，造成 PN 结发热、晶体管升温，GTR 在高频时为了减小开关能量损耗，就要加快开关过程，减小 t_{gt}和 t_{gq}。一般采取以下措施：

1）GTR 在作为开关管时，其工作点应尽量避开或快速通过伏安特性的线性工作区。在这个区域，GTR 有一定的管压降，相当于串接了一个电阻，要消耗一定能量，随着从线性工作区向饱和区过渡，该阻值减小，饱和导通时阻值则接近于零，管压降也可忽略不计。

2）在 GTR 开关过程中，存储时间 t_s 最长。它是影响开关速度的主要原因，也是各种缩短动态过程措施的主要目标。GTR 在饱和导通时损耗最小，但这个状态形成电荷的过剩存储，在基极接到反向偏压信号后，则需要较长的 t_s 抽取过程，不利于快速关断和截止。故可以通过控制基极电流，或使用一些抗饱和电路，使 GTR 导通时处于准饱和状态，集电结处于接近线性工作区边缘，以缩短 t_s。

3）增加基极电流对缩短开通时间 t_{gt} 和关断时间 t_{gq} 有效。在开通过程中的延迟时间内，集电极电流基本不增加，只是完成基极电流向发射结电容充电的过程。上升时间则是基极区充电积累过剩载流子所需的时间。在关断过程中，基极区内过剩电荷被抽走，使 GTR 退出饱和，开始进入线性工作区。下降时间 t_f 则对应着基极区电荷继续抽走和体内复合时间。这样，适当地增加基极电流有利于载流子的快速运动，加快充放电过程。

4）选择结电容小的晶体管。

3. GTR 的参数

这里主要讲述 GTR 的极限运用参数，即最高工作电压、集电极最大允许电流、集电极最大耗散功率和最高工作结温等。

（1）最高工作电压 U_{cemax}

GTR 上所施加的电压超过规定值时，就会发生击穿。击穿电压不仅和 GTR 本身特性有关，还和外部电路的接法有关。

1）BU_{cbo}：发射极开路时，集电极和基极间的反向击穿电压。

2）BU_{ceo}：基极开路时，集电极和发射极之间的击穿电压。当集电极和发射极之间加上电压 U_{ce}后，使集电极处于反向偏置，发射结处于正向偏置，晶体管流过漏电流 I_{ceo}。当 U_c

升高使集电结出现雪崩击穿时，集电极电流增大，使发射结正偏压增大，发射区注入基区电子增多，而这又促使集电极电流进一步增大。由于雪崩倍增和电流放大之间的相互影响，使BU_{ceo}比BU_{cbo}小得多。

3）BU_{cer}和BU_{ces}：实际电路中，GTR的发射极和基极之间常接有电阻R，这时用BU_{cer}表示集电极和发射极之间的击穿电压。基极和发射极间接有电阻R后，当集电极反向电流流过基极时，R的分流作用使流过发射结的电流减小。因此，加到发射结的正向电压比基极开路时低，发射区向基区注入的电子减少，晶体管不易击穿。故BU_{cer}比BU_{ceo}高。R越小，BU_{cer}越高。当R为0时，发射极和基极短路，其击穿电压用BU_{ces}表示。

4）BU_{cex}：发射结反向偏置时，集电极和发射极之间的击穿电压。发射结反向偏置时，发射区注入基区电子显著减少，击穿电压增高。

图2-32给出了各种情况下GTR的击穿电压示意图。

电路中的GTR发生电压击穿后就不能正常工作，但并不一定损坏。只要击穿的时间足够短，且不超过最大允许的功率损耗，其特性还会恢复。

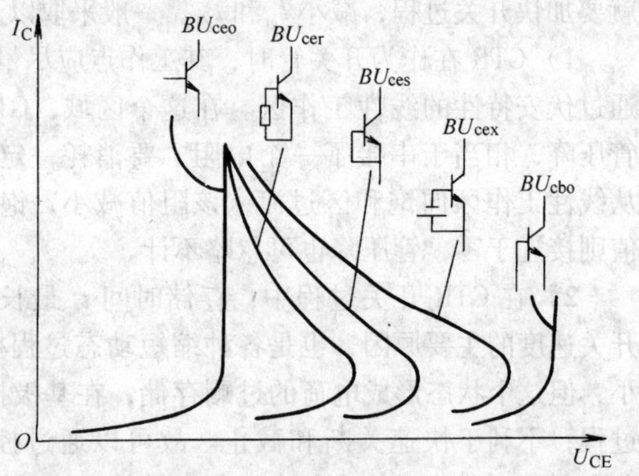

图2-32　GTR的击穿特性

（2）集电极最大允许电流I_{CM}

GTR流过的电流过大时，会使其电参数劣化，性能不稳定。因此，必须规定集电极最大允许电流。可按如下方法之一定额：

1）直流电流放大系数下降到规定值的1/2～1/3时；

2）集电极电流与饱和压降U_{ces}的乘积等于允许功耗时的集电极电流；

3）引起内部引线熔断的集电极电流；

4）引起集电结毁坏的集电极电流。

前两项决定直流最大允许电流，后两项决定最大脉冲允许电流。大多数厂家以方法1）定额I_{CM}，以方法3）定额脉冲I_{CM}，或根据经验，后者为前者的1.5～3倍。但不管怎样，在使用中都不应超过定额值I_{CM}。应注意的是，有些厂家产品目录中的电流是样品测试结果，可用的连续导通的I_{CM}，在额定结温下，仅是目录中所给数值的60%～70%。

（3）集电极最大耗散功率P_{CM}

集电极最大耗散功率是GTR容量的重要标志。GTR功耗的大小主要由集电结工作电压和工作电流的乘积来决定，它将转化为热能使GTR升温，GTR会因温度过高而烧坏，因此GTR使用时应采取必要的散热措施。

GTR在关断时集电结电压很高而集电极电流几乎为零，在导通时集电极电流很大而集电结电压很低，因此P_{CM}并不是BU_{ceo}和I_{CM}的乘积，而是小得多。实际使用时，集电极允许耗散功率和散热条件与工作环境温度有关。P_{CM}是在最高工作温度条件下的耗散功率。

（4）最高工作结温T_{JM}

GTR结温过高时，会导致热击穿而烧坏。T_{JM}是晶体管能正常工作的最高允许结温。

2.3.2 GTR 的驱动电路

在实际应用中，GTR 的基极驱动电路的种类虽然很多，但以下三点是驱动电路的共同趋势：

1）为提高开关速度，应采取措施保证在集电极电流变化时，基极电流自动调节，以使 GTR 随时工作在临界饱和状态。

2）为了使 GTR 安全运行，尽可能采取多种保护措施。

3）为使电路简化、功能齐全，尽可能采用集成电路。

1. 对基极驱动电路的要求

GTR 理想的基极驱动电流波形如图 2-33 所示。通常对 GTR 基极驱动电路的要求是：

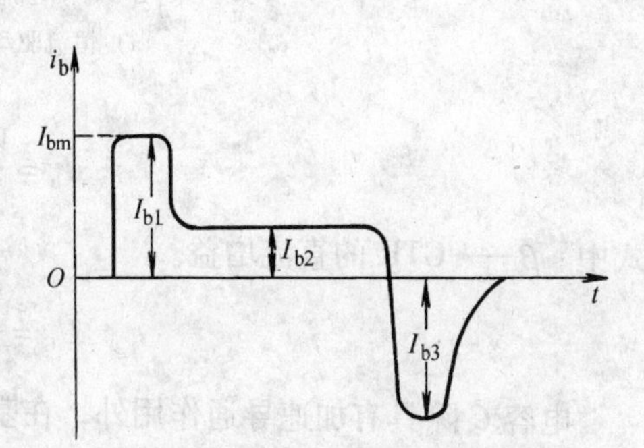

图 2-33　GTR 理想的基极驱动电流波形

1）GTR 开通时要采用强驱动，基极电流前沿要陡，并应有一定的过饱和驱动电流（I_{b1}），以缩短开通时间，减小开通损耗。过饱和系数一般为 1.5~2。

2）GTR 导通后应相对减小驱动电流（I_{b2}），维持器件处于准饱和状态，以降低驱动功率，减小存储时间。

3）GTR 关断时要提供较大的反向基极电流（I_{b3}），以迅速抽取基区的剩余载流子，缩短关断时间。反向过驱动系数一般为 1~2。

4）GTR 关断期间要维持一定的反向偏置电压，在 GTR 开通前，反偏电压应降为零。

5）为防止主电路与控制电路的干扰，驱动电路应采取隔离措施。

6）为防止 GTR 因过电流而进入线性工作区，应设置自动保护。

2. 基极驱动电路

GTR 驱动电路的基本形式按基极电流的控制方式分为恒流驱动和比例驱动两大类。恒流驱动时基极电流保持不变，因此，GTR 的饱和深度随负载电流的变化而变化，导致轻载或空载时饱和深度增加，存储时间增大。比例驱动则使基极电流能按集电极电流大小自动进行调整，维持 GTR 通态时饱和深度基本不变，从而降低轻载时的驱动功率。但驱动线路相对恒流驱动复杂一些。此外，按主电路与控制电路的隔离方式，驱动电路可分为电磁耦合方式（磁耦式）与光耦合方式（光耦式）；按驱动电路中器件的类型分为分立式与集成式；兼有保护功能的驱动电路称为安全型等。下面介绍两种典型的驱动电路。

（1）恒流驱动电路

图 2-34a 所示为简单的恒流驱动电路，图中 C 为加速电容。当输入信号 u_i 为低电平时，光耦合器 VL 导通，晶体管 V_1、V_2 截止，GTR 导通。在 V_1、V_2 截止瞬间，电容 C 使 R_5 短路，GTR 的初始基极电流为

$$I_{bM}=\frac{V_{CC}-U_{be(on)}}{R_4} \tag{2-28}$$

正常导通时，电容 C 充电过程结束，流过 GTR 的基极电流和电容 C 上的电压分别为 I_b 和 U_C。

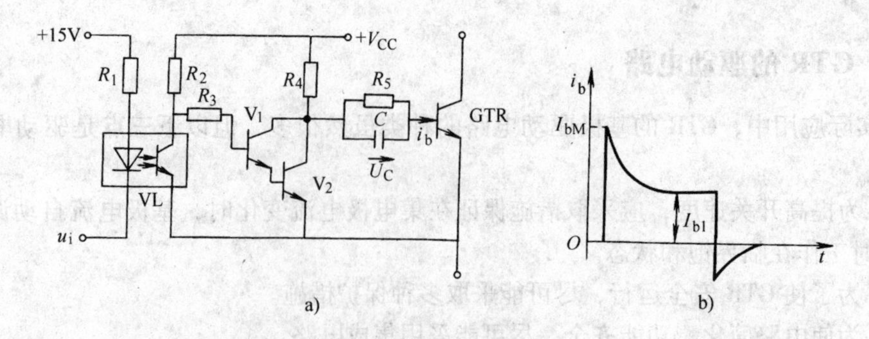

图 2-34　恒流驱动电路及基极电流波形

a）恒流驱动电路　b）基极电流波形

$$I_b = \frac{V_{CC} - U_{be(on)}}{R_4 + R_5} > \frac{I_C}{\beta} \tag{2-29}$$

式中　β——GTR 的直流增益。

$$U_C = \frac{V_{CC} - U_{be(on)}}{R_4 + R_5} \cdot R_5 \tag{2-30}$$

电容 C 除具有加速导通作用外，在基极电路中还具有截止反偏的作用。

当 u_i 为高电平时，光耦合器 VL 截止，晶体管 V_1、V_2 导通，电容 C 放电，U_C 反向加于 GTR 基射极之间，加速 GTR 关断。图 2-34b 为有加速电容时的基极电流波形。电容 C 的数值受 GTR 最小导通时间 $t_{on(min)}$ 的限制。$t_{on(min)}$ 越短，电容 C 的值应选得越小些，相应地 C 的储能也就越少，这有可能导致 GTR 关不断。因此，该电路只适用于开关频率较低的情况。

（2）光耦式比例驱动电路

图 2-35 所示为光耦式比例驱动实用电路。电路中控制信号经光耦合器件与驱动放大电路及 GTR 隔离。由二极管 VD_2、VD_3 和 GTR 组成抗饱和电路，也称贝克钳位电路。当轻载时，GTR 的饱和深度增加而使饱和压降 U_{CES} 减小，二极管 VD_2 导通，将基极电流分流，流入 GTR 的集电极，从而减小 GTR 的饱和深度；当过载或直流增益减小时，GTR 的 U_{CES} 增加，原来经 VD_2 旁路的电流会自动回到基极，确保 GTR 不会退出饱和，这样可使 GTR 在负载变化时，饱和深度基本不变。V_6、R_5、C_2、二极管 VD_4、VD_5 和稳压管 VS_1 的作用是使 GTR 在截止时，基射极间承受反偏电压，加速 GTR 的关断。VS_1 的稳压值约为 2～3V。反偏压过低，效果不明显；过高则可能损坏 GTR。电容 C_1 可消除晶体管 V_4 和 V_5 产生的高频寄生振荡。当输入信号 u_i 为高电平时，晶体管 V_1、V_2 及光耦合器 VL 均导通，晶体管 V_3 截止，V_4 和 V_5 导通，V_6 因处于反偏而截止，GTR 导通。电容 C_2 起加速导通作用，充电结束时 C_2 上的电压为左正右负，其大小由电源电压 V_{CC} 和 R_4、R_5 的比值决定。

当 u_i 为低电平时，V_1、V_2、VL 均截止，V_3 导通，V_4 和 V_5 截止，V_6 导通。C_2 的放电路径为：①C_2→V_6 的 e、b→V_3 的 c、e→VS_1→VD_5→VD_4→C_2，为 V_6 提供基极电流，同时利用 V_6 的 e、b 结电压使 V_4、V_5 处于反偏；②C_2→V_6 的 e、c→GTR 的 e、b→VD_4→C_2，为 GTR 提供反向基极电流，加速 GTR 的关断，该过程很短暂，一旦 GTR 完全截止，其电流即为零；③C_2→V_6 的 e、c→VS_1→VD_5→VD_4→C_2，由于 VS_1 导通，GTR 的 b、e 结承受反偏电压，保证其可靠截止。

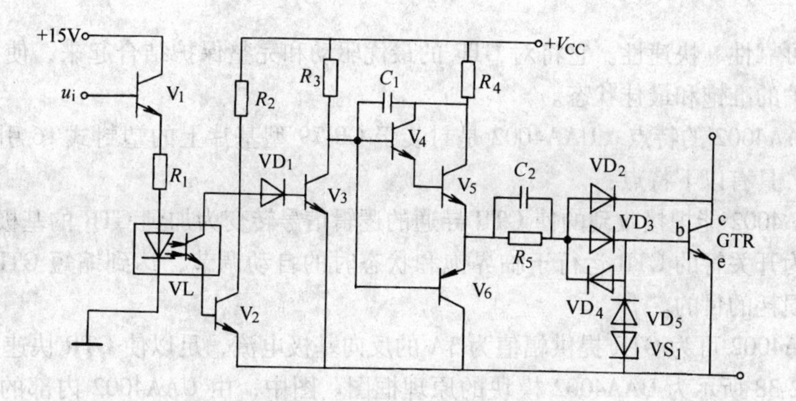

图 2-35　光耦式比例驱动电路

3. 集成模块化驱动电路

该电路克服了一般电路元器件多、电路复杂、稳定性差、使用不便等缺点，且增加了一些保护功能。下面举两个例子。

（1）驱动模块

常见的驱动模块是 EXB35N 系列驱动模块。例如 EXB357 驱动器的外形见图 2-36，其电性能见表 2-6。

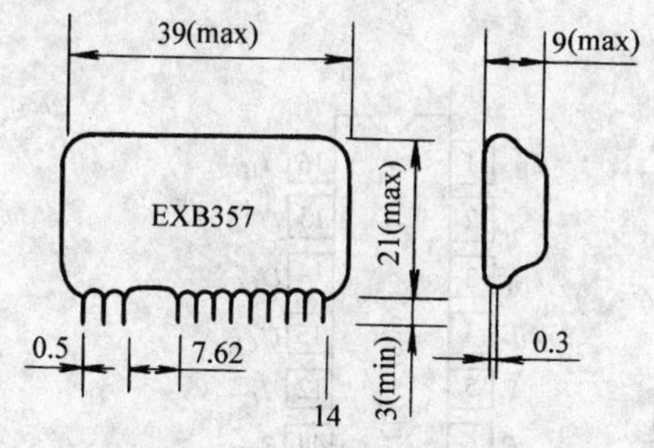

图 2-36　EXB357 驱动模块外形图

表 2-6　EXB357 驱动器的电性能

名　称	符号	最小值	最大值
延迟时间/μs	t_d	—	5.0
上升时间/μs	t_r	—	1.5
存储时间/μs	t_s	—	5.0
反向偏置电流下降率/(A/μs)	$-dI_{B2}/dt$	6.0	—
电压变化率(V/μs)	du/dt	4000	—

图 2-37 为应用电路图。其使用条件如下：

1）壳体温度 $T_C = -10 \sim 58°C$；

2）驱动晶体管的结温 $T_j = -10 \sim 130°C$；

3）驱动电路和被驱动 GTR 模块之间的连线必须短于 30cm；

4）关断电流必须小于 405A；

5）$U_{CC} = U_{EE} = (8.5 \pm 15\%)V$；

6）V_1 由两个 2SB757 晶体管并联，$R = 0.09\Omega$。

（2）驱动芯片

使用基极驱动芯片 UAA4002 可以简化基极驱动电路，提高基极驱动电路的

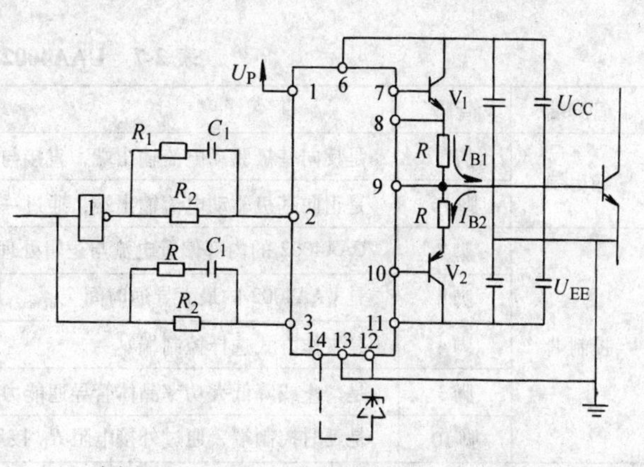

图 2-37　EXB357 驱动模块应用电路图

集成度、可靠性、快速性。它将对 GTR 的最优驱动和完整保护结合起来，使 GTR 可以运行于自身保护的准饱和最佳状态。

1）UAA4002 的特点。UAA4002 是封装于 CB-79 型基片上的塑封式 16 引脚双列直插式集成电路，具有以下特点：

①UAA4002 能把接收到的使 GTR 导通的逻辑信号转变为加到 GTR 的基极电流信号，从而保证作为开关管的 GTR 运行于临界饱和状态时的自动调节，达到缩短 GTR 的关断时间、减小开关损耗的目的。

②UAA4002 可为 GTR 提供幅值为 3A 的反向基极电流，足以使 GTR 快速关断。

③图 2-38 所示为 UAA4002 模块的原理框图。图中，由 UAA4002 内部的逻辑处理器完成对 GTR 的保护功能。在 GTR 导通时，该处理器监控基极—发射极饱和压降和集电极电流。同时也监控 UAA4002 本身工作的正负电源电压和芯片的工作温度。如有非正常情况，UAA4002 在该导通周期末储存错误信息，避免导致 GTR 重新开通的可能。逻辑处理器的最大和最小导通时间可以由用户自己设定。

由此可知，UAA4002 作为 GTR 的驱动电路，具有对 GTR 进行过电流、过电压、过饱和、欠饱和以及 UAA4002 自身的过热保护等功能。

2）UAA4002 的引脚功能和用法。UAA4002 的引脚排列如图 2-39 所示，其管脚功能见表 2-7。

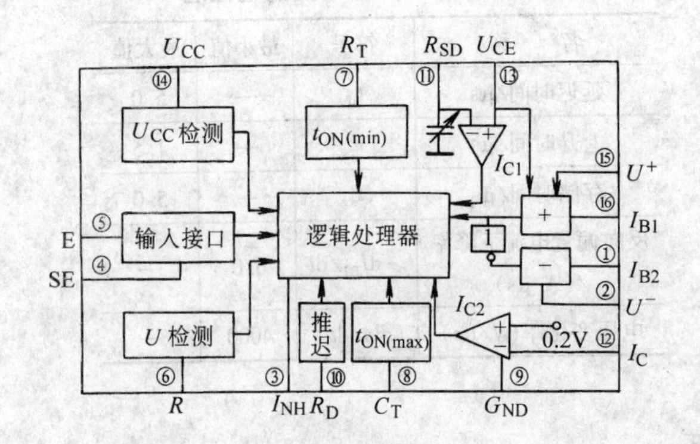

图 2-38　UAA4002 模块的原理框图

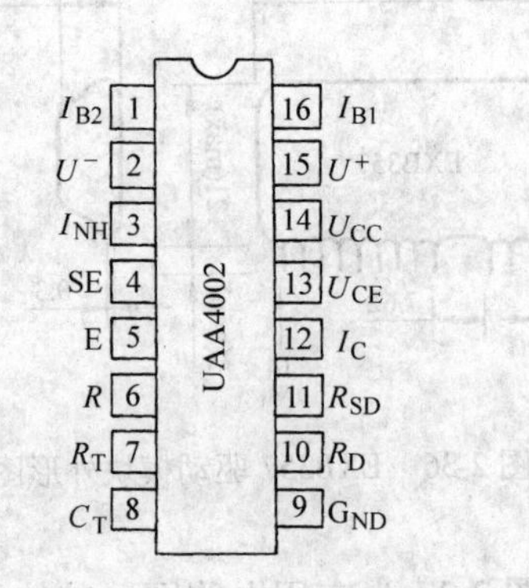

图 2-39　UAA4002 的管脚排列图

表 2-7　UAA4002 管脚功能

管脚端	管脚	功　能
输出端	脚 1	是反向基极驱动电流输出端，直接与被驱动 GTR 的基极相连接
	脚 16	是正向基极驱动电流输出端，通过一外接电阻与被驱动 GTR 的基极相连接
控制端	脚 7	UAA4002 的内部偏置电流与逻辑处理器工作时间设置端，可通过一外接电阻 R_T 接地
	脚 8	是 UAA4002 的最大导通时间 $T_{on(max)}$ 设置端，通过一外部电容 C_T 接地
	脚 4	是工作方式选择控制端
	脚 3	是禁止或降低大功率晶体管导通能力控制端
	脚 10	是延时控制端，通过外接电阻 R_D 接地

（续）

管脚端	管脚	功　　能
输入端	脚 6	是负电源电压监控保护动作门槛电平设置端，通过外接电阻 R 与负电源 U^- 相连
	脚 11	是被驱动大功率晶体管集电极、发射极电压检测输入端
	脚 12	是大功率晶体管集电极电流限制保护输入端。该端直接接到晶体管发射极的分流器或电流互感器的一个输出端
	脚 14	是正电源电压的监控输入端
	脚 5	是大功率晶体管的基极驱动信号输入端，接光耦合器或脉冲变压器的二次侧，通过光电隔离或脉冲变压器来实现与脉冲的部分隔离
电源端	脚 13	是正电源电压输入端，通常取 10～15V
	脚 2	是负电源电压输入端。负电源电压的适合值为 −4～−5V
	脚 15	是 UAA4002 的输出级电源输入端。通过一外接电阻接到正电源 U_{CC}
地端	脚 9	是提供整个集成块工作的参考地电平

3）UAA4002 的应用。图 2-40 为采用 UAA4002 驱动 GTR 的电路图。UAA4002 为“电平”工作模式，时间常数为 2.8μs，这正是大功率晶体管 BUV54 的吸收电路 *R-C*-VD 网络时间常数的 4 倍。UAA4002 的正驱动输出级电源，通过 15Ω 的电阻接到 UAA4002 的工作电源 U_{CC}，因而，为 BUV54 提供的最大正向基极电流近似为 0.45A，最大集电极电流限制在 10A。

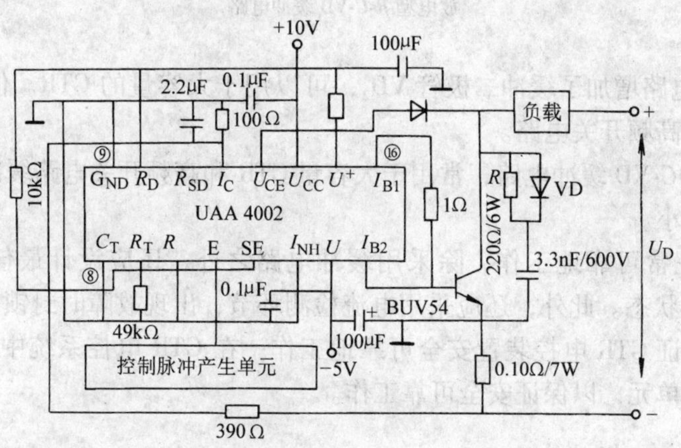

图 2-40　采用 UAA4002 驱动 GTR 的电路图

2.3.3　GTR 的保护电路

为了使 GTR 在厂家规定的安全工作区内可靠地工作，必须对其采取必要的保护措施。对 GTR 的保护比较复杂，因为它的开关频率较高，采用快速熔断器保护是无效的。一般采用缓冲电路，主要有 *RC* 缓冲电路、充放电型 *R-C*-VD 缓冲电路和阻止放电型 *R-C*-VD 缓冲电路三种形式，如图 2-41 所示。

RC 缓冲电路较简单，它对关断时集电极—发射极间电压上升有抑制作用，只适用于小容量的 GTR（电流 10A 以下）。

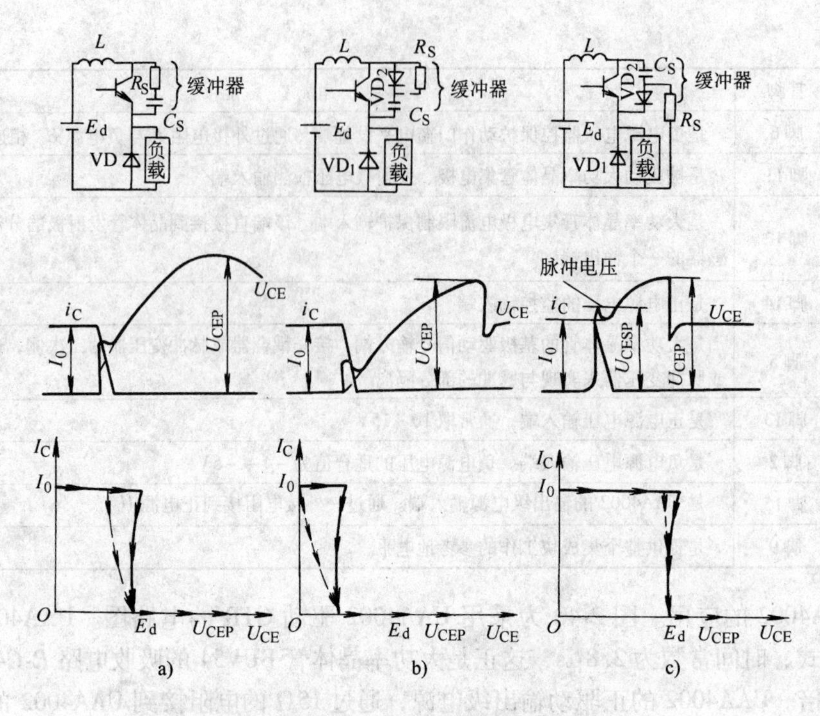

图 2-41　GTR 的缓冲电路

a）*RC* 缓冲电路　b）充放电型 *R-C*-VD 缓冲电路　c）阻止放电型 *R-C*-VD 缓冲电路

R-C-VD 缓冲电路增加了缓冲二极管 VD_2，可以用于大容量的 GTR。但缓冲电路的电阻较大，不适合用于高频开关电路。

阻止放电型 *R-C*-VD 缓冲电路，常用于大容量 GTR 和高频开关电路缓冲器。最大的优点是缓冲产生的损耗小。

为了使 GTR 正常可靠地工作，除采用缓冲电路之外，还应设计最佳驱动电路，并使 GTR 工作于准饱和状态。此外，还应采用电流检测环节，出现故障时封锁 GTR 的控制脉冲，使其及时关断，保证 GTR 电控装置安全可靠地工作。在 GTR 电控系统中还应设置过电压、欠电压和过热保护单元，以保证安全可靠工作。

2.4　MOS 器件

2.4.1　功率 MOSFET

功率 MOSFET（Metal Oxide Semiconductor Field Effect Transistor）即功率场效应晶体管是一种金属—氧化物—半导体场效应晶体管。它是压控型器件，其门极控制信号是电压不是电流。

1. 结构

MOSFET 有 N 沟道和 P 沟道两种。N 沟道中载流子是电子，P 沟道中载流子是空穴，都是多数载流子。其中每一类又可分为增强型和耗尽型两种。所谓耗尽型就是当栅源间电压

$U_{GS}=0$ 时存在导电沟道，漏极电流 $I_D \neq 0$；所谓增强型就是当 $U_{GS}=0$ 时没有导电沟道，$I_D=0$，只有当 $U_{GS}>0$（N 沟道）或 $U_{GS}<0$（P 沟道）时才开始有 I_D。

功率 MOSFET 绝大多数做成 N 沟道增强型，这是因为电子导电作用比空穴大得多。而 P 沟道器件在相同硅片面积下，由于空穴迁移率低，其通态电阻 R_{on} 是 N 型器件的 2 ~3 倍。

功率 MOSFET 和小功率 MOS 管的导电机理相同，但结构有很大差异，且每一个功率 MOS 都是由许多（$10^4 \sim 10^5$）个小单元 FET 并联而成。图 2-42 是垂直沟道双扩散管一个 MOSFET 单元的结构示意图。在重掺杂、电阻率很低的 N^- 衬底上，外延生长 N^- 型高阻层，N^+ 型区和 N^- 型区共同组成功率 MOS 的漏区。在 N^- 型区有选择地扩散 P 型沟道体区，漏区与沟道体区的交界面形成漏区 PN 结 J。在 P 型体区内，再有选择地扩散 N^+ 型源区，且沟道体区与源区被源极 S 短路，所以源区 PN 结处于零偏置状态。在 P 和 N^- 上层与栅极 G 之间有二氧化硅作栅极金属与导电沟道的隔离层。

功率 MOSFET 的电路符号如图 2-43 所示。图 2-43a 表示 N 型沟道，电子流出源极；图 2-43b 表示 P 型沟道，空穴流出源极；图 2-43c 是功率 MOSFET 的等效电路。

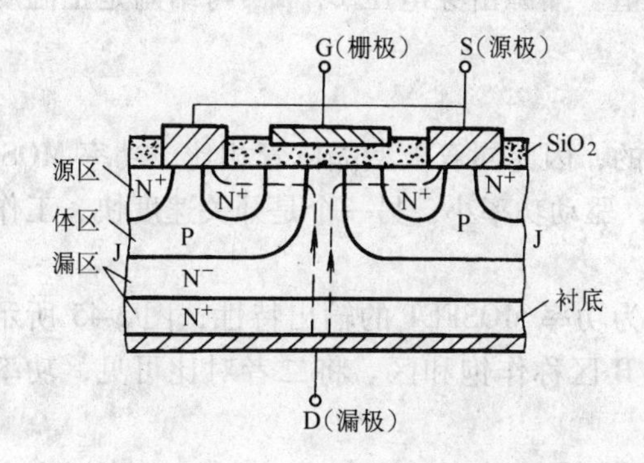

图 2-42　垂直沟道双扩散管一个 MOSFET 单元的结构示意图

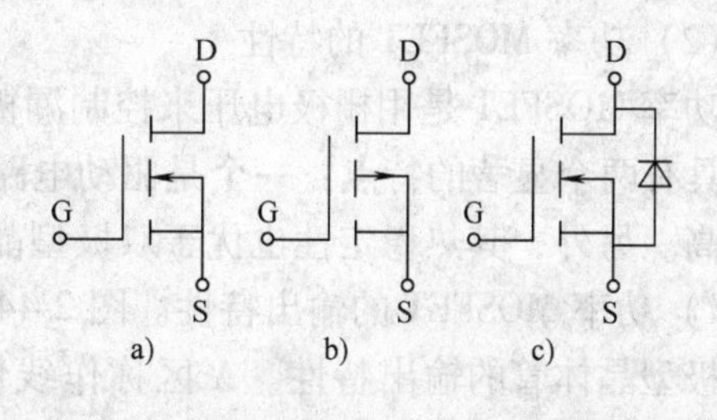

图 2-43　功率 MOSFET 的符号
a) N 型沟道　b) P 型沟道　c) 等效电路

当 D、S 间施加负电压（源极为正，漏极为负）时，PN 结为正偏置，相当于一个内部反向二极管（不具有快速恢复特性），即功率 MOSFET 无反向阻断能力，可视为一个逆导元器件。

由功率 MOSFET 工作原理可以看出，其导通时只有一种极性的载流子参与导电，所以也称单极型晶体管。

2. 功率 MOSFET 的主要参数及特性

（1）功率 MOSFET 的主要参数

1）漏极额定电流 I_D 和峰值电流 I_{DM}。I_D 是流过漏极的最大连续电流，I_{DM} 是流过漏极的最大脉冲电流。这两个电流参数主要受器件工作温度的限制。作为高频开关器件使用时，由于功率 MOSFET 的开关损耗比双极型晶体管的损耗低得多，选用时，功率 MOSFET 的裕量可以小一些。如 9 ~13W 节能灯镇流器，当用双极型开关管时，应选用 2 ~4A 的器件，而用功率 MOSFET 时，选用 0.5A 就足够了。

2）通态电阻 $R_{DS(ON)}$。通态电阻 $R_{DS(ON)}$ 是功率 MOSFET 非常重要的参数，它是功率 MOSFET 导通时漏源电压与漏极电流的比率，直接决定漏电流。当功率 MOSFET 导通时，漏极电流流过通态电阻，产生耗散功率。通态电阻值越大则耗散功率越大，越易损坏器件。通态电阻与门极电压有关，随着门极电压的升高而减小。但门极电压不是越高越好，过高的门极电压会延缓开通与关断时间，所以一般选择门极电压为 12V。

随着漏极电流的上升，尤其上升到大于额定电流 I_D 时，通态电阻值将增大。这时耗散功率将大幅度上升，器件的结温也上升很快。如果超过最大额定结温，器件将损坏。

3）阈值电压 $U_{GS(th)}$。阈值电压 $U_{GS(th)}$ 就是漏极流过一个特定的电流所需的最小栅源控制电压。实际使用时，所加栅源电压是阈值电压的 1.5～2.5 倍，以利于沟道充分反型，获得较小的沟道压降。通常，用作逻辑接口等的高速器件，$U_{GS(th)}$ 为 0.8～2.5V，而功率 MOSFET 的 $U_{GS(th)}$ 为 2～6V。因此，功率 MOSFET 有较高的阈值电压，也就是说有较高的噪声容限和抗环境干扰能力，这给电路设计提供了方便，几乎所有的栅源驱动电压都设计为 15V。

阈值电压 $U_{GS(th)}$ 与温度是负温度系数函数关系，即随着温度的上升而不断减小。

4）漏源击穿电压 $U_{(BR)DSS}$。漏源击穿电压 $U_{(BR)DSS}$ 是在 $U_{GS}=0$ 时漏极和源极所能承受的最大电压。功率 MOSFET 绝对不能超过这个电压值。漏源击穿电压 $U_{(BR)DSS}$ 与结温是正温度系数函数关系，即随着温度的上升而不断增加。

（2）功率 MOSFET 的特性

功率 MOSFET 是用栅极电压来控制漏极电流的，因此同双极型晶体管相比，功率 MOSFET 具有两个显著的特点：一个是驱动电路简单，驱动功率小；另一个是开关速度快、工作频率高。另外，其热稳定性也优于双极型晶体管。

1）功率 MOSFET 的输出特性。图 2-44 所示为功率 MOSFET 的输出特性，图 2-45 所示为双极型晶体管的输出特性。A 区称作线性区，B 区称作饱和区。将二者对比可见，功率 MOSFET 与双极型晶体管有以下三点不同：

①功率 MOSFET 的门极输入控制信号是电压而不是电流。

②在线性区，双极型晶体管的曲线斜率比功率 MOSFET 的大，说明功率 MOSFET 的通态电阻比双极型晶体管的大。

③在饱和区，双极型晶体管的曲线比功率 MOSFET 的陡，说明功率 MOSFET 是更好的恒流源，更适合工作在开关状态。

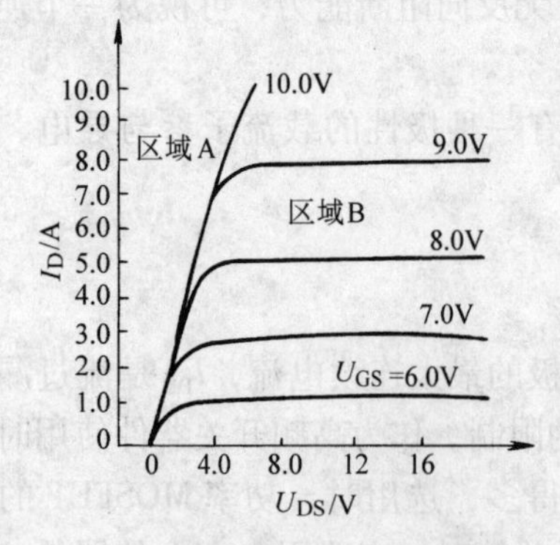

图 2-44　功率 MOSFET 的输出特性

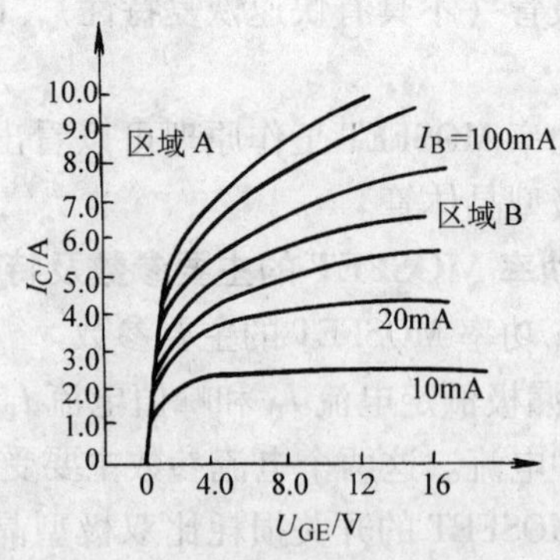

图 2-45　双极型晶体管的输出特性

2）功率 MOSFET 的转移特性。转移特性是在漏源电压一定的情况下，漏极电流与栅源控制电压之间的关系。它反映了输出电流与控制电压之间的关系。当功率 MOSFET 充分导通时，栅源控制电压很高，电压的变化不会影响漏极电流。

3）功率 MOSFET 的开关特性。因为功率 MOSFET 是多数载流子器件，没有与关断时间相联系的存储时间，所以它的速度是比较快的。它的开通与关断只和电容的充放电有关，其开关只是驱动这些非线性电容。因此功率 MOSFET 开关时间的大小与驱动电路的输出阻抗有很大关系。

图 2-46 是功率 MOSFET 的开关过程波形。在开通延时时间 $t_{d(ON)}$ 中，驱动电路给输入电容 C_{iss} 充电到 $U_{GS(th)}$，没有漏极电流流过，漏极电压保持在 U_{DD}。在开通上升时间 t_r 中，驱动电路给输入电容 C_{iss} 充电到阈值电压 $U_{GS(ON)}$，输出电容 C_{oss} 放电，漏极电压从 U_{DD} 下降，接近通态管压降 $U_{DS(ON)}$。

漏极电流 I_D 从零开始增大，接近最大值。当 U_{DS} 接近 $U_{DS(ON)}$ 时，输出电容值迅速上升，如图 2-47 所示，减缓了 I_D 的增大。在关断延时时间 $t_{d(OFF)}$ 中，电容 C_{iss} 通过栅极阻抗放电，漏极电流通过负载充电。由于 U_{DS} 很低时输出电容 C_{oss} 很大，故在关断开始时 U_{DS} 上升很慢。

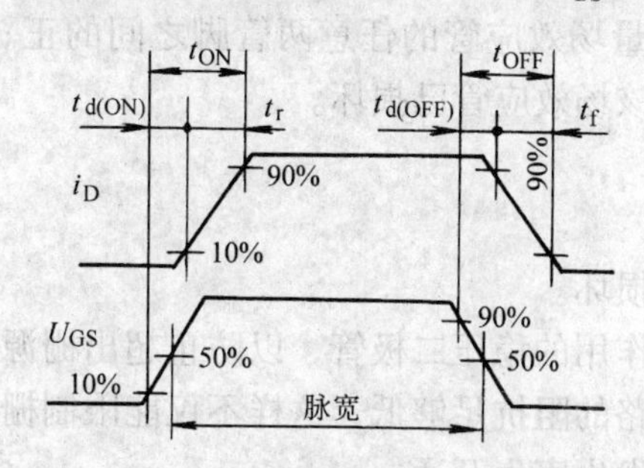

图 2-46　功率 MOSFET 的开关过程波形

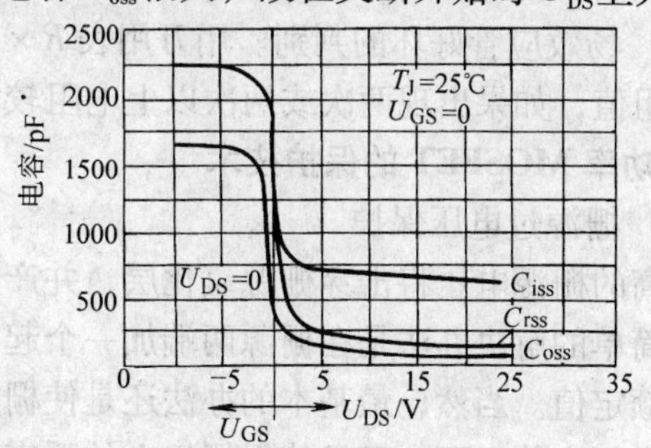

图 2-47　输入、输出电容与栅源电压、漏源电压的关系

在下降时间 t_f 中，输出电容 C_{oss} 随着漏极电压的上升迅速下降，实际上几乎不需要漏极电流给 C_{oss} 充电，U_{DS} 快速上升到 U_{DD}。

从功率 MOSFET 的开关过程可以看到，开通、关断时间与输入、输出电容有密切的关系。输入、输出电容是栅源电压、漏源电压的非线性函数，如图 2-47 所示。

输入电容 C_{iss}（即 $C_{GS}+C_{GD}$）、输出电容 C_{oss}（即 $C_{DS}+C_{GS}$）和反馈电容 C_{rss}（即 C_{GD}）是应用中常用的参数。功率 MOSFET 极间电容的等效电路如图 2-48 所示。

总之，功率 MOSFET 的开关速度和工作频率比 GTR 要高 1～2 个数量级，它的开关时间和频率响应主要取决于栅极输入端电容的充放电时间。作为一级近似，器件的开关时间可由输入电容和栅极电路等效电阻的乘积来决定。功率 MOSFET 的开关时间为几微秒至几十微秒，而 GTR 的开关时间为 50～500μs。因此，功率 MOSFET 的开关频率要高得多，可达 500kHz 以上。

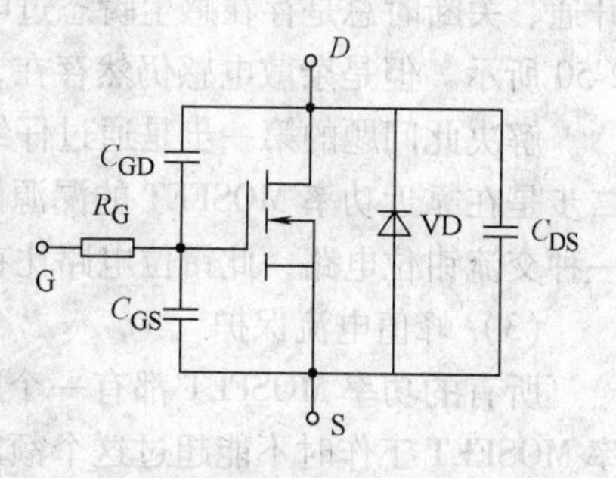

图 2-48　功率 MOSFET 极间电容的等效电路

3. 用万用表对功率 MOSFET 的测试

（1）栅极 G 的判定。用万用表 $R\times100\Omega$ 挡，测量场效应管任意两管脚之间的正、反向电阻值，其中有一次测量时两管脚电阻值为数百欧，此时两表笔所接的管脚是漏极 D 与源极 S，则另一管脚为 G 极。

（2）漏极 D、源极 S 及类型的判断。用万用表 $R\times10\text{k}\Omega$ 挡，测量 D 极与 S 极之间正、反向电阻值，正向电阻值约为几十千欧左右，反向电阻值在（$5\times100\text{k}\Omega$）~ ∞。在测反向电阻时，红表笔所接的管脚不变，黑表笔脱离所接管脚后，与 G 极触碰一下，然后黑表笔去接原管脚，此时会出现两种可能：

①若万用表读数由原来的较大阻值变为零（在 $R\times10\text{k}\Omega$ 挡），则此时红表笔所接为 S 极，黑表笔所接为 D 极，用黑表笔触碰 G 极万用表读数变为 0，则该场效应管为 N 沟道型场效应管。

②若万用表读数仍为较大值，则黑表笔接回原管脚，用红表笔与 G 极触碰一下，此时万用表读数由原来较大阻值变为 0，则此时黑表笔所接为 S 极，红表笔所接为 D 极，触碰 G 极万用表读取仍为零，该场效应管为 P 沟道型场效应管。

（3）场效应管好坏的判别。用万用表 $R\times1\text{k}\Omega$ 挡测量场效应管的任意两管脚之间的正、反向电阻值，如果出现两次或两次以上电阻较小时，则该场效应管已损坏。

4. 功率 MOSFET 的保护技术

（1）栅源过电压保护

过高的栅源电压将击穿栅源氧化层，并产生永久性损坏。

最简单的解决办法是在栅源两端加一个起电压钳位作用的稳压二极管，以防止超出栅源电压的额定值。当然，最基本的办法还是使栅极驱动电路的阻抗足够低，这样不仅能限制栅源电压在额定值以下，而且使得栅极上的瞬态电压不会发生寄生开通。

一般，功率 MOSFET 的栅源电压不允许超过 20V，在栅源两端反接一个稳压二极管（稳压值为 15V），即可实现栅源过电压保护。

（2）漏源过电压保护

在漏极电路的供电电压远低于功率 MOSFET 额定电压的时候，功率 MOSFET 也可能遭受瞬态过电压而毁坏。这个瞬态过电压就是由于功率 MOSFET 关断时电路中电感的影响造成的。

图 2-49 所示为由于电路中电感的影响，当 VF_1 关断时产生的电压尖峰。VF_1 开关的速度越快，产生的电压尖峰就越高。因为电感在实际电路中总是不同程度地存在着，所以，在开通、关断时总是存在感生瞬态过电压的危险。当然，通常主电感元件都是被钳位的，如图 2-50 所示。但是杂散电感仍然存在，瞬态过电压仍将发生。

解决此问题的第一步是通过仔细地进行电路布局来把残留的杂散电感降低到最低点；第二步是在靠近功率 MOSFET 的漏源两端加钳位稳压管 VS_1，如图 2-51 所示。图 2-52 所示为一种交流钳位电路，此钳位电路比在漏源两端直接加稳压二极管效果好一些。

（3）峰值电流保护

所有的功率 MOSFET 都有一个最大的峰值电流额定值。为保证能长期可靠地工作，功率 MOSFET 工作时不能超过这个额定值。

在实际电路中，如光电、热和电动机类负载，如不加以限制就会产生大的冲击电流。当功率 MOSFET 突然同一个导通的续流二极管接通时，由于二极管的反向恢复作用，会产生很大的瞬态电流。解决这个问题的办法是选用快恢复型二极管，或降低功率 MOSFET 的开关速度，以限制续流二极管的峰值反向恢复电流。

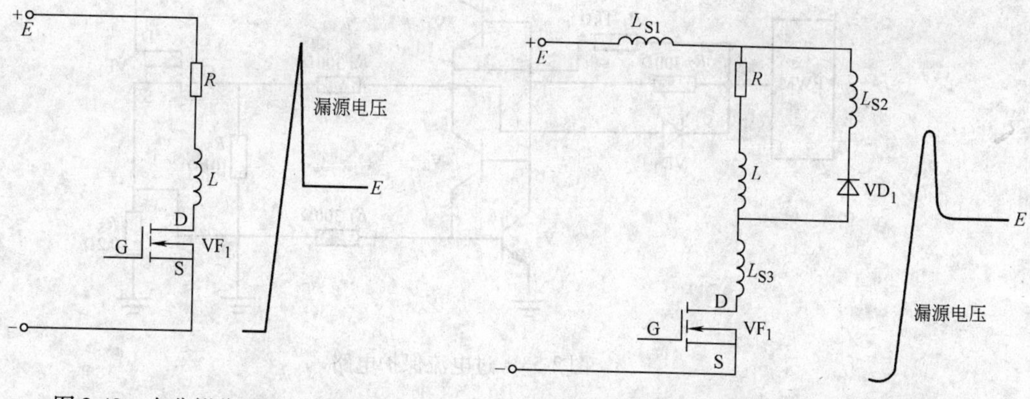

图 2-49　在非钳位电感性负载关断时漏源瞬态过电压

图 2-50　在钳位电感性负载关断时，由于电路杂感所产生的漏源瞬态过电压

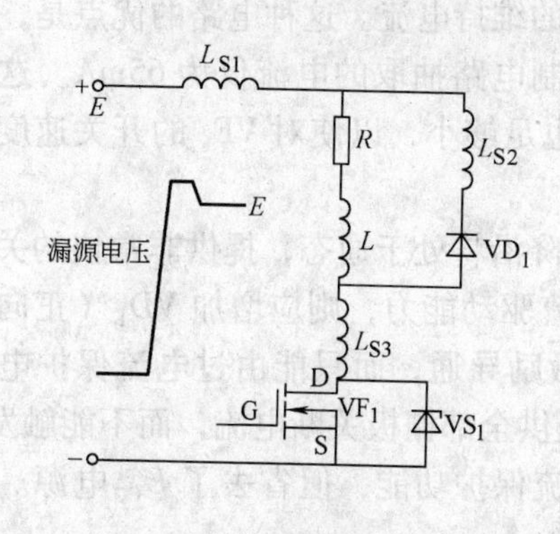

图 2-51　用漏源钳位稳压管限制瞬态过电压

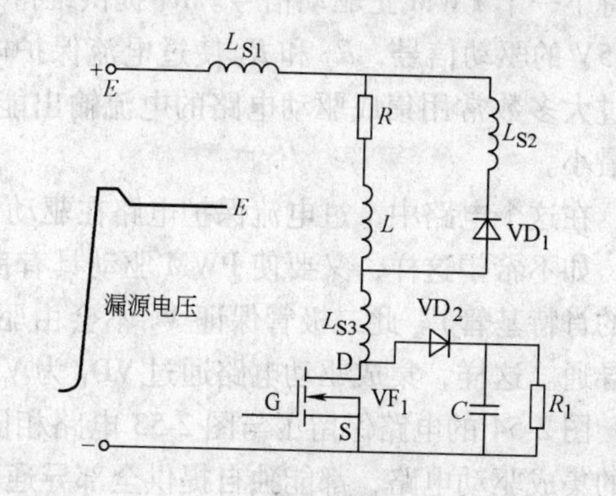

图 2-52　用二极管—电阻—电容电路限制瞬态过电压

（4）有效值电流保护

所有的功率 MOSFET 都有一个最大的连续直流电流额定值 I_D。内引线、压焊点和功率 MOSFET 的金属化设计必须能承受这个连续的额定电流。功率 MOSFET 在实际状况下工作的总有效值电流不得超过 I_D 额定值。即在功率 MOSFET 开关应用中，如果峰值电流 I_{pk} 占空比为 D，只要小于峰值电流额定值，则 I_{pk} 的最大允许值就为 $I_D/\sqrt{D}$。

过电流是功率 MOSFET 最容易发生的故障，必须考虑其保护措施。实际上，我们并不希望功率 MOSFET 长期工作在连续电流额定值，而应低于这个值，留出一定的裕量，以保证它安全工作。当漏极电流等于或大于电流额定值时，应该关断功率 MOSFET，防止过电流发生。各种过电流保护电路都是根据这个原理设计的。

图 2-53 所示为一种过电流保护电路。其工作原理是：VF_1 的漏极电流流过电流检测电阻 R_S，当电阻两端的电压达到约 0.6V 时，V_3 导通，V_1 和 V_2 互锁导通，VF_1 的栅极电荷迅速放掉并很快关断，从而把漏极电流降至零。这种“局部”电流检测电路的优点是，消除了扩展延时，动作非常快。

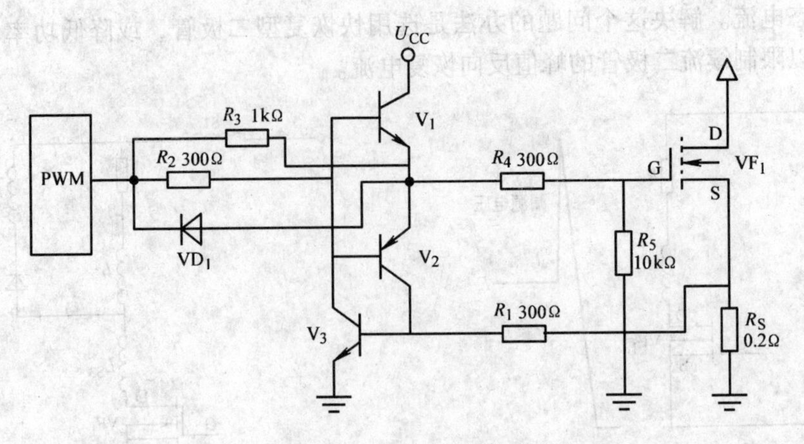

图 2-53 过电流保护电路

当控制电路的驱动电路信号变小时，过电流保护电路不再维持通态，电路复位，并准备等待下一个 PWM 正驱动信号。R_3 提供维持通态所需的维持电流。这种电路的优点是，对于 +15V 的驱动信号，R_2 和 R_3 使过电流保护电路从控制电路抽取的电流仅为 65mA。这不会超过大多数常用集成驱动电路的电流输出能力。R_2 也足够小，以使对 VF_1 的开关速度的影响最小。

在这个电路中，过电流保护电路在驱动信号的下降沿将处于通态，提供非常快的关断速度。如不希望这样，又要使 PWM 驱动具有良好的电流驱动能力，则应增加 VD_1（正向电压低的肖特基管）。此二极管保证 V_2 不会由驱动电路激励导通，而只能由过电流保护电路激励导通。这样，集成驱动电路通过 VD_1 为 VF_1 栅极提供全部栅极关断电流，而不能触发 V_2。

图 2-54 的电路保留了与图 2-53 电路相同的过电流保护功能，但省去了 U_{CC} 电源。对一般的集成驱动电路，都能独自提供全部导通驱动电流。

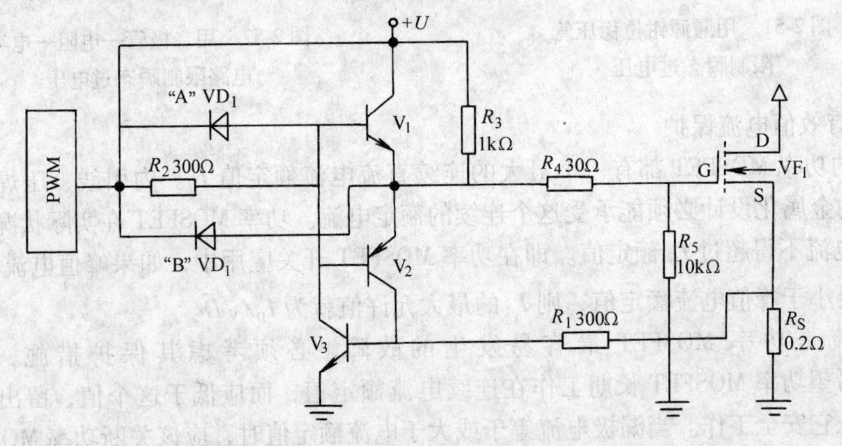

图 2-54 改进的过电流保护电路

NPN 型晶体管 V_1 不再具有电流放大功能，而像一个开关。当驱动电路输出高电压时，V_1 导通，传输驱动电流。当过电流保护电路被过电流信号触发导通时，V_1 关断，而 R_3 维持过电流保护电路的通态，使其从集成驱动电路抽取的电流小于 65mA。来自驱动电路的栅极驱动电流全部流过 V_1 的集电极，所以 V_1 并不会大大地降低功率 MOSFET 的开关速度。如果 VD_1 在位置 A，则每个 PWM 关断信号，过电流保护电路均触发导通，功率 MOSFET 具有很短的关断时间。如果 VD_1 在位置 B，则只有过电流才能触发过电流保护电路，由集成驱动电路泄放栅极电荷，而无任何电流增大。

需要说明的是，选择电路元器件时要特别注意，检测漏极电流的电阻 R_S 必须是低感电阻，以便使快速上升电流的尖峰和扰动限制到最小，否则可能误触发过电流保护电路。可以在 V_3 的基极—发射极加一个小电容，其容量能抑制 R_S 上的杂散电感产生的电压尖峰即可，否则会引起不必要的保护延迟。漏极电流检测电阻要足够小，使漏极电流在其上产生的电压降不影响功率 MOSFET 的正常工作。要降低电阻 R_S 上的热损耗，可以用霍耳电流检测器代替电阻 R_S。霍耳元件成本要比电阻高，但它没有电阻的电感效应和热损耗及压降，而且其响应速度也是非常快的，一般在几百纳秒以下。

（5）过热保护

结温过高会使功率 MOSFET 损坏，因此必须安装在散热器上，使在最大耗散功率和环境温度最坏的情况下，结温低于额定结温 $T_{j(max)}$ （150°C）。

在开关应用中，总功耗是导通损耗和开关损耗之和。开关时间和开关损耗基本上和温度无关，但导通损耗却随温度的升高而增加。这是因为导通电阻 $R_{DS(ON)}$ 随温度的升高而增大的缘故。

解决过热保护的方法之一是安装一个足够大的散热器，使它的散热能力足以在总功耗一定的情况下，使结温限制在 150°C 之内。方法二是检测结温，如果结温高于某个值（如 100°C），就应该采取关断措施。检测结温一般是依据功率 MOSFET 的通态电阻 $R_{DS(ON)}$ 随结温上升而增大的性质，在漏极电流一定的情况下，通态电阻值是和管压降成正比的，所以检测管压降就能检测到结温的情况。

（6）静电保护

由于功率 MOSFET 是 MOS 器件，它有一定的输入电容，很容易吸收静电荷，静电荷积累过多，会使极间的电压超过允许值而毁坏器件。因此要注意以下一些问题：

1）功率 MOSFET 应放置在防静电袋子或导电泡沫塑料内，操作者要带可靠接地的防静电手腕带拿取。

2）用手拿功率 MOSFET 时，不要用手触摸其管脚。

3）工作台要采用接地的桌子和地板垫。

4）电烙铁要良好接地，在 MOSFET 电控系统中要设置过电压、欠电压、过电流和过热保护单元，以保证安全可靠地工作。

2.4.2 MOS 门控晶闸管

MOS 门控晶闸管，简称 MCT（MOS Controlled Thyristor），是将 MOSFET 与晶闸管复合而得到的器件。MCT 把 MOSFET 的高输入阻抗、低驱动功率与晶闸管的高电压大电流、低导通压降的特点相结合，构成大功率、快速的全控型电力电子器件。MCT 工作于超擎住状态，是一个真正的 PNPN 器件。

1. MCT 的基本结构与工作原理

MCT 是采用集成电路工艺制成的，一个 MCT 器件由数以万计的 MCT 元构成。MCT 的基本结构如图 2-55a 所示，它是在 PNPN 四层晶闸管（SCR）结构中集成了一对 MOSFET 开关，通过 MOSFET 来控制 SCR 的导通和关断。使 MCT 导通的 MOSFET 称为 on-FET（P 沟道），使其关断的 MOSFET 称为 off-FET（N 沟道）。一个小的 MCT 大约有十万个单胞，每个单胞含有一个宽基区 NPN 晶体管和一个窄基区 PNP 晶体管（二者组成 SCR）以及一个 off-FET 和一个 on-FET。off-FET 连接在 PNP 晶体管的基极、发射极之间，on-FET 连接在 PNP 晶体管的发射极、集电极之间，这两组 MOSFET 的栅极连在一起，构成 MCT 的门极 G。MCT 的等效电路和电路符号如图 2-55b 和 c 所示。

当门极 G 相对于阳极 A 加负脉冲电压时，on-FET 导通，它的漏极电流使 NPN 晶体管导通，NPN 晶体管的集电极电流是 PNP 晶体管的基极电流，而 PNP 的集电极电流又反过来维持 NPN 晶体管导通，通过 SCR 正反馈，使 $\alpha_1+\alpha_2>1$，因而 MCT 导通。当门极相对于阳极加正脉冲电压时，off-FET 导通，PNP 晶体管的基极电流中断，PNP 晶体管关断，破坏了 SCR 的掣住条件，使 MCT 关断。一般 $-15\sim-5$V 脉冲可使 MCT 导通，+10V 脉冲可使 MCT 关断。

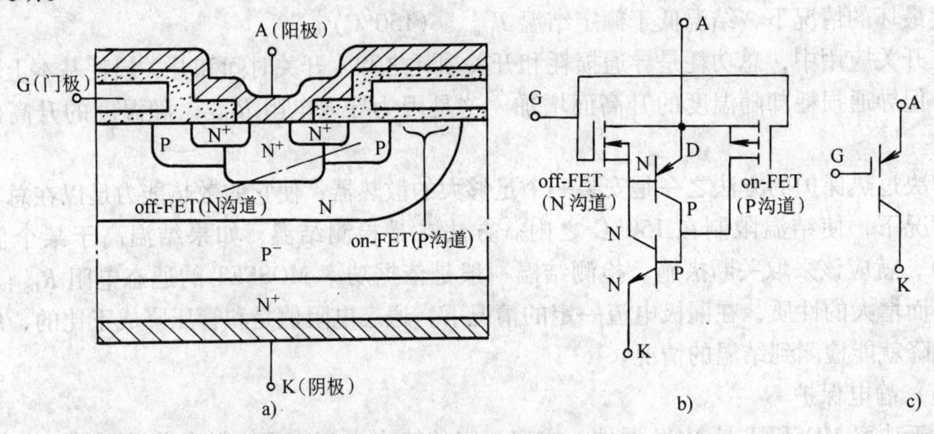

图 2-55　MCT 的基本结构、等效电路和电路符号

a）基本结构　b）等效电路　c）电路符号

从工作原理上分析，MCT 与 SCR 有两点明显的不同：

1）MCT 是电压控制器件，SCR 是电流控制器件。

2）MCT 的开通和关断是通过双门极相对阳极施加负、正脉冲电压来实现；SCR 的触发信号是以阴极为基准。

由于 MCT 集 MOSFET 和 SCR 的优点于一身，被认为是大有发展前途的一种新器件。

2. MCT 的主要参数

1）击穿电压——没有触发时 MCT 连续承受的最大电压。

2）正向压降——150°C 时额定峰值电流下的正向压降。

3）结温——在标准的塑料外壳场合规定为 150°C。

3. MCT 的开关速度

MCT 的开通延迟时间和开通电流上升时间非常快。对于许多带 on-FET 的 MCT 元，如果不受门极驱动上升时间的限制，开通时间约为一个基区渡越时间（数十纳秒），MCT 达到最终的通态电压，基本上不存在 di/dt 的限制。

*2.4.3 工程应用实例

谐振直流环节变频器（将在第 3 章中作介绍）是一种适用于交流电动机控制的谐振型直流变流器。其应用谐振原理及适当的开关顺序将直流环电压变换成高频准正弦波，且功率开关换相时刻与直流环电压过零同步，明显减小了换相期间功率器件的开关损耗，并不需要吸收电路。

图 2-56 所示为适用于感应或同步电动机驱动的三相谐振直流环变流器原理图。主电路是采用功率 MOSFET 的常规三相电压源变频器。谐振电路插在直流环滤波器和变频器之间。图中，一个 LC 谐振电路插在电源和负载之间，功率 MOSFET 跨接在 C 两端，用于控制电压波形。功率 MOSFET 以固定频率开通和关断，导通时间非常短。当功率 MOSFET 关断时，电容谐振产生正弦电流。在半个周期里，电容充到电源电压的两倍，另外半个周期放电至零。然后这个过程重复进行，功率 MOSFET 导通使系统复位到初始状态，为下一个周期作准备，从而在直流环中产生一个准正弦电压波形。

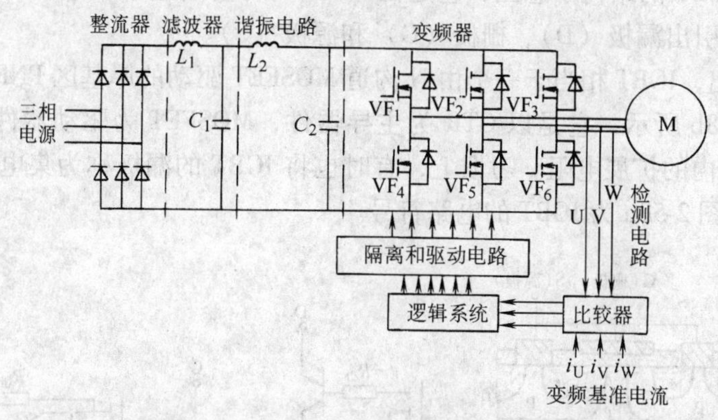

图 2-56　三相谐振直流环变流器原理图

在功率 MOSFET 导通期间，电感电流线性增加，这期间存储的能量将补充关断期间已释放给负载的能量，以便电容电压能够过零。

为了获得最佳特性，必须使开关频率较谐振频率低，以便只在电容电压过零时开通功率 MOSFET。当开关频率低于谐振频率时，直流环电压降低；当开关频率高于谐振频率时，直流环电压也降低，功率 MOSFET 电流增加。

图 2-57 是功率 MOSFET 开关频率等于、低于、高于谐振频率情况下,电容电压和电流波形。

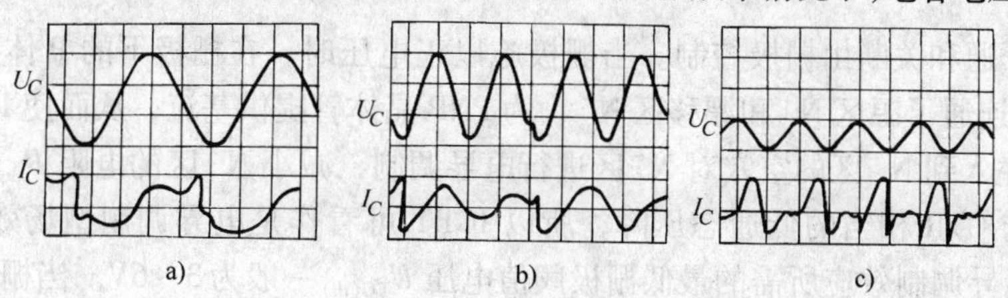

图 2-57　电容电压和电流波形

a）等于谐振频率　b）低于谐振频率　c）高于谐振频率

该电路没有吸收电路，消除了变频器同一桥臂上下器件的开关死区，在交流调速中可直接应用。

2.5 绝缘栅双极型晶体管

随着电力电子学的发展，比 GTR 更新的电力开关器件绝缘栅双极型晶体管（Insulated Gate Bipolar Transistor，IGBT）已经在广泛使用。IGBT 综合了 MOS 场效应晶体管（MOSFET）和双极晶体管（GTR）的优点。IGBT 栅极输入高阻抗，是场控器件，这一点是 MOSFET 的特性；另外，IGBT 的输出特性饱和压降低，这一点是 GTR 的特性。目前，IGBT 的容量已经达到 GTR 的水平，而且它的驱动简单、保护容易、不用缓冲电路、开关频率高，这些都使 IGBT 比 GTR 有更广泛的应用领域。事实上，在电动机驱动、中频和开关电源以及要求快速、低损耗的领域 IGBT 已处于主导地位。在通用变频器中，IGBT 正在取代 GTR。

2.5.1 IGBT 的结构特点

图 2-58a 是 IGBT 的结构示意图，它是在 VDMOS 的基础上增加了一个 P^+ 层漏极，形成 PN 结 J_1，并由此引出漏极（D）、栅极（G）和源极（S）。

由结构图看出，IGBT 相当于一个由 N 沟道 MOSFET 驱动的厚基区 PNP 型 GTR，其简化等效电路如图 2-58b 所示，它是以 GTR 为主导器件，MOSFET 为驱动器件的复合管，其中 R_{dr}为 GTR 厚基区内的扩展电阻。习惯上，有时也将 IGBT 的漏极称为集电极（C），源极称为发射极（E）。图 2-58c 为 IGBT 的电路符号。

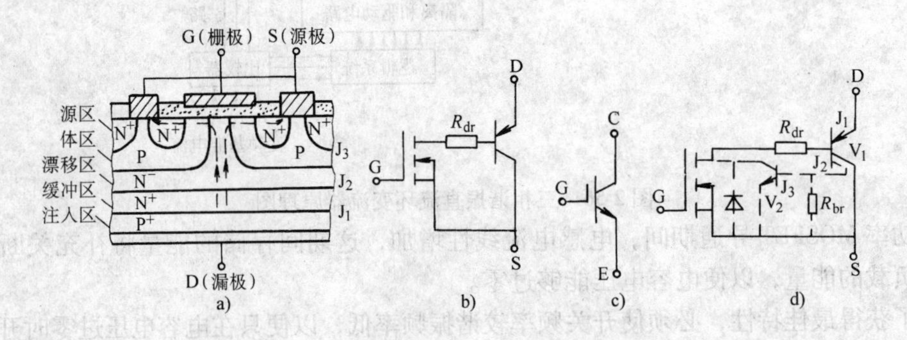

图 2-58 IGBT 的结构示意图、电路符号和等效电路

a）结构示意图 b）简化等效电路 c）电路符号 d）等效电路

IGBT 的开通和关断由栅极控制。当栅极施以正电压时，在栅极下的 P 体区内便形成 N 沟道，此沟道连通了源区 N^+ 和漂移区 N^-，为 PNP 晶体管提供基流，从而使 IGBT 导通。此时，从 P^+ 区注入到 N^- 区的空穴对 N^- 区进行电导调制，减小 N^- 区的电阻 R_{dr}，使高耐压的 IGBT 也具有与 GTR 相当的低通态压降，所以 IGBT 可看作是电导调制型场效应管（COMFET）。引起电导调制效应所需的最低栅极阈值电压 $U_{EG(th)}$一般为 3～6V。当栅极上的电压为零或施以负压时，MOSFET 的沟道消失，PNP 晶体管的基极电流被切断，IGBT 即关断。

IGBT 的四层结构，在内部存在一个寄生晶闸管，故也可称为绝缘栅双极型晶闸管，其等效电路如图 2-58d 所示。NPN 晶体管的基极与发射极间的电阻 R_{br}为体区扩展电阻，P 型体区横向空穴电流在其上产生的压降对 J_3 结来说是一个正偏电压。在规定的漏极电流范围内，这个正偏电压不大，NPN 晶体管不起作用（图中用虚线表示）。当 I_D 大到一定程度时，该正偏压能使 NPN 晶体管导通，与 PNP 形成正反馈。于是寄生晶闸管导通，栅极失去控制作用，这时 IGBT 无自关断能力（即擎住或锁定效应）。同时，漏极电流增大，造成过高的功耗，导致器件损坏。这种漏极电流的连续值超过临界值时产生的擎住效应称为静态擎住效应。

另外，在 IGBT 关断过程中，如 du_{DS}/dt 过大，在 J_2 结中引起的位移电流也可能形成关断擎住，称为动态擎住效应。结构上，在 P^+ 衬底与 N^- 之间引入一个 N^+ 缓冲区就是为了控制擎住效应。

IGBT 内由于存在空穴的存储效应，使其关断存在电流拖尾现象，关断损耗比 MOSFET 大，这限制了其开关频率的提高。

2.5.2 IGBT 的主要参数与基本特性

1. 主要参数

通常 IGBT 的使用手册会给出以下一些主要参数：

1）集电极—发射极额定电压 U_{CES}：这个电压值是厂家根据器件的雪崩击穿电压而规定的，是栅极—发射极短路时 IGBT 能承受的耐压值，即 U_{CES}值小于等于雪崩击穿电压。

2）栅极—发射极额定电压 U_{GES}：IGBT 是电压控制器件，靠加到栅极的电压信号控制 IGBT 的导通和关断，而 U_{GES}就是栅极控制信号的电压额定值。目前，IGBT 的 U_{GES}值大部分为 +20V，使用中不能超过该值。

3）额定集电极电流 I_C：该参数给出了 IGBT 在导通时能流过管子的持续最大电流。如富士公司提供给市场的 IGBT 模块的电流范围是 8～400A。

4）集电极—发射极饱和电压 $U_{EC(sat)}$：此参数给出 IGBT 在正常饱和导通时集电极—发射极之间的电压降。该值越小，管子的功率损耗越小。富士公司 IGBT 模块的 $U_{EC(sat)}$ 值约为 2.5～3.5V。

5）开关频率：在 IGBT 的使用手册中，开关频率是以导通时间 t_{on}、下降时间 t_f 和关断时间 t_{off}给出的，据此可估计出 IGBT 的开关频率。一般，IGBT 的实际工作频率都在 100kHz 以下，即使这样，它的开关频率、动作速度也比 GTR 快得多，可达 30～40kHz。开关频率高是 IGBT 的一个重要优点。

2. 基本特性

IGBT 有与 GTR 相近的输出特性，也有截止区、饱和区、放大区和击穿区，转移特性则与 VDMOS 相近，在导通后的大部分漏极电流范围内，I_C 与 U_{GE}成线性关系。

IGBT 的优点之一是没有二次击穿。其正向安全工作区由电流、电压、功耗三条边界极限包围而成，最大漏极电流 I_{DM}根据避免动态擎住确定其值，最大漏源电压 U_{DSM}由 IGBT 中 PNP 晶体管的击穿电压决定，最大功耗则受限于最高结温；反向安全工作区随关断时的 du_{CE}/dt 而变，du_{CE}/dt 越大，其越窄。IGBT 能承受过电流的时间通常仅为几微秒，这与 SCR、GTR（几十微秒）相比也小得多，因此对过电流保护要求很高。

图 2-59a 所示为 IGBT 伏安特性（该 IGBT 为 60A/1000V）。可以看出：若 U_{GE}不变，导通电压 U_{CE}将随漏极电流增大而增高，因此可用检测漏源电压 U_{DS}作为是否过电流的判别信号；若 U_{GE}增加，则通态电压下降，导通损耗将减小。

另外，IGBT 允许过载能力与 U_{GE}有关。图 2-59b 所示为 50A/900V IGBT 的 U_{GE}与短路电流 I_{CS}及短路时间 t_{CS}的关系曲线。可以看出，当 $U_{GE}=15V$ 时，在 5μs（A 点）内可承受 250A 的短路电流（B 点）；当 U_{GE}由 15V 降为 10V 时，则过电流承受时间可达 15μs（A' 点），过电流幅值也由 250A 降至 100A（B'点）。

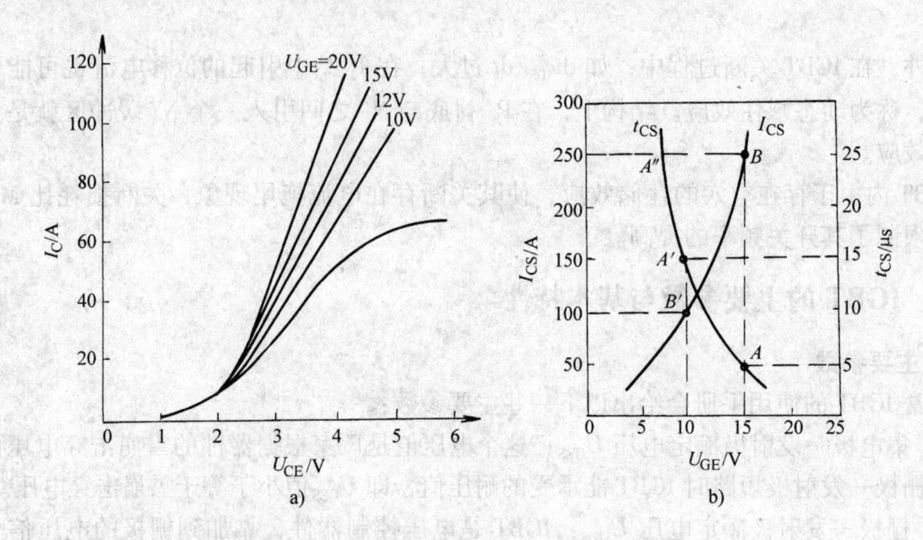

图 2-59 IGBT 伏安特性和短路特性

a）伏安特性曲线 b）短路特性曲线

新一代的 IGBT 已能做到不必使用 RCD 缓冲电路，具有矩形反向 SOA，不必负压关断，并联时能自动均流，短路电流可自动抑制，并且损耗不随温度正比增加。

2.5.3 IGBT 的驱动与保护技术

1. 驱动电路

由于 IGBT 以 MOSFET 为输入级，所以 MOSFET 的驱动电路同样适用于 IGBT。

（1）对驱动电路的要求

对驱动电路的要求体现在以下几方面：

1）IGBT 与 MOSFET 都是电压驱动，都具有一个 2.5～5V 的阈值电压，有一个容性输入阻抗，因此 IGBT 对栅极电荷非常敏感，故驱动电路必须很可靠，要保证有一个低阻抗值的放电回路，即驱动电路与 IGBT 的连线要尽量短。

2）用内阻小的驱动源对栅极电容充放电，以保证栅极控制电压有足够陡的前后沿，使 IGBT 的开关损耗尽量小。IGBT 开通后，栅极驱动源能提供足够的功率，使 IGBT 不退出饱和而损坏。

3）驱动电路要能传递几十千赫的脉冲信号。

4）驱动电平 $+U_{GE}$的选择必须综合考虑。在有短路过程的设备中，由于负载短路时的 I_C 增大，IGBT 能承受短路电流的时间减少，对其安全不利，因此 U_{GE}应取得小一些，一般为 12～15V。

5）在关断过程中，为尽快抽取 PNP 管的存储电荷，应施加一负偏压 U_{GE}，但其值受

IGBT 的 G、E 间的最大反向耐压限制，一般取 $-10 \sim -1$V。

6）在大电感负载下，IGBT 的开关时间不能太短，以限制 di/dt 所形成的尖峰电压，确保 IGBT 的安全。

7）由于 IGBT 在电力电子设备中多用于高压场合，故驱动电路与控制电路在电位上应严格隔离。

8）IGBT 的栅极驱动电路应简单实用，其自身带有对 IGBT 的保护功能，有较强的抗干扰能力。

另一方面，对具有短路保护功能的驱动电路应注意：

①正常通导时，$U_{GE} > (1.5 \sim 2.5) U_{GE(th)}$，以降低饱和压降 $U_{GE(s)}$ 和运行结温；关断时加 $-10 \sim -5$V 负偏压，以防止关断瞬间因 du/dt 过高引起掣住现象，造成误导通，并提高抗干扰能力。

②出现短路或瞬时大幅值电流时立即将 U_{GE} 由 15V 降至 10V，使允许短路的时间由 5μs 增加到 15μs；瞬时过电流结束时随即自动使 U_{GE} 由 10V 恢复到 15V。

③如故障电流为持续过电流，应在降栅压后 $6 \sim 12$μs，使 U_{GE} 由 10V 经 $2 \sim 5$μs 时间软关断下降至低于 $U_{GE(th)}$。

（2）集成化驱动电路

大电流高电压 IGBT 已模块化，图 2-60 为 IGBT 绝缘栅双极型晶体管模块外形图。图 2-61 为 IGBT 模块内部结构图。其驱动电路使用集成化的 IGBT 专用驱动电路，整机的可靠性更高，体积更小。IGBT 正日益广泛地应用于小体积、低噪声、高性能的电源、通用变频器和电动机转速控制、伺服控制、不间断电源（UPS）、电焊机等。

图 2-60　IGBT 模块外形

目前，国内市场应用最多的 IGBT 驱动模块是富士公司开发的 EXB 系列，它包括标准型和高速型。EXB 系列驱动模块可以驱动全部的 IGBT 产品范围，特点是驱动模块内部装有 2500V 的高隔离电压的光耦合器，有过电流保护电路和过电流保护输出信号端子，另外，可以单电源供电。标准型的驱动电路信号延迟最大为 4μs，高速型的驱动电路信号延迟最大为 1.5μs。

图 2-61　IGBT 模块内部结构图

EXB851（850）为标准型，其外形如图 2-62 所示，内部电路框图如图 2-63a 所示。EXB841（840）是高速型，其内部电路框图如图 2-63b 所示。它为直插式结构，额定参数和运行条件可参考其使用手册。

EXB 系列驱动器的各引脚功能如下：

脚 1：连接用于反向偏置电源的滤波电容器；

脚 2：驱动模块工作电源（+20V）；

脚 3：驱动输出信号；

脚 4：用于连接外部电容器，以防止过电流保护电路误动作；

脚 5：过电流保护输出；

脚 6：集电极电压监视端；

脚 7、8：不接；

脚 9：电源；

脚 10、11：不接；

脚 14：驱动信号输入（-）；

脚 15：驱动信号输入（+）。

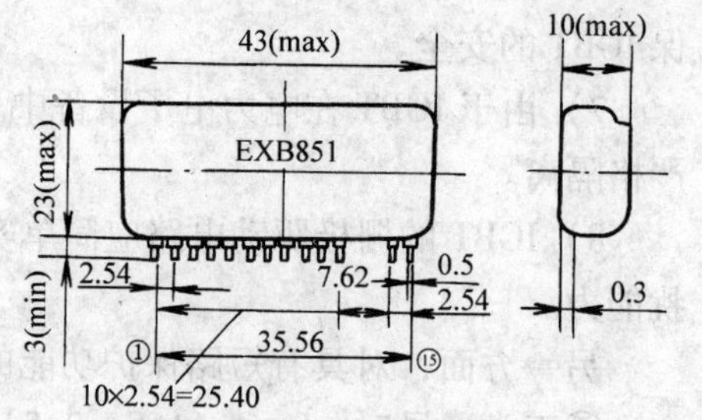

图 2-62　EXB851 驱动模块外形图

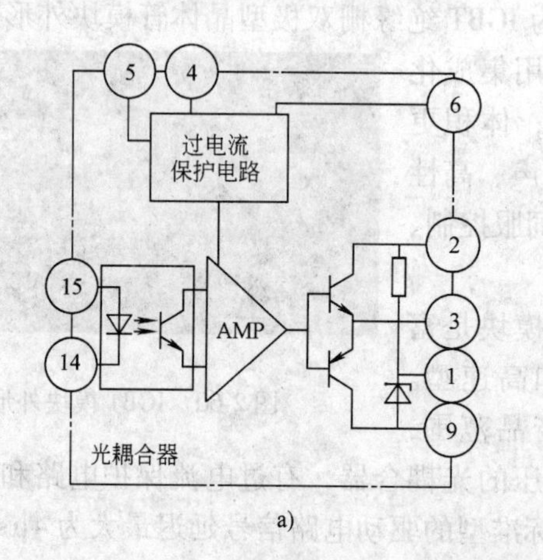

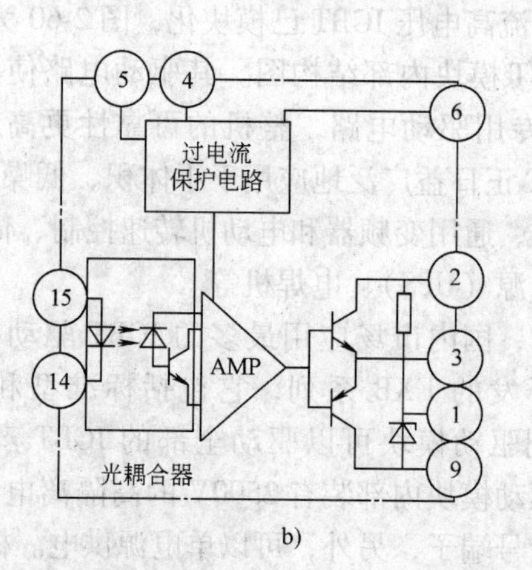

图 2-63　EXB 系列集成驱动器的内部框图

a）EXB851，850（标准型）　b）EXB841，840（高速型）

由于本系列驱动器采用具有高隔离电压的光耦合器作为信号隔离，因此能用于交流 380V 的动力设备上。

EXB 系列驱动器内设有电流保护电路，根据驱动信号与集电极之间的关系检测过电流，其检测电路如图 2-64a 所示。当集电极电压高时，虽然加入信号也认为存在过电流，但如果发生过电流，驱动器的低速切断电路就慢速关断 IGBT，从而保证 IGBT 不受损坏。如果以正常速度切断过电流，集电极产生的电压尖脉冲足以破坏 IGBT，关断时集电极电流的波形如图 2-64b 所示。IGBT 在开关过程中需要一个 +15V 的电压以获得低开启电压，还需要一个 -5V 关栅极电压以防止关断时的误动作。这两种电压均可由驱动器内部电路产生，如图 2-64c 所示。

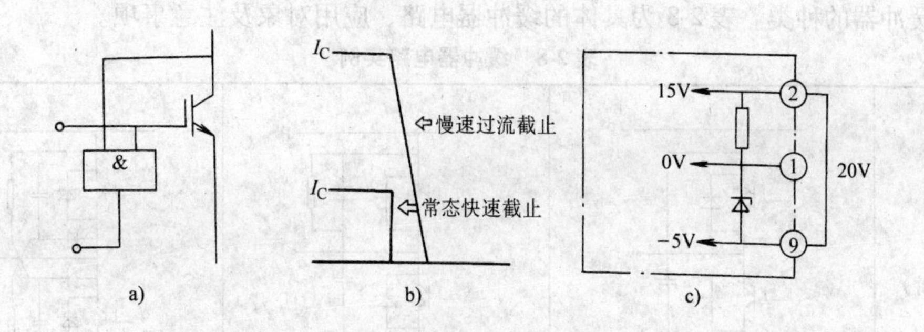

图 2-64　过电流检测器及其相关波形图

a）过电流检测器　b）IGBT 关断时的集电极电流波形　c）低开启电压和关栅极电压的产生

2. IGBT 的保护技术

（1）过电压保护

1）产生过电压的原因。图 2-65 为 IGBT 的应用电路，图 2-66 为 IGBT 关断时的波形。IGBT 关断时，由于主电路电流的急剧变化，由主电路杂散电感引起高压，产生开关浪涌电压。下面讨论针对这种开关浪涌电压采用的保护方法。

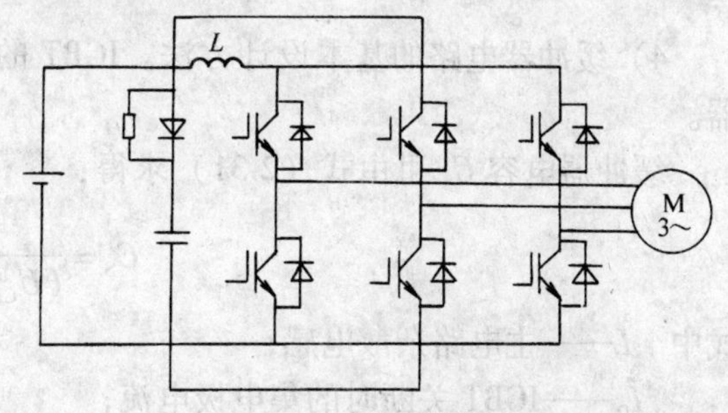

图 2-65　用于 VVVF 逆变器的 IGBT 电路[⊖]

2）缓冲器电路。图 2-67 示出了 IGBT 的 RBSOA（反向偏置电压安全工作区）。由于前述的开关浪涌电压，关断时的电压轨迹超过 RBSOA 区域就会使元器件损坏。缓冲器电路可抑制开关浪涌电压，使电压轨迹不超过 RBSOA 区域。

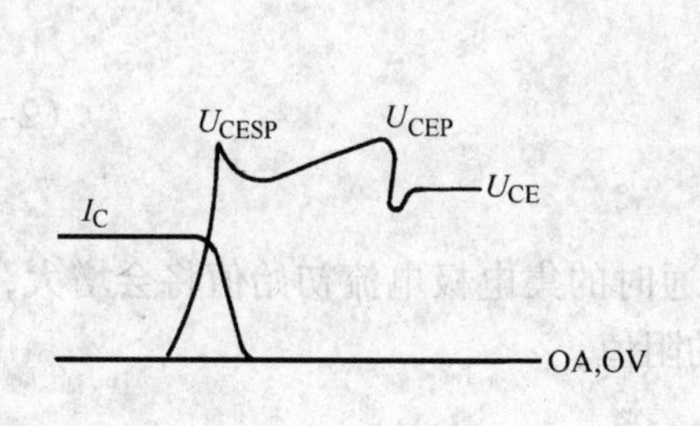

图 2-66　IGBT 关断时的波形

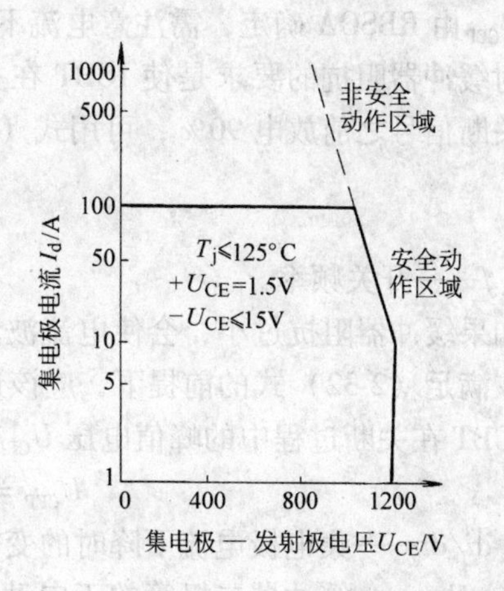

图 2-67　IGBT 的 RBSOA

⊖ VVVF（Variable Voltage Variable Frequency），即变压变频的意思。一般应用在变频调速控制方式中的恒 U（电压）/f（频率）控制中。

3）缓冲器的种类。表 2-8 为具体的缓冲器电路、应用对象及注意事项。

表 2-8　缓冲器电路实例

接线图（一个桥臂）	P N	P N	P N
应用对象	小容量 IGBT（50A）	中容量 IGBT（200A）	大容量 IGBT（300A）
注意事项	由主电路电感和缓冲器电容形成的 LC 电路，容易使电压波动	如果缓冲器二极管选择不当，会产生很高的尖峰电压，同时在二极管反向回复时期电压波动	如果缓冲器二极管选择不当，会产生很高的尖峰电压，同时在二极管反向回复时期电压波动

4）缓冲器电路的基本设计方法。IGBT 的缓冲器电路中，最普遍的是放电阻止型缓冲器。

缓冲器电容 C_S 可由式（2-31）求得：

$$C_S = \frac{LI_O^2}{(U_{CEP} - E_d)^2} \tag{2-31}$$

式中　L——主电路杂散电感；

I_O——IGBT 关断时的集电极电流；

U_{CEP}——缓冲器电容的电压稳态值；

E_d——直流电源电压。

U_{CEP} 由 RBSOA 确定，需注意电流不同所引起的电压差异。

对缓冲器阻抗的要求是使 IGBT 在关断信号到来之前，将缓冲器电容所积蓄的电荷放净。关断信号之前放电 90%，可用式（2-32）计算：

$$R_S \leqslant \frac{1}{6C_S f} \tag{2-32}$$

式中　f——开关频率。

如果缓冲器阻抗过小，会使电流波动，IGBT 开通时的集电极电流初始值将会增大，因此，在满足（2-32）式的前提下，应该选取尽量大的阻值。

IGBT 在关断过程中的峰值电压 U_{CEP} 为

$$U_{CEP} = E_d + U_{FM} + L_S \mathrm{d}i/\mathrm{d}t \tag{2-33}$$

式中　$\mathrm{d}i/\mathrm{d}t$——集电极电流下降时的变化率；

U_{FM}——缓冲器二极管的正向动态压降（一般，600V 的二极管为 20 ~ 30V；1200V 的二极管为 40 ~ 60V）。

此 U_{CEP} 必须在 RBSOA 之内。另外，为抑制 U_{CEP}，有效地利用 IGBT，必须选择正向动态压降小的快速二极管。为降低缓冲器的电感，要注意印制板的配线结构。

（2）过电流保护

1）产生过电流的原因。若 IGBT 用于 VVVF 逆变器，当电动机起动时将产生突变电流，如果控制电路、驱动电路的配线欠合理，将会引起误动作，导致桥臂短路、输出短路等事故，使 IGBT 流过过电流。其中，发生短路事故时，电流变化非常迅速，而且元器件要承受极大的电压和电流，所以必须快速检测出过电流，在元器件未被损坏之前，使其自动断开。短路现象可分为四类，表 2-9 为逆变器电路的短路现象及产生原因。

2）IGBT 承受短路的时间（以 2MBI50-120 为例）。

直通短路：图 2-68 是模拟直通短路的测试电路。短路时的集电极电流受 IGBT 输出特性限制而不由电路阻抗决定。若 $E_d = 750V$，集电极电流初始值约为 600A，是额定电流的 12 倍。电路测试至使器件损坏的时间，随 E_d 的增加而缩短。

桥臂短路：图 2-69 为两个器件桥臂短路时的波形。两个器件同时导通时，图 2-70 所示的直流电压被 V_{CE1}、V_{CE2}（由各器件输出特性决定）分压，流过集电极的电流将比直通短路时低。桥臂短路时承受短路的时间同样也是随 E_d 的增加而缩短。

表 2-9　短路现象和产生原因

短　路　现　象	原　　因
直通短路 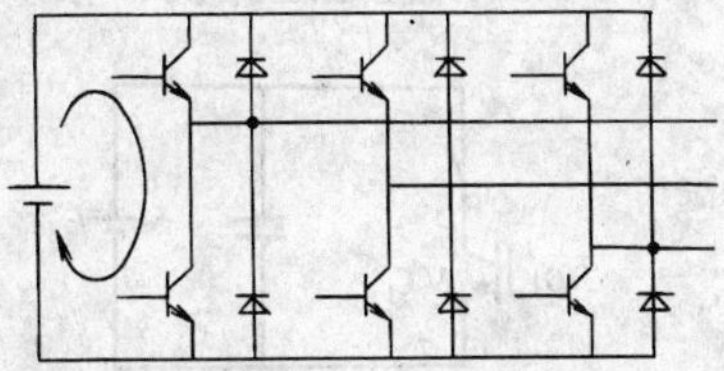	晶体管或二极管损坏
桥臂短路 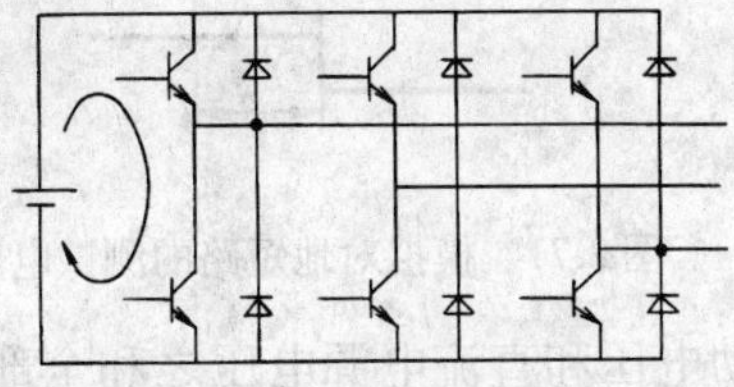	控制电路、驱动电路的故障或因噪声引起的误动作
输出短路 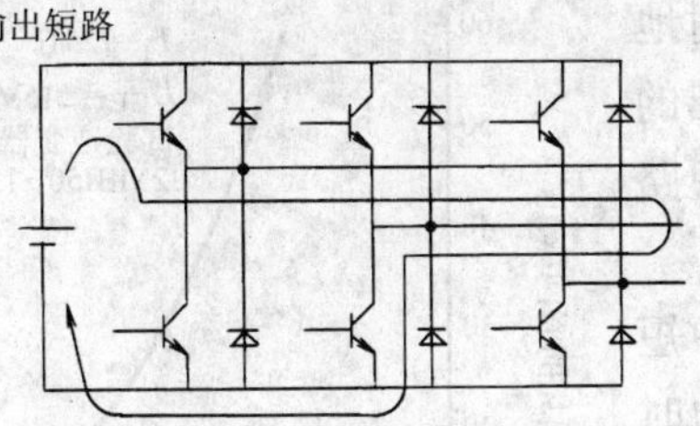	配线等人为的错误或负荷的绝缘损坏
对地短路 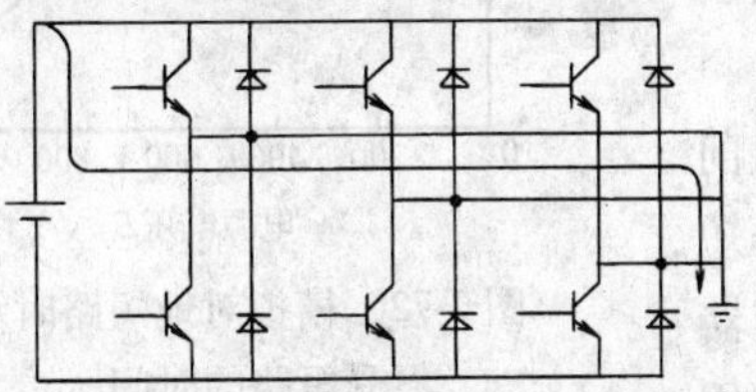	配线等人为的错误或负荷的绝缘损坏

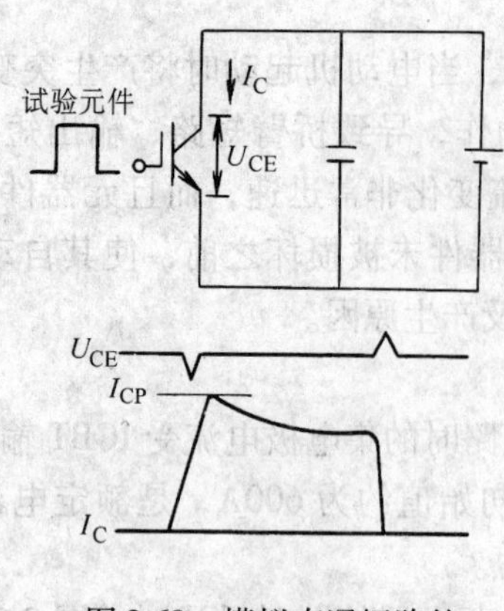

图 2-68　模拟直通短路的测试电路

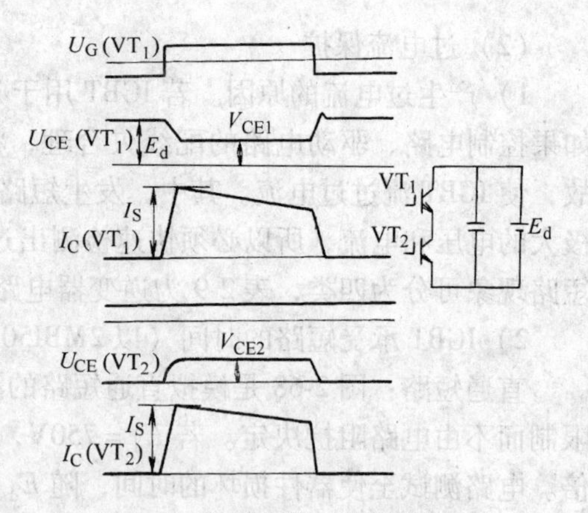

图 2-69　桥臂短路时的模拟测试电路及其电压、电流波形

输出短路：输出短路时，由于输出线的长度和短路位置的不同，短路电流通路的配线电感也不同，所以短路电流上升率（di/dt）不定。若用双结晶体管，配线电感低时，双结晶体管集电极电流初始值大，承受短路时间短。在使用 IGBT 时，由于没有这种对配线电感的依赖性，承受短路的时间不变。至使器件损坏的时间相当于模拟直通短路的 4 倍。

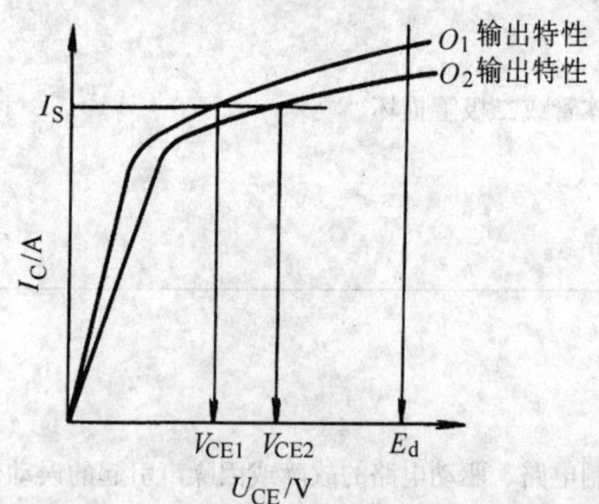

图 2-70　桥臂短路时的 IGBT 输出特性

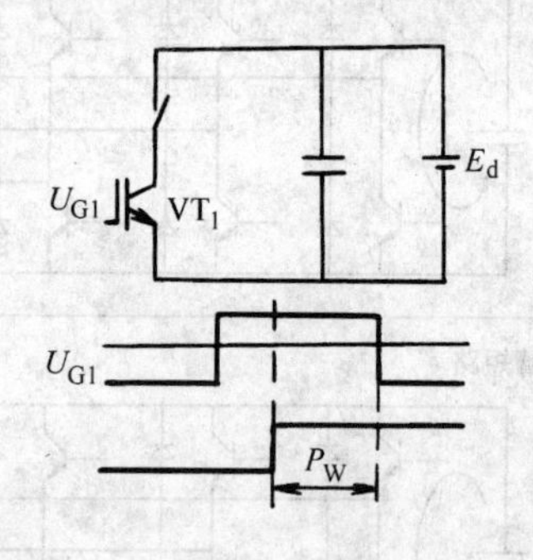

图 2-71　模拟对地短路的测试电路

对地短路：对地短路有时会把电动机的反向起动电压和直流电源电压之和全部加在 IGBT 上，是表 2-9 中最严重的一种。图 2-71 为模拟对地短路的测试电路，图 2-72 是根据图 2-71 的电路测出的致使器件损坏的时间。如果电源电压相同，直通短路与对地短路承受短路的时间大致相同。

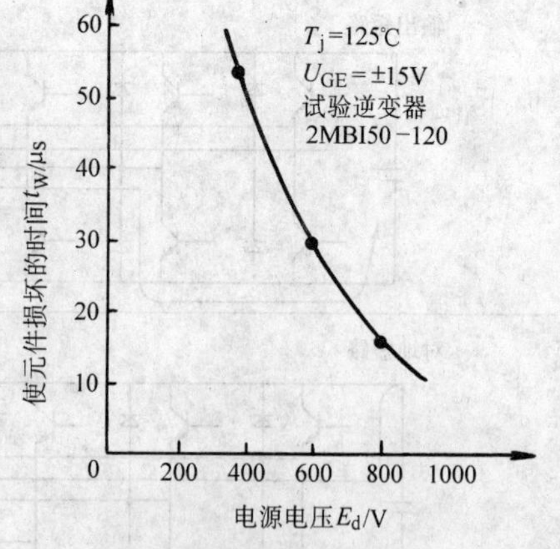

图 2-72　模拟对地短路时承受短路的时间

通过以上研究可知，使用 IGBT 时，任何一种短路现象都可以按图 2-68 的电路来估计承受短路的时间，在这个时间之内迅速把门极关断，就能对其实现保护。

3）保护电路实例（以 2MBI50-120 为例）。如前所述，把 IGBT 与双结晶体管作对比，若对于各种短路现象都用图 2-68 的电路分析也有缺陷。因为致使器件损坏的时间很短，所以必须迅速关断。然而在应用大功率装置时发生短路，IGBT 将通过很大的短路电流，切断该短路电流的速度太快，会导致集电极—发射极之间的瞬态电压超出图 2-67 所示的 RBSOA 范围，仍有损坏器件的危险。为避免这种危险，IGBT 电路应采用适当速度切断 IGBT 的短路电流，即采用较低的速度关断 IGBT。

图 2-73 是实施这种动作的驱动电路。这个电路在发生短路时，把由推挽方式连接的驱动电路输出端的两个器件同时关断，IGBT 门极—发射极之间的较高的阻抗使 IGBT 的关断速度减慢。图 2-74 为采用此保护电路和未采用此保护电路的动态轨迹。

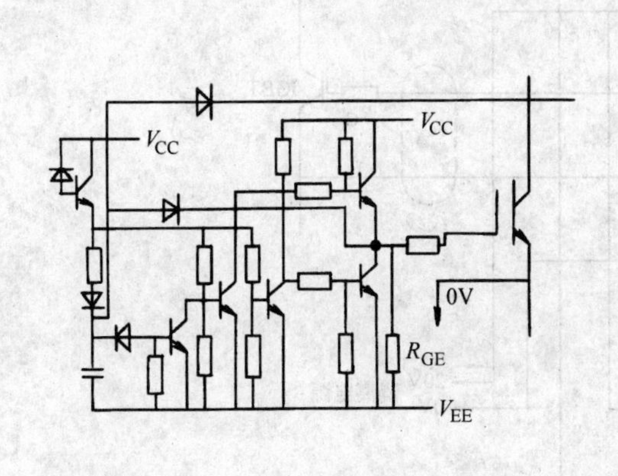

图 2-73 短路保护电路实例

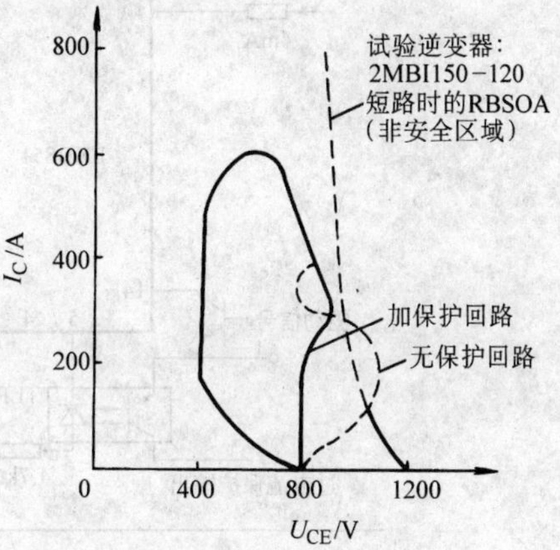

图 2-74 短路时的动态轨迹

4）驱动用混合 IC 应用实例。富士电机公司把过电流保护电路中的驱动用混合 IC 系列化。

表 2-10 所示为产品系列表。变速两档中又根据所用 IGBT 电流额定值的不同分为两种类型，共计 4 个系列，可根据用途选择最佳驱动。

表 2-10 驱动用混合 IC 系列表

应用 IGBT	驱动 600V 的 IGBT 时		驱动 1200V 的 IGBT 时	
	150A	100A	75A	300A
中速型	EXB850	EXB851	EXB850	EXB851
高速型	EXB840	EXB841	EXB840	EXB841

该混合 IC 内装有图 2-75 所示的过电流检测电路。图 2-76 所示为过电流时的软关断动作波形。此外，还装有关断用的反向偏置电源电路。

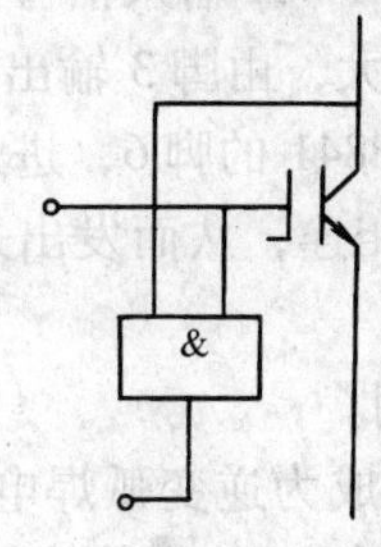

图 2-75 过电流检测电路

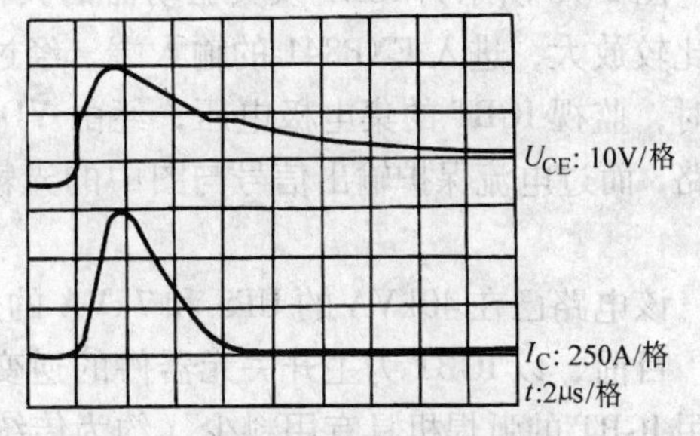

图 2-76 软关断动作波形

图 2-77 为 EXB851 典型应用电路，使用时应注意以下几点：

①IGBT 的栅极—发射极驱动回路的接线必须小于 1m。

②IGBT 的栅极—发射极接线应为绞线，适当屏蔽。

③如果在 IGBT 的集电极产生大的电压尖脉冲，则应增加栅极的串联电阻 R_G。

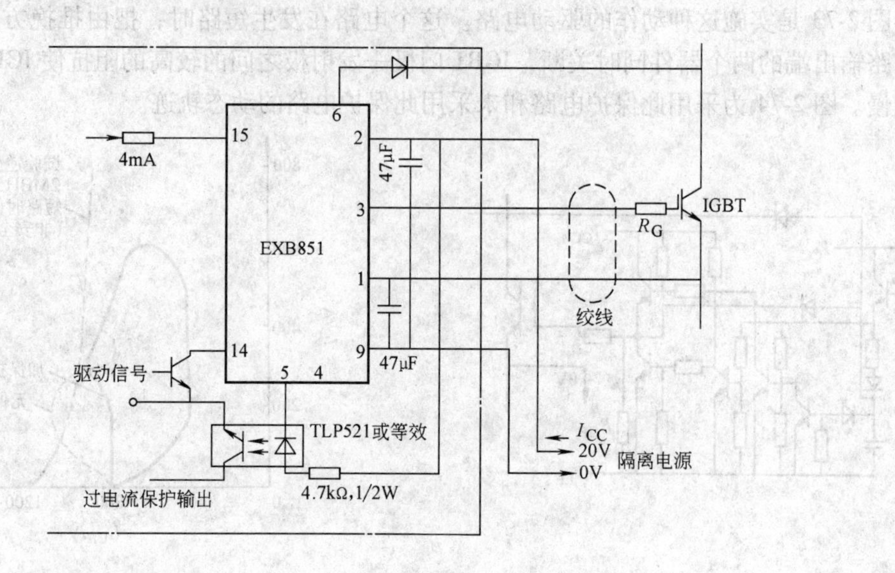

图 2-77 EXB851 典型应用电路

综上所述，归纳为以下两点：

①过电压保护：设计缓冲器最佳方案，把动态轨迹限制在 RBSOA 之内。

②过电流保护：短路时的过电流保护按模拟直通短路的条件进行参数设定，从而在器件尚未损坏之前的短路时间将其关断，以实现对器件的保护。因为这时要把动态轨迹限制在 RBSOA 区域之内，所以使用软关断是比较合理的。

*2.5.4 工程应用实例

1. 应用实例

由于 IGBT 具有高耐压、大电流、高开关速度及低噪声等特性，现已被广泛应用于低噪声逆变器、高精度数控机床、机器人、小型电焊机、不间断电源（UPS）和家用电器等领域。图 2-78 所示为 IGBT 及其驱动器的具体应用电路。图中，PWM 输入信号经过 N_1 和 N_3 的比较放大，进入 EXB841 的输入端，经过信号隔离及驱动放大，由脚 3 输出以驱动 IGBT。同时，监视 IGBT 的集电极电压，经由 VD_3 将此信号输入 EXB841 的脚 6，进入过电流保护电路，而过电流保护输出信号与图中的光耦合器 IS01 的脚 3 相连，从而发出过电流报警信号。

该电路已在 40kVA 的 UPS 和 7kVA 的逆变器中获得了应用。

目前，以 IGBT 为主开关元器件的逆变弧焊电源，正逐渐成为逆变弧焊电源主流机型。采用 IGBT 的弧焊机具有用料少（约为传统焊机的 1/5）、重量轻（约为传统焊机的 1/10）、耗电少（约为传统焊机的 1/2）、焊接工艺性能优异等性能。

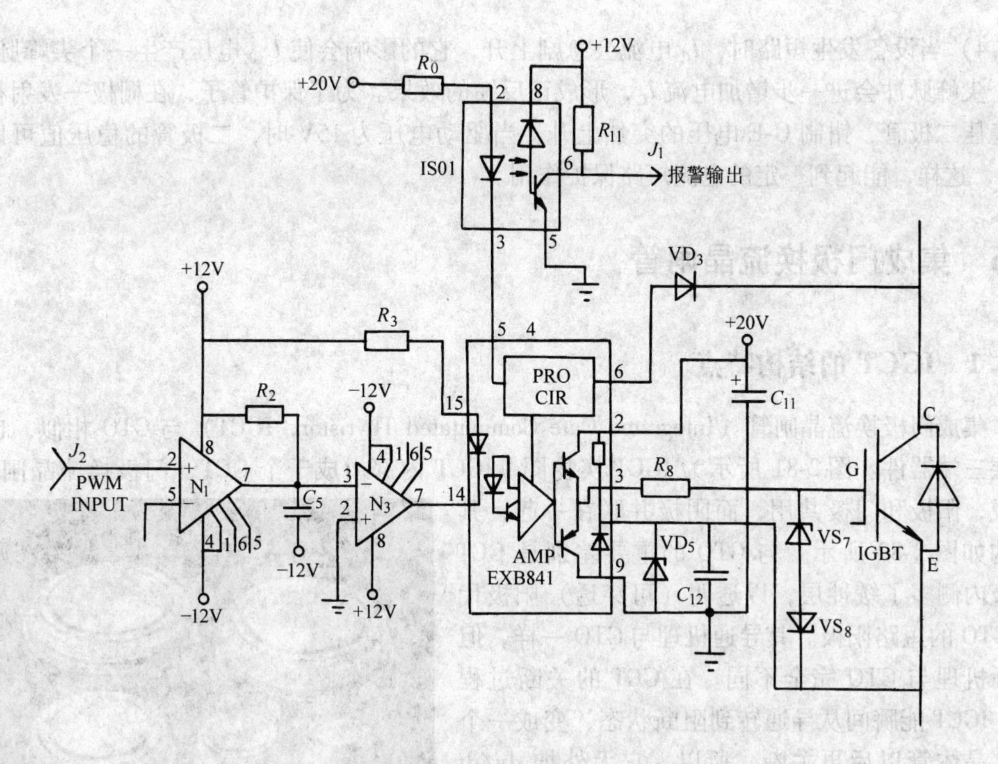

图 2-78　IGBT 及其驱动器的具体应用电路

2. 应用注意事项

为了安全使用 IGBT，应注意以下几点：

1）一般 IGBT 的驱动级正向驱动电压 U_{GE} 应该保持在 15～20V，这样可使 IGBT 的 U_{CE} 饱和值较小，降低损耗，不致损坏管子。

2）使 IGBT 关断的栅极驱动电压 $-U_{GE}$ 应大于 5V。如果太小，可能因为集电极电压变化率 du/dt 的作用使管子误导通或不能关断。如图 2-79 所示，集电极 C 和栅极 G 之间相当于有一个等效电容，当管子从导通变为截止时，电压上升产生的 du/dt 使 C-G-E 间有一个小的感应电流 I_d，它可能使管子误导通。如果 $-U_{GE}$ 能保证大于 5V，则感应电流通过电源放掉，如图中的 I_d，避免了管子的误导通。

3）使用 IGBT 时，应该在栅极和驱动信号之间加一个栅极驱动电阻 R_G，如图 2-80 所示。这个电阻值的大小与管子的额定电流有关，可以在 IGBT 的使用手册中查到推荐值。如果不加这个电阻，当管子导通瞬间，可能产生电流和电压颤动，会增加开关损耗。

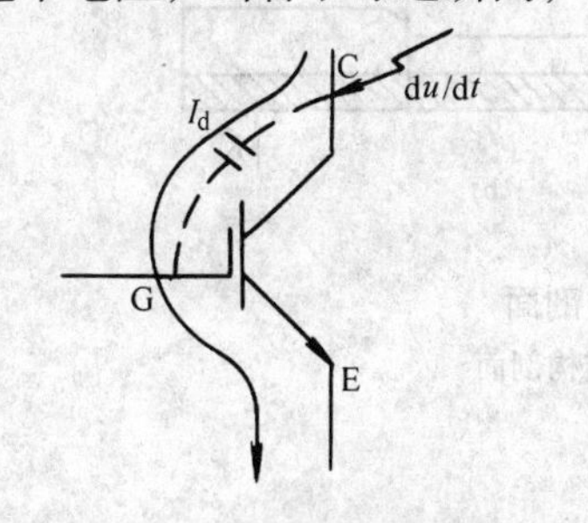

图 2-79　IGBT 的误导通

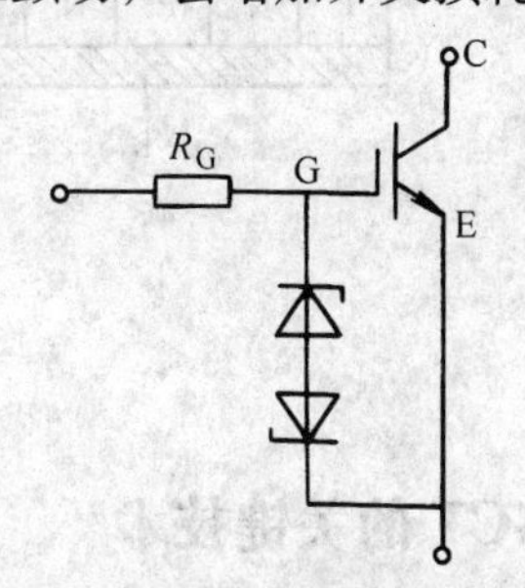

图 2-80　IGBT 的栅极稳压保护

4）当设备发生短路时，I_C 电流会急剧上升，它的影响会使 U_{GE}电压产生一个尖峰脉冲，这个尖峰脉冲会进一步增加电流 I_C，形成正反馈的效果。为了保护管子，在栅极一发射极间加稳压二极管，钳制 G-E 电压的突然上升，当驱动电压为 15V 时，二极管的稳压值可以为 16V，这样，能起到一定的电流短路保护作用。

2.6 集成门极换流晶闸管

2.6.1 IGCT 的结构特点

集成门极换流晶闸管（Integrated Gate Commutated Thyristor，IGCT）与 GTO 相似，也是四层三端器件。图 2-81 所示为 IGCT 实物图。IGCT 内部由成千个 GCT（门极换流晶闸管）组成，阳极和门极共用，而阴极并联在一起，其结构如图 2-82 所示。与 GTO 的重要差别是 GCT 阳极内侧多了缓冲层，以透明（可穿透）阳极代替 GTO 的短路阳极。其导通机理与 GTO 一样，但关断机理与 GTO 完全不同。在 GCT 的关断过程中，IGCT 能瞬间从导通转到阻断状态，变成一个 PNP 晶体管以后再关断，所以，它无外加 du/dt 限制；而 GTO 必须经过一个既非导通又非关断的中间不稳定状态进行转换，即“GTO 区”，所以 GTO 需要很大的吸收电路来抑制重加电压的变化率 du/dt。阻断状态下 GCT 的等效电路可认为是一个基极开路、低增益 PNP 晶体管与门极电源的串联。IGCT 可像 IGBT 一样无缓冲运行，无二次击穿，拖尾电流虽大但时间很短。

图 2-81　IGCT 实物图

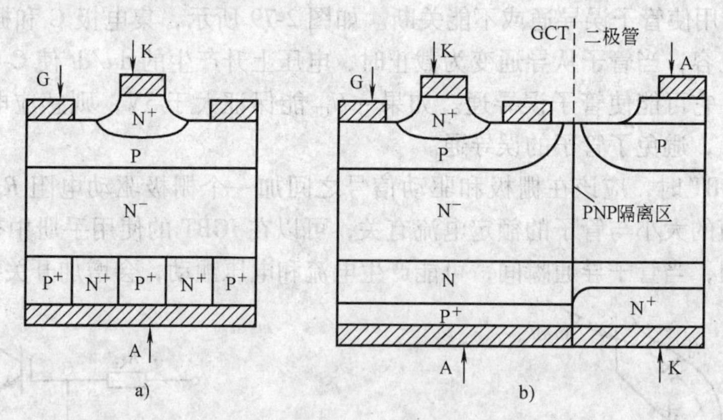

图 2-82　GTO、GTC 结构剖面
a）GTO 结构剖面　b）GTC 结构剖面

2.6.2 IGCT 的关键技术

1）缓冲层。在传统 GTO、二极管及 IGBT 等器件中，采用缓冲层形成穿通型（PT）结构，与非穿通型（NPT）结构相比，它在相同的阻断电压下可使器件的厚度降低约30%。同理，在IGCT中采用缓冲层，即用较薄的硅片可达到相同的阻断电压，因而提高了器件的效率，降低了通态压降和开关损耗。同时，采用缓冲层还使单片GCT与二极管的组合成为可能。

2）透明阳极。为了实现低的关断损耗，需要对阳极晶体管的增益加以限制，因而要求阳极的厚度要薄，浓度要低。透明阳极是一个很薄的PN结，其发射效率与电流有关。因为电子穿透该阳极时就像阳极被短路一样，因此称为透明阳极。传统的GTO采用阳极短路结构来达到相同目的。采用透明阳极来代替阳极短路，可使GCT的触发电流比传统无缓冲层的GTO降低一个数量级。IGCT的结构与IGBT相比，因不含MOS结构而从根本上得以简化。

3）逆导技术。GCT大多制成逆导型，它可与优化续流二极管FWD单片集成在同一芯片上。由于二极管和GCT享有同一个阻断结，GCT的P基区与二极管的阳极相连，这样在GCT门极和二极管阳极间形成电阻性通道。逆导GCT与二极管隔离区中因为有PNP结构，其中总有一个PN结反偏，从而阻断了GCT与二极管阳极间的电流流通。

4）门极驱动技术。IGCT触发功率小，可以把触发及状态监视电路和IGCT管芯做成一个整体，通过两根光纤输入触发信号，输出工作状态信号。GCT与门极驱动器相距很近，该门极驱动器可以容易地装入不同的装置中，因此可认为该结构是一种通用型式。为了使IGCT的结构更加紧凑和坚固，用门极驱动电路包围GCT，并与GCT和冷却装置形成一个自然整体，称为环绕型IGCT，其中包括GCT门极驱动电路所需的全部元件。图2-83为这两种类型的实物图。这两种型式都可使门极电路的电感进一步减小，并降低了门极驱动电路的元件数、热耗散、电应力和内部热应力，从而明显降低了门极驱动电路的成本和失效率。所以说，IGCT在实现最低成本和功耗的前提下有最佳的性能。另外，IGCT开关过程一致性好，可以方便地实现串、并联，进一步扩大功率范围。

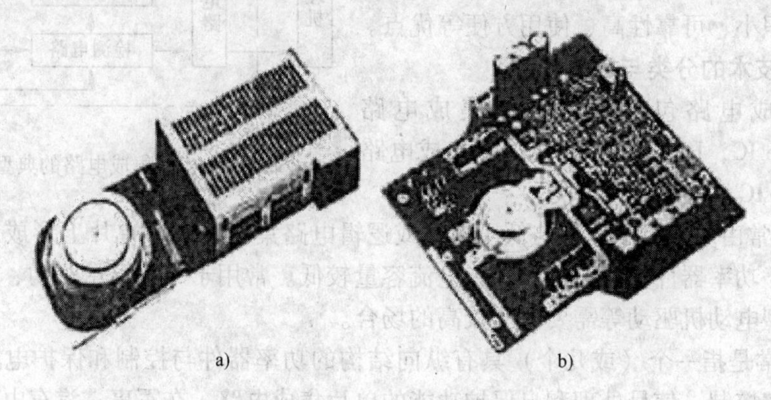

a)　　　　b)

图2-83　两种类型的IGCT实物图

a）通用型IGCT　b）环绕型IGCT

2.6.3　IGCT在变频器中的应用

低压IGBT和高压IGBT在高电压变频器中都采用。IGBT具有快速的开关性能，但在高压变频中其导电损耗大，而且需要许多IGBT复杂地串联在一起。对低压IGBT来讲，高压

IGBT 串联的数量相对要少一些，但导电损耗却更高。元件总体数量增加使变频器可靠性降低、柜体尺寸增大、成本提高。因此高压、大电流变频调速器在 IGBT 和 GTO 成熟技术的基础上，有了简洁的方案即 IGCT。这个优化的技术包含了对 GTO 的重新设计，使其具有重要的设计突破。新的 IGCT 具有快速、均衡换流和低损耗特性，用含有可靠的阳极设计来达到快速泄流，用低损耗薄型硅晶片使切换快速，并使用大功率半导体的集成型门驱动器。

由于 IGCT 具有像 IGBT 一样快速开关功能，像 GTO 一样的导电损耗低，在高压、大电流等各种应用领域中可靠性更高。IGCT 装置中所有元件装在紧凑的单元中，降低了成本。IGCT 采用电压源型逆变器，与其他类型变频器的拓扑结构相比，结构更简单，效率更高。相同电压等级的变频器采用 IGCT 的数量只需低压 IGBT 的五分之一。

2.7 功率集成电路

功率集成电路（Power Integrated Circuits，PIC），是将输出的功率器件及其驱动电路、保护电路和接口电路等外围电路集成在一个或几个芯片上，也称为智能功率集成电路。功率集成电路是电力半导体技术与微电子技术结合的产物，其根本特征是动力与信息相结合，是机电一体化的基础元器件。

2.7.1 PIC 技术

图 2-84 所示为功率集成电路的典型构成框图，其中最重要的部分是处理大电流和高电压的功率器件。PIC 一般必须大于 1W（或 2W）。而它的智能化是指控制功能、接口功能以及对故障的诊断、处理和自保护功能。无论是单片电路还是混合电路，都具有一定的自保护功能。由于功率电路都是包含在单一的封装中，因此具有体积小、可靠性高、使用方便等优点。

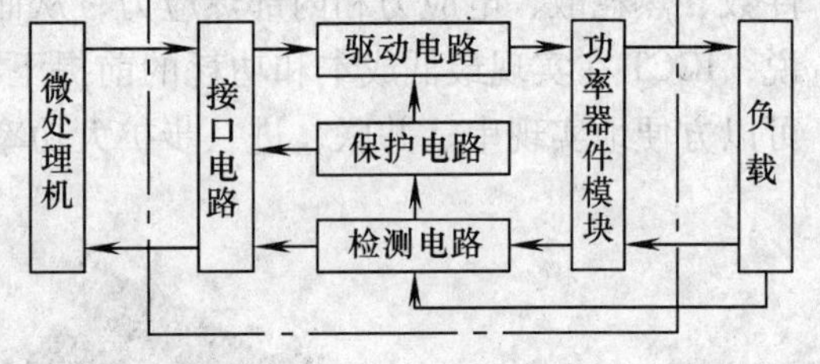

图 2-84 功率集成电路的典型构成框图

1. PIC 技术的分类与应用

功率集成电路包括高压功率集成电路（High Voltage IC，HVIC）和智能功率集成电路（Smart Power IC，SPIC）两大类。

HVIC 通常由多个高压器件与低压模拟或逻辑电路集成在一个单片上形成。其电压高而工作电流小，功率器件是横向结构的，电流容量较低。常用于平板显示驱动、电话交换机用户电路和小型电动机驱动等需要电压较高的场合。

SPIC 通常是指一个（或几个）具有纵向结构的功率器件与控制和保护电路的集成，也就是具有功率控制、信号处理和自保护功能的单片集成电路，在军事、汽车电子、电动机控制、开关电源、办公自动化（OA）等领域都有广泛的应用。

从电压、电流来看，PIC 可分为三个领域：

1）低压大电流 PIC，主要用于汽车点火、开关电源和同步发电机等。

2）高压小电流 PIC，主要用于平板显示、交换机等。

3）高压大电流 PIC，主要用于交流电动机控制、家用电器等。

图 2-85 列出了 PIC 的应用范围。

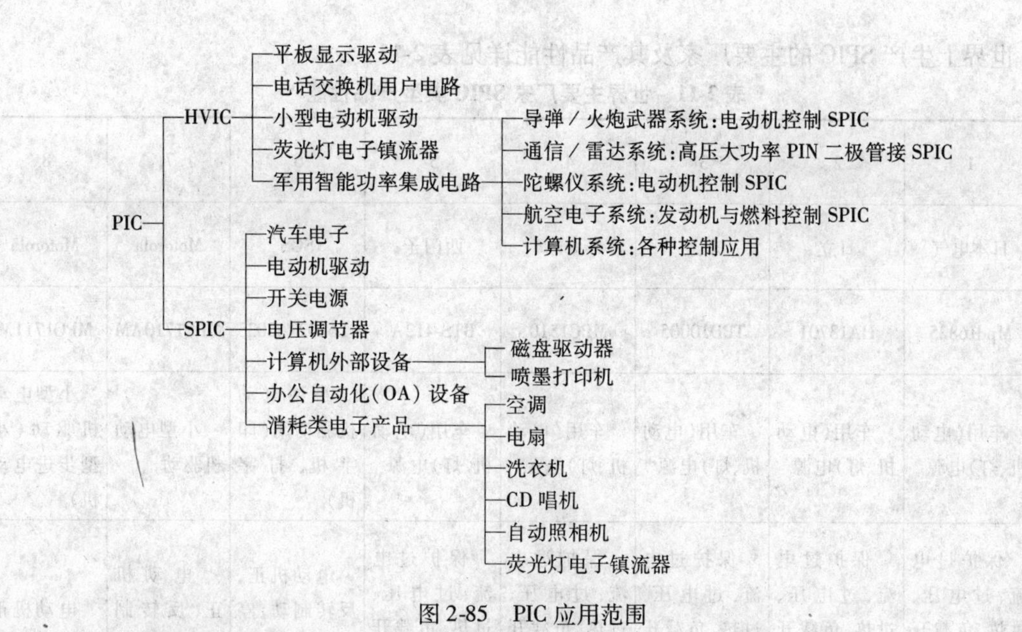

图 2-85　PIC 应用范围

2. SPIC 的基本功能

SPIC 的三个基本功能是功率控制、传感与保护和接口。为实现这些功能所需的基本电路和典型器件如图 2-86 所示。

功率控制部分具有处理高电压、大电流或两者兼有的能力。其驱动电路一般被设计成能在直流 30V 下工作，这样才能对 MOS 器件的栅极提供足够的电压。另外，驱动电路必须能使控制信号传递到高压侧。

SPIC 的保护电路一般是通过含有高频双极型晶体管的反馈电路来完成的。反馈环路的响应时间对于良好的关断是很关键的，由于在发生故障期间系统电流以很快的速度增加，因此这一部分需要由高性能模拟电路来实现。

SPIC 的接口功能是通过能完成编码和译码操作的逻辑电路来实现的。IC 芯片不仅需要对微处理器发送的信号作出反应，而且应能够传送与工作状态或负载监测有关的信息，如过热关断、无负载或短路等。

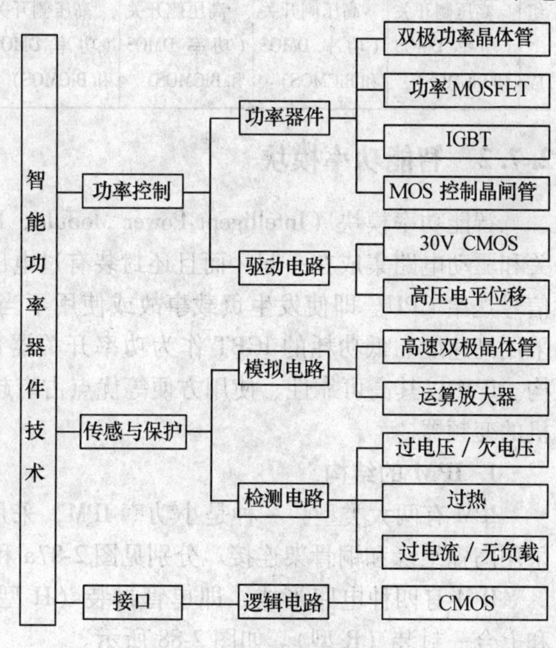

图 2-86　SPIC 基本电路的构成

这需要在芯片上集成高密度 CMOS 电路。为避免产生闭环现象，SPIC 中的 CMOS 电路的设计比较复杂。

3. SPIC 的应用及开发

SPIC 的应用正在逐渐扩大，它在电动机控制、工业自动化、汽车电子学等方面都产生了重大影响。

世界上生产 SPIC 的主要厂家及其产品性能详见表 2-11。

表 2-11 世界主要厂家 SPIC 典型产品性能

序号	1	2	3	4	5	6	7	8
厂家	日本电气	日立	东芝	Motorola	西门子	SGS	Motorola	Motorola
型号	Mpd16825	HA13701	TPD10005	MPC1510	BTS-412A	L6202/6203	MPC1710AM	MPC1711M
用途	车用(电动机、灯)电源	车用(电动机、灯)电源	车用(电动机、灯)电源	车用(电动机、灯)电源	车用(电动机、灯)电源	小型电动机驱动用(印字机、打字机)	小型电动机驱动	小型电动机驱动(小型步进电动机)
功能	保护过电流、过电压、过热、负载开路、短路等检测、自诊断	保护过电流、过电压、过热、负载开路、短路等检测、自诊断	保护过电流、过电压、过热、负载开路、短路等检测、自诊断	保护过电流、过电压、过热、负载开路、短路等检测、自诊断	保护过电流、过电压、过热、负载开路、短路等检测、自诊断	电动机正、反转制动,停止功能过热保护	电动机正、反转制动,停止功能过热保护	电动机正转制动
组成	高压侧开关(功率 DMOS 和 BiCMOS)	高压侧开关(功率 DMOS 和 BiCMOS)	高压侧开关(功率 DMOS 和 BiCMOS)	高压侧开关(功率 DMOS 和 BiCMOS)	高压侧开关(功率 DMOS 和 BiCMOS)	H 桥式(功率 DMOS 和 BiCMOS)	H 桥式(功率 DMOS 和 BiCMOS)	H 桥式(功率 DMOS 和 BiCMOS)

2.7.2 智能功率模块

智能功率模块（Intelligent Power Module，IPM）是 SPIC 的一种类型。它不仅把功率开关和驱动电路集成在一起，而且还封装有过电压、过电流、过热等故障监测电路，并将监测信号送给 CPU。即使发生负载事故或使用不当，也可以保证 IPM 自身不受损害。通常 IPM 采用高速度、低功耗的 IGBT 作为功率开关器件，并封装电流传感器及驱动电路的集成结构。IPM 以其高可靠性、使用方便等优点占有越来越大的市场份额，尤其适合制作驱动电动机的变频器。

1. IPM 的结构

IPM 有两大类型：一种是小功率 IPM，采用多层环氧树脂隔离；另一种是大功率 IPM，采用陶瓷绝缘和铜骨架连接。分别见图 2-87a 和 b。

IPM 有四种电路形式，即单管封装（H 型）、双管封装（D 型）、六合一封装（C 型）和七合一封装（R 型）。如图 2-88 所示。

2. IPM 的优点

IPM 的优点可归纳为以下几个方面：

1）不易损坏；

2）封装相关的外围电路，缩短了产品设计和评价时间；

3）不需要对功率开关元器件采取防静电措施；

4）大大减少了元器件数目，缩小了体积。

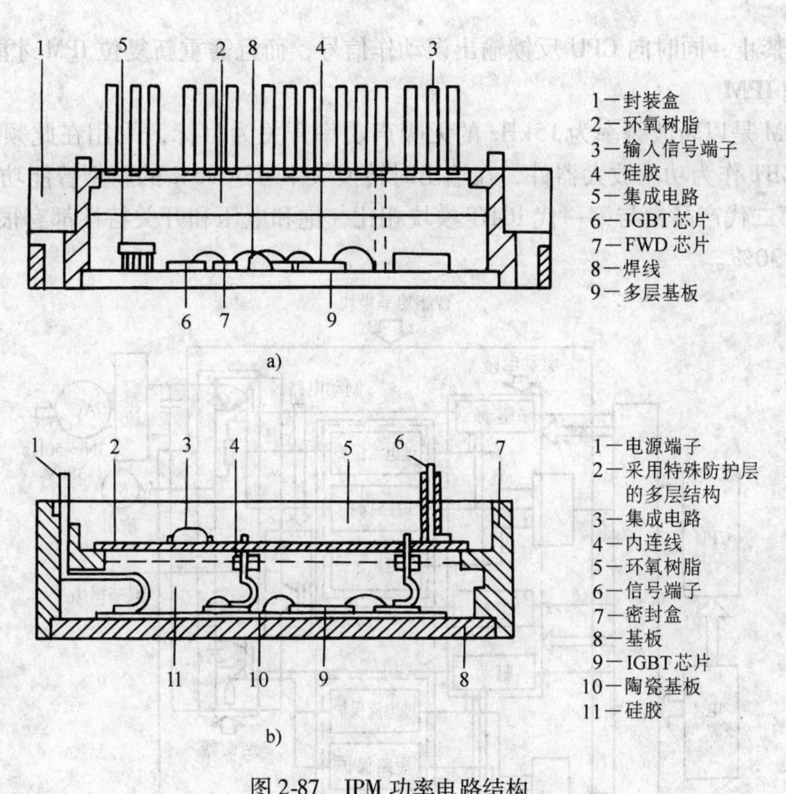

图 2-87　IPM 功率电路结构

a）小功率 IPM 结构图　b）大功率 IPM 结构图

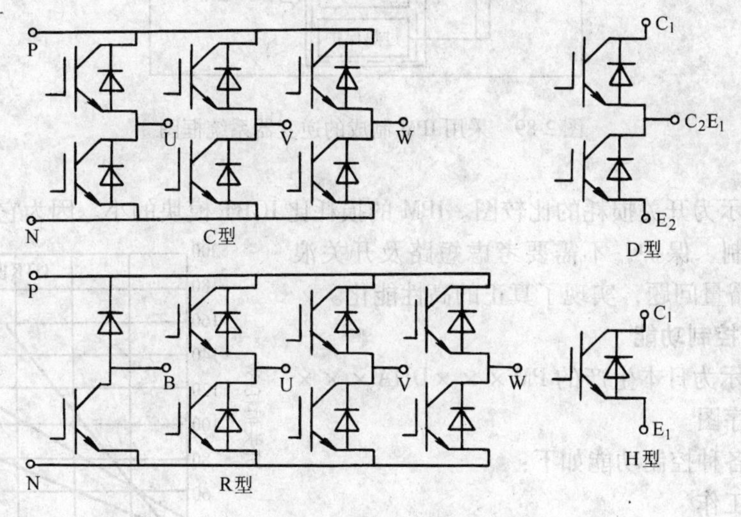

图 2-88　IPM 的电路形式

3. IPM 的封装功能

图 2-89 所示为采用 IPM 制成的逆变器系统框图。功放部分使用内有电流检测的 IGBT 模块，可以检测电流异常，以进行保护，不需要另加检测器 CT，大大降低了成本。

IPM 中的每一个 IGBT 器件都设置有各自独立的驱动电路和多种保护，能够实现过电流、过电压、欠电压以及过热保护等功能。只要保护电路动作，即使有控制输入信号，IPM 的输入信号也被禁止，同时向 CPU 反馈输出误动作信号，而且需重新复位 IPM 才能工作。

4. 高速 IPM

高速 IPM 是以斩波频率为 15kHz 的无噪声功率开关为目标，采用在此频率下效率最高的高速型 IGBT 作为功率放大器件，在输出时转换效率可达 96% 的新型智能功率模块。这种 IGBT 属于第二代产品，与第一代 IGBT 模块相比，饱和电压和开关特性都有很大改善，开关损耗减少了 30%。

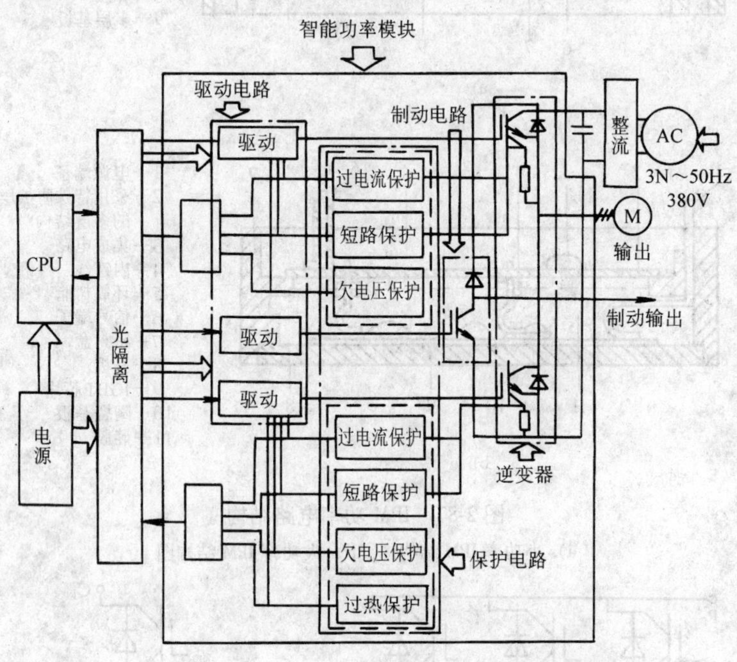

图 2-89　采用 IPM 制成的逆变器系统框图

图 2-90 所示为开关损耗的比较图。IPM 的损耗比 IGBT 模块的小。因为它采用了专用 IC 对门极进行控制、保护，不需要考虑短路及开关浪涌电压带来的裕量问题，实现了真正的高性能化。

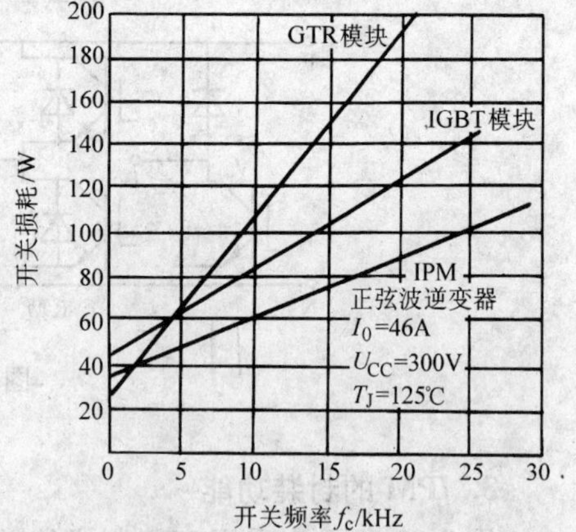

图 2-90　开关损耗的比较图

5. IPM 的控制功能

图 2-91 所示为日本生产的 PM×××DHA××× 型号 IPM 的时序图。

其 IPM 的各种控制功能如下：

（1）正常工作

从 C_{x1} 端输入的控制信号由高变低时，IPM 内部的 IGBT 可以正常工作。

（2）过电流保护（OC）

由内藏的电流传感器检测各桥臂电流。当过电流（OC）时间大于 $t_{off(co)}$ 的时候，IPM 就输出误动作信号关断 IGBT。为减少此时的浪涌电压，降低 IGBT 的门极电压 U_{GE}，实现软关断。

在误动作信号输出的 t_{fo} 期间过后，输入信号由低变高 IGBT 才能导通。

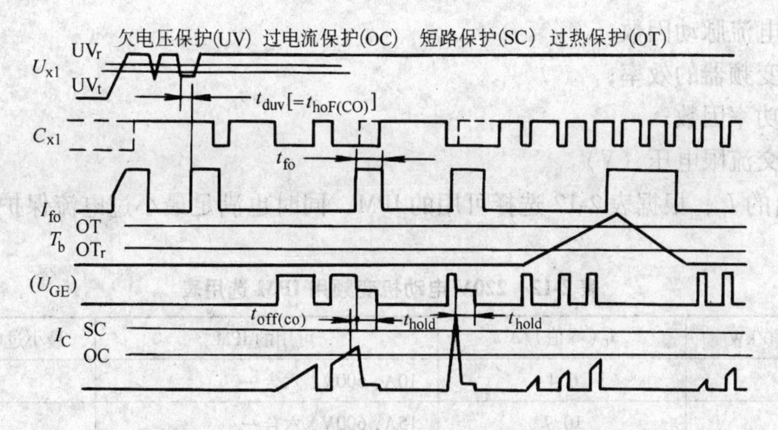

图 2-91　PM×××DHA×××型号 IPM 的时序图

（3）短路保护（SC）

由内藏的电流传感器检测各桥臂电流。当电流超过 SC 电平时，IPM 就输出误动作信号，并封锁输入信号关断 IGBT。这个过程与过电流保护（OC）相同。图 2-92 所示为有无短路保护时的电流、电压波形图。

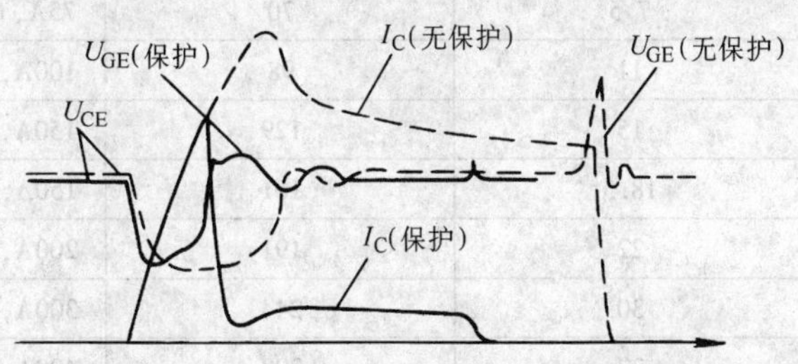

图 2-92　有无短路保护时的电流、电压波形

（4）过热保护（OT）

用于监测 IPM 基板的温度。当出现过热时 IPM 就会输出误动作信号，并封锁输入信号，对 IGBT 进行软关断控制，温度下降到基板允许温度后，IPM 就会停止输出误动作信号，重新接受输入控制信号。

（5）欠电压保护（UV）

用于监测控制电源电压。欠电压超过时间 t_{duv} 时，IPM 就输出误动作信号，并封锁输入信号，对 IGBT 进行软关断。当 UV 信号达到允许值时，IPM 就会停止输出误动作信号，重新接受输入控制信号。

（6）误动作输出报警输出信号（F_o）

OC、SC、OT 和 UV 各种故障动作时间持续 1ms 以上，IPM 即向外部 CPU 发出误动作报警输出信号 F_o，并使内部的 1.5kΩ 电阻接通，保护 IPM。

6. IPM 的选用

为了选用合适的 IPM 用于变频器，要根据 IPM 的过电流动作数值来确定峰值电流 I_C 及适当的热设计，以保证结温峰值永远小于最大结温额定值（150°C），使基板的温度保持低于过热动作数值，再参考该型号元件、过电流保护（OC）动作数值来选用。峰值电流应按照电动机的额定功率值确定，其峰值电流可根据变频器和电动机工作的效率、功率因数、最大负载和电流脉动而设定。电动机电流最大峰值 I_C 可由下式计算：

$$I_C=\frac{\sqrt{2}K_1K_2P}{\sqrt{3}U_C\eta\cos\varphi} \tag{2-34}$$

式中　P——电动机功率（W）；

K_1——变频器最大过载因数；

K_2——电流脉动因数；

η——变频器的效率；

$\cos\varphi$——功率因数；

U_C——交流限电压（V）。

由计算出的 I_C，根据表 2-12 选择可用的 IPM，同时也满足最小过电流保护（OC）动作数值。

表 2-12　220V 电动机变频用 IPM 选用表

电动机额定值/kW	I_C(峰值)/A	可用的 IPM	最小过电流动作值/A
0.4	6.4	10A, 600V, 六合一	12
0.75	10.7	15A, 600V, 六合一	18
1.5	17	20A, 600V, 六合一	28
2.2	23.3	30A, 600V, 六合一	39
3.7	36	50A, 600V, 七合一	65
5.5	51	75A, 600V, 七合一	115
7.5	70	75A, 600V, 七合一	115
11	98	100A, 600V, 七合一	158
15	129	150A, 600V, 七合一	210
18.5	161	150A, 600V, 七合一	210
22	191	200A, 600V, 六合一	310
30	244	300A, 600V, 双单元 3 个	390
37	308	400A, 600V, 双单元 3 个	500
45	371	400A, 600V, 双单元 3 个	500
55	456	600A, 600V, 双单元 3 个	740

表 2-13 为常用电力电子器件参数比较表。

表 2-13　电力电子器件参数比较

<table>
<tr><th colspan="2" rowspan="2">参　数</th><th colspan="3">普通晶闸管</th><th rowspan="2">门极关断晶闸管</th><th rowspan="2">功率晶体管</th><th colspan="2" rowspan="2">功率场效应晶体管</th><th rowspan="2">绝缘栅双极型晶体管</th><th rowspan="2">智能功率模块</th></tr>
<tr><th colspan="2">一般用</th><th>高速用</th></tr>
<tr><td rowspan="2">最大额定</td><td>电压</td><td>4kV</td><td>4kV</td><td>2.5kV</td><td>4.5kV</td><td>1.2kV</td><td>450V</td><td>1000V</td><td>1.2kV</td><td>1.2kV</td></tr>
<tr><td>电流</td><td>1.5kA</td><td>3kA</td><td>1kA</td><td>2kA</td><td>1000A</td><td>100A</td><td>10A</td><td>600A</td><td>300A</td></tr>
<tr><td colspan="2">开关速度</td><td colspan="2">400μs</td><td>30μs</td><td>30μs</td><td>1～5μs</td><td>1μs</td><td>0.1μs</td><td>0.5～1μs</td><td>0.5～1μs</td></tr>
<tr><td colspan="2">自关断能力</td><td colspan="3">无</td><td>有</td><td>有</td><td colspan="2">有</td><td>有</td><td>有</td></tr>
<tr><td colspan="2">驱动信号</td><td colspan="3">正向门极电流 ON</td><td>正向门极电流 ON
反向门极电流 OFF</td><td>正向门极电流 ON
反向门极电流 OFF</td><td colspan="2">正向门极电压 ON
反向门极电压 OFF</td><td>电压</td><td>电压</td></tr>
<tr><td colspan="2">存储时间</td><td colspan="3"></td><td></td><td>5～20μs</td><td colspan="2">≈0</td><td>≈0</td><td>≈0</td></tr>
</table>

（续）

参　数	普通晶闸管		门极关断晶闸管	功率晶体管	功率场效应晶体管	绝缘栅双极型晶体管	智能功率模块
	一般用	高速用					
耐高压能力	好		好	较好	差	较好	较好
噪声	很大		很大	大	小	小	小
大功率能力	大		大	较大	差	较大	可以
快速开关能力	慢		慢	较慢	很快	较快	较快
损耗	大		大	较大	小	小	小
发热	大		大	较大	小	小	小
特点	需要外部换流电路，适合于高压大容量变频器		与晶闸管相比主电路简单一些，可自关断，门极驱动电路复杂，适合于高压大容量变频器	与 GTO 相比，可以高速开关，效率高，基极驱动电路稍复杂，适合于通用中小容量变频器	开关速度快，门极驱动功率小，导通电阻大，适合于小容量变频器	开关速度快，噪声低，损耗小，是目前中小容量变频器发展方向	可靠性高，集成度高，开关速度快，噪声小

2.8　习题

1. 使晶闸管导通和截止的条件是什么？
2. 什么是晶闸管的浪涌电流？
3. 如何判断晶闸管管脚极性？
4. 什么是 GTO 的电流关断增益？
5. 试说明 GTR 三种缓冲电流的特点。
6. 简述功率 MOSFET 的特性。
7. 功率 MOSFET 的保护技术有哪些？
8. 使用 IGBT 时，为什么要考虑过电流和过电压保护，一般过电压常采用的保护措施有哪些？
9. 试述 IPM 的优越性。
10. 已知电源为 220V 交流，电动机功率为 3.7kW，$K_1 = 150\%$，$K_2 = 120\%$，$\eta = 0.9$，$\cos\varphi = 0.76$，则电动机最大峰值电流 I_C 为多少？根据表 2-12 选择可用的 IPM，其最小过电流保护（OC）动作数值应满足多少？

第3章　交—直—交变频技术

本章要点

- 交—直—交变频的基本电路
- 脉冲调制型变频
- 谐振型变频

交—直—交变频的基本组成电路有整流电路和逆变电路两部分，整流电路将工频交流电整流成直流电，逆变电路再将直流电逆变为频率可调的交流电。根据变频电源的性质可分为电压型变频和电流型变频。

3.1　实现交—直—交变频的基本电路

3.1.1　交—直—交电压型变频

1. 电压型逆变器的基本电路

交—直—交电压型变频器的构成如图3-1所示。交—直—交电压型变频器不仅被广泛地应用于电力拖动调速系统中，而且也被普遍用于高精度稳频稳压电源和不间断电源。这种变频器由整流器和逆变器两部分组成，在逆变器的直流侧并联有大电容，用来缓冲无功功率。

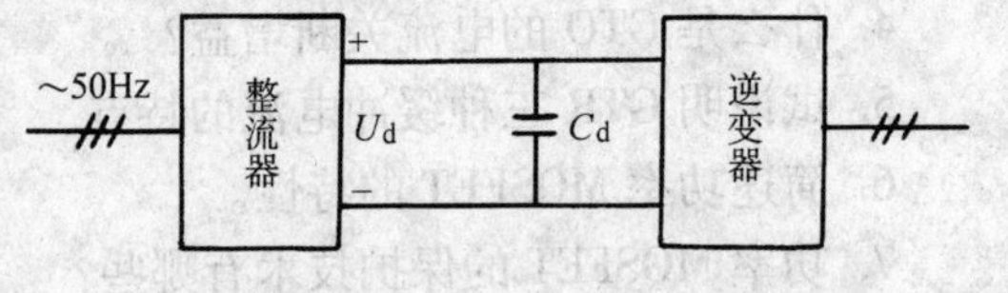

图3-1　交—直—交电压型变频器的构成

三相电压型逆变器的基本电路如图3-2所示。图中，直流电源并联一大容量滤波电容器C_d。由于C_d的存在，使直流输出电压具有电压源的特性，内阻很小。这使逆变器的交流输出电压被钳位为矩形波，与负载性质无关。交流输出电流的波形和相位由负载功率因数来决定。在异步电动机变频调速系统中，这个大电容同时又是缓冲负载无功功率的储能元件。直流电路电感L_d起限流作用，电感量很小。

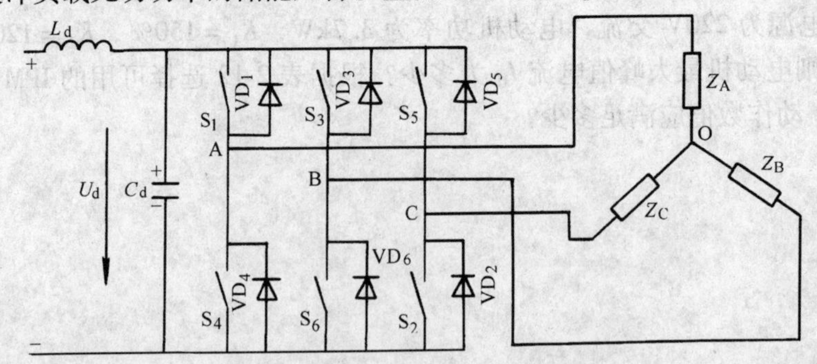

图3-2　三相电压型逆变器的基本电路

三相逆变电路由六只具有单向导电性的功率半导体开关 $S_1 \sim S_6$ 组成。每只功率开关上反并联一只续流二极管，为负载的滞后电流提供一条反馈到电源的通路。六只功率开关每隔60°电角度触发导通一只，相邻两相的功率开关触发导通时间互差120°，一个周期共换相六次，对应六个不同的工作状态（又称六拍）。根据功率开关的导通持续时间不同，可以分为180°导电型和120°导电型两种工作方式。

2. 电压型逆变器及电压调节方式

（1）电压型变频

最简单的电压型变频器由可控整流器和电压型逆变器组成，用可控整流器调压，逆变器调频，如图3-3所示。图中，逆变电路使用的功率开关为晶闸管。因中间直流电路并联着大电容 C_d，直流极性无法改变，即从可控整流器到 C_d 之间的直流电流 I_d 的方向和直流电压 U_d 的极性不能改变。因此，功率只能从交流电网输送到直流电路，反之则不行。这种变频由于能量只能单方向传送，不能适应再生制动运行，应用范围受到限制。

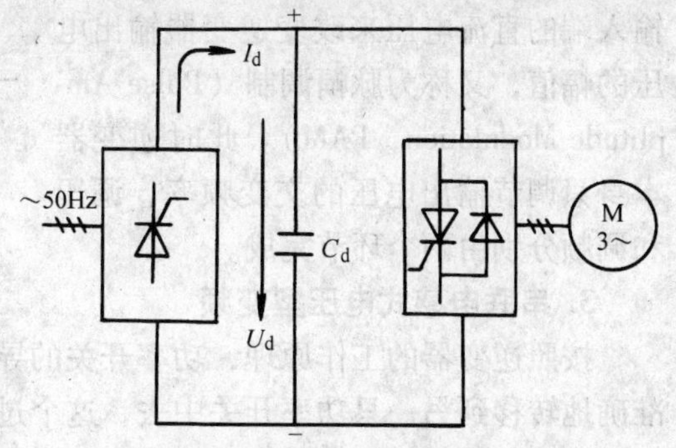

图3-3　无再生制动功能的电压型变频

为适应再生制动运行，可在图3-3电路的基础上，增加附加电路。方法一是，在中间直流电路中设法将再生能量处理掉，即在电容 C_d 的两端并联一条由耗能电阻 R 与功率开关（可以是晶闸管或自关断器件）相串联的电路，如图3-4所示。

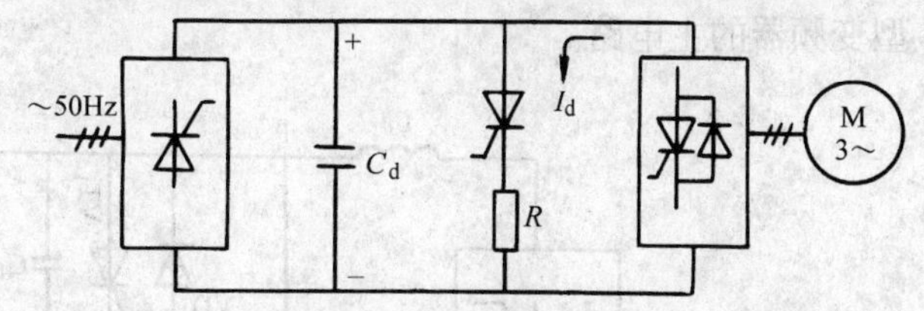

图3-4　并联耗能电阻的电压型变频器

当再生电能经逆变器的续流二极管反馈到直流电路时，将使电容电压升高，触发导通与耗能电阻串联的功率开关，再生能量便消耗在电阻上。该方法适用于小容量系统。

方法二是，在整流电路中设置再生反馈通路——反并联一组逆变桥，如图3-5所示。此时，U_d 的极性仍然不变，但 I_d 可以借助于反并联三相桥（工作在有源逆变状态）改变方向使再生电能反馈到交流电网。该方法可用于大容量系统。

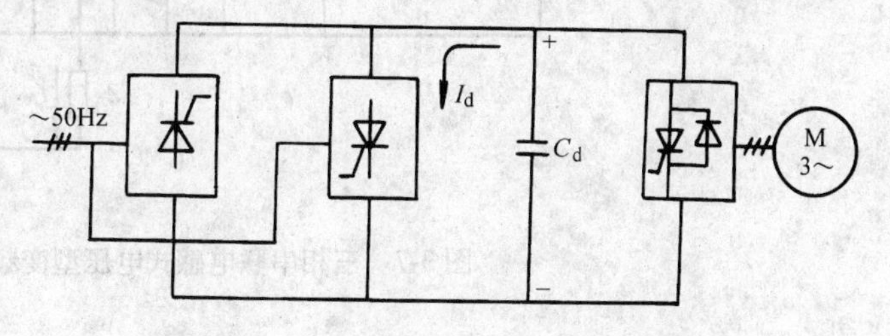

图3-5　反并联逆变桥的电压型变频器

（2）电压调节方式

为适应变频调速的需要，变频电源必须在变频的同时实现变压。对于输出矩形波的变频器而言，在逆变器输出端要利用变压器进行调压或移相调节，而在逆变器输入端调节电压主要有两种方式。

一种是采用可控整流器整流，通过对触发脉冲的相位控制直接得到可调直流电压，见图3-3。该方式电路简单，但电网侧功率因数低，特别是低电压时，更为严重。

另一种是采用不控整流器整流，在直流环节增加斩波器，以实现调压。如图3-6所示。此方式由于使用不控整流器，电网侧的功率因数得到明显改善。

上述两种方法都是通过调节逆变器输入端的直流电压来改变逆变器输出电压的幅值，又称为脉幅调制（Pulse Amplitude Modulation，PAM）。此时逆变器本身只调节输出电压的交变频率，调压和调频分别由两个环节完成。

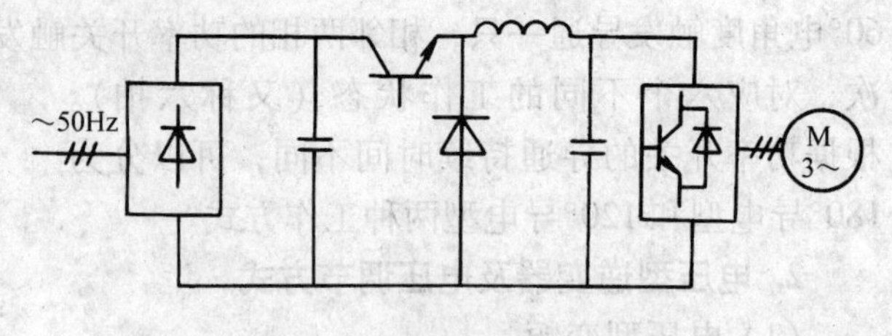

图3-6　利用斩波器调压的变频器

3. 串联电感式电压型变频

按照逆变器的工作原理，功率开关的导通规律是：逆变器中的电流必须从一只功率开关准确地转移到另一只功率开关中去，这个过程称为换相。当图3-2中的功率开关采用全控型器件时，由于器件本身具有自关断能力，主电路原理图完全与图3-2所示的基本电路相同。如果采用晶闸管，由于这种半控型器件不具备自关断能力，用于异步电动机变频调速系统这种感性负载时，必须增加专门的换相电路进行强迫换相，即通过换相电路对晶闸管施加反压使其关断。采用的换相电路不同，逆变器的主电路也不同，图3-7示出三相串联电感式电压型变频器的主电路。

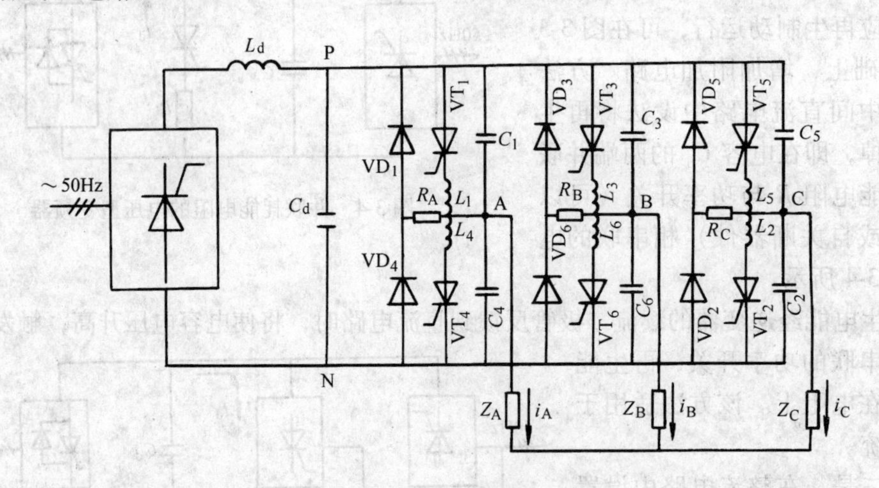

图3-7　三相串联电感式电压型变频器的主电路

图中C_d、L_d构成中间滤波环节，通常L_d很小，C_d很大，晶闸管VT_1 ~ VT_6作为功率开关取代了图3-2中的S_1 ~ S_6。L_1 ~ L_6为换相电感，位于同一桥臂上的两个换相电感是紧密耦合的，串联在两个主晶闸管之间，因而称之为串联电感式。C_1 ~ C_6为换相电容，R_A ~ R_C为环流衰减电阻。该电路属于180°导电型，换相是在同一桥臂的两个晶闸管之间进行，采用互补换相方式，即触发一个晶闸管去关断同一桥臂上的另一个晶闸管。

现假设换相时间远小于逆变周期，换相过程中负载电流i_L保持不变，并且L、C皆为理想元件，不计晶闸管触发导通时间及管压降。各元件上电压、电流正方向如图3-8a所示，以A相为例，分析由VT_1换相到VT_4的过程。

（1）换相前的状态

如图 3-8a 所示，VT_1 稳定导通，负载电流 i_L 流经路线如图中虚线箭头所示。换相电容 C_4 充电至直流电源电压 U_d，同时导通的晶闸管为 VT_1、VT_3、VT_2（见图 3-7）。

（2）换相阶段

如图 3-8b 所示，触发 VT_4，则 C_4 经 L_4 和 VT_4 组成的电路放电，将在 L_4 上感应出电动势，两端电压为 U_d，极性上正（+）下负（-）。由于 L_1 和 L_4 为紧密耦合，且 $L_1=L_4$，必然同时在 L_1 上感应出相同大小的电动势，使 VT_1 承受反向电压 U_d 而关断。C_4 在经 L_4 放电的同时，还通过 A 相、C 相负载放电，维持负载电流 i_L。因 VT_1 关断，C_1 开始充电，C_4 继续放电，当 X 点电位降至 U_d，VT_1 不再承受反压。只要使 VT_1 承受反压时间 t_0 大于晶闸管的关断时间 t_{off}，就能保证可靠换相。

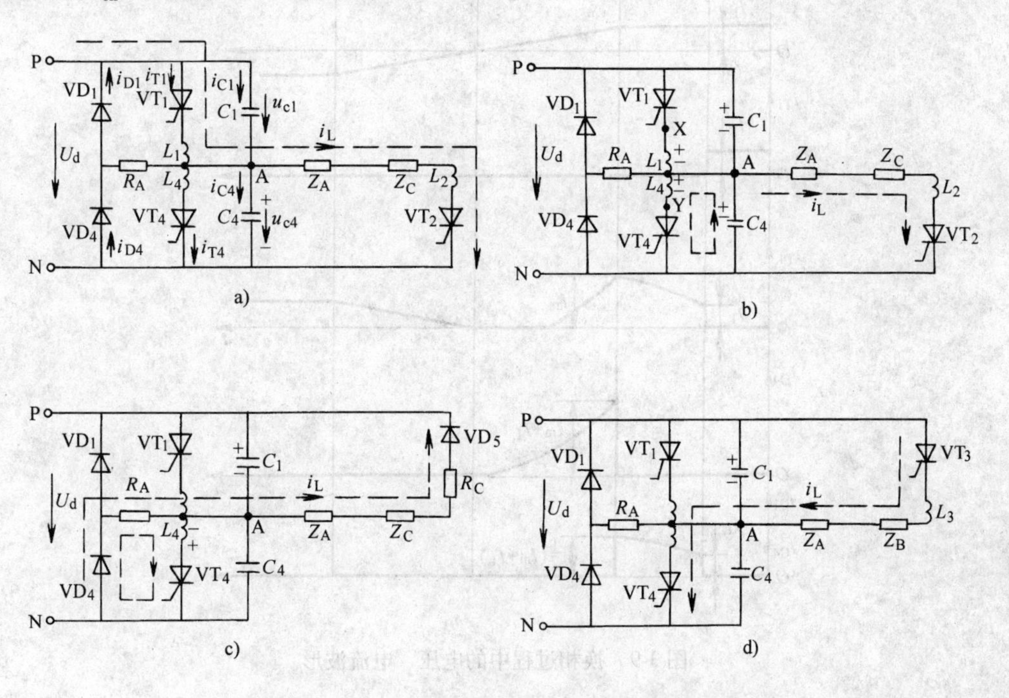

图 3-8　三相串联电感式电压型逆变器的换相过程

a）换相前的状态　b）换相阶段　c）环流及反馈阶段　d）负载电流反向阶段

（3）环流及反馈阶段

如图 3-8c 所示，C_4 放电结束时，通过 VT_4 的电流达到最大值，然后开始下降，便在 L_4 感应出电动势，其方向为上负（-）下正（+），则 VT_4 因承受正向电压而导通，换相电感 L_4 的储能经 VT_4、VD_4 形成环流消耗在 R_A 上。与此同时，感性负载中的滞后电流仍维持原来方向，经由 VD_4 和 VD_5 反馈回电源。因而在一段时期中，环流与负载反馈电流在 VD_4 中并存。当环流衰减至零时，VT_4 将随之关断，VD_4 中仍继续流过负载反馈电流 i_L，直至 i_L 下降至零时，VD_4 关断。

（4）负载电流反向阶段

如图 3-8d 所示，VD_4 关断，负载电流 i_L 为零，只要触发脉冲足够宽（大于 90°电角度），一度关断的 VT_4 将再度导通。一旦 VT_4 导通，负载电流立即反向，流经路线见图中虚线，同时导通的晶闸管为 VT_3、VT_4、VT_2。整个换相过程结束。

各个阶段中主要元器件上的电压、电流波形如图 3-9 所示。

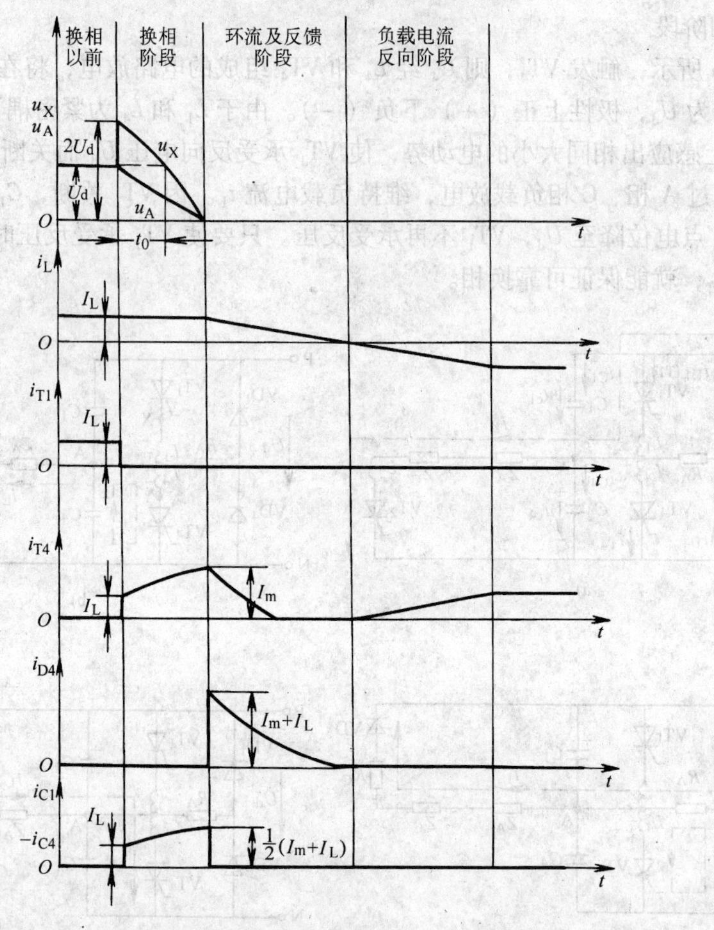

图 3-9　换相过程中的电压、电流波形

3.1.2　交—直—交电流型变频

电压型变频，由于再生制动时必须接入附加电路，使电路复杂，电流型变频器可以弥补上述不足，而且主电路结构简单、安全可靠。交—直—交电流型变频器的构成如图 3-10 所示。

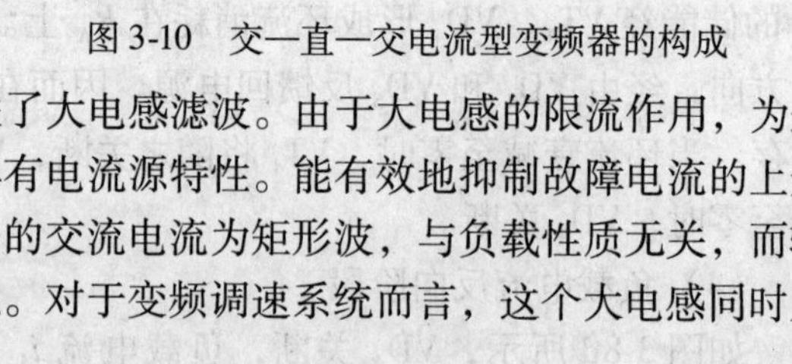

图 3-10　交—直—交电流型变频器的构成

1. 电流型逆变器的基本电路

三相电流型逆变器的基本电路如图 3-11 所示。与电压型逆变器不同，直流电源上串联了大电感滤波。由于大电感的限流作用，为逆变器提供的直流电流波形平直、脉动很小，具有电流源特性。能有效地抑制故障电流的上升率，实现较理想的保护功能。这使逆变器输出的交流电流为矩形波，与负载性质无关，而输出的交流电压波形及相位随负载的变化而变化。对于变频调速系统而言，这个大电感同时又是缓冲负载无功能量的储能元件。

该逆变电路仍由六只功率开关 $S_1 \sim S_6$ 组成，但无须反并联续流二极管，因为在电流型变频器中，电流方向无须改变。电流型逆变器一般采用 120°导电型，即每个功率开关的导通时间为 120°。每个周期换相 6 次，共 6 个工作状态，每个工作状态都是共阳极组和共阴极组各有一只功率开关导通，换相是在相邻的桥臂中进行。

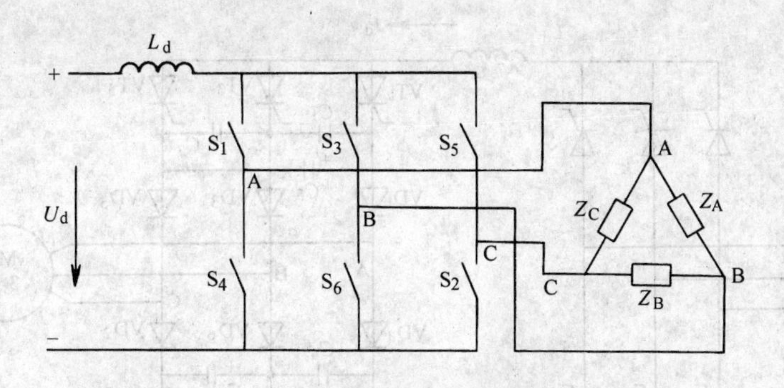

图 3-11　三相电流型逆变器的基本电路

2. 电流型逆变器的再生制动运行

电流型变频不需附加任何设备，即可实现负载电动机的四象限运行，如图 3-12 所示。当电动机处于电动状态时，整流器工作于整流状态，逆变器工作于逆变状态，此时整流器的控制角 $0° < \alpha < 90°$，$U_d > 0$，直流电路的极性为上正（+）下负（−），电流从整流器的正极流出进入逆变器，能量便从电网输送到电动机。当电动机处于再生状态时，可以调节整流器的控制角，使其为 $90° < \alpha < 180°$，则 $U_d < 0$，直流电路的极性为上负（−）下正（+）。此时整流器工作在有源逆变状态，逆变器工作在整流状态。由于功率开关的单向导电性，电流 I_d 的方向不变，再生电能由电动机反馈到交流电网。

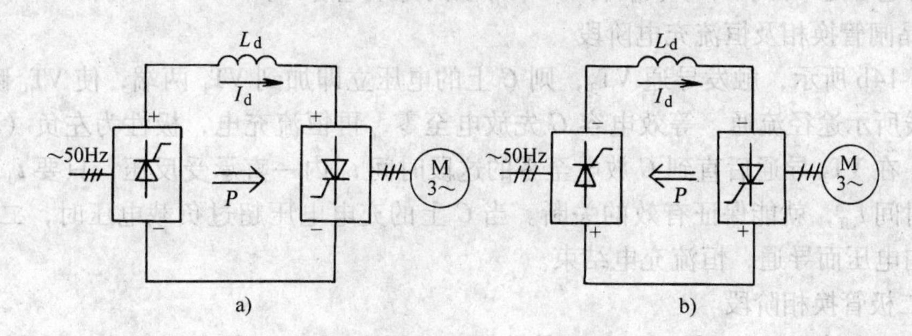

图 3-12　电流型变频器的电动状态与再生制动状态

a）电动状态　b）再生制动状态

3. 串联二极管式电流型变频

当功率开关采用晶闸管时，必须在图 3-11 的基本电路中增加换相电路。图 3-13 是三相串联二极管式电流型变频器的主电路。

晶闸管 $VT_1 \sim VT_6$ 取代了图 3-11 中的 $S_1 \sim S_6$，$C_1 \sim C_6$ 为换相电容，$VD_1 \sim VD_6$ 为隔离二极管，其作用是使换相电容与负载隔离，防止电容充电电荷的损失。该电路为 120°导电型。

现以 Y 联结电动机作为负载，假设电动机反电动势在换相过程中保持不变，电流 I_d 恒定，以 VT_1 换相到 VT_3 为例说明换相过程。

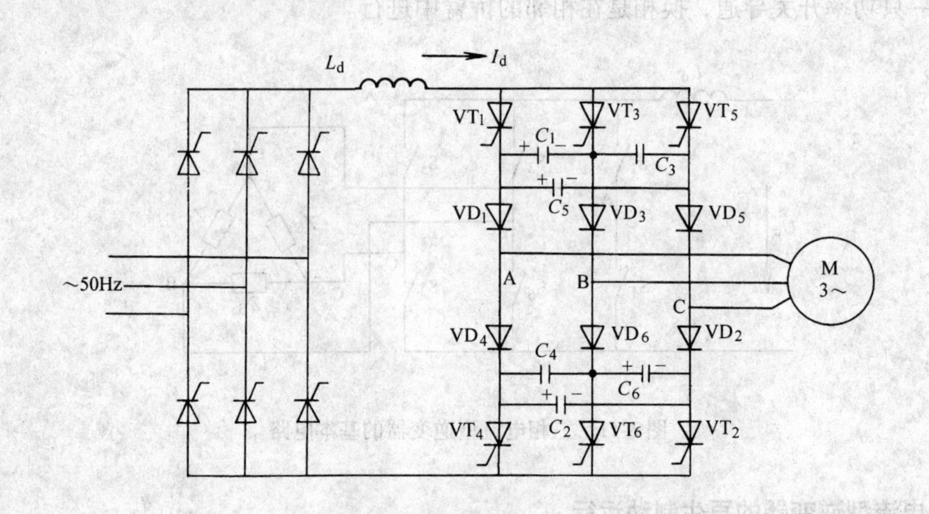

图 3-13　三相串联二极管式电流型变频器的主电路

（1）换相前的状态

如图 3-14a 所示，VT_1 及 VT_2 稳定导通，负载电流 I_d 沿着虚线所示途径流通，因负载为 Y 联结，只有 A 相和 C 相绕组导通，而 B 相不导通，即 $i_A = I_d$，$i_B = 0$，$i_C = -I_d$。换相电容 C_1 及 C_5 被充电至最大值，极性是左正（+）右负（-），C_3 上电荷为 0。跨接在 VT_1 和 VT_3 之间的电容是 C_5 与 C_3 串联后再与 C_1 并联的等效电容 C。

（2）晶闸管换相及恒流充电阶段

如图 3-14b 所示，触发导通 VT_3，则 C 上的电压立即加到 VT_1 两端，使 VT_1 瞬间关断。I_d 沿着虚线所示途径流通，等效电容 C 先放电至零，再恒流充电，极性为左负（-）右正（+），VT_1 在 VT_3 导通后直到 C 放电至零的这段时间 t_0 内一直承受反压，只要 t_0 大于晶闸管的关断时间 t_{off}，就能保证有效的关断。当 C 上的充电电压超过负载电压时，二极管 VD_3 将承受正向电压而导通，恒流充电结束。

（3）二极管换相阶段

如图 3-14c 所示，VD_3 导通后，开始分流。此时电流 I_d 逐渐由 VD_1 向 VD_3 转移，i_A 逐渐减少，i_B 逐渐增加，当 I_d 全部转移到 VD_3 时，VD_1 关断。

（4）换相后的状态

如图 3-14d 所示，负载电流 I_d 流经路线如图中虚线所示，此时 B 相和 C 相绕组通电，A 相不通电，$i_A = 0$，$i_B = I_d$，$i_C = -I_d$。换相电容的极性保持左负（-）右正（+），为下次换相作准备。

由上述换相过程可知，当负载电流增加时，换相电容充电电压将随之上升，这使换相能力增加。因此，在电源和负载变化时，逆变器工作稳定。但是，由于换相包含了负载的因素，如果控制不好也将导致不稳定。

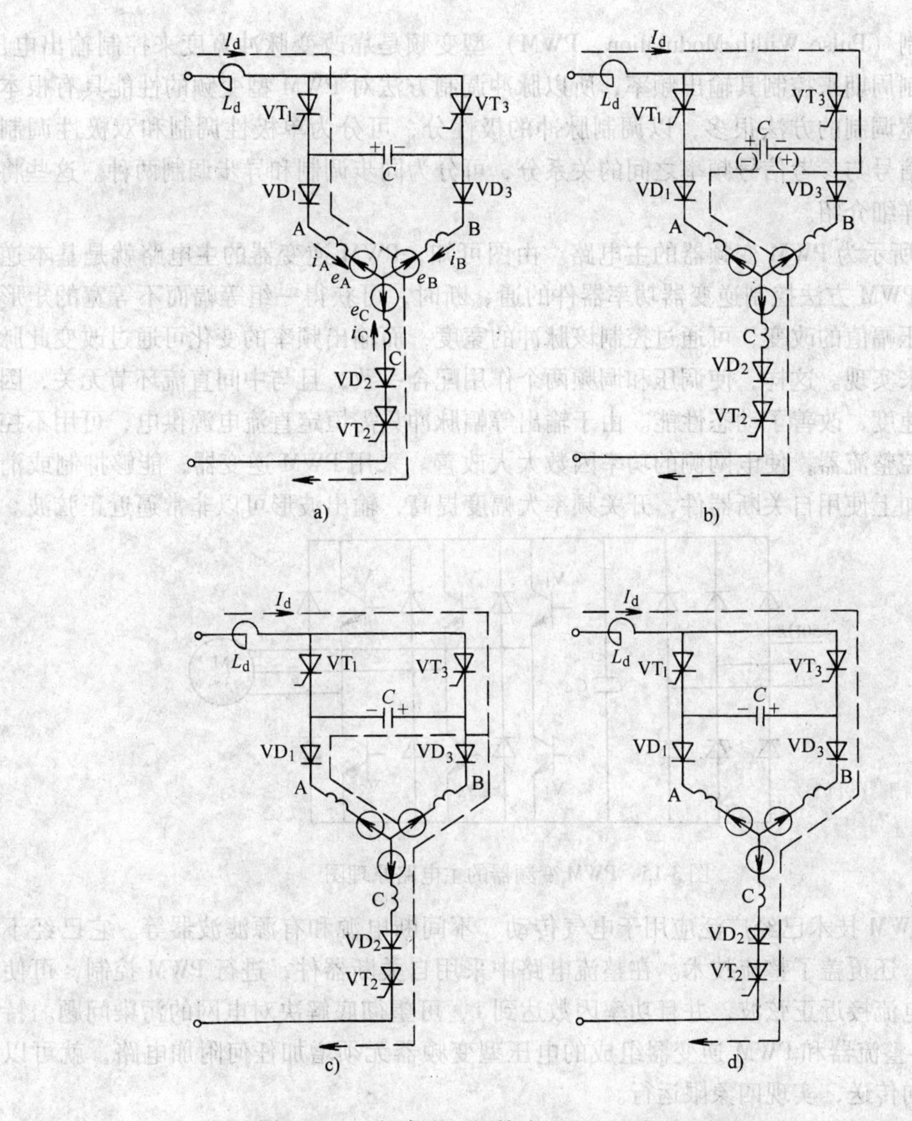

图 3-14　三相串联二极管式电流型逆变器的换相过程

a）换相前的状态　b）晶闸管换相及恒流充电阶段　c）二极管换相阶段
d）换相后的状态

3.2　脉冲调制型变频

在异步电动机恒转矩的变频调速系统中，随着变频器输出频率的变化，必须相应地调节其输出电压。此外，在变频器输出频率不变的情况下，为了补偿电网电压和负载变化所引起的输出电压波动，也应适当地调节其输出电压，具体实现调压和调频的方法有很多种，但一般从变频器的输出电压和频率的控制方法分为脉幅调制和脉宽调制。

脉幅调制（Pulse Amplitude Modulation，PAM），是一种改变电压源的电压 E_d 或电流源 I_d 的幅值，进行输出控制的方式。它在逆变器部分只控制频率，在交流器部分控制输出的电压或电流。

脉宽调制（Pulse Width Modulation，PWM）型变频是靠改变脉冲宽度来控制输出电压，通过改变调制周期来控制其输出频率，所以脉冲调制方法对PWM型变频的性能具有根本性的影响。脉宽调制的方法很多，以调制脉冲的极性分，可分为单极性调制和双极性调制两种；以载频信号与参考信号频率之间的关系分，可分为同步调制和异步调制两种。这些将在第4章中作详细介绍。

图3-15所示为PWM变频器的主电路。由图可知，PWM逆变器的主电路就是基本逆变器。当采用PWM方法控制逆变器功率器件的通、断时，可获得一组等幅而不等宽的矩形脉冲。输出电压幅值的改变，可通过控制该脉冲的宽度，而输出频率的变化可通过改变此脉冲的调制周期来实现。这样，使调压和调频两个作用配合一致，且与中间直流环节无关，因而加快了调节速度，改善了动态性能。由于输出等幅脉冲只需恒定直流电源供电，可用不控整流器取代相控整流器，使电网侧的功率因数大大改善。采用PWM逆变器，能够抑制或消除低次谐波，加上使用自关断器件，开关频率大幅度提高，输出波形可以非常逼近正弦波。

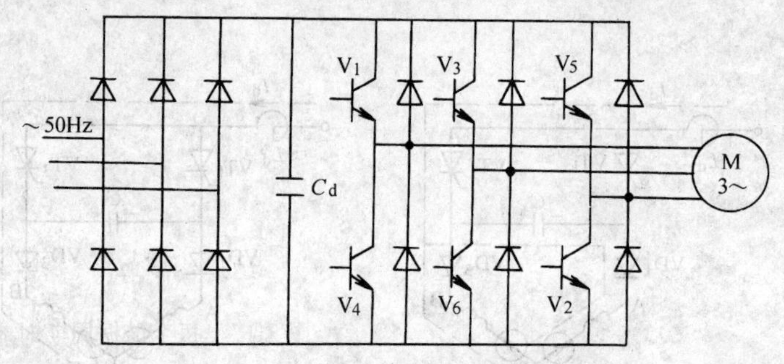

图3-15　PWM变频器的主电路原理图

目前，PWM技术已经广泛应用于电气传动、不间断电源和有源滤波器等。它已经不限于逆变技术，还覆盖了整流技术。在整流电路中采用自关断器件，进行PWM控制，可使电网侧的输入电流接近正弦波，并且功率因数达到1，可望彻底解决对电网的污染问题。特别是，由PWM整流器和PWM逆变器组成的电压型变频器无须增加任何附加电路，就可以允许能量的双向传送，实现四象限运行。

3.3　谐振型变频

谐振直流环节逆变器，对PWM技术所存在的开关损耗大这一缺点进行了有效的改善。谐振型变频是利用谐振原理使PWM逆变器的开关器件在零电压或零电流下进行开关状态转换，即软开关技术。而PWM技术中功率器件在大电流、高电压状态下的开关状态转换是硬开关技术。在谐振型变频中，由于各功率器件的开关损耗近似为零，有效地防止了电磁干扰，大大提高了器件的工作频率，且减少了装置的体积和重量。

3.3.1　谐振直流环节逆变器的基本原理

三相谐振直流环节逆变器的原理电路如图3-16所示。图中L_r、C_r组成串联谐振电路，插在直流输入电压和PWM逆变器之间，为逆变器提供周期性过零电压，使得每一个桥臂上的功率开关都可以在零电压下开通或关断。

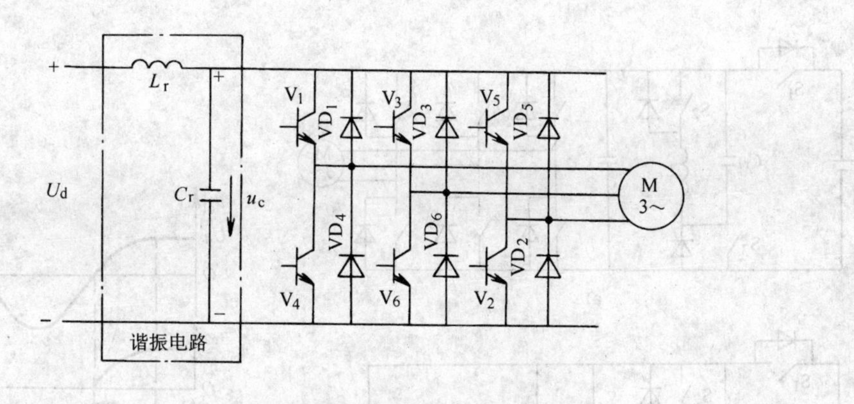

图 3-16　三相谐振直流环节逆变器原理电路

将图 3-16 电路中的每一个谐振周期中对应的电路加以简化，可得到图 3-17 所示的电路形式。

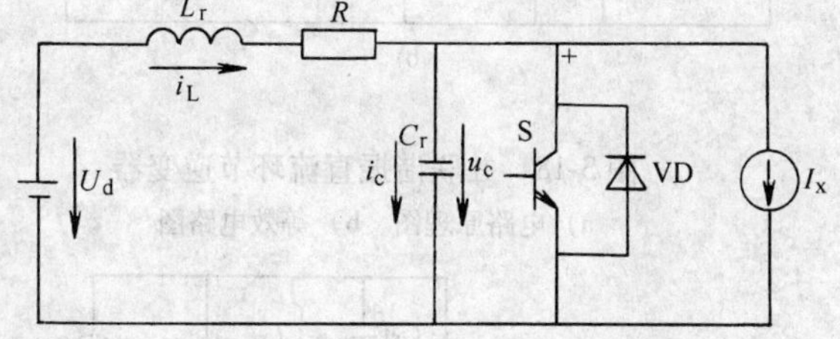

图 3-17　每个谐振周期对应的等效电路

图中的 L_r、C_r 为谐振电感和谐振电容，R 为电感线圈中的电阻及线路电阻。谐振开关 S 及其反并联二极管代表一个桥臂上两个开关器件中的任何一个。电路的负载以等效电流源 I_X 表示，I_X 的数值取决于各相电流。在 PWM 控制方式下，从一个周期到下一个周期，I_X 可以发生较大的变化，但由于负载电感比谐振电感大得多，在一个谐振周期内，I_X 仍可看作常数。

3.3.2　谐振直流环节逆变电路举例

谐振直流环节逆变器的基本原理电路应用软开关技术解决了硬开关无法解决的问题，几乎将器件的开关损耗降低到零，提高了逆变器的效率和开关频率，避免了开关关断时的高 du/dt、di/dt，因此无须使用缓冲电路，简化了主电路结构。但也存在着一些问题，如逆变器的开关器件承受的电压较高，约为直流电源电压的 2 ~ 3 倍，必须使用耐高压的功率开关器件；为实现零损耗，开关器件必须在零电压下通断，但这个零电压到来时刻与 PWM 控制策略所决定的开关时刻难以一致，有时间上的误差，导致输出谐波增加。因此，在这个基础上出现了各种电路拓扑结构，以下略举两例进行说明。

1. 并联谐振直流环节逆变器

具有并联谐振电路的直流环节逆变器电路原理如图 3-18a 所示，等效电路见图 3-18b。图中 L_r 为谐振电感，C_{r1}、C_{r2}为谐振电容，S_1 ~ S_3 为开关器件，S_4 及其反并联二极管代表逆变器桥臂上的开关器件，I_X 为负载等效电流。图 3-19 示出了一个工作周期中电容电压 u_{c1}、u_{c2}及电感电流 i_L 的波形，对应于波形图中的 A、B、C、D、E、F 各阶段，相应的等效电路如图 3-20a、b、c、d、e、f 所示。

(1) A 阶段

S_1、S_2、S_3 开通，S_4 关断。此时直流电源 U_d 经 S_1 向逆变桥供电，C_{r1}充电至 U_d，电感电流 i_L 上升，储能增加。

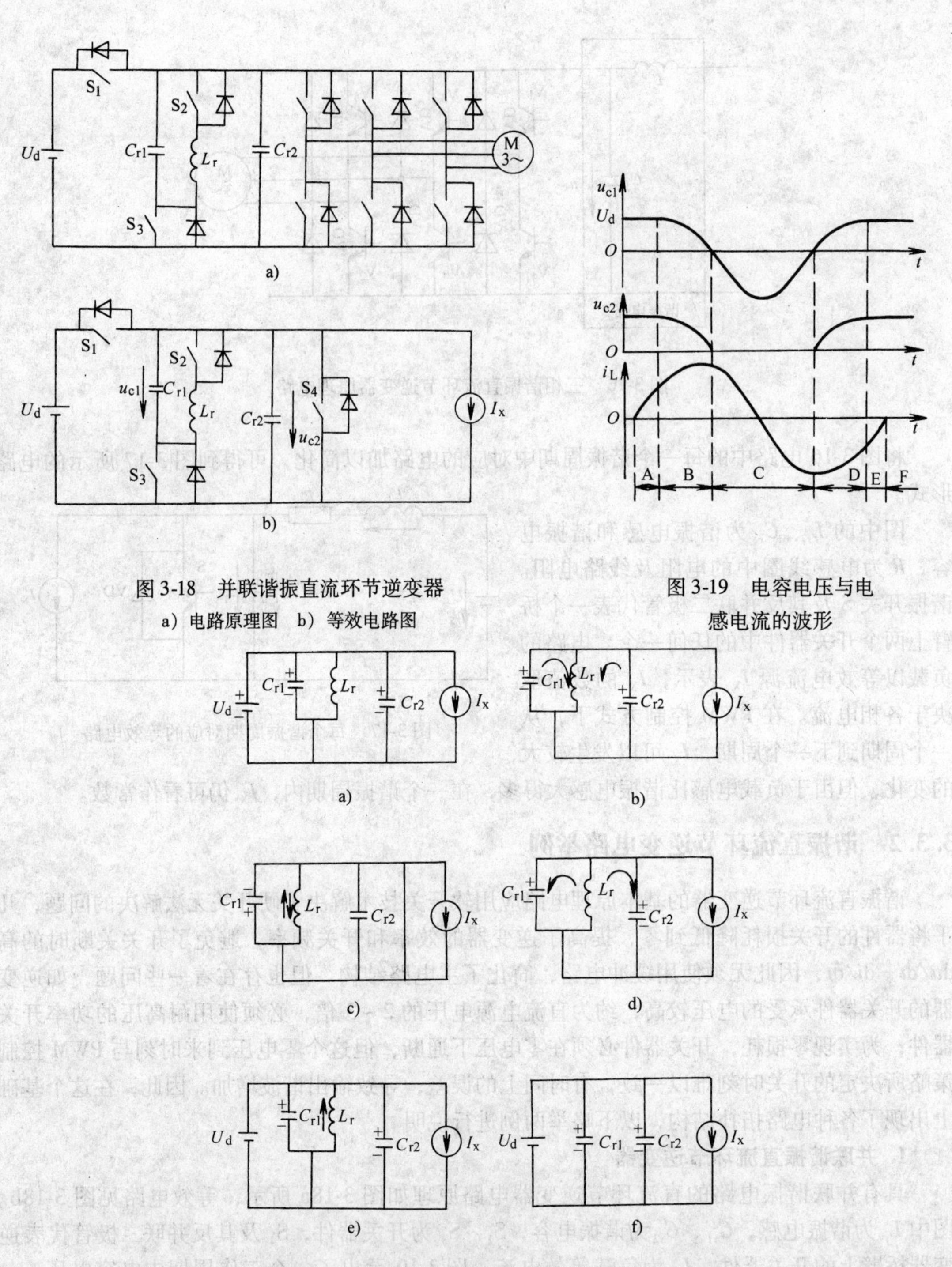

图 3-18　并联谐振直流环节逆变器

a）电路原理图　b）等效电路图

图 3-19　电容电压与电感电流的波形

图 3-20　并联谐振直流环节逆变器的工作原理

（2）B 阶段

在逆变桥开关器件开通之前的某一时刻，关断 S_1。由于 C_{r1} 已充电至 U_d，S_1 是在零电压下关断的，电路进入谐振，C_{r1}、C_{r2} 经 L_r 放电，在 u_{c1} 和 u_{c2} 下降的同时，i_L 增加。

（3）C 阶段

当 C_{r2} 放电至 $u_{c2}=0$ 时，与 S_4 反并联的二极管导通，将 u_{c2} 钳位至零，逆变桥功率开关 S_4 实现零电压下开通。与此同时，当 C_{r1} 放电至零时，将 S_3 在零电压下关断，目的是防止 C_{r1} 上电压 u_{c1} 变负时直流母线电压的极性随之变反。此时的 i_L 达到最大值，然后下降，能量向 C_{r1} 转移，i_L 再继续下降时，能量又向 L_r 转移。

（4）D 阶段

当 i_L 降至 $-i_{Lmax}$ 时，u_{c1} 返回至零，可将 S_3 在零电压下开通。此时逆变桥功率开关 S_4 在二极管钳位的条件下实现零电压关断。此后 i_L 从负值上升，能量又向 C_{r1}、C_{r2} 转移，u_{c1} 和 u_{c2} 开始上升。

（5）E 阶段

逆变桥功率开关关断后，当 u_{c1} 上升至 U_d 时，在零电压下开通 S_1，直流电源恢复向逆变桥供电，i_L 继续上升。

（6）F 阶段

当 i_L 上升至零时，在零电流下关断 S_2，一个谐振周期结束，并为下一次的逆变桥换相作好准备。

通过上述分析可知，逆变桥功率开关的通断时刻可以完全按照 PWM 控制策略确定，只要在其动作之前，借助开关 S_1、S_2、S_3 的先后动作，使 DC 环节预先谐振到零即可。该电路限制了过高的谐振电压峰值，逆变器开关器件所承受的最大电压值仅是直流电源电压 U_d。

2. 结实型谐振直流环节逆变器

如图 3-21 为结实型谐振直流环节逆变器。该电路与前面所述的谐振型逆变器的根本区别在于它不存在直流母线短路的过程，即使控制电路出现故障，也不会损坏逆变桥的所有功率开关。图中 L_r 为谐振电感，C_{r1}、C_{r2} 为谐振电容，S_1、S_2 为开关器件，C_1'、C_2' 是用来延缓 S_1、S_2 关断后器件两端电压上升的速率，以减少关断损耗。电路的工作原理可通过图 3-22 来说明。

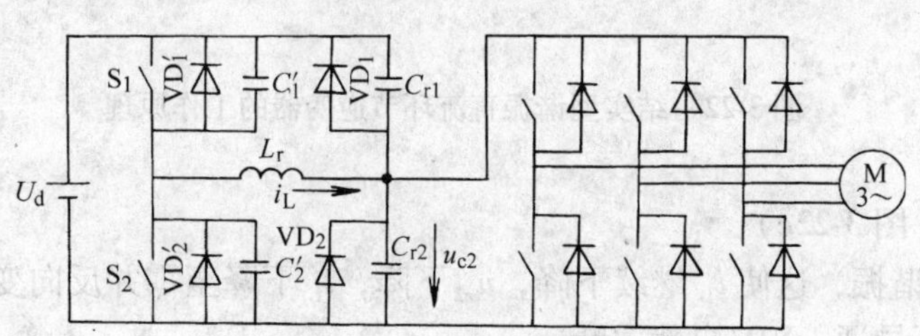

图 3-21　结实型谐振直流环节逆变器

（1）阶段 A（图 3-22a）

开关 S_1 导通、S_2 关断、二极管 VD_1 导通，直流电源 U_d 经 S_1 向逆变桥 INV 供电，L_r 的压降为零，i_L 达到正向稳定值 $I_{L0}>I_X$，其中的（i_L-I_X）部分流经 VD_1、S_1，$u_{c2}=U_d$。

（2）阶段 B（图 3-22b）

逆变桥开关动作之前的某一时刻，在 VD_1 导通钳位电压为零的情况下关断 S_1，i_L 向 C_1' 转移。C_1' 充电延缓 S_1 两端电压上升时间，当 C_1' 电压上升到 U_d 时，二极管 VD_2' 导通，i_L 经 VD_2' 和 VD_1 续流向电源返回能量，并为 S_2 导通创造零电压条件。i_L 线性下降至 I_X 时，VD_1 自然关断。

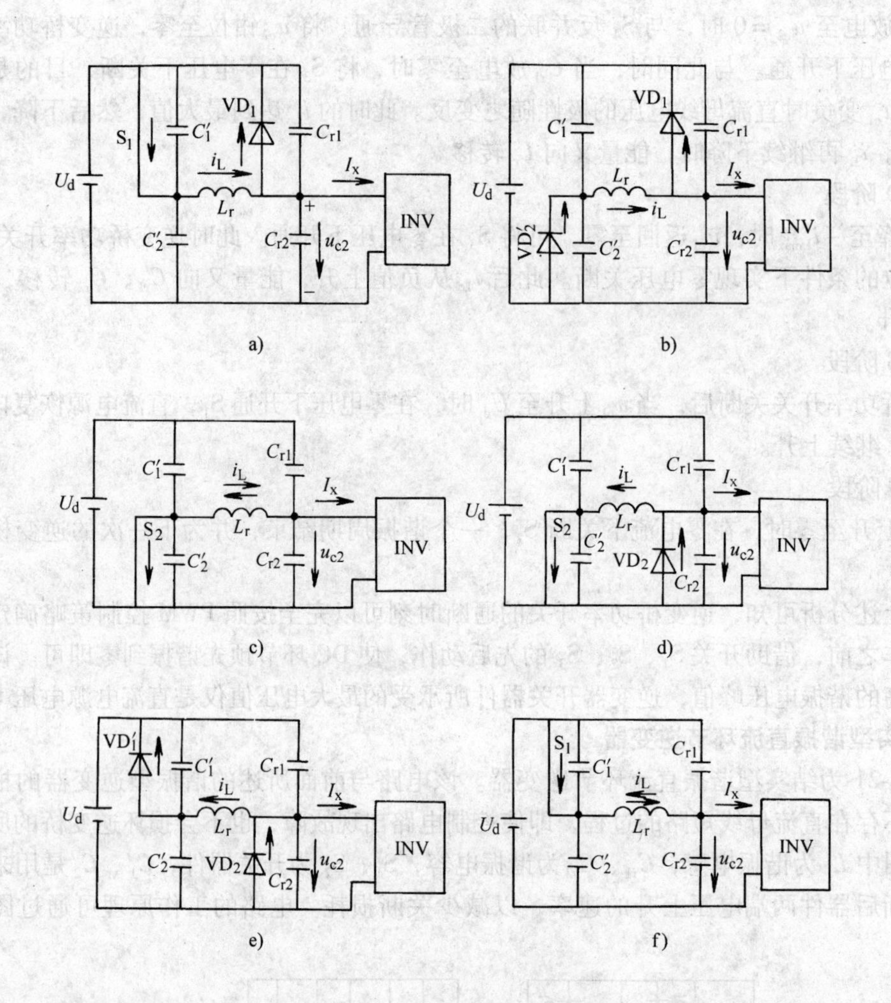

图 3-22　结实型谐振直流环节逆变器的工作原理

（3）阶段 C（图 3-22c）

L_r 与 C_{r1}、C_{r2}谐振，这使 i_L 继续下降，u_{c2}下降，i_L 下降至零并反向变为负值，在此过程中，S_2 在零电压下导通，VD_2'自然关断。

（4）阶段 D（图 3-22d）

当 u_{c2}谐振至零时，i_L 达到反向稳定值，二极管 VD_2 导通，将 u_{c2}钳位至零，逆变桥的功率开关可以实现在零电压下切换。此时 I_X 由 VD_2 续流，i_L 流经 S_2、VD_2。

（5）阶段 E（图 3-22e）

逆变桥开关动作完成后，S_2 在 VD_2 导通、钳位电压为零时关断。C_2'逐渐充电，当 C_2'电压升至 U_d 时，VD_1'导通，i_L 经 VD_1'续流，并为 S_1 导通创造零电压条件，i_L 线性上升。

（6）阶段 F（图 3-22f）

在 i_L 从负值增长至零变为正向的过程中，S_1 在零电压下导通，VD_1'关断。当 i_L 继续上升至 I_X 时，VD_2 关断。L_r 与 C_{r1}、C_{r2}再次谐振，当 u_{c2}再上升至 U_d 时，VD_1 导通，u_{c2}被钳位至 U_d，i_L 又达正向稳定值，一个工作周期结束，并为下一次的逆变桥换相作好准备。

*3.4 工程应用实例

图 3-23 所示为采用谐振直流环节变频的异步电动机磁场定向控制系统原理图。

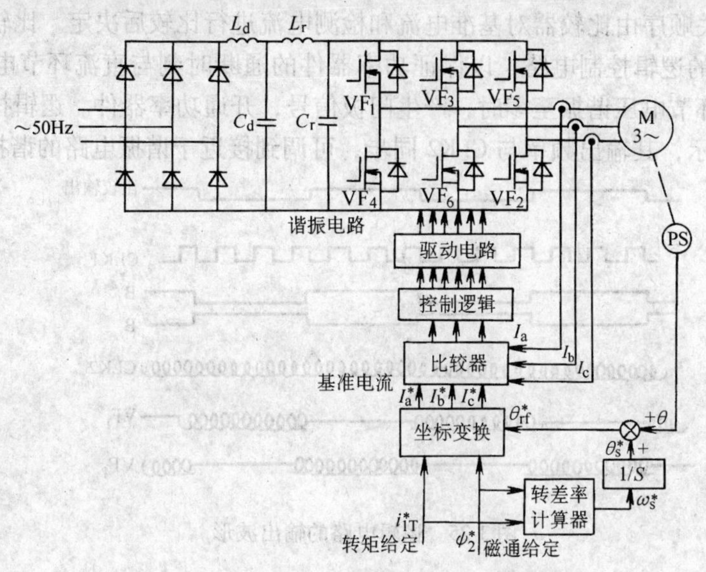

图 3-23 谐振直流环节变频器的异步电动机磁场定向控制系统原理图

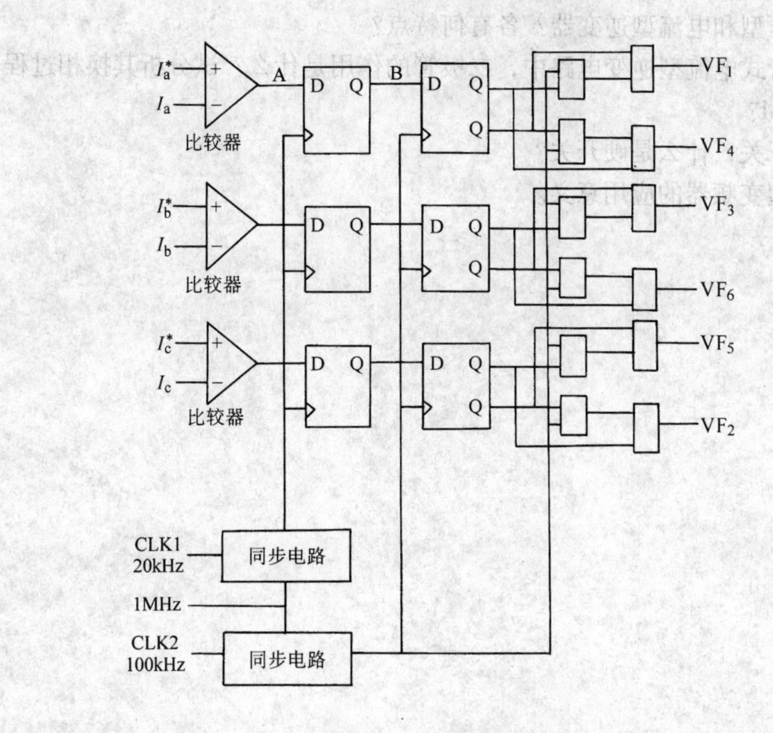

图 3-24 逻辑控制电路

变频器由不控整流电路、谐振电路和 PWM 电压型逆变电路组成。谐振电路由 L_r 与 C_r 构成，插在直流环节滤波电容器 C_d 与逆变器之间，逆变器的开关器件为 MOSFET。由于采用谐振型变频器，开关器件在零电压或零电流下开通与关断，此电路不需要缓冲电路以及防止上、下桥臂直通的开关死区。

逆变器的开关顺序由比较器对基准电流和检测电流进行比较后决定。比较器的输出信号送入图 3-24 所示的逻辑控制电路，以保证功率器件的通断时刻与直流环节电压过零时刻同步，即每当直流环节电压谐振至零时，产生门极信号，开通功率器件。逻辑控制电路的输出波形如图 3-25 所示，其输出频率与 CLK2 同步，可调到接近于谐振电路的谐振频率。

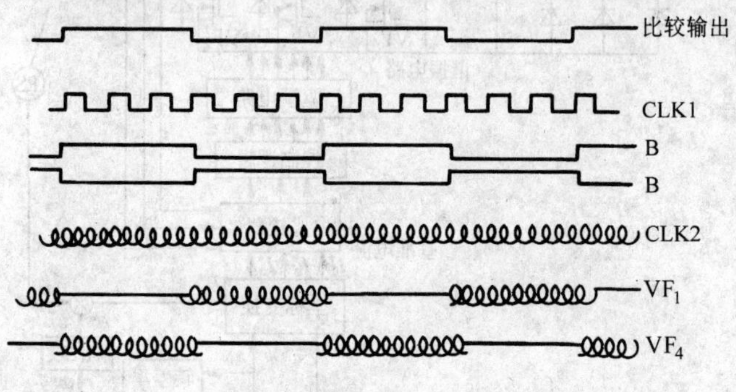

图 3-25　逻辑电路的输出波形

3.5　习题

1. 什么是电压型和电流型逆变器？各有何特点？
2. 串联二极管式电流型逆变电路中，二极管的作用是什么？试分析其换相过程。
3. 什么是 PAM？
4. 什么是软开关，什么是硬开关？
5. 试述谐振型变频器的应用意义。

第 4 章　脉宽调制技术

本章要点

- 脉宽调制（PWM）概述
- PWM 控制的基本原理
- PWM 型逆变电路的控制方式
- SPWM 逆变器的控制技术
- 电流跟踪型 PWM 逆变器控制技术

脉宽调制（Pulse Width Modulation，PWM）控制方式就是对逆变电路开关器件的通断进行控制，使输出端得到一系列幅值相等而宽度不等的脉冲，用这些脉冲来代替正弦波或所需要的波形。也就是在输出波形的半个周期中产生多个脉冲，使各脉冲的等值电压为正弦波状，所获得的输出平滑且低次谐波少。按一定的规则对各脉冲的宽度进行调制，既可改变逆变电路输出电压的大小，也可以改变输出频率。

图 4-1 所示的是电压型交—直—交型变频电路。为了使输出电压和输出频率都得到控制，变频器通常由一个可控整流电路和一个逆变电路组成，控制整流电路以改变输出电压，控制逆变电路来改变输出频率。图 4-2 是电压型 PWM 交—直—交变频电路。图 4-1 中的可控整流电路在这里由不可控整流电路代替，逆变电路采用自关断器件。这种 PWM 型变频电路的主要特点为：

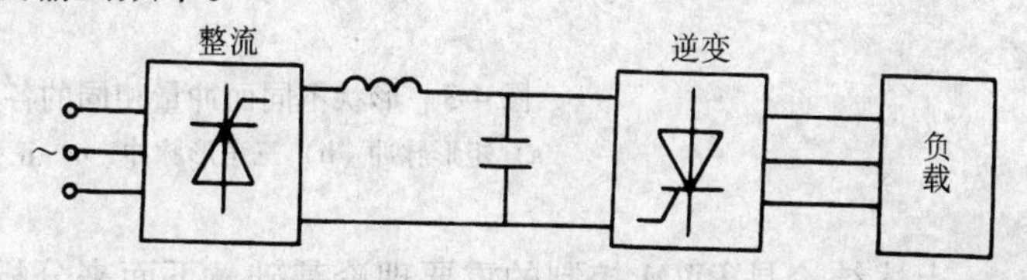

图 4-1　电压型交—直—交型变频电路

1）可以得到相当接近正弦波的输出电压；

2）整流电路采用二极管，提高了变频电源对交流电网的功率因数，可获得接近 1 的功率因数；

3）电路结构简单，使装置的体积变小，重量减轻，造价下降，可靠性提高；

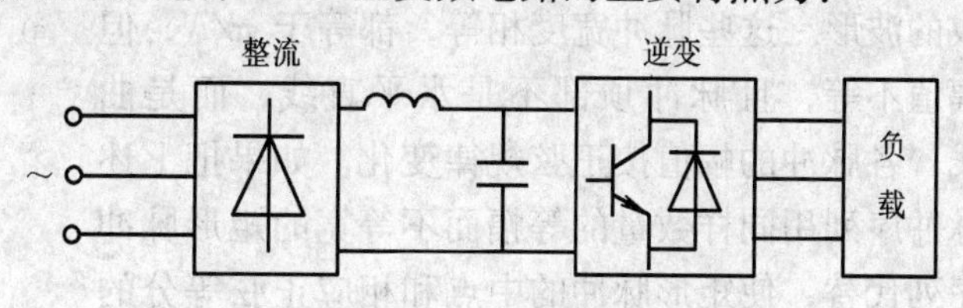

图 4-2　电压型 PWM 交—直—交变频电路

4）改善了系统的动态性能和电动机运行性能，通过对输出脉冲宽度的控制，可以改变输出电压，加快变频过程的动态响应，提高调节速度，使调节过程中电压与频率能够很好地配合。

基于上述原因，在自关断器件出现并成熟后，PWM 控制技术就获得了很快的发展，已成为电力电子技术中一个重要的组成部分。

4.1 PWM 调制方法与控制技术

4.1.1 PWM 控制的基本原理

在采样控制理论中有一个重要的结论，即冲量相等而形状不同的窄脉冲加在具有惯性的环节上，其效果基本相同。冲量即指窄脉冲的面积。这里所说的效果基本相同，是指该环节的输出响应波形基本相同。如把各输出波形用傅里叶变换分析，则它们的低频段特性非常接近，仅在高频段略有差异。如图 4-3 所示，图 4-3a 为矩形脉冲，图 4-3b 为三角形脉冲，图 4-3c 为正弦半波脉冲，它们的面积（即冲量）都等于 1。把它们分别加在具有相同惯性的同一环节上，输出响应基本相同。脉冲越窄，输出的差异越小。

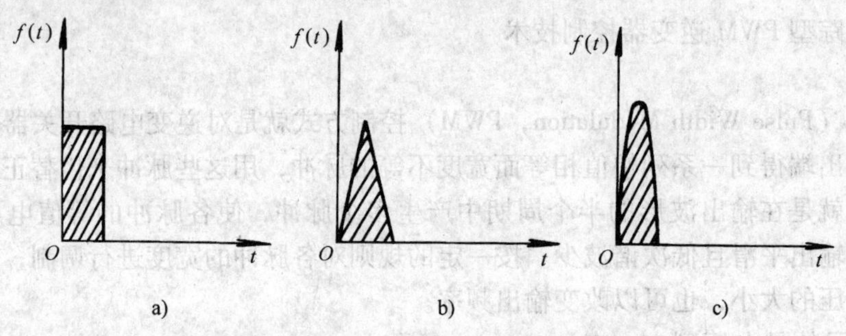

图 4-3　形状不同而冲量相同的各种窄脉冲
a）矩形脉冲　b）三角形脉冲　c）正弦半波脉冲

上述结论是 PWM 控制的重要理论基础。下面来分析如何用一系列等幅而不等宽的脉冲代替正弦半波。

把图 4-4a 所示的正弦半波波形分成 N 等份，就可把正弦半波看成由 N 个彼此相连的脉冲所组成的波形。这些脉冲宽度相等，都等于 π/N，但幅值不等，且脉冲顶部不是水平直线，而是曲线，各脉冲的幅值按正弦规律变化。如果把上述脉冲序列用同样数量的等幅而不等宽的矩形脉冲序列代替，使矩形脉冲的中点和相应正弦等分的中点重合，且使矩形脉冲和相应正弦部分面积（冲量）相等，就得到图 4-4b 所示的脉冲序列，这就是 PWM 波形。可以看出，各脉冲的宽度是按正弦规律变化的。根据冲量相等效果相同的原理，PWM 波形和正弦半波是等效的。对于正弦波的负半周，也可以用同样的方法得到 PWM 波形。像这种脉冲的宽度按正弦规律变化而和正弦波等效的 PWM 波形，也称为 SPWM（Sinusoidal

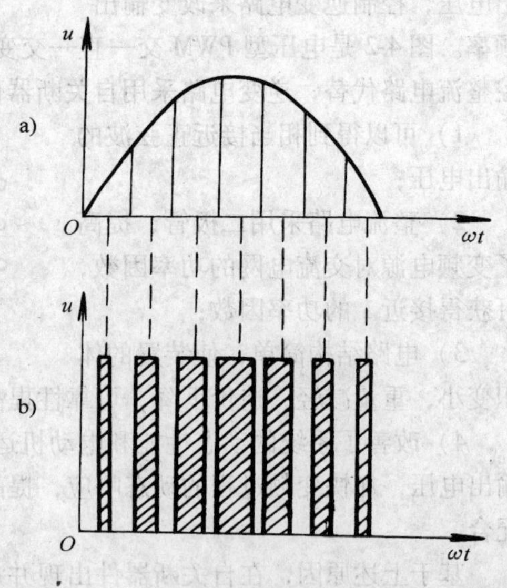

图 4-4　PWM 控制的基本原理示意图
a）正弦半波波形　b）脉冲序列

PWM）波形。

在 PWM 波形中，各脉冲的幅值是相等的，要改变等效输出正弦波的幅值时，只要按同一比例系数改变各脉冲的宽度即可。因此在图 4-2 的交—直—交变频器中，整流电路采用不可控的二极管电路即可，PWM 逆变电路输出的脉冲电压就是直流侧电压的幅值。

根据上述原理，在给出了正弦波频率、幅值和半个周期内的脉冲数后，PWM 波形各脉冲的宽度和间隔就可以准确计算出来。按照计算结果控制电路中各开关器件的通断，就可以得到所需要的 PWM 波形。但是，这种计算是很繁琐的，正弦波的频率、幅值等变化时，结果都要变化。较为实用的方法是采用调制的方法，即把接受调制的信号作为载波，通过对载波的调制得到所期望的 PWM 波形。一般采用等腰三角波作为载波，因为等腰三角波上下宽度与高度成线性关系且左右对称，当它与任何一个平缓变化的调制信号波相交时，如果在交点时刻控制电路中开关器件有通断，就可以得到宽度正比于信号波幅值的脉冲，这正好符合 PWM 控制的要求。当调制信号波为正弦波时，所得到的就是 SPWM 波形。这种情况使用最广，本章所介绍的 PWM 控制主要就是指 SPWM 控制。当调制信号不是正弦波时，也能得到与调制信号等效的 PWM 波形。

图 4-5 是采用功率晶体管作为开关器件的电压型单相桥式 PWM 逆变电路，假设负载为电感性，对各晶体管的控制按下面的规律进行：在正半周期，让晶体管 V_1 一直保持导通，而让晶体管 V_4 交替通断。当 V_1 和 V_4 导通时，负载上所加的电压为直流电源电压 U_d。当 V_1 导通而使 V_4 关断后，由于电感性负载中的电流不能突变，负载电流将通过二极管 VD_3 续流，负载上所加电压为零。如负载电流较大，那么直到使 V_4 再一次导通之前，VD_3 一直持续导通。如负载电流较快地衰减到零，在 V_4 再一次导通之前，负载电压也一直为零。这样，负载上的输出电压 u_o 就可得到零和 U_d 交替的两种电平。同样，在负半周期，让晶体管 V_2 保持导通。当 V_3 导通时，负载被加上负电压 $-U_d$，当 V_3 关断时，VD_4 续流，负载电压为零，负载电压 u_o 可得到 $-U_d$ 和零两种电平。这样，在一个周期内，逆变器输出的 PWM 波形就由 $\pm U_d$ 和 0 三种电平组成。

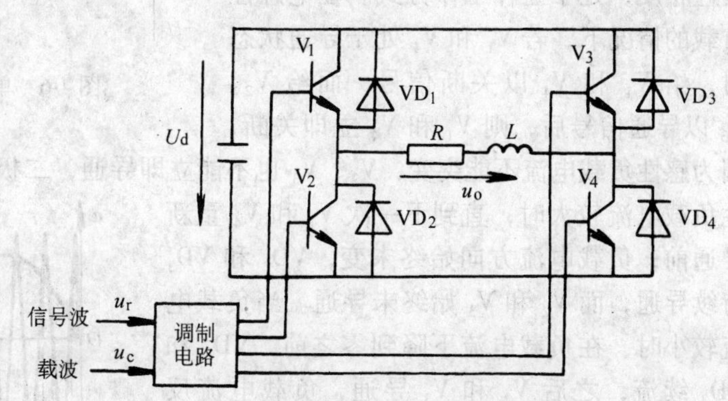

图 4-5　单相桥式 PWM 逆变电路

控制 V_4 或 V_3 通断的方法如图 4-6 所示。载波 u_c 在信号波 u_r 的正半周为正极性的三角波，在负半周为负极性的三角波。调制信号 u_r 为正弦波。在 u_r 和 u_c 的交点时刻控制晶体管 V_4 或 V_3 的通断，在 u_r 的正半周，V_1 保持导通，当 $u_r > u_c$ 时，使 V_4 导通，负载电压 $u_o = U_d$，当 $u_r < u_c$ 时，使 V_4 关断，$u_o = 0$；在 u_r 的负半周，V_1 关断，V_2 保持导通，当 $u_r < u_c$ 时，使 V_3 导通，$u_o = -U_d$，当 $u_r > u_c$ 时，使 V_3 关断，$u_o = 0$。这样，就得到了 SPWM 波形 u_o。图中的虚线 u_{of} 表示 u_o 中的基波分量。像这种在 u_r 的半个周期内三角波载波只在一个方向变化，所得到的 PWM 波形也只在一个方向变化的控制方式称为单极性 PWM 控制方式。

和单极性 PWM 控制方式不同的是双极性 PWM 控制方式。图 4-5 的单相桥式逆变电路在采用双极性控制方式时的波形如图 4-7 所示。在双极性方式中，u_r 的半个周期内，三角波载波是在正负两个方向变化的，所得到的 PWM 波形也是在两个方向变化的。在 u_r 的一个周期内，输出的 PWM 波形只有 $\pm U_d$两种电平。仍然在调制信号 u_r 和载波信号 u_c 的交点时刻控制各开关器件的通断。在 u_r 的正负半周，对各开关器件的控制规律相同，当 $u_r > u_c$ 时，给晶体管 V_1 和 V_4 以导通信号，给 V_2、V_3 以关断信号，输出电压 $u_o = U_d$。当 $u_r < u_c$ 时，给 V_2、V_3 以导通信号，给 V_1 和 V_4 以关断信号，输出电压 $u_o = -U_d$。可以看出，同一半桥上下两个桥臂晶体管的驱动信号极性相反，处于互补工作方式。在电感性负载的情况下，若 V_1 和 V_4 处于导通状态时，给 V_1 和 V_4 以关断信号，而给 V_2、V_3 以导通信号后，则 V_1 和 V_4 立即关断，因为感性负载电流不能突变，V_2、V_3 也不能立即导通，二极管 VD_2 和 VD_3 导通续流。当感性负载电流较大时，直到下一次 V_1 和 V_4 重新导通前，负载电流方向始终未变，VD_2 和 VD_3 持续导通，而 V_2 和 V_3 始终未导通。当负载电流较小时，在负载电流下降到零之前，VD_2 和 VD_3 续流，之后 V_2 和 V_3 导通，负载电流反向。不管是 VD_2 和 VD_3 导通，还是 V_2 和 V_3 导通，负载电压都是 $-U_d$。从 V_2 和 V_3 导通向 V_1 和 V_4 导通切换时，VD_1 和 VD_4 的续流情况和上述情况类似。

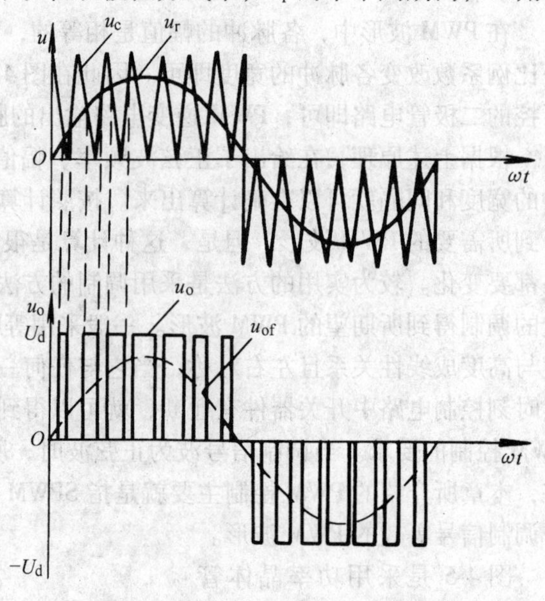

图 4-6　单极性 PWM 控制方式波形

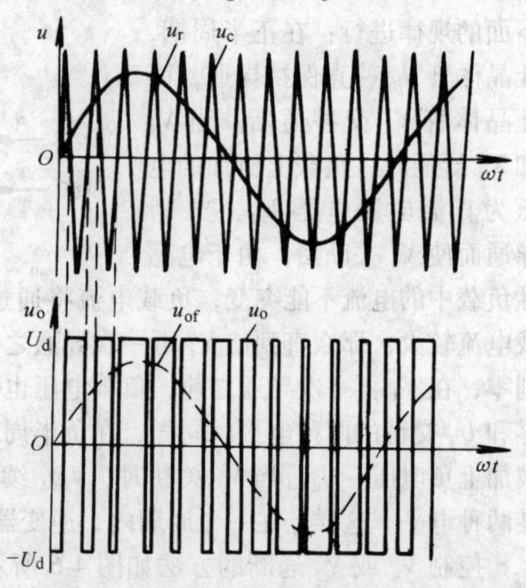

图 4-7　双极性 PWM 控制方式波形

在 PWM 型逆变电路中，使用最多的是图 4-8a 的三相桥式逆变电路，其控制方式一般都采用双极性方式。U、V 和 W 三相的 PWM 控制通常公用一个三角波载波 u_c，三相调制信号 u_{rU}、u_{rV}和 u_{rW} 的相位依次相差 120°。U、V 和 W 各相功率开关器件的控制规律相同，现以 U 相为例来说明。当 $u_{rU} > u_c$ 时，给上桥臂晶体管 V_1 以导通信号，给下桥臂晶体管 V_4 以关断信号，则 U 相相对于直流电源假想中点 N′的输出电压 $u_{UN'} = U_d/2$。当 $u_{rU} < u_c$ 时，给 V_4 以导通信号，给 V_1 以关断信号，则 $u_{UN'} = -U_d/2$。V_1 和 V_4 的驱动信号始终是互补的。当给 $V_1(V_4)$加导通信号时，可能是$V_1(V_4)$导通，也可能是二极管 $VD_1(VD_4)$续流导通，这要由感性负载中原来电流的方向和大小来决定，和单相桥式逆变电路双极性 PWM 控制时的情况相同。V 相和 W 相的控制方式和 U 相相同。$u_{UN'}$、$u_{VN'}$和 $u_{WN'}$的波形如图 4-8b 所示。这些波

形都只有 $\pm U_d$ 两种电平。像这种逆变电路相电压（$u_{UN'}$、$u_{VN'}$ 和 $u_{WN'}$）只能输出两种电平的三相桥式电路无法实现单极性控制。图中线电压 u_{UV} 的波形可由 $u_{UN'}-u_{VN'}$ 得出。当臂 1 和 6 导通时，$u_{UV}=U_d$；当臂 3 和 4 导通时，$u_{UV}=-U_d$；当臂 1 和 3 或 4 和 6 导通时，$u_{UV}=0$，因此逆变器输出线电压由 $\pm U_d$、0 三种电平构成。图 4-8b 中的负载相电压 u_{UN} 可由下式求得：

$$u_{UN}=u_{UN'}-\frac{u_{UN'}+u_{VN'}+u_{WN'}}{3} \tag{4-1}$$

从图中可以看出，它由 5 种电平组成，即（$\pm 2/3$）U_d，（$\pm 1/3$）U_d 和 0。

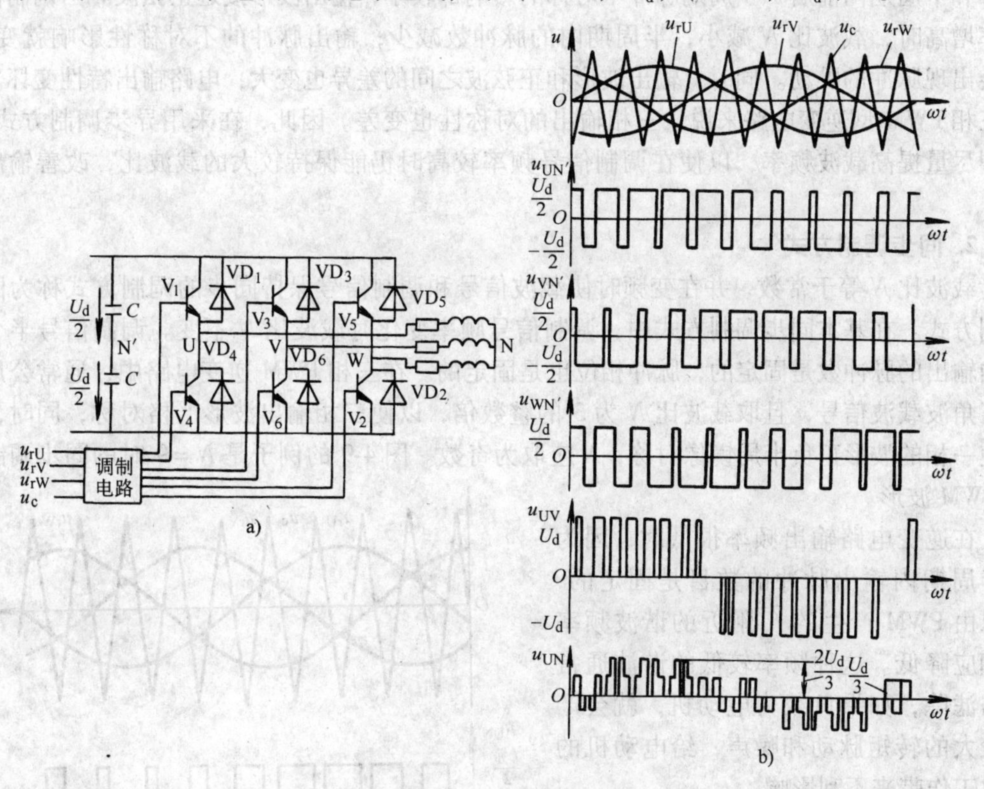

图 4-8　三相桥式 PWM 逆变电路及波形

a）逆变电路　b）波形图

在双极性 PWM 控制方式中，同一相上下两个臂的驱动信号都是互补的。但实际上为了防止上下两个臂直通而造成短路，在给一个臂施加关断信号后，需要再延迟 Δt 时间，才给另一个臂施加导通信号。延迟时间的长短主要由功率开关器件的关断时间决定。这个延迟时间将影响输出的 PWM 波形，使其偏离正弦波。

4.1.2　PWM 型逆变电路的控制方式

在 PWM 逆变电路中，载波频率 f_c 与调制信号频率 f_r 之比 $N=f_c/f_r$ 称为载波比，根据载波和信号波是否同步及载波比的变化情况，PWM 逆变电路可以有异步调制和同步调制两种控制方式。

1. 异步调制方式

载波信号和调制信号不保持同步关系的调制方式称为异步调制方式。图 4-8 中的波形就是异步调制三相 PWM 波形。在异步调制方式中，调制信号频率 f_r 变化时，通常保持载波频率 f_c 固定不变，因而载波比 N 是变化的。这样，在调制信号的半个周期内，输出脉冲的个数不固定，脉冲相位也不固定，正负半周期的脉冲不对称，同时，半周期内前后 1/4 周期的脉冲也不对称。

当调制信号频率较低时，载波比 N 较大，半周期内的脉冲数较多，正负半周期脉冲不对称和半周期内前后 1/4 周期脉冲不对称的影响都较小，输出波形接近正弦波。当调制信号频率增高时，载波比 N 减小，半周期内的脉冲数减少，输出脉冲的不对称性影响就变大，还会出现脉冲的跳动。同时，输出波形和正弦波之间的差异也变大，电路输出特性变坏。对于三相 PWM 型逆变电路来说，三相输出的对称性也变差。因此，在采用异步调制方式时，希望尽量提高载波频率，以使在调制信号频率较高时仍能保持较大的载波比，改善输出特性。

2. 同步调制方式

载波比 N 等于常数，并在变频时使载波信号和调制信号保持同步的调制方式称为同步调制方式。在基本同步调制方式中，调制信号频率变化时载波比 N 不变。调制信号半个周期内输出的脉冲数是固定的，脉冲相位也是固定的。在三相 PWM 逆变电路中，通常公用一个三角波载波信号，且取载波比 N 为 3 的整数倍，以使三相输出波形严格对称，同时，为了使一相的波形正负半周镜像对称，N 应取为奇数。图 4-9 的例子是 $N=9$ 时的同步调制三相 PWM 波形。

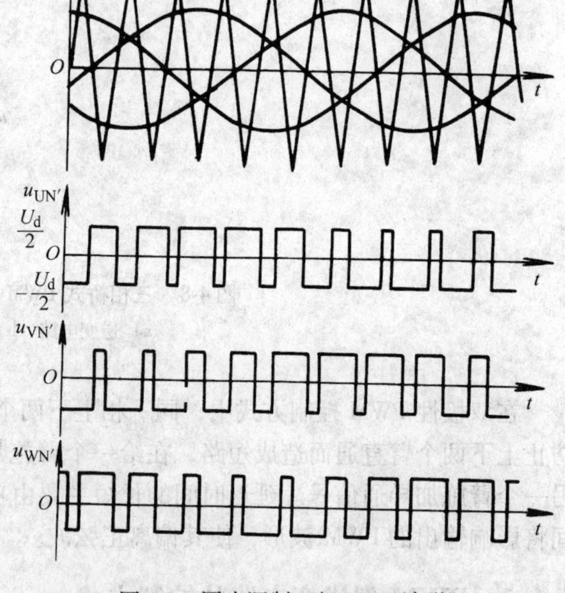

图 4-9 同步调制三相 PWM 波形

在逆变电路输出频率很低时，因为在半周期内输出脉冲的数目是固定的，所以由 PWM 产生的 f_c 附近的谐波频率也相应降低。这种频率较低的谐波通常不易滤除，如果负载为电动机，就会产生较大的转矩脉动和噪声，给电动机的正常工作带来不利影响。

为克服上述缺点，一般都采用分段同步调制的方法，即把逆变电路的输出频率范围划分成若干个频段，每个频段内都保持载波比 N 为恒定，不同频段的载波比不同。在输出频率的高频段采用较低的载波比，以使载波频率不致过高，维持在功率开关器件所允许的频率范围内。在输出频率的低频段采用较高的载波比，以使载波频率不致过低而对负载产生不利的影响。各频段的载波比应该都取 3 的整数倍且为奇数。

图 4-10 所示为分段同步调制的一个例子，各频率段的载波比标在图中。为了防止频率在切换点附近时载波比来回跳动，在各频率切换点采用了滞后切换的方法。图中切换点处的

实线表示输出频率增高时的切换频率，虚线表示输出频率降低时的切换频率，前者略高于后者而形成滞后切换。在不同的频率段内，载波频率的变化范围基本一致，f_c 大约在 1.4～2kHz 之间。提高载波频率可以使输出波形更接近正弦波，但载波频率的提高受到功率开关器件所允许的最高频率的限制。另外，在采用微机进行控制时，载波频率还受到微机计算速度和控制算法计算量的限制。

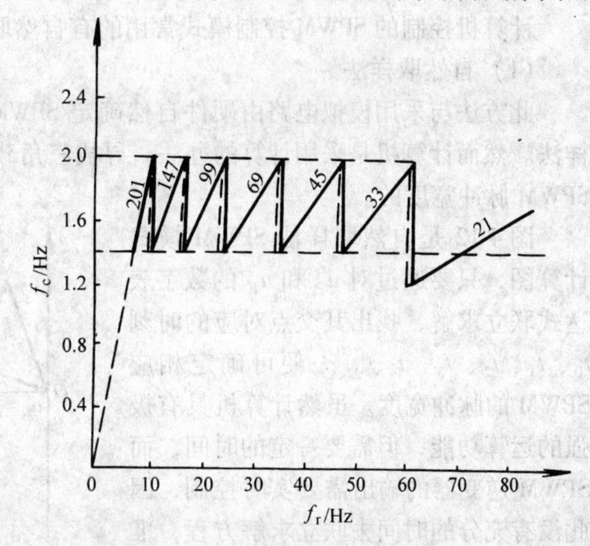

图 4-10　分段同步调制方式举例

同步调制方式比异步调制方式复杂一些，但使用微机控制时还是容易实现的。也有的电路在低频输出时采用异步调制方式，而在高频输出时切换到同步调制方式，这种方式可把两者的优点结合起来，和分段同步调制方式的效果接近。

4.2　SPWM 逆变器的控制技术

4.2.1　SPWM 逆变器及其控制模式

为了减小谐波影响，提高电动机的运行性能，要求采用对称的三相正弦波电源为三相交流电动机供电，因此，PWM 逆变器采用正弦波作为参考信号。这种正弦波脉宽调制型逆变器称为 SPWM 逆变器。目前广泛应用的 PWM 型逆变器皆为 SPWM 逆变器。

实现 SPWM 的控制方式有三种，一是采用模拟电路，二是采用数字电路，三是采用模拟与数字电路相结合的控制方式。以下介绍前两种控制方式。

1. 采用模拟电路

如图 4-11 所示为采用模拟电路元器件实现 SPWM 控制的原理示意图。首先由模拟元器件构成的三角波和正弦波发生器分别产生三角载波信号 $u_{\triangle}$ 和参考正弦波信号 u_R，然后送入电压比较器，产生 SPWM 脉冲序列。这种采用模拟电路调制方式的优点是完成 $u_{\triangle}$ 与 u_R 信号的比较和确定脉冲宽度所用的时间短，几乎是瞬间完成的，不像数字电路采用软件计算，需要一定的时间。然而，这种方法的缺点是所用硬件比较多，而且不够灵活，改变参数和调试比较麻烦。

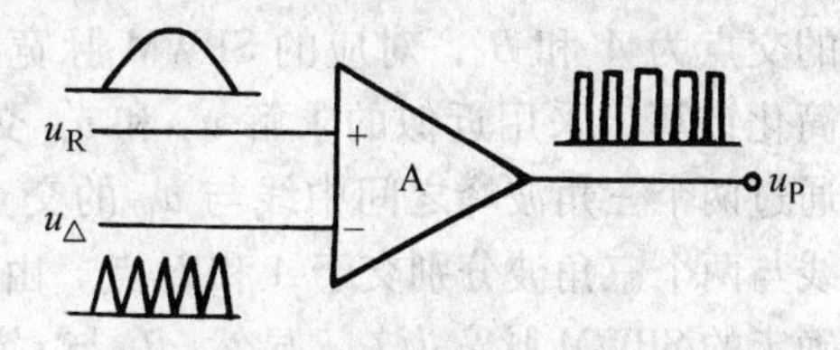

图 4-11　模拟电路调制方式原理图

2. 采用数字电路

采用数字电路的 SPWM 逆变器，可使用以软件为基础的控制模式。它的优点是：所用硬件较少，灵活性好，智能性强；它的缺点是：需要通过计算来确定 SPWM 的脉冲宽度，有一定的延时和响应时间。然而，随着高速度、高精度、多功能的微处理器、微控制器和

SPWM 专用芯片的发展，采用计算机控制的数字化 SPWM 技术已占据了主导地位。

计算机控制的 SPWM 控制模式常用的有自然取样法和规则取样法两种方式。

(1) 自然取样法

此方法与采用模拟电路由硬件自然确定 SPWM 脉冲宽度的方法很相似，故称为自然取样法。然而计算机是采用计算的办法，寻找三角载波 $u_{\triangle}$ 与参考正弦波 u_R 的交点，从而确定 SPWM 脉冲宽度的。

图 4-12 是自然取样法 SPWM 模式计算图，只要通过对 $u_{\triangle}$ 和 u_R 的数字表达式联立求解，找出其交点对应的时刻 t_0、t_1、t_2、t_3、t_4、t_5…便可确定相应 SPWM 的脉冲宽度。虽然计算机具有极强的运算功能，但需要一定的时间，而 SPWM 逆变器的输出需要实时控制，因此没有充分的时间去联立求解方程，准确计算 $u_{\triangle}$ 和 u_R 的交点。一般实际采用的方法是，先将在参考正弦波的 1/4 周期内各时刻的 $u_{\triangle}$ 和 u_R 值算好，以表格形式存在计算机内，以后需要计算某时刻的 $u_{\triangle}$ 和 u_R 值时，不用临时计算而采用查表的方法很快得到。由于波形对称，仅需知道参考正弦波的 1/4 周期的 $u_{\triangle}$ 和 u_R 值就可以了，在一个周期内其他时刻的值可由对称关系求得。$u_{\triangle}$ 和 u_R 波形的交点求法可采用逐次逼近的数值解法，即规定一个允许误差 ε，通过修改 t_i 值，当满足 $|u_{\triangle}(t_i)-u_R(t_i)|\leqslant\varepsilon$ 时，则认为找到了 $u_{\triangle}$ 和 u_R 波形的一个交点。根据求得的 t_0、t_1、t_2…值便可确定 SPWM 的脉冲宽度。

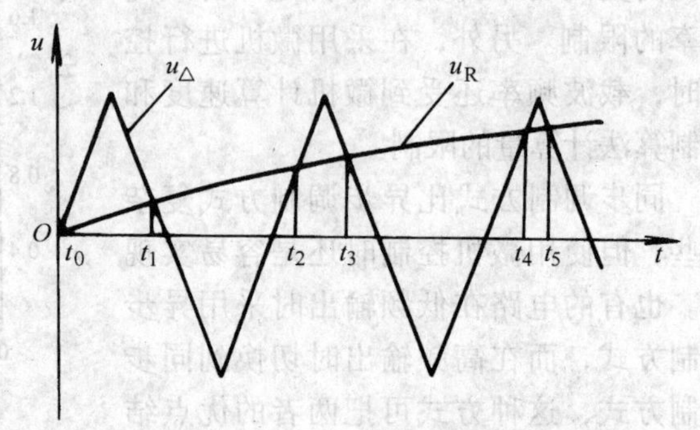

图 4-12 自然取样法 SPWM 模式计算图

采用上述方法，虽然可以较准确地确定 $u_{\triangle}$ 和 u_R 的交点，但计算工作量较大，特别是当变频范围较大时，需要事先对各种频率下的 $u_{\triangle}$ 和 u_R 值计算列表，将占用大量的内存空间。因而只有在某一变化不大的范围内变频调速时，采用此法才是适用的。为了简化计算工作量，可采用规则取样法。

(2) 规则取样法

如图 4-13 所示，按自然取样法求得的 $u_{\triangle}$ 和 u_R 的交点为 A' 和 B'，对应的 SPWM 脉宽为 t_2'。为了简化计算，采用近似的求解 $u_{\triangle}$ 和 u_R 交点的方法。通过两个三角波峰之间中线与 u_R 的交点 M 作水平线与两个三角波分别交于 A 和 B 点。由交点 A 和 B 确定的 SPWM 脉宽为 t_2，显然，t_2 与 t_2' 数值相近。

规则取样法就是用 u_R 和 $u_{\triangle}$ 近似交点 A 和 B 代替实际的交点 A' 和 B'，用以确定 SPWM 脉冲信号的。这种方法虽然有一定的误差，但却大大减小了计算工作量。由图 4-13 可很容易地求出规则取样法的计算公式。

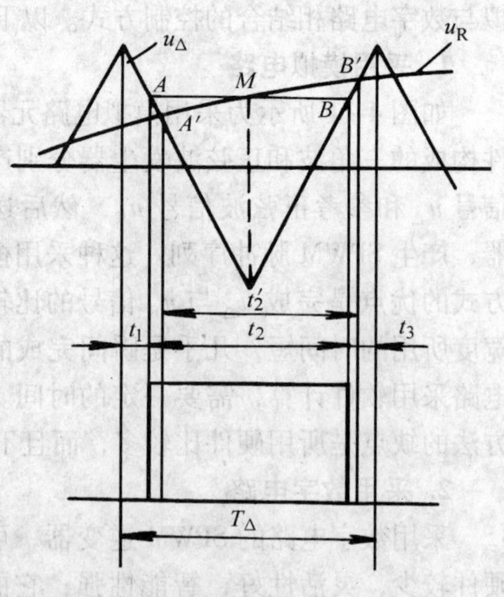

图 4-13 规则取样 SPWM 调制模式

设三角波和正弦波的幅值分别为 $u_{\triangle m}$ 和 u_{sm}，周

期分别为 $T_{\triangle}$ 和 T_s，脉宽 t_2 和间隙时间 t_1 及 t_3 可由下式计算：

$$t_2 = \frac{T_{\triangle}}{2} + \frac{T_{\triangle}}{2}\frac{U_{sm}}{U_{\triangle m}}\sin\left(\frac{2\pi}{T_s}t\right) \tag{4-2}$$

$$t_1 = t_3 = \frac{1}{2}(T_{\triangle} - t_2) = \frac{1}{2}\left[\frac{T_{\triangle}}{2} - \frac{T_{\triangle}}{2}\frac{U_{sm}}{U_{\triangle m}}\sin\left(\frac{2\pi}{T_s}t\right)\right] \tag{4-3}$$

由以上两式可很快地求出 t_1 和 t_2 值，进而确定相应的 SPWM 脉冲宽度，具体计算也可采用查表法。

4.2.2 具有消除谐波功能的 SPWM 控制模式的优化

SPWM 逆变器中采用正弦波作为参考波形，虽然在逆变器的输出电压和电流中，基波占有主要成分，但仍存在一系列谐波分量。如果不使其含有次数较低的谐波分量，则需要提高三角波的频率。然而载波频率的提高将增加功率开关器件的开关次数和开关损耗，提高了对功率开关器件和控制电路的要求。最好的办法是在不提高载波频率的前提下，消除所不希望的各谐波分量。所谓 SPWM 控制模式的优化就是指能够消除谐波分量的 SPWM 控制方式。这里仅对 SPWM 控制模式优化的基本原理作简单介绍。

1. 两电平 SPWM 逆变器消除谐波的一般方法

单相 SPWM 逆变器的原理接线图如图 4-14 所示，其中功率开关器件用开关 S_1、S_1'、S_2 和 S_2'表示。为了防止电源短路，不允许 S_1 与 S_1'或 S_2 与 S_2'同时导通，而需要采用互补控制，即 S_1 导通时 S_1'必须断开，S_2 导通时 S_2'必须处于断开状态，反之亦然。因此仅需分析 S_1 和 S_2 的通断状态即可。

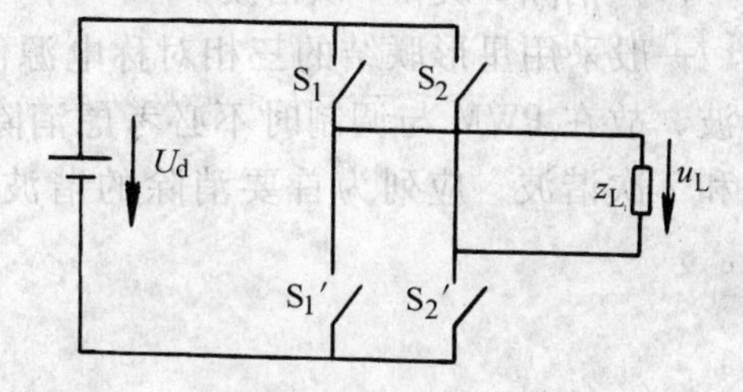

图 4-14 单相 SPWM 逆变器原理接线图

如果用 1 和 0 分别表示一个开关的导通和断开状态，则 S_1、S_2 的可能操作方式为 00、01、10 和 11。可实际采用的只有两种 PWM 控制模式：

1）S_1、S_2 采用 10 和 01 控制方式构成两电平 PWM 逆变器，由图 4-14 可看出，S_1、S_2 为 10 时，负载电压 $u_L = U_d$，而 S_1、S_2 为 01 时，$u_L = -U_d$，仅有两种电平。

2）S_1、S_2 采用 10、00、01 三种控制方式时，构成三电平 PWM 逆变器，因为除了 10 和 01 对应的两电平外，还多出了一个 00 状态对应的零电平。

由于两电平和三电平 PWM 逆变器输出电压波形不同，含有的谐波分量有所不同。故需要分别分析。下面先分析两电平 PWM 逆变器的谐波消除方法。

如图 4-15 所示，假定两电平 PWM 逆变器输出电压波形具有基波的 1/4 周期对称关系，显然，如将该 PWM 脉冲电压序列展成傅里叶级数，则仅含奇次谐波分量。负载电压 u_L 可表示为各次谐波电压之和，即

$$u_L = \sum_{\nu=1}^{\infty} U_{\nu}\sin\nu\omega t \tag{4-4}$$

$$U_{\nu} = \frac{4U_d}{\pi\nu}\left[1 + 2\sum_{k=1}^{N}(-1)^k\cos\nu\alpha_k\right] \tag{4-5}$$

式中　U_ν——ν 次谐波电压幅值；

α_k——电压脉冲前沿或后沿与 ωt 坐标的交点，以电角度表示；

N—— 在 90°范围内 α_k 的个数。

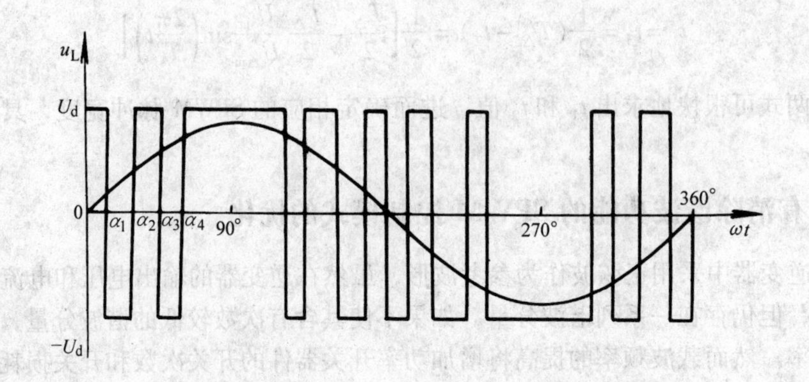

图 4-15　两电平 PWM 逆变器的输出电压波形

理论上讲，欲想消除第 ν 次谐波分量，只要令 U_ν 为 0，从而解出相应的 α_k 值即可。要想消除谐波的次数多一些，则选取 PWM 脉冲的个数也必须多一些。

（1）消除 5 次和 7 次谐波

一般采用星形联结的三相对称电源供电的交流电动机，相电流中不包含 3 的倍数次谐波，故在 PWM 与调制时不必考虑消除 3 次谐波。对电动机调速性能影响最大的是 5 次和 7 次谐波，应列为首要消除的谐波。图 4-16 所示为相应的 PWM 逆变器的输出波形。

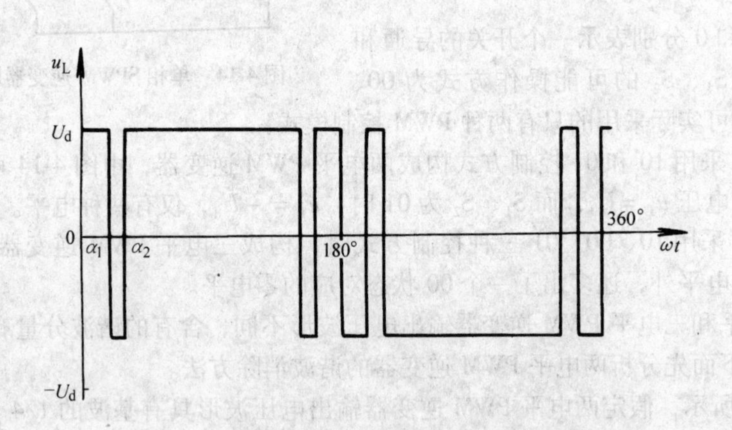

图 4-16　可消除 5、7 次谐波分量的 PWM 调制模式

（2）消除 5、7、11 和 13 次谐波

除了 5、7 次谐波外，11 和 13 次谐波对调速性能的影响也较大，故也希望尽可能与 5、7 次谐波同时消除。如在基波的 1/4 周期（90°）范围内增加一个脉冲，即有四个未知 α_k 值（$N=4$），则可同时消除 5、7、11 和 13 次谐波。

2. 三电平 SPWM 逆变器消除谐波的方法

图 4-14 所示 SPWM 逆变器，当 S_1、S_2 采用 10、00、01 开关模式时，则逆变器输出电压具有三种电平，其输出波形如图 4-17 所示。

要想同时消除 5、7 和 11 次谐波，则可取 $N=3$。

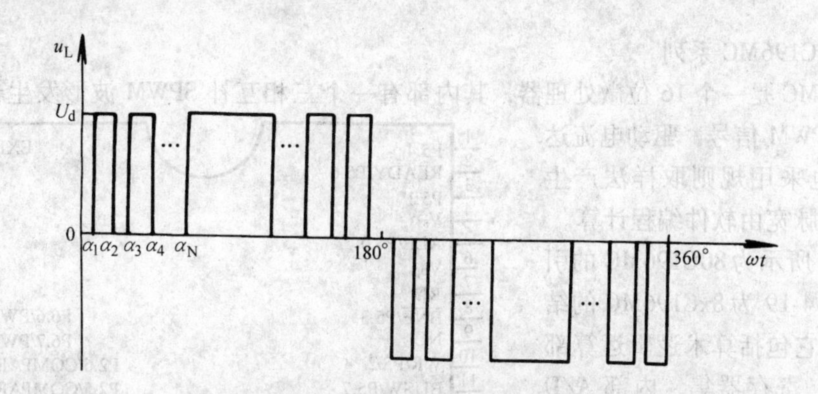

图 4-17　三电平 SPWM 逆变器的输出电压波形

4.2.3　用于 SPWM 控制的专用芯片与微处理器

1. 新型 SPWM 专用微处理器的主要性能

目前用单片机产生 SPWM 信号时，通常是根据某种算法计算、查表、定时输出三相 SPWM 波形，再由外部硬件电路加延时和互锁变成六路信号。受运算速度和硬件所限，SPWM 的调制频率以及系统动态响应速度都不是太高。在闭环控制变频调速系统中，采用一般的微处理器实现纯数字的速度和电流闭环控制是相当困难的。

随着大规模集成电路（LSIC）技术的发展，出现了多种用于电动机控制的新型专用单片微处理器。这些新型专用微处理器具有如下性能指标。

（1）基本指令数

为了提高运算速度，几乎所有的新型微处理器的命令都采用“管线”（Pipe Line）方式。为了完成复杂的运算，这类微处理器皆具有乘、除法指令或带符号的乘、除法指令。此外，有的微处理器还备有便于进行矩阵运算的求积、和的指令。

（2）中断功能及中断通道数

为了对变频器及电动机的运行参数（如电压、电流、温度等）进行实时检测与故障保护，需要微处理器具有很强的中断功能与足够的中断通道数。

（3）PWM 波形生成硬件及调制范围

波形生成硬件单元可设定各种 PWM 方式、调制频率及死区时间，可实现的调制频率范围应能满足低噪声变频器和高输出频率的变频器的要求。

（4）A/D 接口

芯片应备有输入模拟信号（可用于电动机的电压、电流信号，各种传感器的二次电信号以及外部的模拟量控制信号）的 A/D 转换接口，A/D 转换器的字长一般为 8 位或 10 位。

（5）通信接口

芯片应备有用于外围通信的同步、异步串行接口的硬件或软件单元。

2. 几种新型单片微处理器简介

目前，具有代表性的新型 PWM 专用芯片是：美国英特尔（INTEL）公司的 8xC196MC 系列、日本电气（NEC）公司的 PD78336 系列和日本日立（Hitachi）公司的 SH7000 系列。

（1）8xC196MC 系列

8xC196MC 是一个 16 位微处理器，其内部有一个三相互补 SPWM 波形发生器，可直接输出 6 路 SPWM 信号，驱动电流达 20mA。它也采用规则取样法产生波形，三相脉宽由软件编程计算。

图 4-18 所示为 80C196MC 的引脚排列。图 4-19 为 8xC196MC 的结构原理图。它包括算术逻辑运算部件（RLU）、寄存器集、内部 A/D 转换器、PWM 发生器、事件处理阵列（EPA）、三相互补 SPWM 输出发生器以及看门狗、时钟及中断控制等电路。

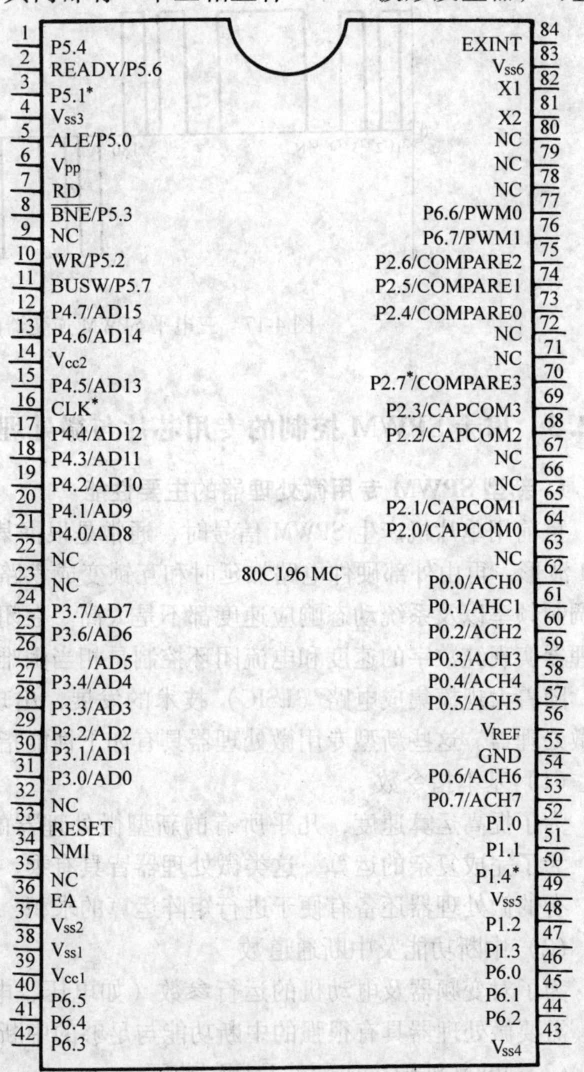

图 4-18　80C196MC 的引脚排列

（2）PD78366 系列

PD78366 系列的主要性能特点有：

1）与 8xC196MC 系列相比，增加了位操作指令及便于进行矩阵运算的积和演算功能。

2）16 个可屏蔽中断源的优先级可用软件任意设定。

3）波形生成器类似于 8xC196MC，但难以实现某些特殊的 PWM 控制。内部时钟频率最高为 16MHz，调制频率可达 20kHz 以上。

4）设有同、异步串行接口专用硬件和串行通信端子。这一点比 8xC196MC 要优越，后者采用软件方式进行串行通信将占用 CPU 的时间。

5）在复位状态下，所有 I/O 端子皆处于高阻状态，因而，从上电到复位完成的瞬间可防止输出端发生误动作。8xC196MC 系列不具备该项功能。

6）弱点：尽管有 8 组 128B 的通用寄存器，但同时仅可使用一个“RLU”，因而仍存在“瓶颈”现象，在这一点上性能不如 8xC196MC 系列。

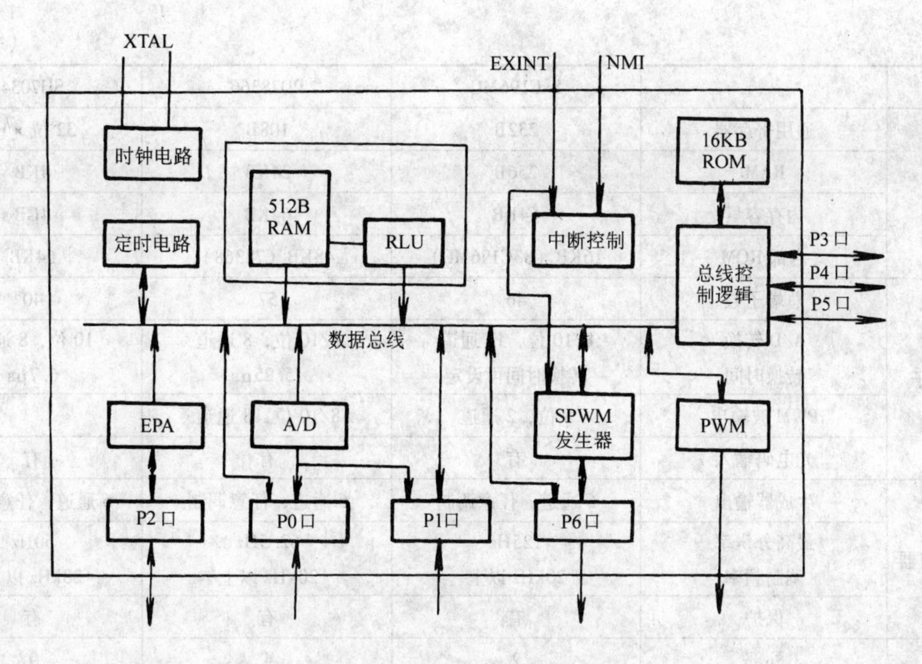

图 4-19　8xC196MC 结构原理图

（3）SH7000 系列

SH7000 系列是日立公司推出的为交流电动机伺服系统专门设计的单片微处理器。一般伺服系统所需要的位置、速度和电流控制环以及 PWM 波形生成器皆可由该系列芯片完成。

SH7000 系列芯片的特点有：

1）CPU 指令采用精减指令集计算机（Reduced Introduction Set Computer——RISC）方式，因而执行速度快，基本指令执行时间仅为一个系统时钟周期。

2）通用寄存器为 32 位并备有硬件乘法器，完成 16×16 位乘法运算仅用 3 个系统时钟周期。

3）内存容量大，为 4GB。

4）A/D 转换时间短，仅为 6.7μs。

为了便于对比分析，将这三种微处理器系列的主要性能指标列入表 4-1 中。

表 4-1　三种新型微处理器的主要性能比较

		8xC196MC	PD78366	SH7034
运算指令	基本指令	112	115	
	乘、除指令执行时间	16×16：14 时钟周期 32/32：24 时钟周期	16×16：15 时钟周期 32/16：43 时钟周期	16×16：3 时钟周期
	特殊指令	·32 位加、减运算 ·带符号除法	·16 位字批传送 ·位操作 ·积和演算	·带符号除法 ·积和演算

（续）

		8xC196MC	PD78366	SH7034
内存	通用寄存器	232B	108B	32 位×16
	RAM	256B	24KB	4KB
	内存容量	64KB	64KB	4GB
	内部 ROM	16KB（83C196MC）	48KB（78368）	64KB
I/O 端子	总端子数	46	57	40
	A/D 转换 转换时间	8/10 位，13 通道 转换时间可设定	8/10 位，8 通道 15.25μs	10 位，8 通道 6.7μs
	PWM 波输出	8 位，2 通道	8/10 位，8 通道	
	光电码输入	有	有	有
波形生成器	生成器输出	6 通道，任意调制	6 通道，任意调制	6 通道，任意调制
	最高分辨率 调制频率	125Hz 20kHz 以上	62.5Hz 20kHz 以上	50Hz 20kHz 以上
	保护	有	有	有
中断功能	外部	2	4	9
	内部	10	12	31
	内/外部	4	2	
	宏指令支援数	12	15	
串行口	同步串行 非同步串行	无硬件单元，但备 有软件处理	1 通道 1 通道并有波特发生器	2 通道同步/非同步 可指定
开发环境	在线仿真器性能	一般	较强	不明
	C 语言	不明	可	可

4.3 电流跟踪型 PWM 逆变器控制技术

4.3.1 电流跟踪型 PWM 逆变器的运行原理

电流跟踪型 PWM 逆变器又称为电流控制型电压源 PWM（CRPWM）逆变器，它兼有电压型和电流型逆变器的优点：结构简单、工作可靠、响应快、谐波少，采用电流控制，可实现对电动机定子相电流的在线自适应控制，特别适用于高性能的矢量控制系统。其中滞环电流跟踪型 PWM 逆变器除有上述特点外，还具有电流动态响应快、系统运行不受负载参数的影响、实现方便等优点，因此得到了广泛的应用。

滞环电流跟踪型 SPWM 逆变器的单相结构示意图如图 4-20 所示。i_r 为给定参考电流，是电流跟踪目标，当实际负载电流反馈值 i_f 与 i_r 之差达到滞环宽度的上限值 Δ 时，即 $i_f - i_r \geqslant \Delta$，使 V_2 导通，V_1 截止，负载电压为 $-E$，负载电流 i_f 下降。当 i_f 与 i_r 之差到达滞环宽度的下限时，即 $i_f - i_r \leqslant -\Delta$，则 V_2 截止，V_1 导通，负载电压变为 $+E$，电流 i_f 上升。这样，通过 V_1，V_2 的交替通断，使 $|i_f - i_r| \leqslant \Delta$，实现 i_f 对 i_r 的自动跟踪。如 i_r 为正弦电流，则 i_f 也近似为一正弦电流。

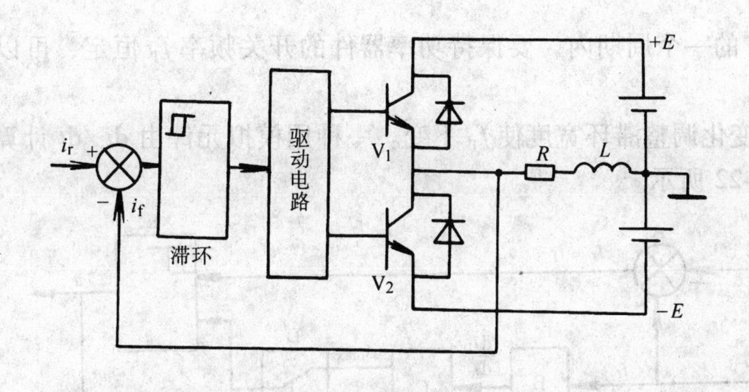

图 4-20　滞环电流跟踪型 SPWM 逆变器的单相结构示意图

图 4-21 是滞环电流跟踪型逆变器通过反馈电流 i_f 与给定电流 i_r 相比较产生输出 PWM 电压信号的波形图。这里，PWM 脉冲频率（即功率管的开关频率）f_T 是变量，与下述因素有关：

1）f_T 与滞环宽度 Δ 成反比，滞环越宽，f_T 越低。

2）逆变器电源电压 E 越大，负载电流上升（或下降）的速度越快，i_f 到达滞环上限或下限的时间越短，因而 f_T 随 E 值增大而增大。

3）负载电感 L 值越大，电流的变化率越小，i_f 到达滞环上限或下限的时间越长，因而 f_T 越小。

4）f_T 与参考电流 i_r 的变化率有关，di_r/dt 越大，f_T 越小，越接近 i_r 的峰值，di_r/dt 越小，而 PWM 脉宽越小，f_T 越大。

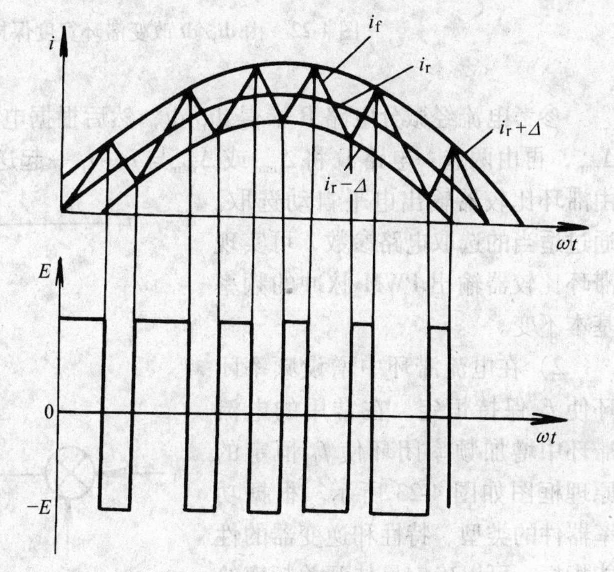

图 4-21　电压波形的产生

由以上分析可看出，这种具有固定滞环宽度的电流跟踪型 PWM 逆变器存在一个问题，即在给定参考电流的一个周期内，PWM 脉冲频率差别很大。在频率低的一段，电流的跟踪性差于频率高的一段。而参考电流的变化率接近零时，功率开关管的工作频率增高，加大了开关损耗，甚至超出功率器件的安全工作区。相反地，PWM 脉冲的频率过低也不好，因为会产生低次谐波影响电动机的性能。

4.3.2　开关频率恒定的电流跟踪型 PWM 控制技术

如前所述，具有固定滞环宽度的电流跟踪型 PWM 逆变器，功率器件的开关频率变化过大，不仅会降低电流的跟踪精度并产生谐波影响，而且不利于功率管的安全工作。最好能使逆变器的开关频率基本保持一定，这样可减小跟踪误差，降低谐波电流影响和提高逆变器的性能。

在参考电流 i_r 的一个周期内，要保持功率器件的开关频率 f_T 恒定，可以采用不同的控制方式。

1）随 di_r/dt 变化调整滞环宽度使 f_T 不变。一种用模拟元件由 di_r/dt 计算滞环宽度的电路示意框图如图 4-22 所示。

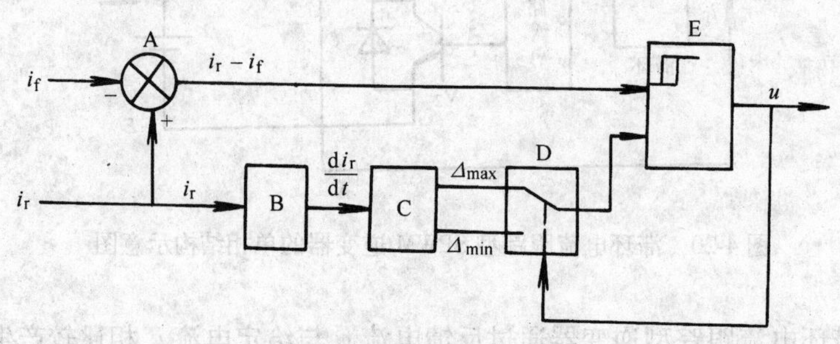

图 4-22　由 di_r/dt 改变滞环宽度保持 f_T 恒定的控制方式

参考电流经微分电路 B 求得 di_r/dt，然后根据电路参数由 C 计算相应的滞环宽度 Δ_{max} 和 Δ_{min}，再由两选一电路 D 将 Δ_{max} 或 Δ_{min} 与 $i_r - i_f$ 一起送入滞环比较器 E。两选一电路的控制可由滞环比较器输出电平自动选取。通过适当的选取电路参数，可实现滞环比较器输出 PWM 脉冲的频率基本不变。

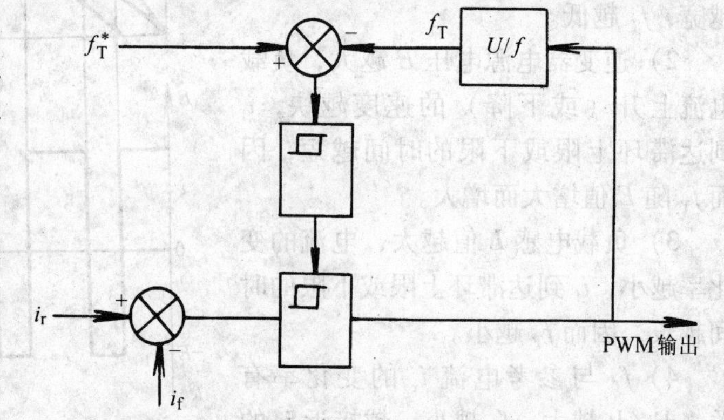

图 4-23　在常用的电流滞环中增加频率闭环使 f_T 恒定的原理图

2）在电流滞环中增设频率闭环使 f_T 保持恒定。在常用的电流滞环中增加频率闭环使 f_T 恒定的原理框图如图 4-23 所示。根据功率器件的类型、特性和逆变器的性能指标，可以确定最佳开关频率给定信号 f_T^*。由电流滞环输出测量的 PWM 脉冲信号电压经 U/f 转换器变为频率信号 f_T，将 $f_T^* - f_T$ 送入非线性开关调节器，调节器实时给出电流滞环宽度。当 $f_T^* > f_T$ 时，给出滞环宽 Δ_{min}，使 f_T 提高；反之，给出滞环宽 Δ_{max}，使 f_T 下降。

4.4　PWM 变频技术在调速控制系统中的应用

图 4-24 所示为电流跟踪型 PWM 变频调速系统框图。该系统主要由 PWM 控制信号产生电路、PWM 逆变器主电路、驱动电路、电流反馈电路等构成。各种类型的 PWM 调速系统的区别主要在 PWM 控制信号产生部分，其他部分电路的差别不大。

4.4.1　PWM 控制信号的产生

对于 PWM 变频调速系统来说，PWM 控制信号产生电路是整个控制系统的核心部分。

PWM 控制信号的产生方式可分为模拟控制方式、数字控制方式及两种方式相结合的混合方式三种。下面简单介绍 PWM 控制信号产生电路的一些特点。

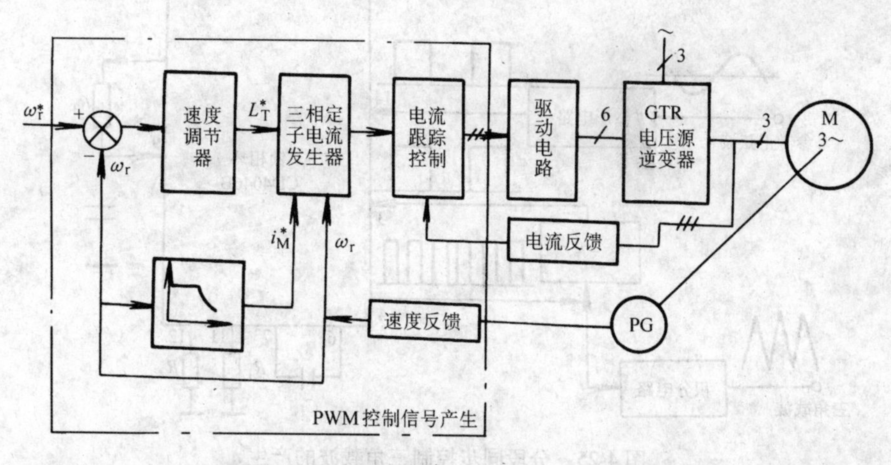

图 4-24　电流跟踪型 PWM 变频调速系统框图

1. 模拟控制方式

PWM 控制信号产生电路的主要功能是根据给定的指令和对调速特性的要求，通过对调速系统数学模型的分析，产生控制逆变器功率器件通断的 PWM 信号。由于所采用的数学模型与控制机理不同，采用的控制方式也不同，如矢量控制、直接转矩控制、变结构控制、模糊控制、神经元自适应控制等。现以模拟电路产生 PWM 信号的方法为例作简单分析。

产生 PWM 信号常用的方法是用三角载波对给定参考波进行调制。假定所需要的参考电压的频率与幅值已经求出，对于 SPWM 逆变器，需要产生给定频率和幅值的正弦波以及三角载波电压信号。在此只讨论如何实现分段同步控制。

图 4-25 所示为分段同步控制三角载波产生的电路原理。变频调速需要给定的参考正弦波通过整形电路变为方波进入锁相环，与由 3 端输入的波形进行相位比较，其差值信号由 13 端输出经低通滤波器由 9 端输入至锁相环内部的 U/f 转换器，产生由 4 端输出的矩形脉冲，经 N 分频变为 3 端输入信号。其值再次与 14 端输出的信号相比较，经反复调整，最后使 3 端输入信号的频率和相位与 14 端输入信号相等。此时，由 4 端输出未经 N 分频的矩形脉冲经积分电路后可获得产生 PWM 信号的三角载波，三角载波的频率为参考正弦波频率的 N 倍。这样，通过改变分频值 N 可实现分段同步控制。

可变 N 值的分频电路可用有预置端的计数器（如 MC14552B 二—N—十进制减计数器）来实现。其三级可预置分频电路如图 4-26 所示。每级的预置可通过 $D_0 \sim D_3$ 端电平设置来实现，高电平为 1，低电平为 0。所需要的分频数 N 值由三位十进制数 $n_2 n_1 n_0$ 组成。CR 端高电平计数器清零，低电平计数。当 LD 端为高电平时将预定的分频值 N 值按 $n_2 n_1 n_0$ 置入各计数器。由 CP 端输入锁相环，压控振荡器输出信号作为时钟脉冲进行减法计数，完成分频功能。当三级计数器均减至零时，由于末级的 CF 接高电平，使 Q_{CC} 变为高电平，随之第一级的 CF 和 Q_{CC} 也变为高电平。由于第一级 Q_{CC} 与各级 LD 相接，又重新开始置数，使计数器连续对输入脉冲进行分频。通过改变计数器的 $D_0 \sim D_3$ 端子的电平可改变分频数 N 的设置。

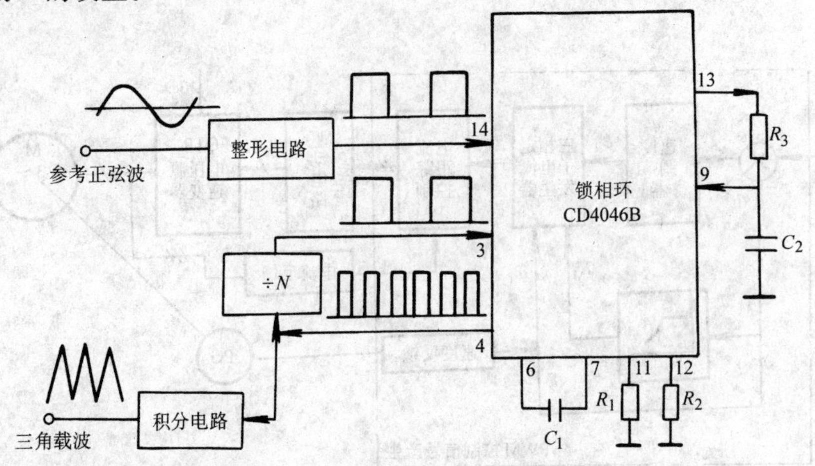

图 4-25　分段同步控制三角载波的产生

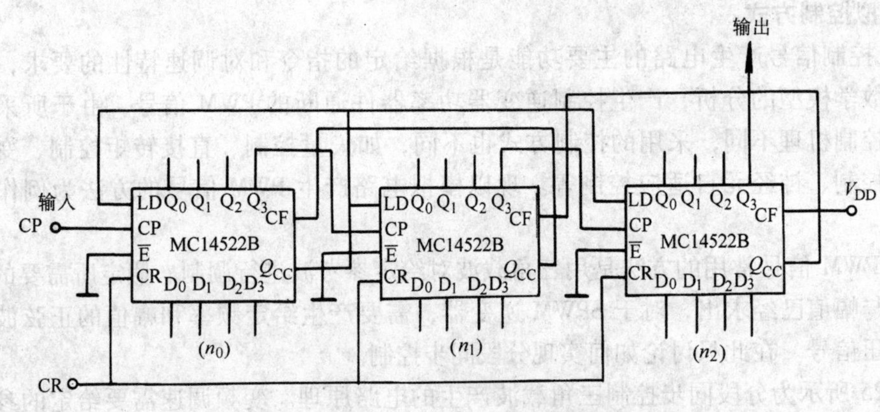

图 4-26　三级可预置分频器

2. 数字控制方式

MC68332 微控制器（32 位）控制的 PWM 变频调速系统是摩托罗拉（Motorola）公司生产的，其原理框图如图 4-27 所示。电动机的电压和电流信号经霍尔电压和电流传感器送至采样/保持及 12 位快速 A/D 转换单元，由 MC68332 软件控制，对各电压、电流信号进行准同时采样，速度反馈信号由 PG 送入 MC68332，控制指令由键盘控制器输入。通过求解调速系统数学模型，产生的 PWM 控制信号经脉冲放大器送至 PWM 逆变器。逆变器直流侧电压控制则由 MC68332 向斩波器输出的 PWM 控制信号实现。

4.4.2　反馈信号的检测

各种 PWM 变频调速系统都离不开被控电动机的电压、电流或转速的反馈信息。反馈信号的检测对调速系统的性能有着重要的影响。

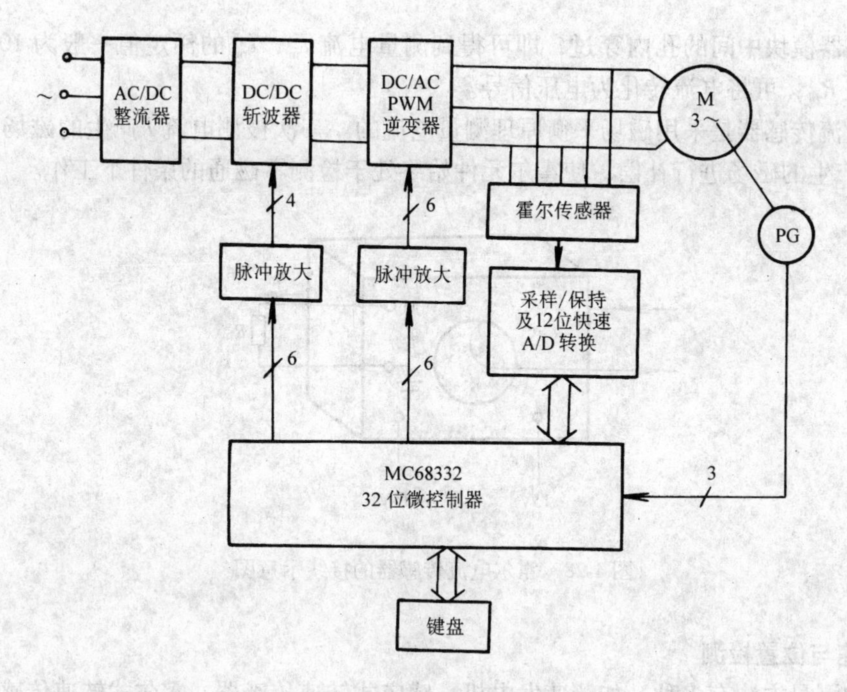

图 4-27　MC68332 控制 PWM 变频调速系统原理框图

1. 电压和电流反馈信号的检测

电压和电流反馈信号的检测一般有三种方法。

（1）电阻法

采用电阻分压，可将电压信号衰减至所需要的电平。使被测电流流过已知电阻，测量电阻压降后可知被测电流。电阻法的优点是电路简单，交直流信号皆适用。缺点是，如果反馈控制电路与主电路没有隔离，而由于两者的电压相差极大（几十倍至上百倍），万一主电路的高电压通过反馈电路进入控制电路，将危及到控制系统的安全。同时电阻法要求分压器和分流器的电阻值稳定不变，这点很难做到。

（2）互感器法

互感器法对于正弦波电压和电流的测量，具有足够的工程精度。但由于互感器内部铁心磁性材料的非线性影响，对于非正弦波或含有谐波较多的电压和电流，测量将产生较大的误差。因此，用一般的互感器检测 PWM 逆变器这种含有丰富谐波分量的输出电压和电流，难以准确测量电压和电流的瞬时值。

（3）霍尔（Hall）传感器法

对于直流及非正弦的交流电压和电流信号的隔离传送，最好的方法是采用霍尔电压和电流传感器。霍尔传感器不仅可实现被测电路与反馈电路的有效隔离，还具有以下一些优点：

1）可以测量任意波形的电压和电流信号，且频带宽；

2）线性度好，测量区间宽，测量精度高；

3）响应速度快；

4）过载能力强，使用安全。

霍尔电流传感器的接线如图 4-28 所示。一次被测电流多采用穿线式。将被测电流 I 的导线由传感器模块中间的孔内穿过，即可得到测量电流 I_m，I_m 的额定值一般为 100mA，通过采样电阻 R_m，可将电流转化为电压信号。

霍尔电流传感器是采用磁场平衡原理测量电流的。一次被测电流 I 产生的磁场用二次测量电流 I_m 产生的磁场进行补偿，使霍尔元件始终处于检测零磁通的条件下工作。

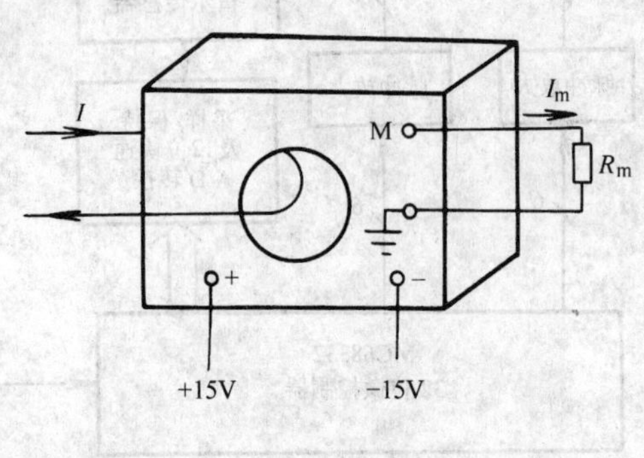

图 4-28　霍尔电流传感器的接线示意图

2. 转速与位置检测

转速的测量方法有多种，如测速发电机、感应式转速传感器、霍尔式转速传感器、光电式转速传感器以及旋转变压器式转速传感器等。但目前调速系统速度和位置反馈控制中应用较多的还是光电编码器（简称码盘）。它不仅可以检测电动机转速，还可以测定电动机的转向及转子相对于定子的位置。转速输出信号可以是数字量或模拟量，可满足各种调速系统的需要。这里仅对光电编码器的原理作简单介绍。

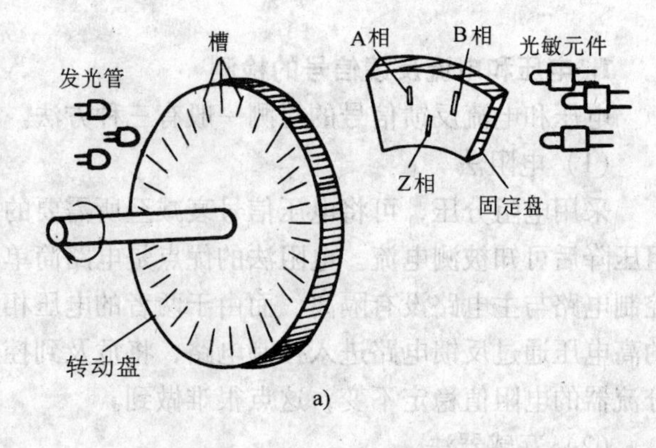

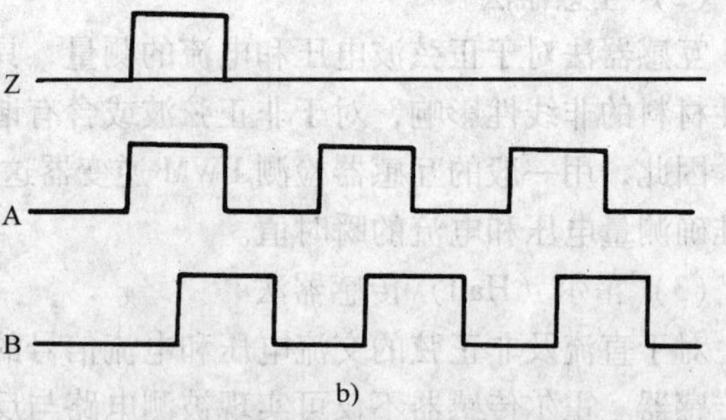

图 4-29　增量型光电编码器的结构原理与输出波形
a）结构图　b）输出波形

一种常见的增量型光电编码器的结构如图 4-29a 所示。它有三组输出信号，相应的有三组光电转换元件。当转动盘上的槽（光栅）与固定盘上的槽重合时，位于固定盘后面的光敏元件接收到转动盘侧相应发光元件的光，然后转变为电信号。当转动盘随电动机轴转动时，该编码器可输出三组电压信号，经过整形后三相输出波形如图 4-29b 所示。Z 相信号是用来定位的，因为 Z 相在转动盘上只有一个对应的槽，故每转一周仅有一个 Z 相脉冲，对应于转子的一个固定位置。根据不同瞬时 A 相或 B 相输出信号相对于 Z 相定位脉冲的相位关系，便可确定该瞬时转子相对于定子的位置。

4.5 习题

1. 什么是 PWM？
2. 什么叫异步调制？什么叫同步调制？两者各有什么特点？
3. SPWM 的控制方式有几种？各有何特点？
4. 什么是 SPWM 波形的规则取样法？与自然取样法相比，规则取样法有什么优缺点？
5. PWM 逆变器消除谐波的一般方法是什么？
6. 什么是电流跟踪型 PWM 逆变器？有何特点？
7. 用霍尔传感器测取电压和电阻反馈信号的优点有哪些？

第5章　交—交变频技术

本章要点

- 交—交变频的工作原理
- 变频电路的基本设计思想及运行方式
- 主电路型式
- 矩形波交—交变频
- 正弦波交—交变频

5.1　交—交变频的工作原理

交—交变频电路是指不通过中间直流环节，而把电网固定频率的交流电直接变换成不同频率的交流电的变频电路。交—交变频电路也叫周波变流器（Cycloconverter）或相控变频器。其特点如下：

1）因为是直接变换，没有中间环节，所以比一般的变频器效率要高；

2）由于其交流输出电压是直接由交流输入电压波的某些部分包络所构成，因而其输出频率比输入交流电源的频率低得多，输出波形较好；

3）由于变频器按电网电压过零自然换相，故可采用普通晶闸管；

4）因受电网频率限制，通常输出电压的频率较低，为电网频率的三分之一左右；

5）功率因数较低，特别是在低速运行时更低，需要适当补偿。

6）主回路比较复杂，所需要器件多。

鉴于以上特点，交—交变频器特别适合于大容量的低速传动，在轧钢、水泥、牵引等方面应用广泛。

5.1.1　工作原理及运行方式

1. 变频电路的基本设计思想

在有源逆变电路中，采用两组反并联连接的变流器，可在负载端得到电压极性和大小都能改变的输出直流电压，实现直流电动机的四象限运行。若能适当控制正、反两组变流器的切换频率，则在负载端就能获得交变的输出电压，从而实现交流—交流直接变频。

图5-1所示为双半波可控整流电路。在图5-1a中的两个晶闸管采用共阴极连接，因而在负载上能获得上正下负的输出电压，当改变晶闸管的触发延迟角α时，输出电压的大小就能随之改变。在图5-1b中的两个晶闸管变成了共阳极连接，同样在改变晶闸管的触发延迟角α时，在负载上能获得电压大小改变但极性为上负下正的输出电压。

若要在负载上获得交流电压，只需将共阴极组（正组）和共阳极组（反组）反并联相连接，组成图5-1c所示电路。设在共阴极组电路工作时，共阳极组电路断开；而共阳极组电路工作时，共阴极组电路断开。这样，若以低于交流电网频率的速率交替地切换这两组电路的工作状态，就能在负载上得到相应的正负交替变化的交流电压输出，而达到交流—交流直接变频的目的。但从负载上所得到的电压波形可见，输出交变电压的频率低于交流电网的频率，且其中还含有大量的谐波分量。

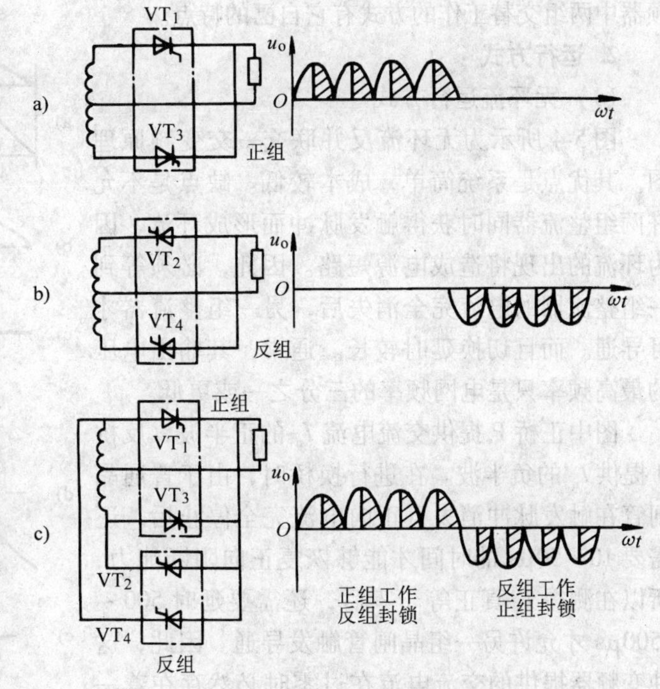

图 5-1 双半波可控整流电路及输出波形

a）共阴极连接 b）共阳极连接 c）正组和反组反并联

对于可控整流电路，为了使整流输出的直流平均电压改变大小，只要使晶闸管的触发延迟角 α 作相应的改变。为得到低于电源电压频率的交流输出电压，可仿照可控整流时相类似的方法，在每一个输入电源电压的周期中，晶闸管的触发延迟角 α 按特定规律变化。这样在每一个电源周期中，经整流后相应地输出电压平均值，也就能按某一规律改变其大小和方向。

交—交变频电路中的两组变流器都有整流和逆变两种工作状态。由于变频电路常应用在交流电动机的变频调速等场合，故考虑变频器接电感性负载。图 5-2 所示为忽略输出电压和电流中的谐波分量的输出电压 u_o 和电流 i_o 的波形。由于电感性负载要阻止电流变化，使得输出电流 i_o 滞后于输出电压 u_o。

在负载电流 i_o 的正半周，由于变流器的单向导电性，正组变流器工作，反组变流器被阻断。在正组变流器导电的 $t_1 \sim t_2$ 期间，负载电压和负载电流均为正，即正组变流器工作于整流状态，负载吸收功率；在 $t_2 \sim t_3$ 期间，负载电流仍为正，而输出电压却为负，此时正组变流器工作在逆变状态。

在负载电流 i_o 的负半周，反组变流器工作，正组变流器被阻断。同理可见，在 $t_3 \sim t_4$ 期间，反组变流器工作在整流状态；在 $t_4 \sim t_5$ 期间，反组变流器工作在逆变状态。

为了进一步说明正、反两组整流器在交流输出的一个周期内的工作状态，可用图 5-3 中忽略输出电压高次谐波后的理想化电压和电流的关系来表示。从图中的关系可见，决定由哪组整流器导通和该组输出电压的极性无关，而是由电流方向所决定。至于导通的那一组是处于整流状态还是逆变状态，必须根据该组电压和电流的极性来决定。

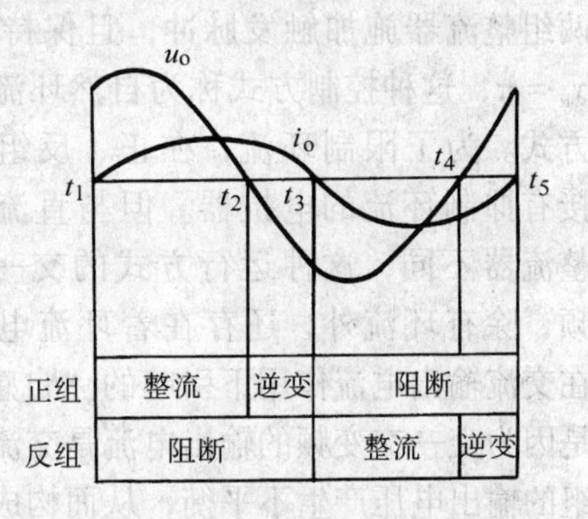

图 5-2 交—交变频的工作状态

在实际整流器的工作中，虽然可以使 $\alpha_p + \alpha_n = \pi$，可以保证两组输出的平均电压始终相等，但仍有因瞬时值不同而引起的环流问题。而且如采用环流抑制电抗器，则在交—交变频器中还会产生在可逆直流整流器中所不存在的自感环流现象。因此，交—交变频器中两组交替工作的方式有它自己的特点。

2. 运行方式

（1）无环流运行方式

图5-4所示为无环流反并联交—交变频原理图。其优点是系统简单，成本较低。缺点是不允许两组整流器同时获得触发脉冲而形成环流，因为环流的出现将造成电源短路。因此，必须等到一组整流器的电流完全消失后，另一组整流器才可导通。而且切换延时较长。通常，其输出电压的最高频率只是电网频率的三分之一或更低。

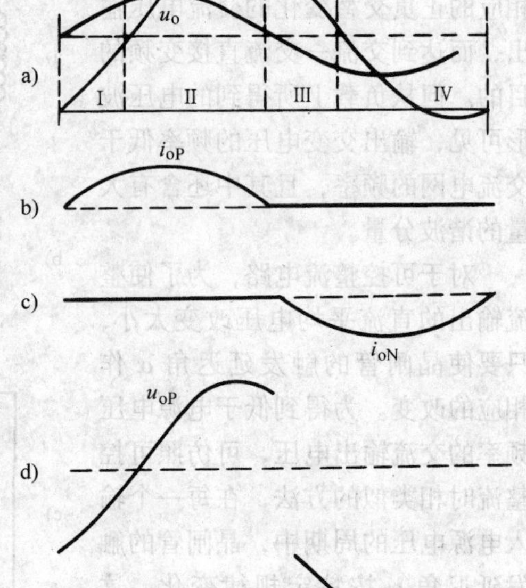

图5-3　交—交变频器正、反组的工作状态

a）输出电压基波和电流　b）正组输出电流　c）反组输出电流　d）正组输出电压　e）反组输出电压

Ⅰ—正组逆变　Ⅱ—正组整流　Ⅲ—反组逆变　Ⅳ—反组整流

图中正桥P提供交流电流I_n的正半波，反桥N提供I_n的负半波。在进行换桥时，由于普通晶闸管在触发脉冲消失且正向电流完全停止后，还需要10~50μs的时间才能够恢复正向阻断能力，所以在测得I_n真正等于零后，还需要延时500~1500μs才允许另一组晶闸管触发导通。因此，这种变频器提供的交流电流在过零时必然存在着一小段死区，延时时间愈长，产生环流的可能性愈小，系统愈可靠，这种死区也愈长。在死区期间电流等于零，这段时间是无效时间。

无环流控制的重要条件是准确而迅速地检验出电流过零信号。不管主电路的工作电流是大是小，零电流检测环节都必须能对主电路的电流作出响应。过去的零电流检测在输入侧使用交流电流互感器，在输出侧使用直流电流互感器。近来，由于光隔离器的广泛应用，已有几种由光隔离器组成的零电流检测器研制出来。这种新式零电流检测器具有很好的性能。

（2）自然环流运行方式

与直流可逆调速系统一样，同时对两组整流器施加触发脉冲，且保持$\alpha_p+\alpha_n=\pi$，这种控制方式称为自然环流运行方式。为了限制环流，在正、反组之间接有抑制环流的电抗器。但与直流可逆整流器不同，这种运行方式的交—交变频，除有环流外，还存在着环流电抗器在交流输出电流作用下引起的“自感应环流”，如图5-5所示。产生自感应环流的根本原因是因为交—交变频的输出电流是交流，其上升和下降在环流电抗器上引起自感应电压，使两组的输出电压产生不平衡，从而构成两倍电流输出频率的低次谐波脉动环流。

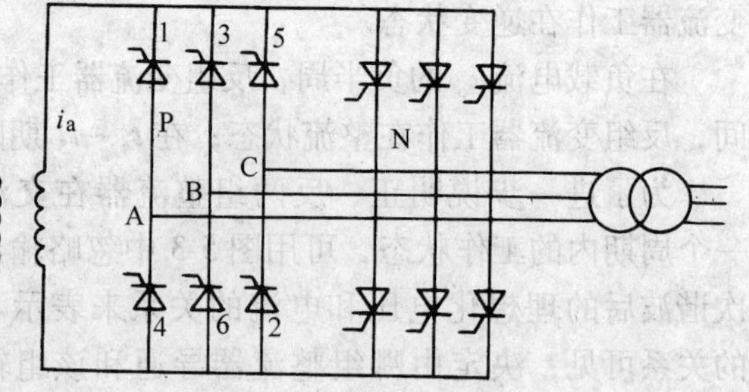

图5-4　无环流反并联交—交变频原理图

分析得知，自感应环流的平均值可达总电流平均值的57%，这显然加重了整流器负担。

因此，完全不加控制的自然环流运行方式只能用于特定的场合。由图 5-5 可见，自感应环流在交流输出电流靠近零点时出现最大值，这对保持电流连续是有利的。此外，在有环流运行方式中，负载电压为环流电抗器中点的电压。由于两组输出电压瞬时值中的一些谐波分量被抵消了，故输出电压的波形较好。

（3）局部环流运行方式

把无环流运行方式和有环流运行方式相结合，即在负载电流有可能不连续时以有环流方式工作，而在负载电流连续时以无环流方式工作，这种控制方式称为局部环流运行方式。它既可使控制简化，运行稳定，改善输出电压波形的畸变，又不至于使环流过大。

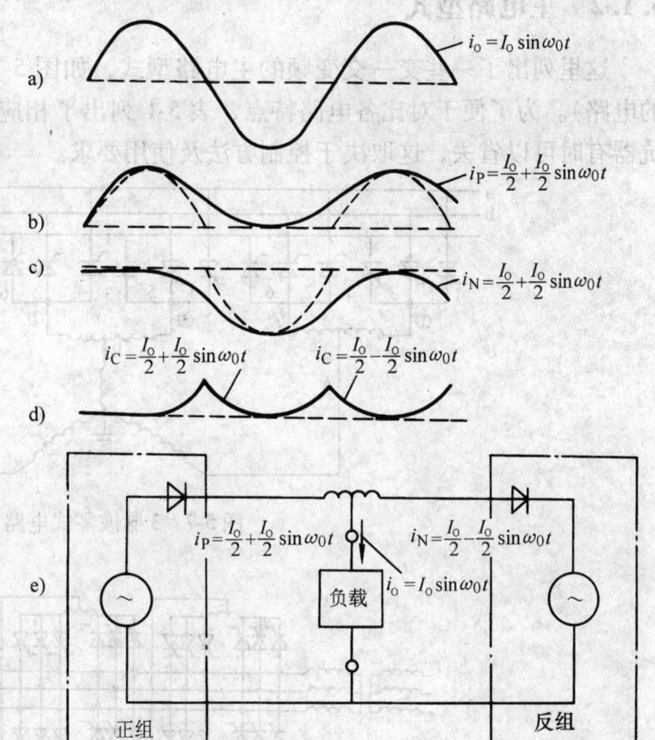

图 5-5 自感应环流原理图

a）输出电流 b）正组输出电流 c）反组输出电流
d）自感应环流 e）等效电路

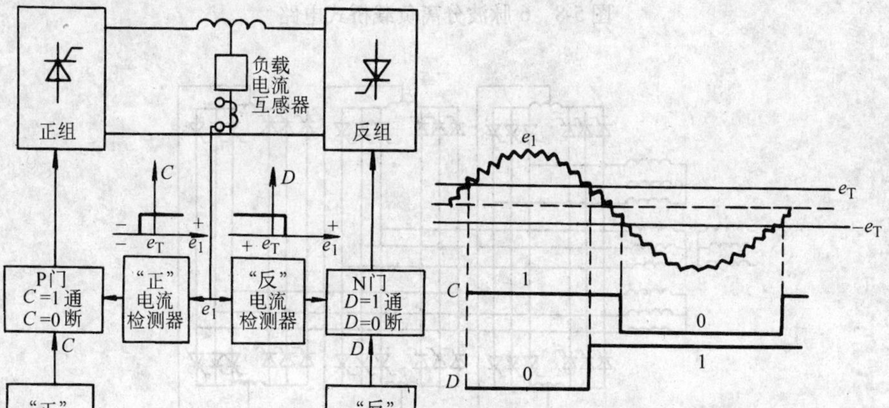

图 5-6 是局部环流运行方式的控制系统原理图。在负载电流大于某一规定值时，只允许一组整流器工作，为无环流运行；而在负载电流小于某一规定值时（临界连续电流），则使两组整流器同时工作，即为有环流运行。

图 5-6 局部环流运行方式的控制系统原理图

a）电路结构 b）波形

5.1.2 主电路型式

这里列出了一些交—交变频的主电路型式，如图 5-7 至图 5-12 所示（主要是三相输出的电路）。为了便于对比各电路特点，表 5-1 列出了相应的定量数据。所有电路中的环流电抗器有时可以省去，这取决于控制方法及使用要求。

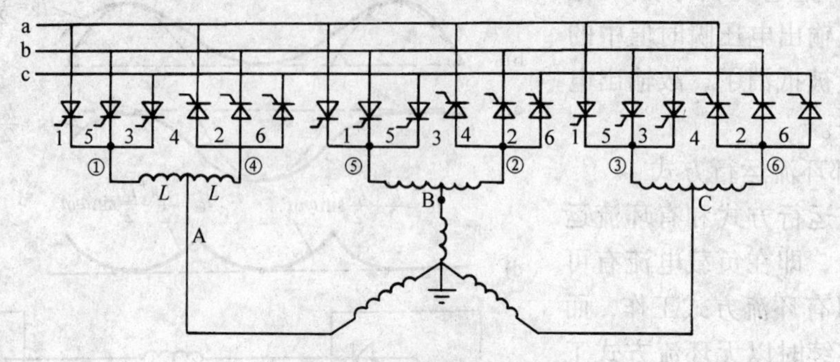

图 5-7 3 脉波零式电路

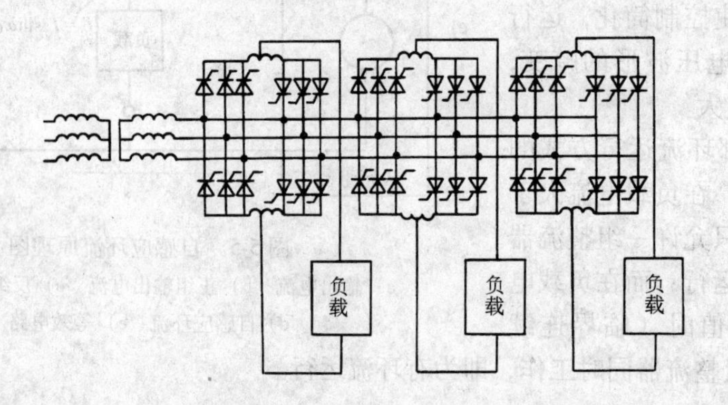

图 5-8 6 脉波分离负载桥式电路

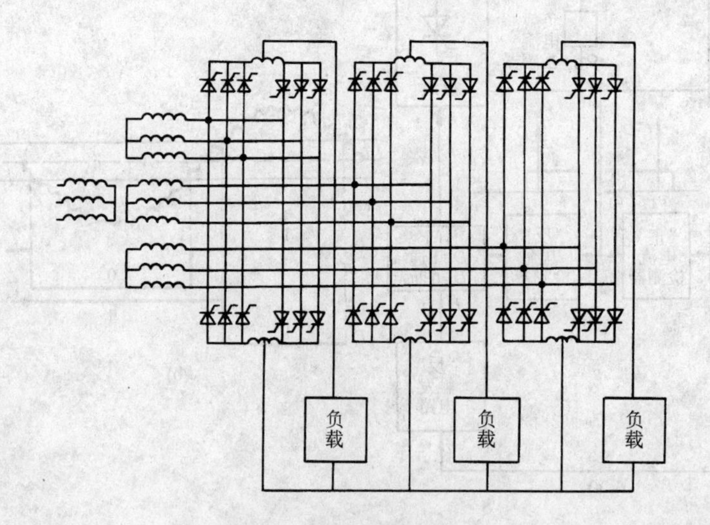

图 5-9 6 脉波非分离负载桥式电路

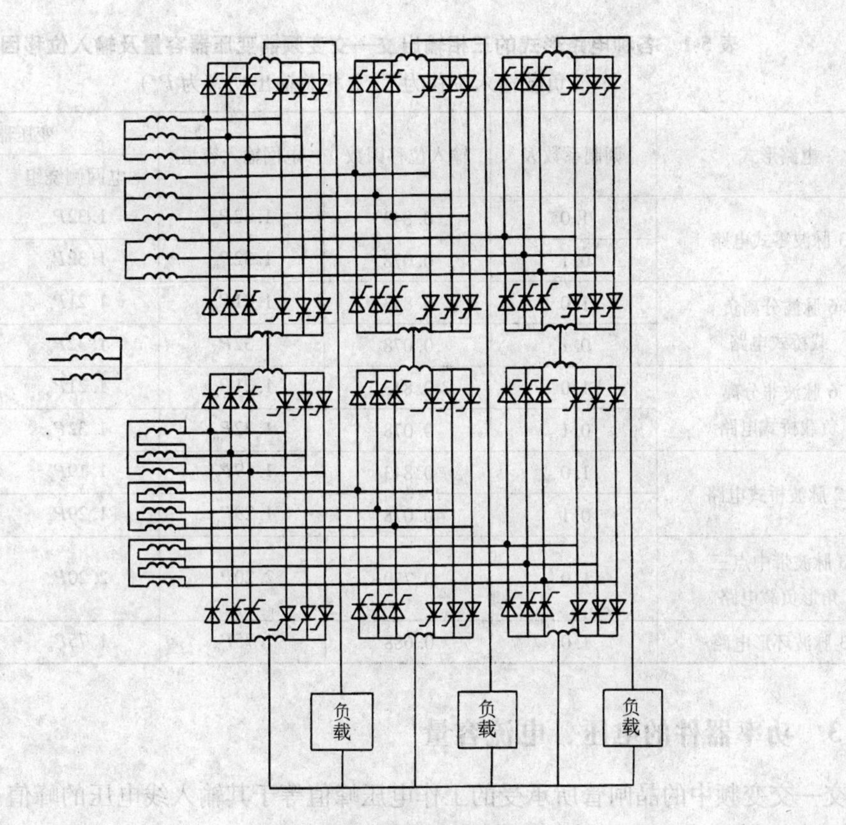

图 5-10　12 脉波桥式电路

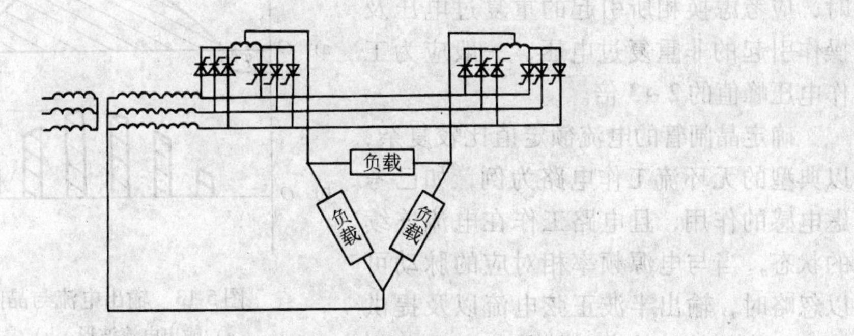

图 5-11　3 脉波带中点三角形负载电路

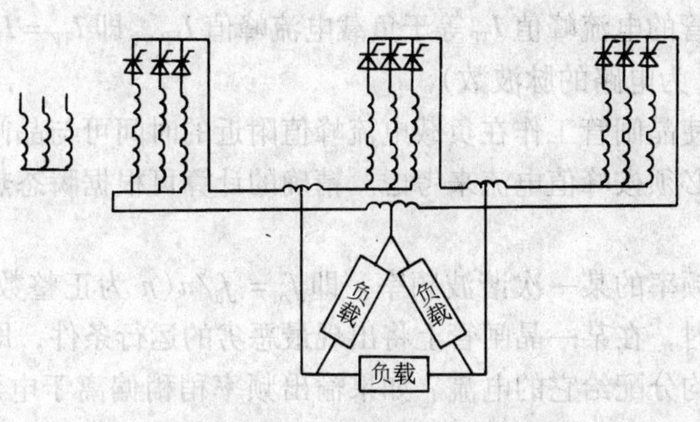

图 5-12　3 脉波环形电路

表 5-1 各种电路形式的三相输出交—交变频器变压器容量及输入位移因素
（负载输入位移为 1，3 相总输出功率为 P_o）

电路形式	调制系数 K	输入位移因数	电网输入容量	变压器容量/VA	
				电网侧绕组	整流侧绕组
3 脉波零式电路	1.0	0.843	$1.32P_o$	$1.32P_o$	$1.32P_o$
	0.1	0.078	$1.32P_o$	$1.32P_o$	$1.32P_o$
6 脉波分离负载桥式电路	1.0	0.843	$1.21P_o$	$1.21P_o$	$1.21P_o$
	0.1	0.078	$1.32P_o$	$1.32P_o$	$1.32P_o$
6 脉波非分离负载桥式电路	1.0	0.843	$1.21P_o$	$1.21P_o$	$1.48P_o$
	0.1	0.078	$1.32P_o$	$1.32P_o$	$1.48P_o$
12 脉波桥式电路	1.0	0.843	$1.19P_o$	$1.19P_o$	$1.48P_o$
	0.1	0.078	$1.29P_o$	$1.29P_o$	$1.48P_o$
3 脉波带中点三角形负载电路	1.0	0.770	$2.20P_o$	$2.20P_o$	$2.60P_o$
3 脉波环形电路	1.0	0.688	$1.75P_o$	$1.75P_o$	$3.76P_o$

5.1.3 功率器件的电压、电流容量

交—交变频中的晶闸管所承受的工作电压峰值等于其输入线电压的峰值。与普通的可控整流电路一样，确定晶闸管的阻断电压时，应考虑换相所引起的重复过电压及操作引起的非重复过电压，一般应为工作电压峰值的 2~3 倍。

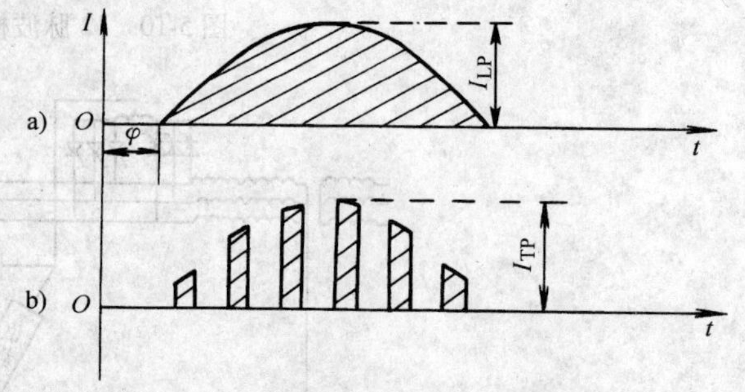

图 5-13 输出电流与晶闸管电流波形
a）输出电流波形 b）晶闸管电流波形

确定晶闸管的电流额定值比较复杂，以典型的无环流工作电路为例，如已考虑电感的作用，且电路工作在电流连续的状态，当与电源频率相对应的脉动可以忽略时，输出半波正弦电流以及提供这一电路的某一特定晶闸管的电流波形如图 5-13 所示。

由图可知，晶闸管的电流峰值 I_{TP} 等于负载电流峰值 I_{LP}，即 $I_{TP}=I_{LP}$。晶闸管电流的平均值为 $I_{TAV}=I_{LP}/\pi P$（P 为电路的脉波数）。

当输出频率低到使晶闸管工作在负载电流峰值附近的时间可与晶闸管及其冷却系统热时间常数相比较时，就必须按峰值电流来考虑。精确的计算可根据瞬态热阻抗曲线，按照核算其结温的方法进行。

输出频率为输入频率的某一次谐波频率，即 $f_o=f_i/n$（n 为正整数）时，或负载在某一确定的相位角下运行时，在某一晶闸管上将出现最恶劣的运行条件，即该晶闸管要重复地承受大于负载电流所平均分配给它的电流。如果输出频率稍稍偏离于电源的某一次谐波频率，这种恶劣条件就会在一个晶闸管及其邻近的晶闸管之间周期性地交替出现。

5.2 交—交变频类型

交—交变频根据其输出电压的波形，可以分为矩形波型及正弦波型两种。

5.2.1 矩形波交—交变频

1. 工作原理

前面图 5-7 所示为由 18 个晶闸管组成的三相变三相有环流、三相零式交—交变频电路。这是一种比较简单的三相交—交变频电路。电路中，每一相由两个三相零式整流器组成，提供正相电流的是共阴极组①、③、⑤；提供负相电流的是共阳极组②、④、⑥。为了限制环流，采用了限环流电感 L。

假设负载是纯电阻性。由于采用了零线，各相彼此独立。由于负载是纯电阻，电流波形与电压波形完全一致，因此可以只分析输出电压波形。这里以 A 相为例进行分析，其他两相只和 A 相相位差 120°。

假设三相电源电压 u_a、u_b、u_c 完全对称。当给定一个恒定的触发延迟角 α 时，例如 $\alpha=90°$，得正组①的输出电压波形如图 5-14 所示。在 $t=0$ 时，正组①的三个晶闸管同时获得触发角等于 90°的工作指令。在 $t=t_1$ 时，A 相满足导通条件，晶闸管 1 导通，u_a 输出。晶闸管 1 导电角 60°，u_a 过零，晶闸管 1 关闭。当 $t=t_2$ 时，B 相满足条件，晶闸管 5 导通，输出 u_b 的 60°片段。当 $t=t_3$ 时，C 相满足条件，晶闸管 3 导通，输出 u_c 的 60°片段。而当 $t=t_4$ 时，发出换相指令，组④的三个晶闸管同时获得触发角等于 90°的工作指令，组①的触发脉冲被封锁掉，组①退出工作状态。如触发脉冲是脉冲列，或是触发脉冲的宽度为 120°，则 $t=t_4$时，晶闸管 2 符合导通条件，负载上出现导电角为 30°的 u_y 片段。$t=t_5$ 时，晶闸管 6 导通，输出 60°的 u_z 片段，依此类推。

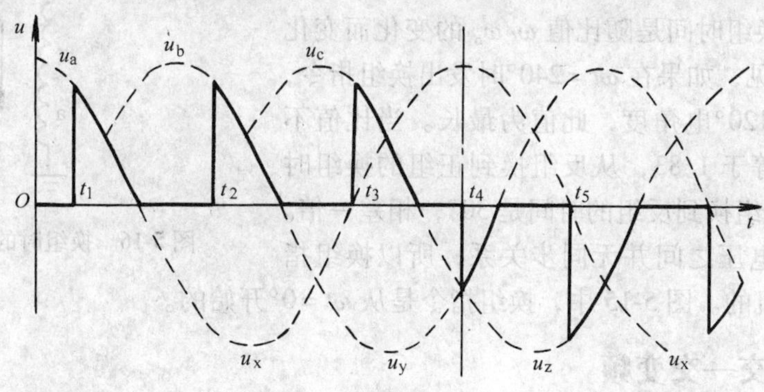

图 5-14 输出电压波形

所谓的组触发是指每组三个晶闸管同时获得触发延迟角等于 α 的工作指令。根据相电压的同步作用，谁符合导通条件，谁就被触发而导通。晶闸管的关断靠电压自然过零，换相指令按给定的输出频率发生。

2. 换相与换组过程

假设电流是连续的，不考虑重叠角。当 $t=0$ 时，正组①的三个晶闸管同时获得触发延

迟角 $\alpha=60°$的工作指令。晶闸管 1 符合导通条件，负载上出现从最大值到 0.5 的一段 u_a，延续时间是 120°。当 $\omega t=120°$时，晶闸管 5 导通，输出的电压为 u_b 片段。当晶闸管 5 被触发导通后，晶闸管受到线电压 u_{ba} 的封锁作用，阴极电位高于阳极电位，晶闸管 1 被关断。这就是电源侧的自然换相。

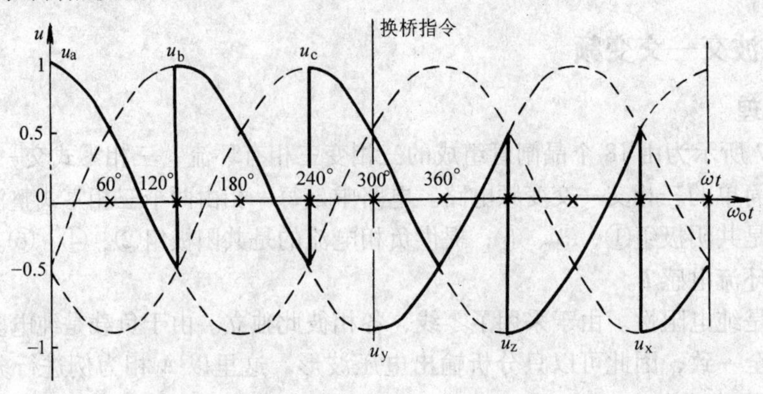

图 5-15　电流连续时组触发得到的输出电压波形

由于电路中采用了限环流电感，可以将换桥指令的内容规定为：封锁发往组①的触发脉冲；开放发往组④的触发脉冲。当 $\omega t=300°$时，假定根据输出频率的要求，此时 $\omega_o t=180°$，需要发出换桥指令。于是，晶闸管 3 继续导通，晶闸管 2 获得触发脉冲列。在线电压 u_{cb} 的作用下，晶闸管 2 导通，形成环流。图 5-15 所示为组①和组④的输出电压波形，组①输出电压片段 u_c，组④输出电压片段 u_y。图 5-16 所示为换组时的等效电路。

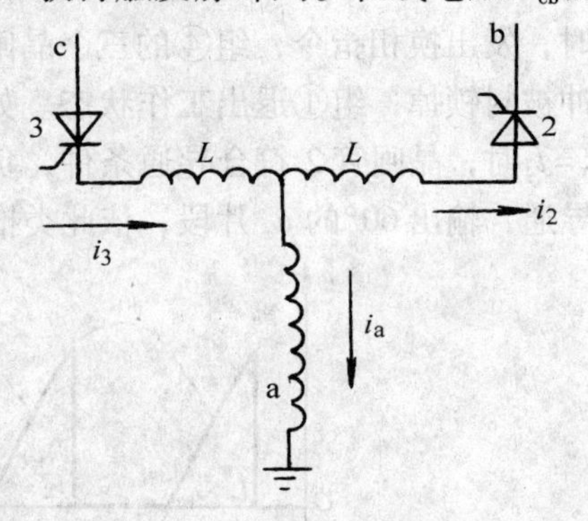

图 5-16　换组时的等效电路

电网角频率 ω 是固定的，而输出电压的角频率 ω_o 是任意值，所以换组时间是随比值 ω/ω_o 的变化而变化的。由图 5-15 可见，如果在 $\omega t=240°$时发出换组指令，换组时间将延续 120°电角度，此值为最长。当比值不是整数时，例如等于 1.83，从反组换到正组的换组时间是 60°，而从正组换到反组的时间是 30°，相差一倍。电网电压和输出电压之间并无同步关系，所以换组指令何时出现是随机的。图 5-15 中，换组指令是从 $\omega t=0°$开始的。

5.2.2　正弦波交—交变频

正弦波交—交变频的控制也有电压控制型和电流控制型两种。电压型变频的输出是电压，其输出电压跟随给定信号变化，受负载电流变化影响小；电流型变频的输出是电流，其输出电流跟随给定信号变化，受负载电压变化影响小。

1. 电压型变频

电压型变频容易实现电压控制。余弦交点法是常用的方法之一，其移相角控制的规律，使得整流输出电压的瞬时值最接近于理想正弦电压的瞬时值，即使每一瞬时整流电压值和理想输出电压相等。而整流输出电压 U_{do}是由触发延迟角 α 的余弦 $\cos\alpha$ 决定的，即晶闸管整流

装置的平均输出电压为

$$U_o = U_{do}\cos\alpha \tag{5-1}$$

欲获得正弦输出电压

$$U_o = U_{om}\sin\omega_0 t \tag{5-2}$$

将式（5-2）代入式（5-1），得

$$\cos\alpha = \frac{U_{om}}{U_{do}}\sin\omega_0 t \tag{5-3}$$

则正反组的移相角分别为

$$\alpha_p = \arccos\left(\frac{U_{om}}{U_{do}}\sin\omega_0 t\right) \tag{5-4}$$

$$\alpha_n = \arccos\left(-\frac{U_{om}}{U_{do}}\sin\omega_0 t\right) \tag{5-5}$$

利用计算机在线计算或用正弦波移相的触发装置可实现 α_p、α_n 的控制要求。

图 5-17 是触发装置以余弦曲线（$U_c = U_m\cos\omega t$）作同步信号，由给定正弦波（$U_r = U_{rm}\sin\omega_o t$）与它的交点来确定各电源周期中的 α 角度（ω_o、ω 分别为输出角频率和电网角频率）。如以图 5-17a、c 中各晶闸管的自然换流点为坐标点，则图 5-17b 即为对应的三相余弦同步信号，其下降段对应正组，上升段对应反组。图 5-17b 中，各相 U_c 下降段与给定正弦波 U_r 的交点决定正组电源周期各相的 α_p 角（图 5-17a）；U_c 上升段与给定正弦波 U_r 的交点决定反组电源周期各相的 α_n 角（图 5-17c）。

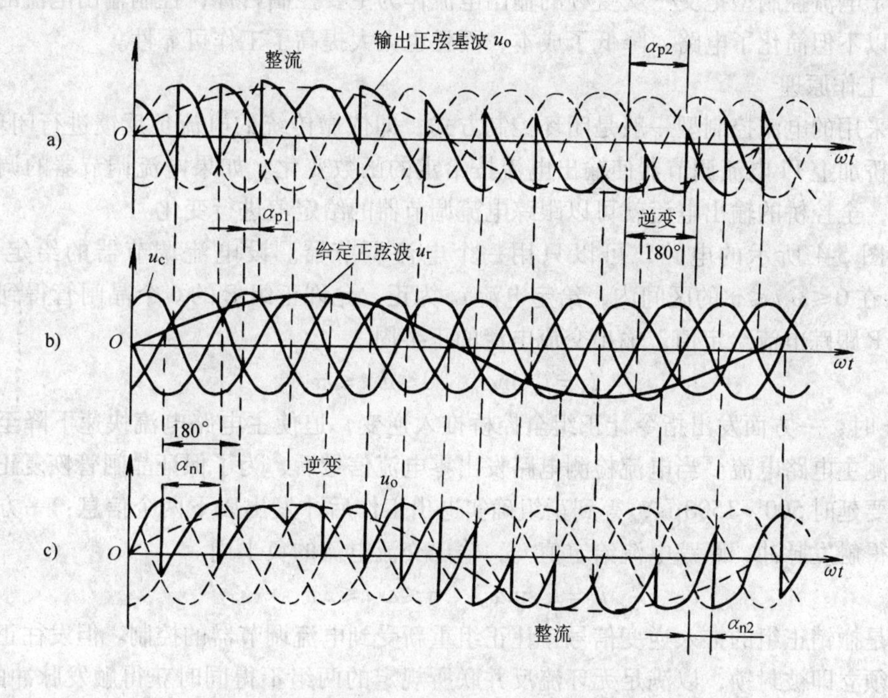

图 5-17　确定交—交变频器触发角的余弦交点法

a）正组输出　b）三相余弦同步信号　c）反组输出

可以看出，交—交变频的频率就由给定正弦波的频率所决定。

图 5-17 在输出峰值 U_{om} 处 $\alpha=0°$，是最大可能输出的波形。当改变给定波 U_r 的幅值和频率时，它与余弦同步信号的交点也改变，从而改变正、反组电源周期各相中的 α，达到调压和变频的目的，如图 5-18 就是降低输出电压时的触发角控制和输出电压波形（图中只画了正组输出）。

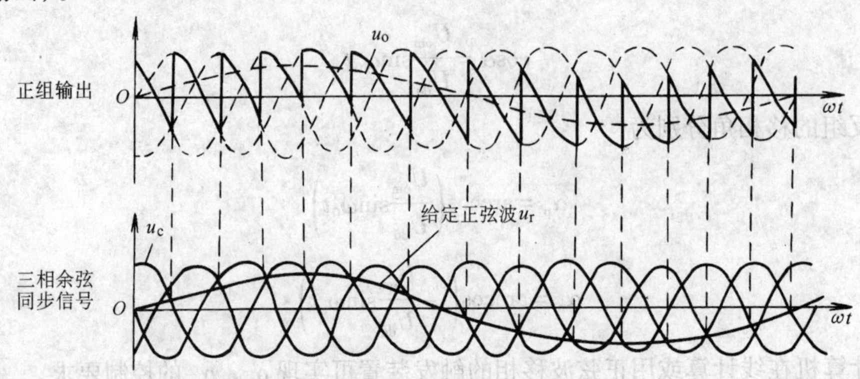

图 5-18　降低输出电压时的触发角控制和输出电压波形

2. 电流型变频

对于晶闸管交—交变频这样复杂的控制系统，采用电压控制型给交流电动机供电，电动机的功率因数变化很大，电流过零点变化无常，而交—交变频的换桥又必须严格掌握电流过零点。由于电流控制型把交—交变频的输出电流作为主要控制目标，控制输出电流的幅值和波形，所以不但简化了电路，降低了成本，而且也大大提高了工作可靠性。

(1) 工作原理

目前采用的电流控制型一般是闭环控制方式，即依靠传统的电流负反馈进行闭环调节，三相全控桥加上 PI 电流调节器使输出电流按给定的函数变化。如果电流调节器的调节功能达到最佳，全控桥的输出电流就可以跟踪电流调节器的给定值进行变化。

前面图 5-4 所示的电路，可以只用一个电流调节器。设电流调节器的给定值 $i_R=I_R\sin\omega_o t$，在 $0\leqslant\omega_o t\leqslant\pi$ 的区间内，给定电流 i_R 为正，允许正组 P 的 6 个晶闸管得到触发脉冲。正组 P 跟踪电流给定值，输出交流电流的正半周

$$i_p=I_m\sin\omega_o t\quad 0\leqslant\omega_o t\leqslant\pi \tag{5-6}$$

在 $\omega_o t=\pi$ 时，一方面发出指令让正组全控桥推入逆变，迫使主电路电流快速下降至零，另一方面检测主电路电流。当电流检测电路发出零电流信号后，为了保证晶闸管恢复正向阻断能力，需要延时 500 ~ 1500μs，等到正组确实退出工作后才发出以下两个信息：一方面让反组立即获得触发脉冲，跟踪电流给定值 i_R，输出交流电流的负半周

$$i_n=I_m\sin\omega_o t\quad \pi\leqslant\omega_o t\leqslant 2\pi \tag{5-7}$$

另一方面是撤销正组的推入逆变信号，让正组重新受到电流调节器的控制。但发往正组的触发脉冲必须立即被封锁，以满足无环流反并联所规定的两组不得同时获得触发脉冲的条件。在 $\omega_o t=2\pi$ 时，应当关闭反组 N，投入正组 P。

采用电流控制型后，只要全控桥的电压调节精度足够，在一定的调节精度下，输出电流

总能够跟踪给定电流的变化，而不需考虑负载的性质。不管负载的功率因数如何变化，不管负载是电动状态还是发电状态，全控桥均有足够的调节能力。

在电流控制型中，电流给定值等于零的瞬间也就是全控桥进入逆变的瞬间，此时主电路的电流已经下降到零值附近。从电流给定值等于零到零电流检测发出换桥信号的时间不会太长。对于电压控制型，给定信号是电压，当电压过零时，由于负载功率因数的随机性，主电路电流有可能仍然很大。所以，电压控制型也只能依靠零电流检测去控制换桥过程。由于无法采用强行推入逆变去控制换桥过程，电压控制型输出的交流波正负两半波不等，即电压控制型含有更大的次谐波。

电流控制型是在全控桥的电流调节器前输入给定电流 i_R，当然电流给定值不一定非是正弦波，有时为了简化电路或降低成本，也可以采用其他波形，如方波等。但如果电流波形偏离正弦，将会产生谐波损耗和寄生转矩，电动机的性能也将变坏。

（2）正弦电流变频

图 5-19 所示为一种正弦电流变频器，图中给出了三相中的一相。全控整流桥是给电动机 A 相绕组供电的电流源，给它规定的电流波形如图 5-20 所示。输出电流的一个周期等分为 60 份。全控整流桥的输出电流不可能改变方向，只能利用它的电流源的强大调节力迫使电流按照给定的数值变化。一般全控桥的输出电流是 30 拍一个循环。在每个循环的开始，如第一拍，电流给定值为零。为了保证在这一拍总能使主电路的电流迅速降为零，从而保证绕组的换流顺利进行，总是把这一拍的整流桥的触发角推向 150°，以便利用整流桥的最大反向电压去迫使主电路的电流在任何条件下都能迅速下降为零。

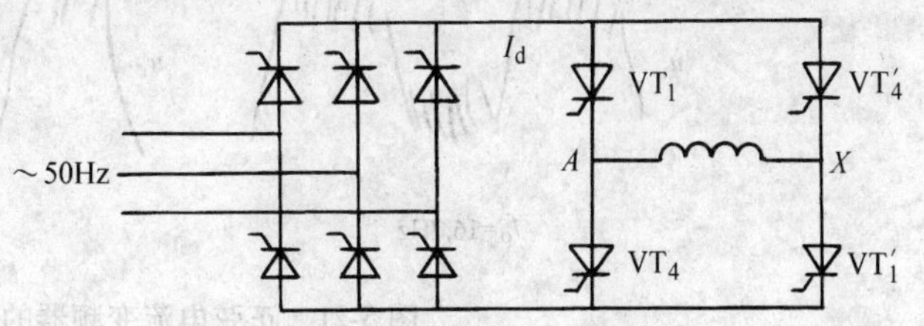

图 5-19　正弦电流变频器

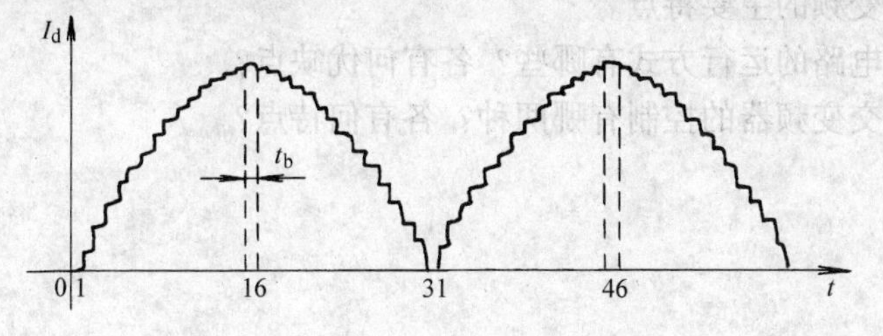

图 5-20　规定的电流输出波形

绕组 AX 中的交流由换向开关 VT_1+VT_1' 和 VT_4+VT_4' 完成。第 1 拍到第 30 拍属于电流的正半周，晶闸管 VT_1 和 VT_1' 工作，VT_4 和 VT_4' 截止。从第 31 拍到第 60 拍属于电流的负半周，晶闸管 VT_4 和 VT_4' 工作，VT_1 和 VT_1' 截止。这种变频虽然形式上是交—直—交，但它实质上是交—交变频，不需要强迫换相环节，所以不会因换相电容而引起高压。它依靠全控桥推入逆变进行换相，换相损耗较小。依靠电流调节器的调节作用将电流钳制在给定值上，不要求负载电流连续，电动机绕组本身的电感已经足够，不需要再在电路中串入电感。对于 50Hz 的电源频率，当输出频率小于 10Hz 时，输出电流具有较好的正弦度。图 5-21 所示为它的输出波形。

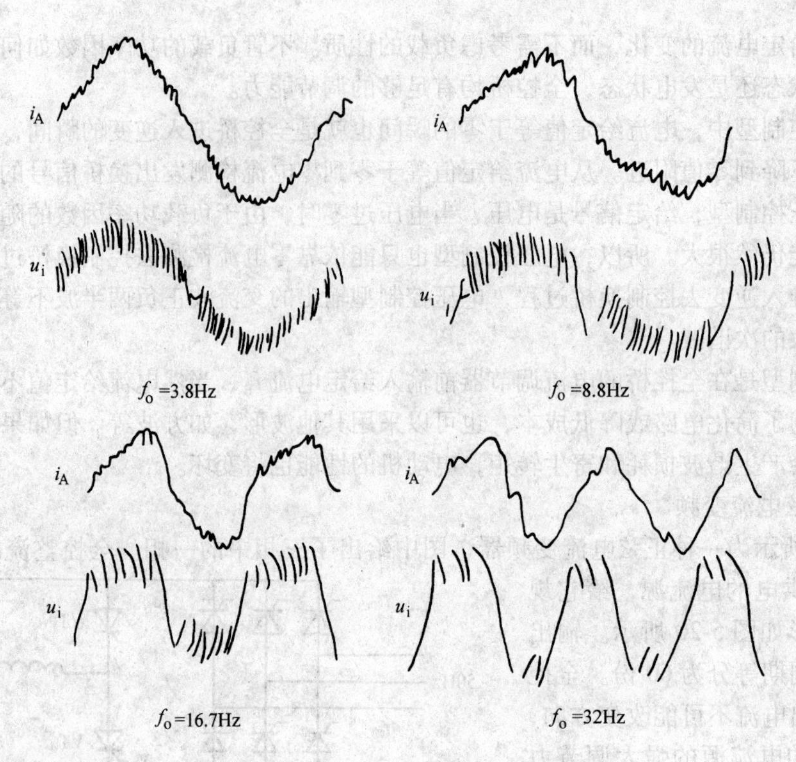

图 5-21 正弦电流变频器的输出波形

5.3 习题

1. 试述交—交变频的主要特点。
2. 交—交变频电路的运行方式有哪些？各有何优缺点？
3. 正弦波交—交变频器的控制有哪两种？各有何特点？

第 6 章　变频器的选择和容量计算

本章要点

- 变频调速的优点及变频器的分类
- 变频器的选择
- 变频器的容量计算

变频器是应用变频技术制造的一种静止的频率变换器，它是利用半导体器件的通断作用将频率固定（通常为工频 50Hz）的交流电（三相或单相）变换成频率连续可调的交流电的电能控制装置，其作用如图 6-1 所示。作为电动机的电源装置，使用也较为普遍。变频器按应用类型可分为两大类：一类是用于传动调速；另一类是用于多种静止电源。使用变频器可以节能、提高产品质量和劳动生产率。本章主要介绍调速系统变频器的选择和容量计算。

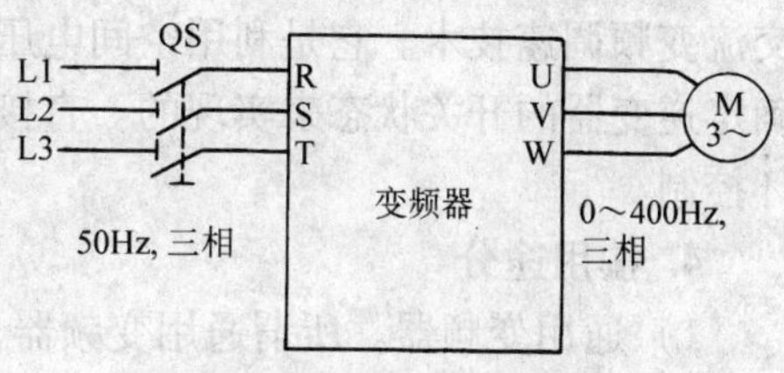

图 6-1　变频器的作用

6.1　变频器的分类

变频器的种类很多，分类方法也有多种。

1. 按变换环节分

1）交—交变频器。把频率固定的交流电直接变换成频率和电压连续可调的交流电。主要优点是没有中间环节，变换效率高。但连续可调的频率范围窄，通常为额定频率的 1/2 以下，主要适用于电力牵引等容量较大的低速拖动系统中。

2）交—直—交变频器。先把频率固定的交流电整流成直流电，再把直流电逆变成频率连续可调的交流电。由于把直流电逆变成交流电的环节较易控制，因此在频率的调节范围以及改善变频后电动机的特性等方面，都有明显优势，是目前广泛采用的变频方式。

2. 按直流环节的储能方式分

1）电流型变频器。直流环节的储能元件是电感线圈 L，如图 6-2a 所示。

2）电压型变频器。直流环节的储能元件是电容器 C，如图 6-2b 所示。

3. 按工作原理分

1）U/f 控制变频器。U/f 控制的基本特点是对变频器输出的电压和频率同时进行控制，通过使 U/f（电压和频率的比）的值保持一定而得到所需的转矩特性。采用 U/f 控制的变频

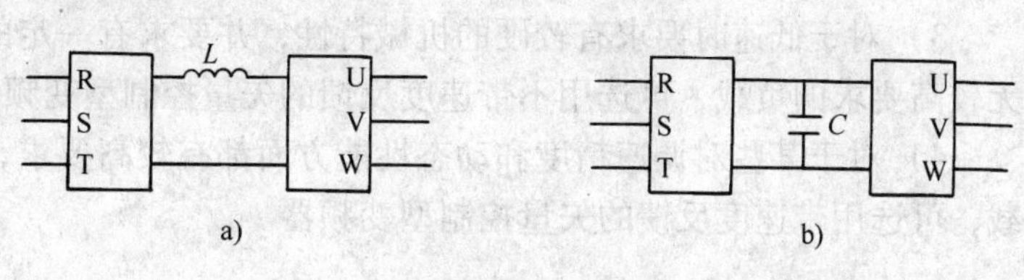

图 6-2　电流型与电压型储能方式

a）电流型　b）电压型

器控制电路结构简单，成本低，多用于对精度要求不高的通用变频器。

2）转差频率控制变频器。转差频率控制方式是对 U/f 控制的一种改进，这种控制需要由安装在电动机上的速度传感器检测出电动机的转速，构成速度闭环，速度调节器的输出为转差频率，而变频器的输出频率则由电动机的实际转速与所需转差频率之和决定。由于通过控制转差频率来控制转矩和电流，与 U/f 控制相比，其加减速特性和限制过电流的能力得到提高。

3）矢量控制变频器。矢量控制是一种高性能异步电动机控制方式，它的基本原理是：将异步电动机的定子电流分为产生磁场的电流分量（励磁电流）和与其垂直的产生转矩的电流分量（转矩电流），并分别加以控制。由于在这种控制方式中必须同时控制异步电动机定子电流的幅值和相位，即定子电流的矢量，因此这种控制方式被称作矢量控制方式。

4）直接转矩控制变频器。直接转矩控制是继矢量控制变频调速技术之后的一种新型的交流变频调速技术。它是利用空间电压矢量 PWM（SVPWM）通过磁链、转矩的直接控制、确定逆变器的开关状态来实现的。直接转矩控制还可用于普通的 PWM 控制，实行开环或闭环控制。

4. 按用途分

1）通用变频器。所谓通用变频器，是指能与普通的笼型异步电动机配套使用，能适应各种不同性质的负载，并具有多种可供选择功能的变频器。

2）高性能专用变频器。高性能专用变频器主要应用于对电动机的控制要求较高的系统，与通用变频器相比，高性能专用变频器大多数采用矢量控制方式，驱动对象通常是变频器厂家指定的专用电动机。

3）高频变频器。在超精密加工和高性能机械中，常常要用到高速电动机，为了满足这些高速电动机的驱动要求，出现了采用 PAM（脉冲幅值调制）控制方式的高频变频器，其输出频率可达到3kHz。

6.2 变频器的选择

目前，国内外已有众多生产厂家定型生产多个系列的变频器，使用时应根据实际需要选择满足使用要求的变频器。

1）对于风机和泵类负载，由于低速时转矩较小，对过载能力和转速精度要求较低，故选用价廉的变频器。

2）对于希望具有恒转矩特性，但在转速精度及动态性能方面要求不高的负载，可选用无矢量控制型变频器。

3）对于低速时要求有较硬的机械特性，并要求有一定的调速精度，但在动态性能方面无较高要求的负载，可选用不带速度反馈的矢量控制型变频器。

4）对于某些对调速精度和动态性能方面都有较高要求，以及要求高精度同步运行的负载，可选用带速度反馈的矢量控制型变频器。

6.2.1 根据控制对象选择变频器

调速电动机传动的生产机械的控制对象中，有速度、位置、张力、流量、温度、压力等。对于每一个控制对象，其产生的机械特性和性能要求是不同的，选择变频器时要考虑这些特点。

1. 速度

当调速系统的控制对象是电动机转速时，在选择变频器的过程中，应考虑以下几点。

（1）电动机转速

为了维持某一速度，电动机所传动的负载必须接受电动机供给的转矩，其值与该转速下的机械所作的功和损耗相适应。这称之为速度下的负载转矩。根据此负载转矩和电动机产生的转矩，惯性系统的运动方程式可用下式表示：

$$T_A = T_M - T_L = (GD^2/4g)(2\pi/60)\frac{dn}{dt} = (GD^2/375)\frac{dn}{dt} \tag{6-1}$$

式中 T_A——加速转矩(N·m)；

T_M——电动机转矩(N·m)；

T_L——负载转矩(N·m)；

GD^2——电动机的飞轮力矩(N·m^2)；

n——转速(r/mim)；

t——加速时间(s)；

g——重力加速度(m/s^2)。

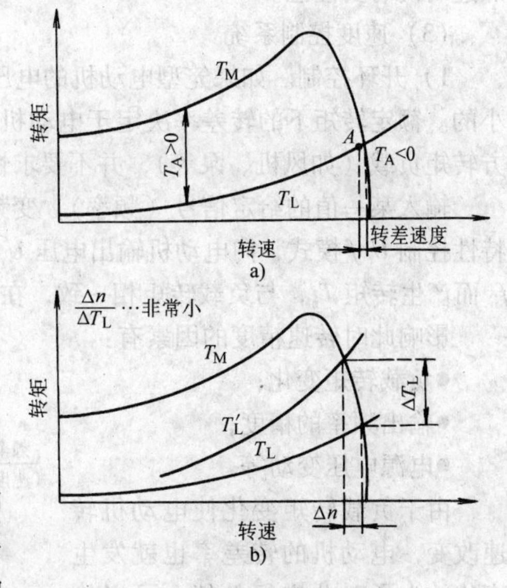

图 6-3　负载转矩变动引起的转速变动
a）电动机转矩与负载转矩　b）转速变动

由式(6-1)可得：

1）$T_A=0$ 时，速度 n 保持一定；

2）$T_A>0$ 时，速度 n 上升；

3）$T_A<0$ 时，速度 n 下降。

在图 6-3 中，表明电动机的转速由曲线 T_M 和 T_L 的交点 A 确定。要从此点加速或减速，则需要改变 T_M，使 T_A 为正值或负值。也就是要控制电动机的转速，必须具有控制电动机产生转矩 T_M 的功能。

（2）加减速时间

电动机转速从 n_a 达到 n_b 所需要的时间，根据式（6-1）可用下式表示：

$$t = \frac{GD^2}{375}\int_{n_a}^{n_b}\frac{dn}{T_A} \tag{6-2}$$

对于转差频率控制和矢量控制的变频器，由于具有快速电流限制功能，即使速度指令（频率指令）急速改变，其本身也能将电流限制在容许值以内，以最大转矩进行加减速。如果求出各速度下的加速转矩 T_A，根据式（6-2）就可求出加减速时间。另一方面对于电压型通用变频器的 U/f 控制，多数是积极限制电流的功能不足，可产生的再生转矩值也小，因此加速时必须限制频率指令的上升率以防止过电流，减速时则限制下降率以防止过电压。所以用频率指令的上升率或下降率来确定加减速时间。

通常，加速时间是指频率从零变到最高频率所需的时间；减速时间是指从最高频率到零的时间。加速时间给定的要点是：在加速时产生的电流限制在变频器过电流容量以下，也就是不应使过电流失速防止回路动作。减速时间给定的要点是：防止平滑回路的电压过大，不使再生电压失速防止回路动作。对于恒转矩负载和二次方转矩负载，可用简易的计算方法和查表来计算出加减速时间。

给定时也可采用不计算加减速时间的方法，可先给定充分长的时间，然后利用报警灯把它缩短到最佳时间。加减速运转中失速报警不动作时，就将给定时间变短。重复操作便可确定最佳加减速时间。即使通过计算给定时间，也要利用失速报警灯进行最终确认，报警发出时必须将时间延长。

如果以电动机产生的最大转矩加速，给定时间短，致使过电流失速防止功能动作，不仅容易产生过电流跳闸，加速时间也反而比不失速时更长。变频器与电动机间装设变压器或配电线路长时，由于阻抗压降增大，特别是在低速区转矩减小，往往起动时间变长，所以给定加速时间时要注意。

（3）速度控制系统

1）开环控制。如果笼型电动机的电压、频率一定，因负载变化引起的转速变化是非常小的。额定转矩下的转差率决定于电动机的转矩特性，转差率大约为1%～5%。对于二次方转矩负载（如风机、泵等），并不要求快速响应，常用开环控制，如图6-4所示。

输入某一值的给定信号（频率），变频器就以在加减速时间给定的回路中所确定的时间特性控制 U/f 模式，向电动机输出电压 U_n 和频率 f_n。电动机的转矩特性根据电压 U_n 和频率 f_n 而产生转矩 T_n，与负载转矩相一致，在转速 n_n 下稳定地运转。

影响此时转速精度的因素有：

●负载转矩变化；

●输出频率的精度；

●电源电压变动等。

由于负载转矩变化使电动机转速改变，电动机的转差率也就发生变化。为了对此进行补偿，可以检出电动机电流，在频率、电压控制电路进行修正。

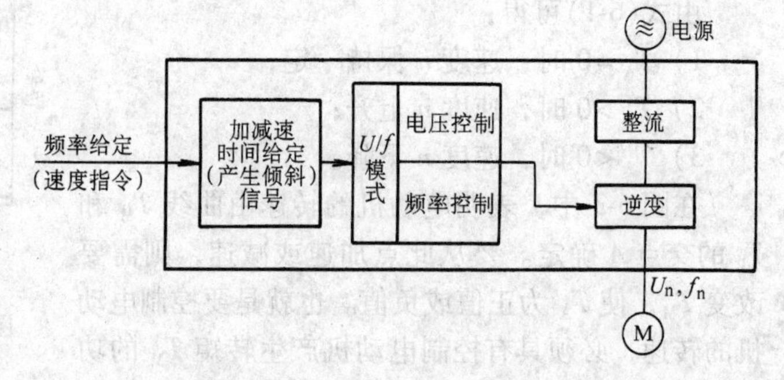

图6-4　开环控制系统

含有模拟控制电路时，温度变化、控制电源电压变动等将引起漂移，通常多使输出频率精度降低约5%。负载转矩变化小时，这种漂移引起的速度变动有时不能忽略。另外，含有数字电路时，输出频率不是连续地，而是阶跃式地变化。这种变化的一个台阶称为频率分辨率。如果需要精细的速度调整，则必须选用具有高频率分辨率的变频器。

电源电压一变动，变频器平滑回路的直流电压就变化，因而输出电压也出现变动。因此电动机的转矩—速度曲线在转矩轴方向伸缩，与负载转矩的交点移动，速度发生变化。为了对此进行补偿，可将平滑回路的直流电压和变频器的输出电压反馈，在电压控制电路中进行修正。

另外，既然变频器是将交流电变为直流电，然后再变换为任意频率的交流电的装置，电源一侧频率的变动对输出频率将没有任何影响。

2）闭环控制。为了补偿电动机转速的变化，将可以检测出的物理量作为电气信号负反馈到变频器的控制电路，这种控制方式称为闭环控制。速度反馈控制方式是以速度为控制对象的闭环控制，用于造纸机、机床等要求速度精度高的场合，但需要装设传感器，以便用电量检测出电动机转速。速度传感器中 DCPG、ACPG、PLG 等作为检测电动机转速的手段是用得最普遍的。编码器、分解器等能检测出机械位置，可用于直线或旋转位置的高精度控制。

图 6-5 为 PLG 的速度闭环控制的例子。用虚线表示的信号路径，用于通用变频器的速度控制。用虚线路径进行开环控制，对开环控制的误差部分用调节器修正。

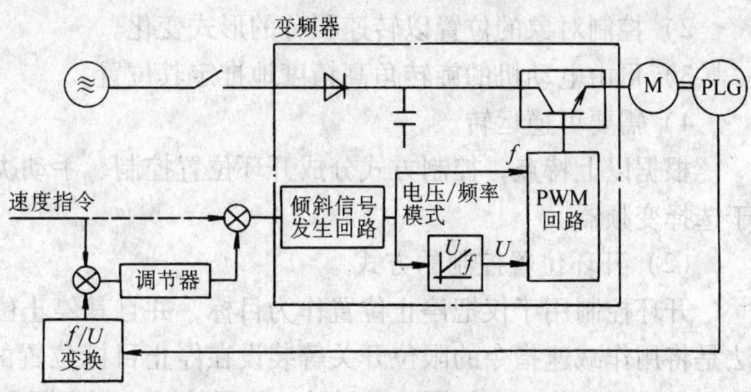

图 6-5　PLG 的速度闭环控制

（4）调速系统采用变频调速时的注意点

电动机采用变频器调速时的注意事项如下：

1）速度控制范围。根据系统要求，必须选择能覆盖所需速度控制范围的变频器。作为速度控制范围的表示法，有的用实际数值表示，如 145～1450r/min 或 5～50Hz；有的用比率表示，如 1∶10；还有的用百分比表示，如 10%。

2）避免危险速度下的运转。在速度控制范围内，如果存在着能引起大的扭转谐振速度或危险速度等，就必须避免在这些速度下连续运转。此时，应使用具有图 6-6 所示功能的频率跳变回路。有的变频器已备有这种回路，可供选择。

3）电动机在低速区的冷却能力。对于自冷方式，转速下降则电动机的冷却能力降低。在二次方转矩负载下，因转速下降引起的输出功率减小比冷却能力的降低要大，所以不成问题。但对于恒转矩负载，由于低速区冷却能力的降低，则需要限制转速的下限，或者电动机改用其他通风方式。

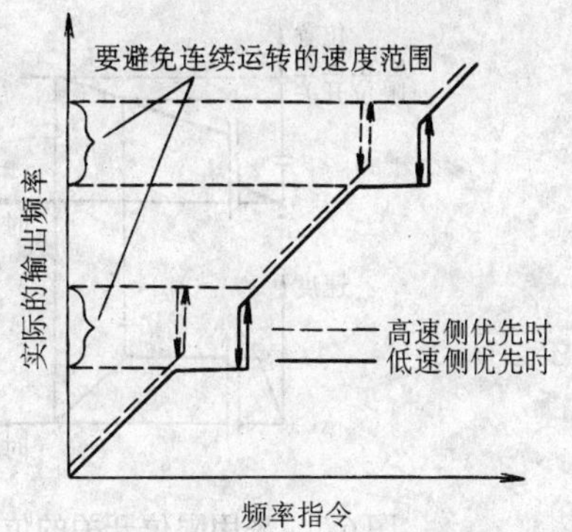

图 6-6　频率跳变回路特性

4）在低速区轴承的润滑。自己给油的滑动轴承在低速区的润滑有问题。最低转速在自己给油限度（通常为 200r/min 左右）以下时，需要改用强制给油方式。

5）速度传感器和调节器的使用。作为构成闭环系统的器件，有电动机速度检测器和调节器两种。为了充分发挥闭环的性能，对于这些器件及其接线要考虑温度漂移和干扰的影响。

另外，为了得到快速响应而过分地提高 PLD 调节器的灵敏度，有时会引起振荡。所以必须采用与所用变频器的响应速率和频率分辨率相应的适当的增益。为了尽可能提高变频器本身的响应速率，加减速时间的给定是重要的，但时间不要过长。

2. 位置

在电动机调速系统中，有时需要控制负载的位置或角度等，如机床、机器人、轧辊压下、天线等要控制工作时的位置；电梯、起重机械、调节风门、执行台车等要控制停止时的位置等。

（1）位置控制的特点

作为位置控制的共同特点，有以下几点：

1）从简单到高级，即从仅在停止时将位置同目标对准的简单控制，到经常跟踪目标快速动作的高级控制。

2）控制对象的位置以转速积分的形式变化。

3）可由电动机的旋转角高精度地推定其位置。

4）需要可逆运转。

根据以上特点，控制方式分成开环位置控制、手动决定位置、闭环位置控制三大类，用于选择变频器。

（2）开环位置控制的方式

开环控制用于仅把停止位置作为目标，并且其停止位置精度要求不高的情况。常用的方法是将用作减速指令的限位开关等装设在停止目标位置的前面，从限位开关动作时刻开始，使电动机减速停止，如图6-7所示。从开始减速到实际上的停止需要一段时间（与减速特性有关），因而产生惯性行程，大体在目标位置上停止。减小惯性行程的误差与提高停止精度是相关连的。另外，除限位开关外，也可根据起动后电动机的旋转角（PLG的脉冲数）和经过的时间决定减速开始时间。

为了减小惯性行程的误差，提高停止精度，通常采用图6-8所示的方式。利用减速开始点给定定时器，在限位开关动作前，使电动机转速降到充分低的速度，从而抑制停止指令后的惯性行程，以减小误差。为此目的的低速运转称为爬行。从高速到爬行速度的减速时刻，除用给定定时器外，也可由另外装设的限位开关信号得到。

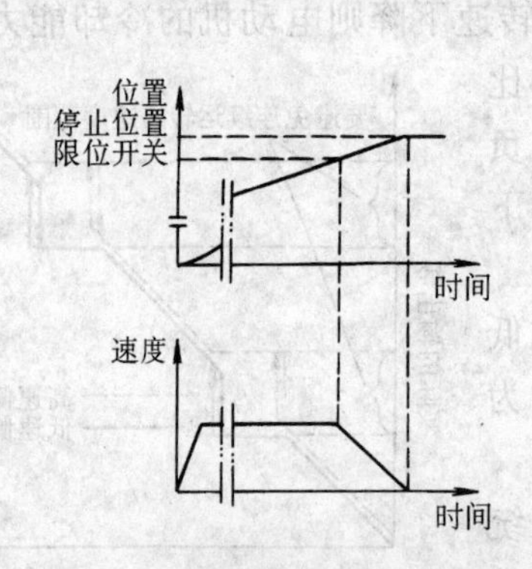

图6-7　采用限位开关的位置控制波形（无爬行）

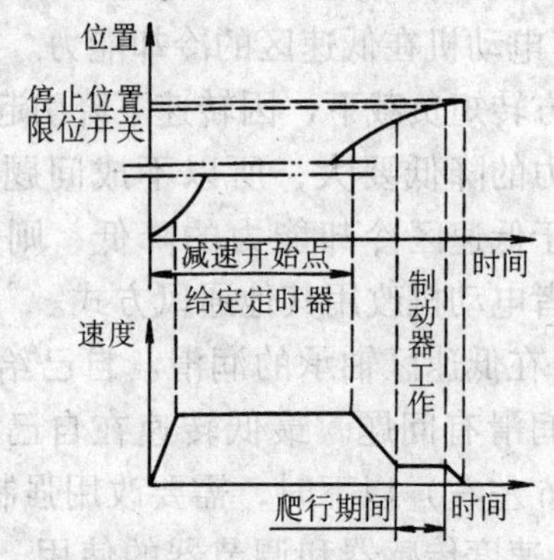

图6-8　采用限位开关的位置控制波形（有爬行）

（3）开环位置控制的设计要点

图6-7及图6-8所示的开环位置控制方式为预测控制方式，为了提高停止精度应注意以下几点：

1）爬行速度要低，即速度控制范围要宽。

2）从爬行到停止的速度模式要相同。

3）减速开始点给定定时器的精度要高。

要满足上面的第2项，需要再生制动功能或使用机械制动器。要提高周期时间，需注意以下两点：

1）爬行时间越短越好；

2）缩短降到爬行速度的减速时间。

作为实现开环控制的手段，必须正确地决定制动开始时刻和使用有足够制动能力的变频器。根据所要求的标准可考虑下列组合：

A 通用变频器；

B 通用变频器 + 制动单元；

C 通用变频器 + 制动单元 + 机械制动器。

从 A ~ B，停止精度和周期时间都可以得到提高。

图 6-9 所示为上面 C 的例子。应注意，停止时使用机械制动器，如果没有停止变频器的工作，则有流过过大的堵转电流的危险。因为，变频器在电动机停止前多数是继续工作的。因此，对于图中的例子，在 RES 端子输入信号，来强制停止变频器的工作。

(4) 手动决定位置的控制方式

当用于变频器的控制是开环时，借助于人手进行反馈控制的情况，在起重机等机械上常被采用。此时变频器具有以下功能是很方便的：

1）寸动功能。就是每操作一次就起动停止一次，具有短步距移动位置的功能。这一点利用变频器工作指令回路的通断很容易实现。

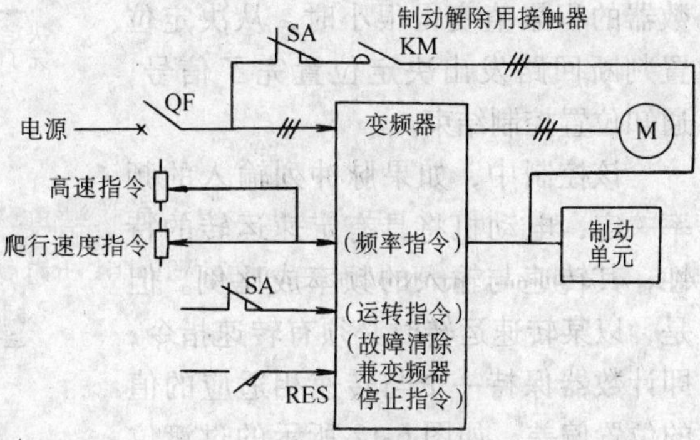

2）微动功能。微动功能指在运转按钮的操作期间，能以低速运转的功能。该功能可以看作是手动的爬行。

图 6-9　开环位置控制实例

(5) 闭环位置控制方式

闭环位置控制方式用于需要高精度位置控制的情况。根据反馈信号取得方法的不同，闭环控制可分为半闭环控制和全闭环控制两种。

1）半闭环控制：是根据电动机的旋转角预测作为最终控制对象的机械位置的控制；

2）全闭环控制：是用直接装设检测机械位置的传感器进行控制。

在选择控制方式时，要特别考虑以下两点：

①因齿轮间隙加大、绳索或传动带的伸长引起精度下降；

②基准点的校正（复归原点）。

通常多采用结构简单的半闭环控制。用于闭环位置控制中的变频器，要采用高级的伺服机构。

1）闭环位置控制的方法。图 6-10 所示为由机床与通用交流伺服电动机用变频器组成的系统图，图 6-11 为其控制

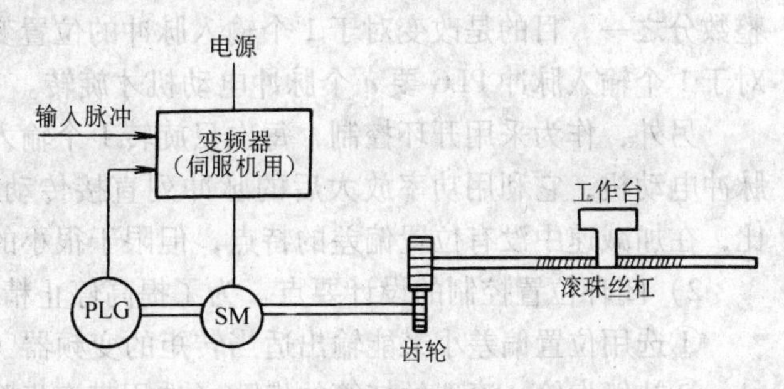

图 6-10　机床工作台进给实例

框图（图中使用永磁同步电动机）。图中采用具有速度控制负反馈的位置控制。对变频器不给出直接的位置指令，而是输入脉冲列。以此脉冲数的积累值作为位置指令。增大此位置指令时，在正转输入加脉冲列；减小时，在反转输入加脉冲列。控制此输入脉冲列的积累值和PLG的反馈脉冲列的积累值，使它们一致。

正转时的实际动作过程如下：将指令输入的脉冲（在计数器内用作加法脉冲）和PLG的脉冲（在计数器内用作减法脉冲）在同一计数器内计算，以计数器的积累值作为速度指令。因此，刚达到目标位置，计数器的积累值就正好为零，速度指令也变为零，电动机就停止在该位置上。另外，计数器的积累值变得很小时，从决定位置判断回路发出决定位置完了信号，通知位置控制结束。

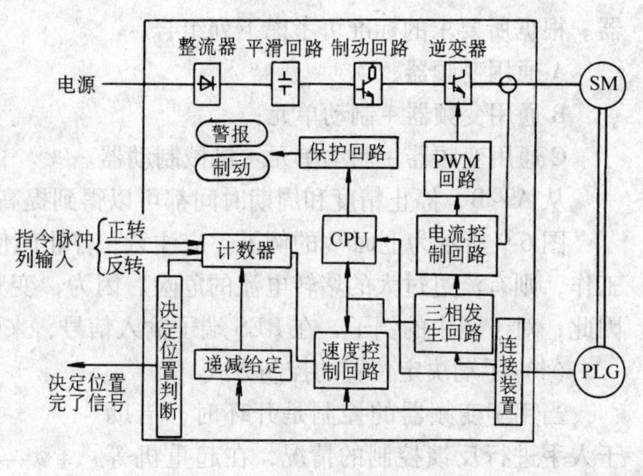

图6-11　闭环位置控制框图

该控制中，如果脉冲列输入的频率一定，电动机将具有定速运转的特性，其转速与输入的频率成比例。但是，以某转速运转时必须有转速指令，即计数器保持一个与转速相适应的值的位置偏差，如图6-12所示的过渡位置偏差。

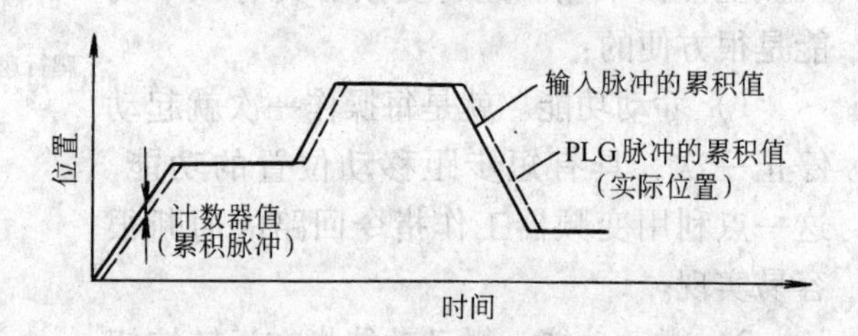

图6-12　过渡位置偏差

此外，越是追不上电动机转速的上升，输入脉冲列的频率越上升，计数器就过量了，输入脉冲的一部分失去了作用，目标位置会不准确。所以应注意，为了防止在目标位置不准的情况下继续运转，一般计数器一过量就利用“误差过大”报警信号使电动机停止运转。

在这种用途中，使用的PLG产生两个具有90°相位差的脉冲列信号，监视这两个脉冲信号上升的顺序可以判别正反转。另外，电动机每转一周，在特定的转子位置上产生显示器脉冲，可以用作位置原点的确定。

PLG的反馈脉冲在进入计数器前要通过递减回路。在递减回路把PLG的脉冲列分频为整数分之一，目的是改变对于1个输入脉冲的位置变化量（增益）。所以，如果分频为1/*n*，对于1个输入脉冲PLG要*n*个脉冲电动机才旋转。

另外，作为采用开环控制，每次只旋转1个输入脉冲所决定的旋转角的电动机，被称为脉冲电动机，它利用功率放大后的脉冲列直接传动特殊的同步电动机。与图6-9的方式相比，在加减速中没有位置偏差的特点，但限于很小的容量。

2）闭环位置控制的设计要点。为了提高停止精度，应考虑以下几点：

①选用位置偏差小又能输出适当转矩的变频器（转矩增益大的变频器）。

②补偿齿轮、滚珠丝杠等的齿隙（选用带有齿隙补偿功能的机种）。

③根据所要求的精度，减小滚珠丝杠的螺距。

④及时进行基准点的校正等。

对于所要求位置精度的机种选择标准如下（以机床进给控制为例）：

1mm　　通用变频器；

10μm　　通用伺服电动机用变频器；

1μm　　专用伺服电动机用变频器。

为了提高周期时间，应当考虑以下两点：

①使用容量足够的变频器，以得到大的加减速转矩；

②负载惯性越低越好。

对于升降装置的位置控制，要考虑到稳定时负的负载情况，注意安全。

3. 张力

对于造纸、钢铁、胶卷等工厂中处理薄带状加工物的设备，由于产品质量上的要求，必须进行使生产中被加工物的张力为一定值的控制。

（1）张力控制的特点

张力控制根据用途有各种方式，如：

1）采用转矩电流控制的张力控制。

2）采用拉延的张力控制。

3）采用调节辊的张力控制。

4）采用张力检测器的张力控制。

一般张力控制多以转矩控制为基础，而其他控制对象多以速度控制为基础。另外，不管哪一种控制方式，通常都是以滚筒与被加工物之间不产生滑动为前提条件。

（2）采用转矩电流控制的张力控制

1）控制方式。图 6-13 所示的系统中，用滚筒 1 移动被加工物，给滚筒 2 施加与旋转方向相反的转矩，使两组滚筒间的被加工物具有张力。张力与传动滚筒 2 电动机的再生制动转矩的大小成比例。因此，变频器 1 可以采用频率或速度控制的通用变频器，而变频器 2 则需使用具有转矩控制功能的矢量控制方式。转矩电流控制方式采用直流电动机时，电枢电流张力控制最为简单，应用广泛。但采用变频器传动的笼型电动机时，必须使用专用变频器，所以应当与其他方式比较优缺点后再决定。

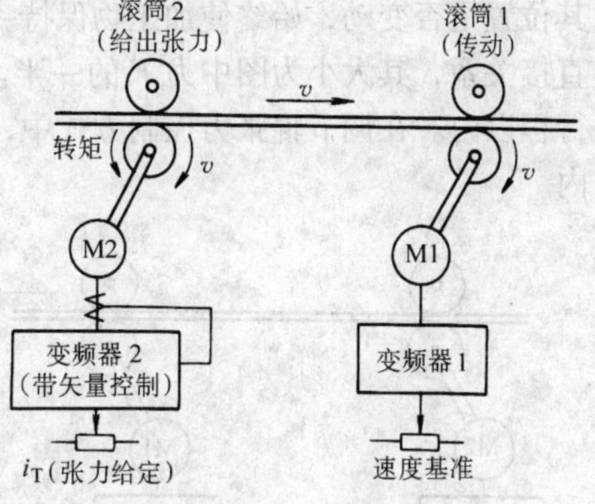

图 6-13　根据转矩电流分量的张力控制

2）变频器选择要点。图 6-13 所示的控制方式，当加工物断裂时滚筒 2 将反向恒转矩加速，有超速的危险，所以必须使用有速度限制功能的变频器。此外，为了滚筒间引入被加工物的准备工作和维修等，变频器 2 也设有通常的速度控制功能，按需要，可以考虑切换运转。

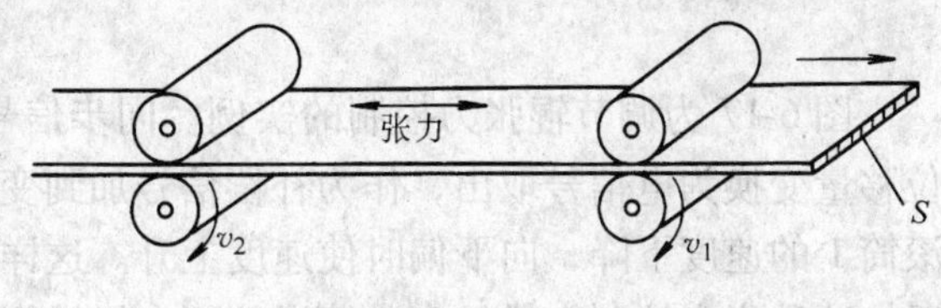

图 6-14　拉延产生的张力

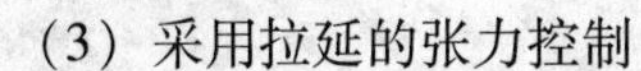

（3）采用拉延的张力控制

1）控制方式。两组滚筒的速度差的比称为拉延。图 6-14 中拉延可用下式表示：

$$D = (v_1 - v_2)/v_2 \tag{6-3}$$

式中 D——拉延；

v_1、v_2——各滚筒的被加工物传送速度。

有拉延的两组滚筒间的被加工物产生如下式所示的张力：

$$T = ES(v_1 - v_2)/v_2 = ESD \tag{6-4}$$

式中 T——张力(N)；

E——被加工物的弹性模量(N/mm^2)；

S——被加工物的截面积(mm^2)。

由式（6-4）可见，张力与拉延成比例。但是对于弹性模量大的被加工物，很小的拉延变化，周围温度、水分含量的变化，以及厚度不均和产生滑动等都将引起张力的很大变化，所以不太实用。对于像轮胎那样弹性模量小的材料，同时要求一定张力和一定伸长率时控制比较容易实现。图 6-15 所示为拉延控制的实例。

2）变频器选择要点。为了提高张力精度，就需要提高拉延精度，也就是提高两台电动机的转速精度。根据材料的种类，通常应该使用具有速度反馈控制的变频器。另外，当滚筒 2 的机械系统损耗低，滚筒 2 上被加工物的张力非常小时，滚筒 2 可能要求负负载，所以根据需要，变频器 2 应具有制动功能。

（4）采用调节辊的张力控制

如图 6-16 所示的装置，利用弹簧或气压、重锤在一定方向上施加一定大小的力，不管其位置是否变动，始终使加工物保持一定的张力。使用调节辊时，张力与变频器的控制没有直接关系，其大小为图中力 F 的一半。但是调节辊所具有的张力控制功能只限于在其容许行程以内。在调节辊张力控制方式中，变频器传动电动机的作用就是使调节辊在容许行程以内。

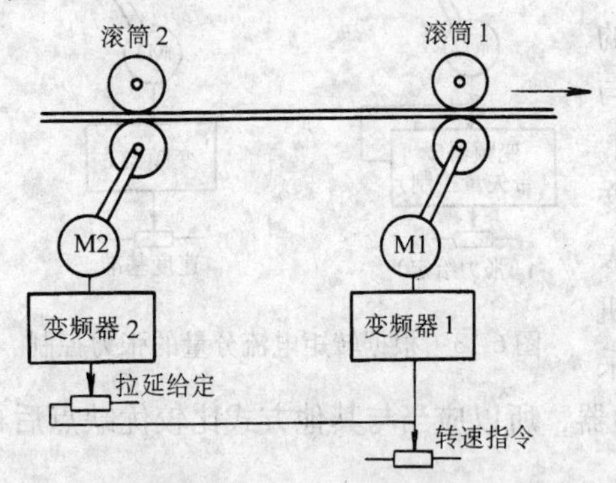

图 6-15 采用拉延的张力控制

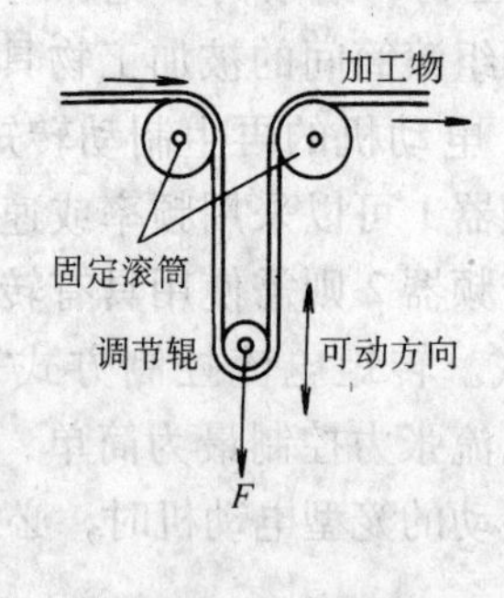

图 6-16 调节辊

图 6-17 为调节辊张力控制的实例。同步信号机装在调节辊上，将距离动作中心位置的位移量变换为电信号取出，作为补偿信号加到变频器 1 的频率指令上。当调节辊向上偏时使滚筒 1 的速度下降，向下偏时使速度上升。这样，调节辊被控制为经常保持在行程的中心位置。这种张力控制方式具有过渡误差可在机械侧被吸收的优点，所以用简单的 U/f 控制通用变频器就可以构成系统。

该张力控制方式充分发挥在机械侧能吸收过渡误差的优点，不加复杂控制就可以在短时间的同步加减速或被加工物的自动连接等场合使用。但是根据所吸收误差的大小，调节辊的行程也需要改变。

另外，与其他张力控制方式比较，张力的给定和变更不能用电气方法进行，必须依赖弹簧力或气压等机械部分的调整。

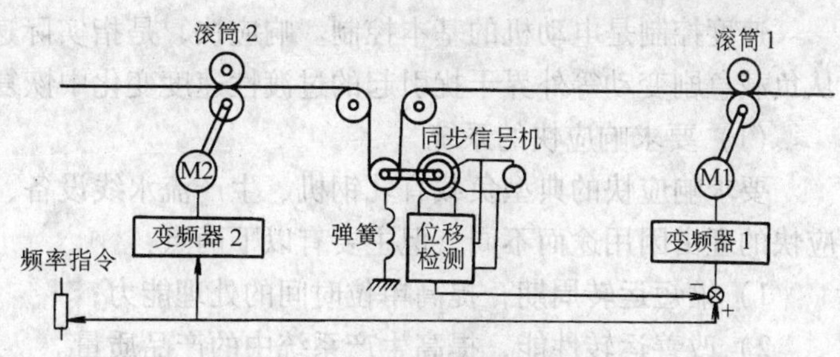

图 6-17　采用调节辊的张力控制

（5）采用张力检测器的张力控制

对于要求张力精度高或者调节辊失调对产品质量影响很大的场合，可采用张力检测器的反馈控制。检测器有差动变送器式和测力传感器式等种类。

图 6-18 所示为造纸厂最后工序中的卷取机和卷放机，它们把卷在卷筒上的纸再次以定张力高质量地卷下来。卷取机的传动电动机以恒速运转，卷取纸张。卷放机的电动机则以再生制动状态运转，产生张力。

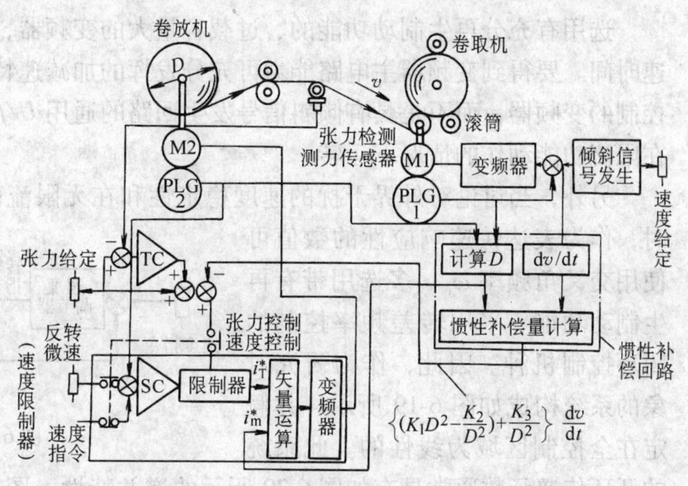

图 6-18　采用张力检测器的张力控制

卷放机的变频器采用矢量控制方式，可以再生运转。利用转换开关可以选择张力控制和速度控制中的一种。速度控制仅在最初穿通纸张时使用，平常使用张力控制。速度控制器（SC）被输入与实际旋转方向相反的微速指令，因此 SC 的输入总是以偏差的形式给定，其输出与指令最大再生转矩的方向相反。利用张力给定信号，调节 SC 的输出限制器，可以使实际的转矩指令值 i_T^* 增减。在定常状态下，在转矩控制器（TC）输入端比较张力给定值和张力反馈值，然后修正限制器的值以使两者相等。采用这样的结构，即使万一发生纸张断裂，卷放机的转速也不会超过反转的微速，可以防止超速运转。

上例系统中有很大的惯性，所以卷取机加减速时，卷放机由于本身的 GD^2 将产生大的张力变化。即使不采取措施，最终由于张力反馈也能恢复到正常张力，但大的过渡张力变动在产品质量上是不允许的。为了防止这种变动，加速时按 GD^2 所产生转矩的大小减小电动机的转矩，减速时则增大电动机的转矩，从而进行前馈式的转矩补偿，以减轻 TC 应该负担的补偿转矩的任务。此惯性转矩分量的补偿叫作惯性补偿，与是否使用张力检测器无关。

此外，卷放机随着时间的推移直径减小，转速发生变化，但控制纸的张力和速度保持一定，所以是恒功率输出。这样，电动机可以采用弱磁控制。

6.2.2 按响应速度和精度选择变频器

1. 响应快

速度控制是电动机的基本控制。响应快，是指实际速度对于速度指令的变化跟踪得快，从负载急剧变动等外界干扰引起的过渡性速度变化中恢复得快。

(1) 要求响应快的系统

要求响应快的典型负载有轧钢机、生产流水线设备、机床主轴、六角孔冲床等。要求响应快的理由因用途而不同，但主要有以下两点：

1）缩短运转周期，提高单位时间的处理能力；

2）改善运转性能，提高生产系统中的产品质量。

对于1)，必须短时间内完成停止状态与高速运转状态之间的过渡。要得到所希望的停止位置精度，还要求对速度指令的高速跟踪性能。对于2)，外界干扰引起的控制对象的变动量要小，而且恢复的速度要快。另外，对于使用多台电动机的系统，为满足2）要重视加减速时的同步性，对速度指令的跟踪要快。

(2) 快速响应性的表达

选用有充分再生制动功能的、过载容量大的变频器，缩短在较宽速度控制范围内的加减速时间。要得到变频器主电路能力可充分发挥的加减速特性，最好采用转差频率控制或矢量控制的变频器，而不是具有倾斜信号发生回路的通用 U/f 控制变频器。加减速期间变频器多在限流功能动作的情况下运转。

另外，当讨论对外界干扰的速度稳定性和在无限流范围内的对速度指令变化的快速性时，作为表达快速响应性的数值可使用交叉角频率 ω_c，多选用带有再生制动功能、采用转差频率控制的闭环控制机种。因此，作为研究对象的系统构成如图 6-19 所示，并假定在全控制区域为线性的。此系统的开环传递函数通常具有如图 6-20 所示的增益特性。图中增益曲线 0dB 处的角频率为交叉角频率 ω_c，其数值越大，快速响应性越好。

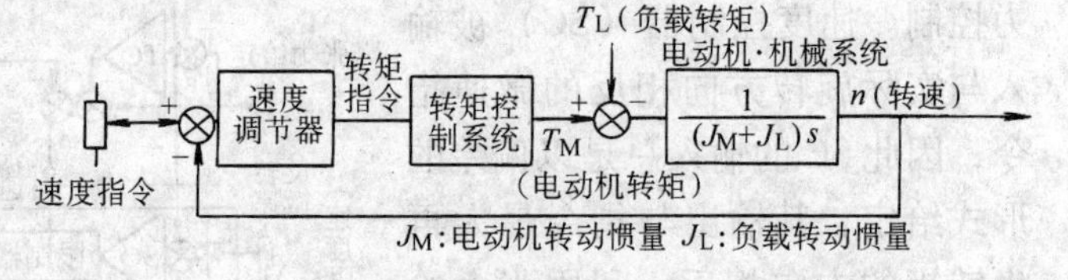

图 6-19 速度控制的框图

为了确保控制系统的稳定性，在图 6-20 中 ω_c 被设计为在 −20dB/dec 的倾斜范围内，并且$(\omega_2/\omega_c)>3$ 或$(\omega_2/\omega_c)\approx 3$，$(\omega_c/\omega_1)>3$ 或$(\omega_c/\omega_1)\approx 3$。为了提高速度环的 ω_c，必须从内环顺次提高响应。对于理想的控制系统，最终归结为提高主电路的开关频率。

在具有图 6-20 所示特性的系统中，电动机速度对阶跃速度指令的响应如图 6-21 所示。图中，响应时间 t_s 可用下式近似求出：

$$t_s = 3/\omega_c \tag{6-5}$$

式中 t_s——响应时间(s)；

ω_c——交叉角频率(rad/s)。

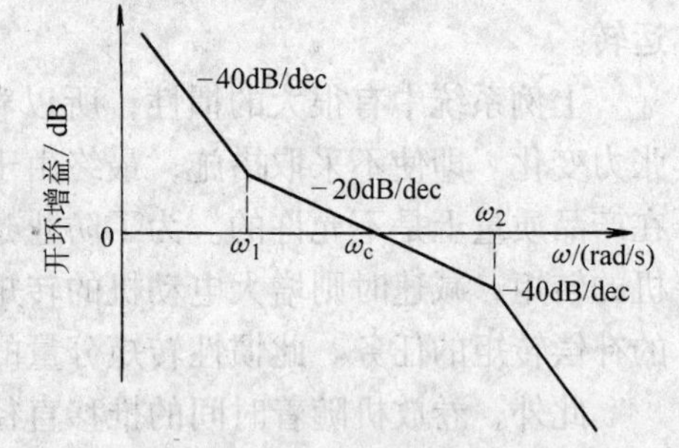

图 6-20 速度控制系统的博德图

因此，越是 ω_c 大的系统，响应时间就越短。例如，ω_c 为30rad/s的系统，速度以0.1s跟踪。将 ω_c 再增大，对阶跃负载变动的速度变化可以改善。

图6-22所示为各种用途速度环所要求的 ω_c 值同容量的关系。对于多重控制环，越是外侧的环，ω_c 就越小，所以在速度环的外侧组成位置控制环时，此环的 ω_c 只能是速度环 ω_c 的数分之一左右。

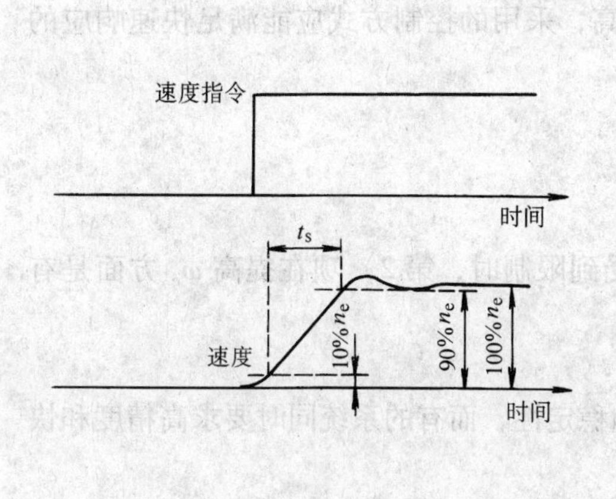

图6-21　速度控制系统的阶跃响应

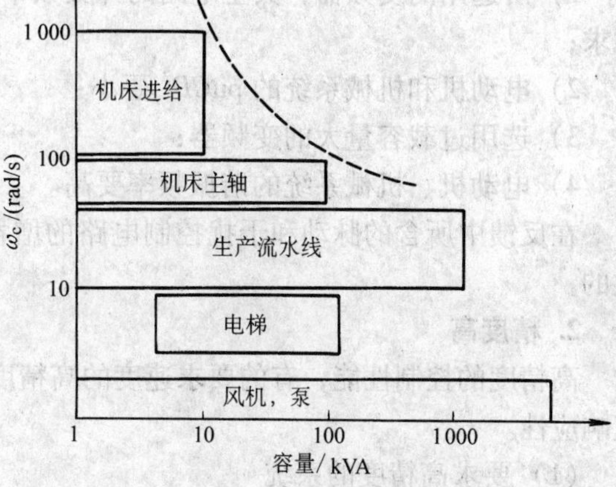

图6-22　各种用途速度环所要求的 ω_c 值同容量的关系

（3）根据不同的 ω_c，选择变频器

1）对于PWM控制的变频器，要求开关频率为1～3kHz，能满足机床等用途，ω_c 为300rad/s；PAM控制的变频器开关频率为300Hz，只能满足速度环的要求，其 ω_c 为30rad/s。另外，不管是PAM和PWM哪一种方式，对于需要快速响应的用途，必定要求再生制动功能。

2）*U/f* 控制没有速度检测，但速度指令急剧变化时容易引起失速和过电流，所以对于需要快速响应的用途不常使用。

转差频率控制是在电动机轴上安装PG、PLG等速度检测器，检测电动机的实际转速，再加上与所需转矩相应的转差速度，用以确定输出频率。这种方式可以得到10rad/s左右的响应。如果增加各种补偿回路也可以得到更快的响应。

即使采用转差频率控制，也不能充分发挥变频器主电路所具有的控制功能。原因是，电动机磁通与电流矢量的关系在过渡过程中偏离了理想状态。采用矢量控制可以解决这个问题，对于PAM方式晶体管变频器，能得到20～30rad/s的响应，而对于PWM方式晶体管变频器，能得到300～500rad/s的响应。

（4）快速响应系统选择变频器的要点

随着所要求的响应速度的加快，变频器的主电路和控制电路将变得复杂而昂贵，所以必须根据系统所需要的响应速度来特别进行机种的选择。

对于只需在短时间内能进行加减速时：

1）电动机和机械系统的puGD^2 要小；

2）选用过载容量大的变频器；

3）选用具有完全的限流功能的变频器。

上述中的第1）项意味着要降低机械系统的 GD^2，加大电动机和变频器的容量。第2）项，并不是在所有的场合下都需要的条件。如果不需防止失速范围的加减速时间在目标时间以内，则使用 U/f 控制的通用变频器也可。

对于需要大的 ω_c 时，应该根据所要求的值考虑下面几点：

1）所选用的变频器，其主电路的开关频率要高，采用的控制方式应能满足快速响应的要求；

2）电动机和机械系统的 puGD^2 要小；

3）选用过载容量大的变频器；

4）电动机、机械系统的谐振频率要高。

在反馈中所含的脉动和干扰控制电路的增益受到限制时，第2）项在提高 ω_c 方面是有效的。

2. 精度高

高精度的控制性能，有的要求速度的高精度和稳定性，而有的系统同时要求高精度和快速响应性。

（1）要求高精度的系统

造纸机的传动是高精度速度控制的典型实例。在造纸机中，使多台电动机高精度同步控制或比例控制运转可以抑制异常张力的产生，稳定产品的质量。另外，向造纸机供给纸料的泵也多要求高精度。在各种用途中，造纸业使用的电动机要求的精度最高，达 ±(0.01% ~ 0.05%)。此外，胶卷、钢铁生产线等机械需要 ±(0.02% ~0.1%) 的精度。

（2）高精度控制的实现

1）定常精度。通常作为表示精度的数值，是以额定频率或额定速度为基准，误差用百分比表示。对于一般的变频器，精度要求多为 ±0.5%。此数值，对于开环控制的机种为频率精度，对于闭环控制则为速度精度。对于同步电动机，只要频率精度高，就可以实现高精度的速度控制；但对于异步电动机，由于产生转差，要获得高精度的速度必须采用闭环控制。图6-23为速度控制系统的构成。作为生产线控制用，要兼备某种程度的快速响应性。

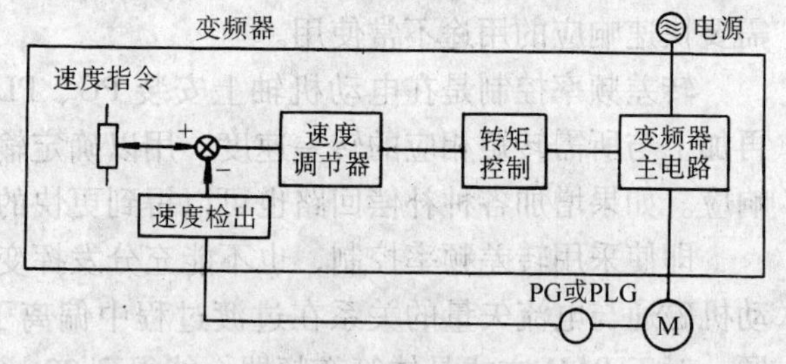

图6-23 速度控制系统的构成

变频器要保证高的速度精度，应考虑充分抑制以下4种误差：

①速度给定误差；

②速度反馈误差；

③速度控制器误差；

④定常偏差。

上述①、②、③所示的误差，对于使用模拟元件的控制电路是由放大器等的偏置、漂移引起的。模拟电路的误差受周围温度影响大，所以保证精度常常附加温度范围条件。另一方面，对于数字控制电路，这些误差决定于数字化信息的分辨能力。第④项的定常偏差，是因负载转矩等外界干扰大小的变化在速度上引起的误差。此误差在速度调节器的低频增益低时产生，通常速度调节器含有积分因素，能确保高的低频增益，所以影响较小。

2）过渡精度。有时，即使速度指令变化，也要使电动机的速度精度保持良好的跟踪指令值。速度调节器含有积分因素时，如果负载转矩一定，对于斜坡状的指令变化，电动机转速能较忠实地跟踪，如图 6-24 中曲线 *A* 所示。但在重视上升部分的跟踪性的场合，最好尽可能使速度控制环响应快，或者使速度指令上升部分呈平滑曲线状。

此外，为抑制速度响应的超调，有时在反馈电路中引入相位超前因素以产生阻尼效果，此时的响应如图 6-24 中曲线 *B* 所示，对于斜坡输入信号不能忠实跟踪。因此，需要提高过渡精度时不能依靠相位超前补偿来抑制超调，最好是在速度指令变化停止时，也按平滑曲线状进行。

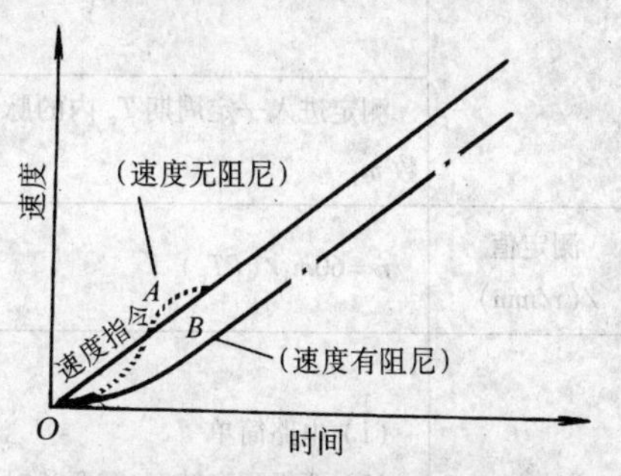

图 6-24　对斜坡输入信号的响应

（3）高精度控制的实例

如前所述，造纸机要求长时间保持高控制精度。对于以前的模拟控制，采用 PLG 和低漂移的控制电路，可以得到 ±0.05% 的高精度。

为了完全排除温度漂移等周围环境的影响，必须采用全数字控制。图 6-25 为具有 ±0.01% 速度控制精度的全数字控制示意图。此装置使用 PLG 作反馈，采用 16 位微处理机进行完全的数字控制。数据运算基本上以 16 位进行（需要特别精确的积分运算则采用 32 位运算），以防止位数失落，确保精度。

数字控制的速度检出多采用 PLG，其信号处理方式大体有 3 种，如表 6-1 所示。

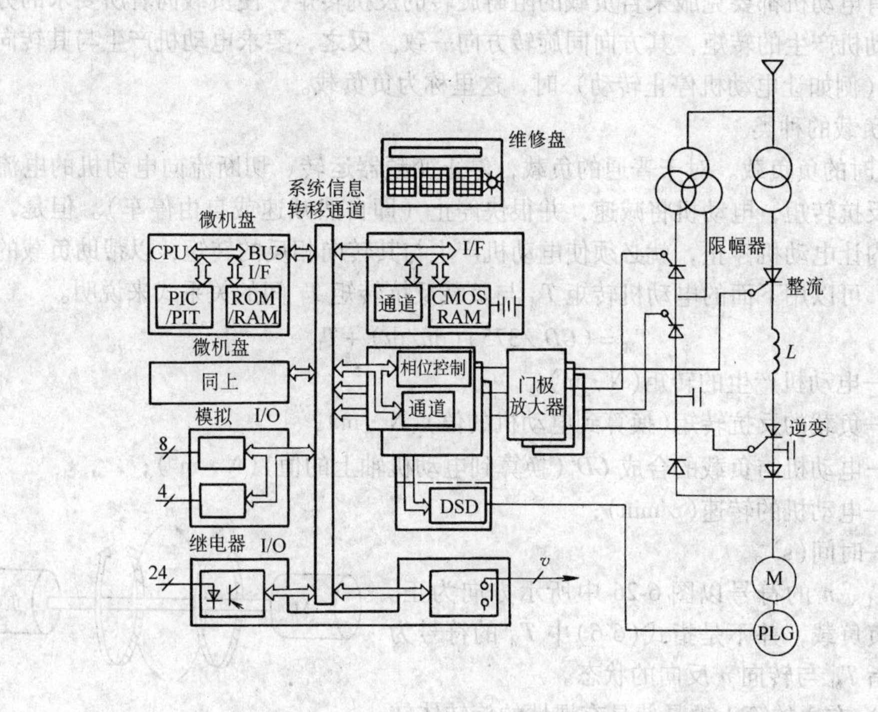

图 6-25　全数字控制

表 6-1　PLG 信号的处理方式

方　式	输入脉冲数测定方式	输入脉冲的周期测定方式	整数个脉冲的时间测定方式
原理	m_1 输入脉冲 T_C/s	T 输入脉冲 f_C/Hz 时钟 m_2	T_C T_n 输入脉冲 时钟 m_3
	测定进入一定周期 T_c 内的脉冲数 m_1	用时钟脉冲测定脉冲的周期 T	用时钟脉冲测定进入一定周期 T_c 内的整数个输入脉冲的期间 T_n
测定值 /(r/min)	$n=60m_1/(PT_c)$	$n=60f_c/(Pm_2)$	$n=60f_cT_n/(Pm_3)$
特点	（1）电路简单 （2）要得到高精度，需要长时间的测定	（1）在短时间内可以高精度地检出 （2）转速越高，检出分辨率越下降 （3）要求 PLG 的脉冲间隔精度	（1）在短时间内可以高精度地检出 （2）与转速无关，大体可以得到相同的分辨率 （3）要求 PLG 的脉冲间隔精度

注：P 为每转的脉冲数。

6.2.3　有负负载及冲击负载时如何选择变频器

1. 负负载

几乎所有电动机都要克服来自负载的阻碍旋转的反抗转矩，使负载向着所要求的方向旋转。此时电动机产生的转矩，其方向同旋转方向一致。反之，要求电动机产生与其转向相反转矩的负载（例如让电动机停止转动）时，这里称为负负载。

（1）负负载的种类

1）减速时的负负载。对于普通的负载，停止变频器运转、切断流向电动机的电流，则由于负载的反抗转矩，电动机将减速，并很快停止（即自然减速或自由停车）。但是，要在更短的时间内让电动机停止，就必须使电动机产生与其转向相反的转矩，以帮助负载的反抗转矩。这时，可以用下面的电动机转矩 T_M 与负载反抗转矩 T_L 间的关系式来说明。

$$T_M=(GD^2/375)(dn/dt)+T_L \tag{6-6}$$

式中　T_M——电动机产生的转矩（N·m）；

T_L——负载的反抗转矩（换算到电动机的值）（N·m）；

GD^2——电动机与负载的合成 GD^2（换算到电动机轴上的值）（$N\cdot m^2$）；

n——电动机的转速（r/min）；

t——时间（s）。

式中，T_M、T_L、n 的符号以图 6-26 中所示方向为正。这里所说的负负载，并不是指式（6-6）中 T_M 的符号为负值，而是指 T_M 与转向 n 反向的状态。

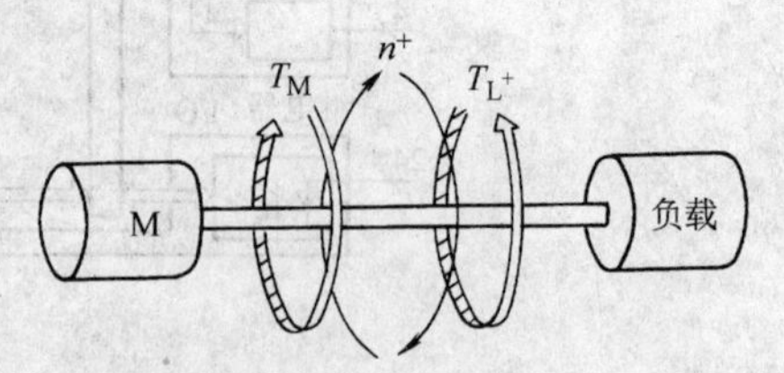

图 6-26　负载转矩示意图

式（6-6）右边的第 1 项是使具有惯性的旋转体转速发生变化所需要的转矩，电动机以恒速转动时为零，

电动机产生的转矩 T_M 与负载转矩 T_L 相抵消（这里 T_M、T_L 都是正值，大小相等，互相抵消）。另一方面，使电动机减速时 dn/dt 为负值，减速率取得越大，dn/dt 即式（6-6）右边的第1项就越是一个大的负值。以比自然减速大的减速率使转速下降，则 T_M 就必须取负值。

减速时变为负负载的设备有机床、生产线等需要快速响应的机械。

2）速度控制所需定常的负负载。指在速度一定的定常状态下变为负负载的情况。此时，式（6-6）中的 T_L 取负值，结果 T_M 也变为负。例如，起重机下放运转时，电动机向着被负载牵引的方向旋转，而产生的转矩则是妨碍自然落下的方向，即与旋转方向相反的方向。这样的定常负负载在起重机、电梯之类的升降机械和倾斜下放的输送机等可以见到。对于这些机械，即使为负负载，保持电动机转速为指令值的功能还是需要的，同正负载的场合相同。

除上述负载外，还有在本质上不是负负载，但在外界干扰的特殊情况下可变为负负载的情况。例如，顺风时的室外起重机行走用电动机、雷达天线旋转用电动机等，都要求有负负载控制功能。

3）转矩控制所需定常的负负载。卷取长的带状被加工物作业时，为了给被加工物施加张力而设置的卷送机械（造纸用的卷放机、钢铁厂用的夹送辊、展卷机等）和用于原动机实验负载的动力机等也是定常的负负载。这里使用的电动机转速决定于其对应的卷取机和原动机的运转速度。而电动机只被要求产生制动转矩。

（2）变频器的负负载控制功能

产生制动转矩时，电动机从负载接受机械能，将它变为电能送入变频器一侧。根据变频器的型式，处理由电动机反馈过来的能量的能力是不相同的。作为通用变频器，最广泛应用的是二极管整流器的晶体管变频器。这种变频器，制动时的再生功率，一部分作为电动机和变频器的损耗被消耗掉，产生制动力。其结果是，直流回路的电容器被过量充电，过电压保护动作使运转停止。为防止这种现象，使运转能够继续，有必要考虑采用再生过电压失速防止控制和制动器组件，或者采用带有再生整流器的变频器。

1）再生过电压失速防止控制。该控制对于二极管整流器的变频器来说，不需要在主电路中增设特别的装置，是利用电动机和变频器运转中产生的损耗产生制动转矩，以防止过电压跳闸，所以被通用变频器所采用。但是这种方法只在要求减速制动转矩时有效。制动转矩的大小也不能太大，约为额定转矩的10% ~20%。

在通用变频器中，即使从外部给以急剧变动的速度指令，内部的实际频率指令也被控制成在某一给定的变化率以上不能发生变化。为防止过电压，如果电动机运转偏离所需要的制动转矩，则必须让给定的频率下降时其变化率比自然减速时的小。自然减速曲线通常在速度变低时倾斜度变缓。另外，变频器输出频率的变化率在哪个频率都是给定的一个定值。因此，在控制范围内的整个区域如不需要制动转矩，给定的变化率必须如图6-27那样，与在自然减速曲线 S-A 的速度控制范围内最平缓的倾斜度相一致，为 S-a。

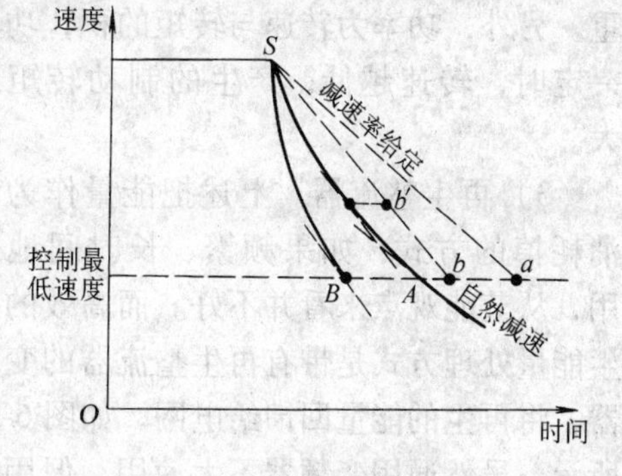

图6-27 减速率的给定

另一方面，不管在哪一个输出频率，假定变频器和电动机的损耗引起的制动转矩可以有效地用作减速，其曲线如 *S-B* 所示。因此，如果利用损耗产生的制动转矩，显然同前例一样，可以给定 *S-b* 的频率变化率。此时，从自然减速曲线 *S-A* 的倾斜度与给定的 *S-b* 的倾斜度相同时的速度开始制动，所以仅 *b′-b* 区间为制动区域。到达 *b′* 点前的 *S-b′* 区间为电动区域，与自然减速时相比，反而延长了减速时间。*S-B* 曲线越接近于直线的系统，越是能在较宽速度范围内有效地发挥制动转矩的作用。

从图 6-27 可知，不设特别制动装置时的最佳减速率的给定值，显然为曲线 *S-B*。但是，曲线 *S-A*、*S-B* 的形状根据负载条件常常有些变化。如果曲线 *S-B* 的倾斜度比最初设想的平缓，即使采用 *S-b* 减速率给定，也有过电压跳闸的危险。为防止这种情况，可以设置再生过电压失速防止功能；由于负负载过大，直流电压开始上升，检测过电压使频率下降暂时停止。该功能可以安全地利用损耗产生的制动转矩。但给定减速率比曲线 *S-B* 还急剧倾斜，则失速防止控制跟不上，造成过电压跳闸。因此，实际使用时的要点为选择最佳减速率，以免失速防止回路不必要的动作。带有失速防止动作显示功能的装置，可以利用显示功能来进行调整。

对于定常的负负载，也可能产生与电动机和变频器的损耗相称的再生转矩。但是在这种情况下，原理上再生过电压失速防止控制无效，再生转矩超过一点儿限度就会产生过电压跳闸。因此必须相应地采取其他的对策。

2）制动单元。如变频器和电动机的损耗产生的制动力不足时，可以采取如图 6-28 所示的方法，在直流电路中设置电阻器。当直流回路电压上升超过一定值时，再生能量流入电阻器，转换为热量消耗掉，以防止直流电压上升。对于小容量的变频器，有内含该功能的机种，但通常多为在外部附加电阻器的形式，以供选用。容量大时，控制单元和电阻单元分开设置。

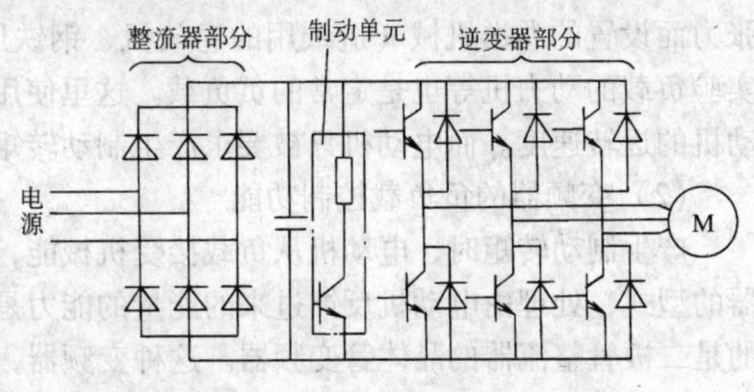

图 6-28　制动单元

其工作原理是：直流电压上升时，使单元内的晶体管导通，接通电阻；下降时，晶体管关断，切断电阻，一点一点地重复这种控制。来自电动机的再生功率越大，电阻器的通电比越高，制动单元的任务变得越繁重。另外，功率为转速与转矩的积，功率一定时，转速越低，产生的制动转矩越大。

3）再生整流器。上述把能量作为热消耗掉的方式，如果频繁、长时间地使用，从节能观点来看并不好。而高效的再生能量处理方式是带有再生整流器的变频器，将再生的能量回馈给电网，如图 6-29 所示。虽然通用变频器不大使用，但用于起重机、电梯、生产流水线的专用变频器

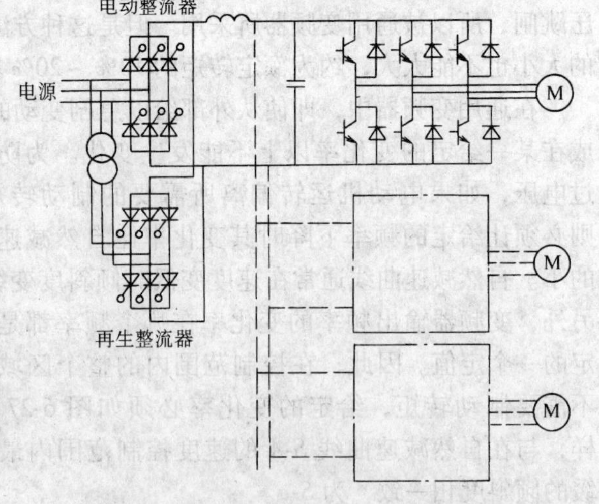

图 6-29　带有再生整流器的晶体管变频器

却广泛采用这种方式。通常使用电动整流器，从电动机流入再生功率使直流电压升高时，就切换到再生整流器。这两个整流器对晶体管变频器的运转是完全独立的，只监测直流电压的大小，把它控制成为定电压。

另外，这种用途的变频器，往往一个地方装设几台，同时运转。而从平均来看，通常再生运转的比率并不怎么高。因此常常采用如图 6-29 中虚线所示的方式，将多台变频器并联接至一个直流母线上；电动整流器公用，再生整流器的容量也可减小。

4）电流型变频器。通用变频器不大采用电流型变频器，但这种变频器用一个整流器就能实现双向能量传递，不需要特别附加装置就可以产生足够的再生转矩。

(3) 负负载系统变频器的选择

1）使用机种的原则。图 6-30 所示为对应于负负载的变频器的选择程序。图中所需减速转矩的计算式为近似式。实际上 T_L 根据转速常常大不相同，所需制动转矩可按下式计算：

$$T_B = GD^2(n_1 - n_2)/375t_d - T_L \tag{6-7}$$

式中 T_B——制动转矩(N·m)；

GD^2——换算到电动机轴上的飞轮转矩(N·m²)；

n_1——减速前的转速(r/min)；

n_2——减速后的转速(r/min)；

t_d——减速时间(s)；

T_L——负载转矩(N·m)。

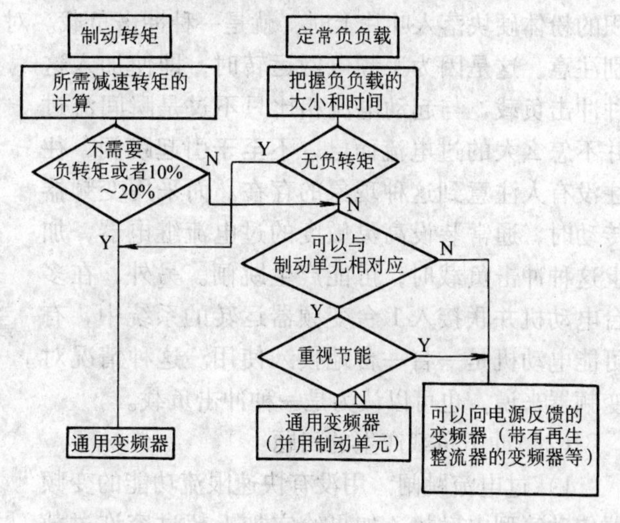

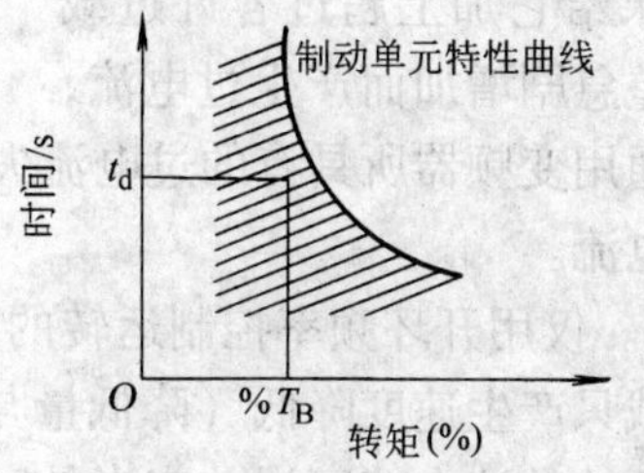

图 6-30 变频器选择步骤

注：选择制动单元应使点（$\%T_B$，t_d）在特性曲线下面。

2）机械制动的使用。上述传动定常负负载（速度控制）的电动机，一旦切断电源，则被负载牵引而加速，多数能达到危险速度。如果负载为升降机械将造成降落事故。因此，为了确保变频器跳闸时的安全，要并用机械式制动器。此外，使用机械式制动器时，如果变频器起动与制动器释放的时间配合不适当，过早起动，则有堵转过电流而引起跳闸的危险。相反起动过迟，电动机被加速后变频器再起动也有因过电压、过电流引起跳闸的危险。为了协调这个时间，有的变频器备有输出信号，也有的利用定时器确定制动器释放与起动的时间。

3）使用制动单元时注意事项。使用制动单元时，必须使再生过电压失速的防止控制无效，或者使制动单元的动作直流电压的给定值确实低于再生过电压失速防止的值。否则，往往制动单元不能有效地吸收能量，所期望的减速特性就发挥不出来。

制动单元在动作时将有大量的热产生。因此装在盘内时必须充分注意散热，不要对其他设备产生不良影响。此外，为了防止制动单元本身的过热而设有报警触点，可以灵活使用。

2. 冲击负载

加有冲击的负载叫作冲击负载。变频器用于冲击负载时应注意的事项有以下几点：

（1）产生冲击负载的系统

轧钢机工作时，当钢锭咬入的瞬间产生的冲击负载、冲压机械冲压瞬间产生的冲击负载等最具有代表性。这些机械中，冲击负载的产生事前是可以预测的，比较容易处理。相反地，也存在着一些不可预测的冲击负载。例如，处理含有粉体空气的风机，当管道中长期堆积的粉体硬块落入叶片上时，就是一种冲击负载。对于这种冲击负载，用变频器传动时应特别注意。这是因为工频电网运转时，即使加入这种冲击负载，与起动电流相比只不过是瞬间流过并不怎么大的过电流而已，不至于引起跳闸，往往没有人注意到这种现象的存在。而采用变频器传动时，通常装设高灵敏度的过电流继电器，加上这种冲击负载时，可能产生跳闸。另外，在多台电动机并联接入 1 台变频器运转的系统中，有可能电动机是一台一台地投入使用。这种情况对变频器来说，也可以认为是一种冲击负载。

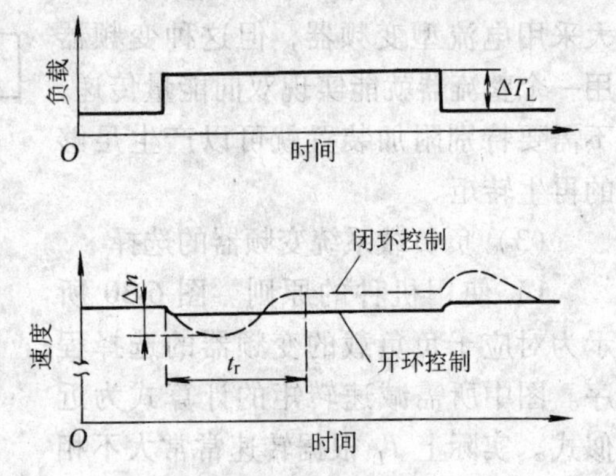

图 6-31　冲击负载产生的速度变动

Δn－冲击速度降，大小随闭环的响应性而变化　t_r—恢复时间

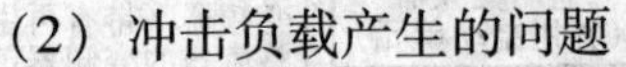

（2）冲击负载产生的问题

1）过电流跳闸。用没有快速限流功能的变频器传动笼型电动机，如果给它加上超过容许过载转矩的冲击负载，则转差急剧增加而产生过电流，往往导致过电流跳闸。通用变频器所具有的过电流失速防止功能并不相当于这里所说的限流功能，不能抑制这种过电流。

2）速度的过渡变动。仅用开环频率控制运转的变频器传动电动机，对于不产生上述过电流跳闸的轻度冲击负载只产生速度降低（降低量与电动机的转差率特性相对应）。如果是开环控制，由冲击时刻开始的这个速度误差应当是容许的。

另外，对于为了提高速度精度而采用闭环控制的系统，冲击负载加上的瞬间，速度要暂时降低，如图 6-31 所示。此降低量有时可能产生不良后果。

（3）冲击负载系统的变频器选择

下面对解决上述问题的办法进行分析。

1）冲击过电流对策。

①使用大容量变频器：冲击负载不太大时，不必增加特殊的装置或控制，可选用容量充分大的变频器。另外，速度变动也比增加限流功能要小些。

②增设飞轮：增设 GD^2 大的飞轮，可使大部分的冲击负载由飞轮减速产生的转矩提供，这样可以减轻直接加在电动机上的冲击负载。但是对于没有限制过电流功能的变频器，如果冲击负载在持续期间内使转速下降，超过电动机的额定转差率，便有过电流流过。

因此，变频器的过电流容量和飞轮的 GD^2 的大小必须统筹兼顾，进行最佳设计。所需要的飞轮 GD^2，可由式（6-1）改写为下式求出。

$$GD^2 = 375(\Delta t/\Delta n)\Delta T_L \tag{6-8}$$

$$\Delta n = [(A_{OL} - A_B)/100](s_o/100)n_o \tag{6-9}$$

式中　Δt——冲击负载的持续时间(s)；

Δn——冲击负载时的容许速度降(r/min)；

ΔT_L——冲击负载转矩(N·m)；

A_{OL}——由变频器限制的电动机过载率(%)；

A_B——冲击负载前电动机的负载率(%)；

s_o——电动机的额定转差率(%)；

n_o——电动机的额定转速(r/min)。

③增加过电流限制功能：如前所述，大多数通用变频器都具有过电流失速防止功能，此功能在流过超过变频器限制值的电流时，使输出频率按某斜度下降。对于缓慢增加的负载能有效地动作，但负载剧变时则来不及响应。

为了使其具有对于剧变负载也能跟踪的限流功能，必须备有速度反馈，采用转差频率控制方式，在负反馈循环中限制转差率和电流值。这种方式能限制电流的代价是冲击负载期间的电动机速度降增大。也就是为了限制电源供给的功率，所需要的转矩由本身的旋转能量提供。但由于总是一边检测实际速度，一边控制输出频率，冲击负载过后的速度恢复能平滑地进行。

2）速度变动对策。当所要求的过大转矩超过变频器能力，而使速度下降时，作为防止对策，只有增加变频器的容量。但是，即使采用容量充足的变频器，由速度闭环的速度调节器的响应而产生过渡性的速度降的现象也是不可避免的。阶跃状的负载变动引起的速度降落称为冲击速度降，其大小 Δn 与恢复时间 t_r 可用下式表示：

$$\Delta n = (0.6 \sim 0.9)\Delta T_L/(\omega_c \cdot \mathrm{pu}GD^2) \tag{6-10}$$

$$t_r = 6/\omega_c \tag{6-11}$$

式中　Δn——冲击速度降(以额定转速为1.0的pu值)(参看图6-31)；

t_r——恢复时间(s)(参看图6-31)；

ΔT_L——冲击负载(以额定转矩为1.0的pu值)；

ω_c——速度控制环的交差角频率(rad/s)；

$\mathrm{pu}GD^2$——换算到电动机轴的全旋转系统的 GD^2(pu值)。

由式（6-10）可知，要使冲击速度降低，必须使 $\mathrm{pu}GD^2$ 或 ω_c 增大。一般，单独使 $\mathrm{pu}GD^2$ 增大，ω_c 有与其成反比例减小的倾向，因而互相抵消而谈不上改善。因此，抑制冲击速度降应不依赖于 $\mathrm{pu}GD^2$ 来提高 ω_c 的值。也就是说，提高速度调节器的增益可向 ω_c 增大的方向移动。要提高稳定性，还需要其他条件。

6.3　变频器容量计算

变频器的容量一般用额定输出电流（A）、输出容量（kVA）、适用电动机功率（kW）表示。其中，额定输出电流为变频器可以连续输出的最大交流电流有效值。输出容量是决定于额定输出电流与额定输出电压的三相视在输出功率。适用电动机功率是以2、4极的标准电动机为对象，表示在额定输出电流以内可以驱动的电动机功率。6极以上的电动机和变极电动机等特殊电动机的额定电流比标准电动机大，不能根据适用电动机的功率选择变频器容量。因此，用标准2、4极电动机拖动的连续恒定负载，变频器的容量可根据适用电动机的功率选择；对于用 6 极以上和变极电动机拖动的负载、变动负载、断续负载和短路负载，变频器的容量应按运行过程中可能出现的最大工作电流来选择。

6.3.1 根据电动机电流选择变频器容量

采用变频器驱动异步电动机调速时，在异步电动机确定后，通常应根据异步电动机的额定电流来选择变频器，或者根据异步电动机实际运行中的电流值（最大值）来选择变频器。

1. 电动机与变频器的额定电流

各种变频器的说明书上，都有“配用电动机容量”一栏。表 6-2 所示是通用的 Y 系列三相笼型异步电动机常用规格的额定电流与几种较为常见的变频器额定电流的对照表。

表 6-2 电动机与对应变频器的额定电流

电动机容量 P_N/kW		15.0	18.5	22.0	30.0	37.0	45.0	55.0	75.0
电动机额定电流 I_N/A	$2p=2$	29.4	35.5	42.2	56.9	70.4	83.9	102.7	140.1
	$2p=4$	30.3	35.9	42.5	56.9	69.8	84.2	102.5	139.7
	$2p=6$	31.5	37.7	44.6	59.5	72.0	85.4	104.9	142.4
	$2p=8$	34.1	41.3	47.6	63.0	78.2	93.2	112.1	152.8
常见变频器额定电流/A	TD3000	32.0	37.0	45.0	60.0	75.0	90.0	110.0	152.0
	CIMR-G7	34.0	42.0	52.0	65.0	80.0	97.0	128.9	165.0
	ABB-ACS800	34.0	44.0	55.0	72.0	86.0	103.0	141.0	166.0
	VACON-CX	32.0	42.0	48.0	60.0	75.0	90.0	110.0	150.0

表 6-2 中，p 是磁极对数，$2p$ 是磁极个数。从中可看出：

1）在 15kW 挡，几种变频器的额定电流都小于 8 极电动机的额定电流；

2）TD3000 系列变频器各挡的额定电流都小于 8 极电动机的额定电流，个别挡（如 18.5kW 和 55kW）也小于 6 极电动机的额定电流。

3）VACON-CX 系列变频器的 37kW 以上各挡的额定电流也都小于 8 极电动机的额定电流。

这说明，在确定变频器的容量时，不能盲目地按照变频器说明书中的配用电动机容量来选择，而必须认真对照变频器和电动机的额定数据，以及对负载的轻重及其他情况进行估计后再进行选择。

2. 连续运行的场合

由于变频器供给电动机的是脉动电流，其脉动值比工频供电时的电流要大，因此须将变频器的容量留有适当的裕量。

一般，变频器的额定输出电流和电动机的额定电流（铭牌值）或电动机实际运行中的最大电流应遵循如下关系：

$$I_{1NV} \geq (1.05 \sim 1.1) I_N \quad 或 \quad I_{1NV} \geq (1.05 \sim 1.1) I_{max} \tag{6-12}$$

式中 I_{1NV}——变频器额定输出电流(A)；

I_N——电动机额定电流(A)；

I_{max}——电动机实际最大电流(A)。

如按电动机实际运行中的最大电流来选定变频器时，变频器的容量可以适当减小。

3. 加减速时变频器容量的选定

变频器的最大输出转矩是由变频器的最大输出电流决定的，一般情况下，对于短时间的加减速而言，变频器允许达到额定输出电流的 130% ~150%（依变频器容量而定），因此，在短时加减速时的输出转矩也可以增大。反之，如只需要较小的加减速转矩时，也可降低选择变频器的容量。由于电流的脉动原因，此时应将变频器的最大输出电流降低 10% 以后再进行选定。

4. 频繁加减速运转时变频器容量的选定

如果是图 6-32 所示的运行曲线图，可根据加速、恒速、减速等各种运行状态下的电流值，按下式进行选定：

$$I_{1NV}=[(I_1t_1+I_2t_2+\cdots)/(t_1+t_2+\cdots)]K_0 \quad (6\text{-}13)$$

式中 I_{1NV}——变频器额定输出电流(A)；

I_1、I_2——各运行状态下的平均电流(A)；

t_1、t_2——各运行状态下的时间(s)；

K_0——安全系数(运行频繁时 K_0 取 1.2,一般 K_0 取 1.1)。

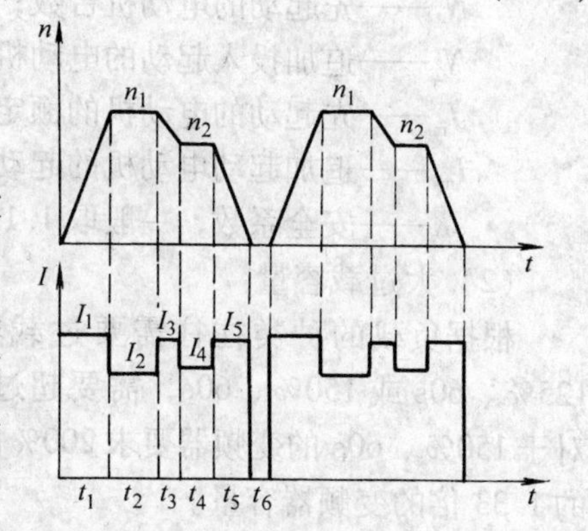

图 6-32 运行曲线图

5. 电流变化不规则的场合

在运行中,如果电动机电流是不规则变化,此时不易获得运行特性曲线。这时可使电动机在输出最大转矩时的电流限制在变频器的额定输出电流内进行选定。

6. 电动机直接起动时所需变频器容量的选定

通常，三相异步电动机直接用工频起动时，起动电流为其额定电流的 5 ~7 倍，直接起动时可按下式选取变频器：

$$I_{1NV}\geqslant I_K/K_g \quad (6\text{-}14)$$

式中 I_K——在额定电压、额定频率下电动机起动时的堵转电流（A）；

K_g——变频器的允许过载倍数，K_g =1.3 ~1.5。

7. 多台电动机共用一台变频器供电

上述 1 ~6 条仍适用，但应考虑以下几点：

1）在电动机总功率相等的情况下，由多台小功率电动机组成的一方，比台数少但电动机功率较大的一方电动机效率低。因此两者电流总值并不相等，可根据各电动机的电流总值来选择变频器。

2）有多台电动机依次进行直接起动时，到最后一台，其起动条件最不利。

3）在确定软起动、软停止时，一定要按起动最慢的那台电动机进行确定。

4）如有一部分电动机直接起动时，可按下式进行计算：

$$I_{1NV}\geqslant[N_2I_K+(N_1-N_2)I_N]/K_g \quad (6\text{-}15)$$

式中 N_1——电动机总台数；

N_2——直接起动的电动机台数；

I_K——电动机直接起动时的堵转电流(A)；

I_N——电动机额定电流(A)；

K_g——变频器容许过载倍数，为1.3~1.5；

I_{1NV}——变频器额定输出电流(A)。

8. 选择容量时注意事项

(1)并联追加投入起动

用1台变频器使多台电动机并联运转时，如果所有电动机同时起动加速可按如上所述选择容量；但是对于一小部分电动机开始起动后再追加起动其他电动机的场合，此时变频器的电压、频率已经上升，追加投入的电动机将产生大的起动电流。因此，变频器容量与同时起动时相比要大些，额定输出电流可按下式算出：

$$I_{1NV} \geqslant \sum^{N_1} KI_m + \sum^{N_2} I_{ms} \tag{6-16}$$

式中 I_{1NV}——变频器额定输出电流(A)；

N_1——先起动的电动机台数；

N_2——追加投入起动的电动机台数；

I_m——先起动的电动机的额定电流(A)；

I_{ms}——追加起动电动机的起动电流(A)；

K——安全系数，一般取1.1。

(2) 大过载容量

根据负载的种类往往需要过载容量大的变频器。但通用变频器过载容量通常多为125%、60s或150%、60s，需要超过此值的过载容量时，必须增大变频器的容量。例如，对于150%、60s的变频器要求200%的过载容量时，必须选择按式（6-12）计算出额定电流的1.33倍的变频器容量。

(3) 轻载电动机

电动机的实际负载比电动机的额定输出功率小时，可选择与实际负载相称的变频器容量。但对于通用变频器，即使实际负载小，使用比按电动机额定功率选择的变频器容量小的变频器并不理想。

(4) 起动转矩和低速区转矩

电动机使用通用变频器起动时，其起动转矩同用工频电源起动时相比，多数变小。根据负载的起动转矩特性有时不能起动。另外，在低速运转区的转矩有比额定转矩减小的倾向。用选定的变频器和电动机不能满足负载所要求的起动转矩和低速区转矩时，变频器和电动机的容量还需要再加大。例如，在某一速度下，需要最初选定变频器和电动机的额定转矩为70%的转矩时，如果由输出转矩特性曲线知道只能得到50%的转矩，则变频器和电动机的容量都要重新选择，为最初选定容量的1.4(70/50)倍以上。

6.3.2 输出电压

变频器输出电压可按电动机额定电压选定。按国家标准，可分成220V系列和400V系列两种。对于3kV的高压电动机使用400V级的变频器，可在变频器的输入侧装设输入变压器、在输出侧安装输出变压器，将3kV先降为400V，再将变频器的输出升到3kV。

6.3.3 输出频率

变频器的最高输出频率根据机种的不同而有很大不同，有50Hz/60Hz、120Hz、240Hz

或更高。50Hz/60Hz 以在额定速度以下范围进行调速运转为目的，适合大容量的通用变频器用。最高输出频率超过工频的变频器多为小容量，在 50Hz/60Hz 以上区域，由于输出电压不变，为恒功率特性。要注意在高速区转矩的减小，但是车床等机床根据工件的直径和材料改变速度，在恒功率的范围内使用，在轻载时采用高速可以提高生产率。但要注意不要超过电动机和负载的容许最高速度。

综合以上各点，可根据变频器的使用目的所确定的最高输出频率来选择变频器。

6.3.4 保护结构

变频器内部产生的热量大，考虑到散热的经济性，除小容量变频器外几乎都是开起式结构，采用风扇进行强制冷却。变频器设置场所在室外或周围环境恶劣时，最好装在独立盘上，采用具有冷却用热交换装置的全封闭式。

对于小容量变频器，在粉尘、油雾多的环境或者棉绒多的纺织厂也可采用全封闭式结构。

6.3.5 *U/f* 模式

U/f 模式作为变频器独特的输出特性，是表示对于输出频率（*f*）改变的输出电压（*U*）的变化特性，控制 *U/f* 模式可使电动机产生与负载转矩特性相适应的转矩，从而可高效率地利用电动机。

6.3.6 电网与变频器的切换

把用工频电网运转中的电动机切换到变频器运转时，一旦断掉工频电网，必须等电动机完全停止以后，再切换到变频器侧起动。但从电网切换到变频器时对于无论如何也不能一下子完全停止的设备，需要选择具有这样的控制装置（选用件）的机种，即不使电动机停止就能切换到变频器侧。一般切换电网后，使自由运转中的电动机与变频器同步，然后再使变频器输出功率。

6.3.7 瞬停再起动

发生瞬时停电使变频器停止工作，但恢复通电后不能马上再开始工作，需等电动机完全停止然后再起动。这是因为再开机时的频率不适当，会引起过电压、过电流保护动作，造成故障而停止。但是对于生产流水线等，由于设备上的关系，有时因瞬间由变频器传动的电动机一旦停止则影响生产。这时，要选择电动机在瞬间停电中变频器可以开始工作的控制装置，所以选择变频器时应当确认其具有该功能。

6.4 习题

1. 简述变频器的基本概念。
2. 变频调速的优点有哪些？
3. 简述变频器的分类。
4. 简述开环速度控制和闭环速度控制。

5. 位置控制的特点有哪些?

6. 张力控制的特点有哪些?

7. 简述快速响应系统选择变频器的要点。

8. 什么是负负载? 简述负负载系统变频器的选择要点。

9. 变频器的容量如何表示?

10. 简述容量选择的注意事项。

第 7 章　变频器的安装接线、调试与维修

本章要点

- 变频器的原理框图及接线图
- 变频调速系统的主电路
- 变频器的控制电路及电线
- 变频器的安装及抗干扰
- 可编程控制器与变频器的连接
- 变频调速系统的调试
- 变频器的维护
- 变频器实例

变频器的安装、调试与维修是实际应用中一个很重要的环节。要想了解安装、调试方面的内容,必须先掌握变频器的基本结构,与外接电路的接线,以及变频调速系统的主电路及外接配件的功能。变频器的设置环境还要符合其对场所和使用环境的要求,才能充分发挥它的性能。

7.1　变频器的原理框图及接线

7.1.1　变频器的基本结构

目前生产中广泛应用的是通用变频器，根据功率的大小，从外形上看有书本型结构（0.75～37kW）和装柜型结构（45～1500kW）两种。图 7-1 所示为书本型结构的通用变频器的外形和结构。

7.1.2　变频器的原理框图和接线图

变频器的原理框图如图 7-2 所示。从图中可知变频器的各组成部分，以便于接线和维修。图 7-3 所示为富士 FRN—G9S/P9S 系列变频器基本接线图。卸下表面盖板就可看见接线端子。

接线时应注意以下几点，以防接错：

1）输入电源必须接到 R、S、T 上，输出电源必须接到端子 U、V、W 上，若接错，会损坏变频器。

2）为了防止触电、火灾等灾害和降低噪声，必须连接接地端子。

3）端子和导线的连接应牢靠，要使用接触性好的压接端子。

4）配完线后，要再次检查接线是否正确，有无漏接现象，端子和导线间是否短路或接地。

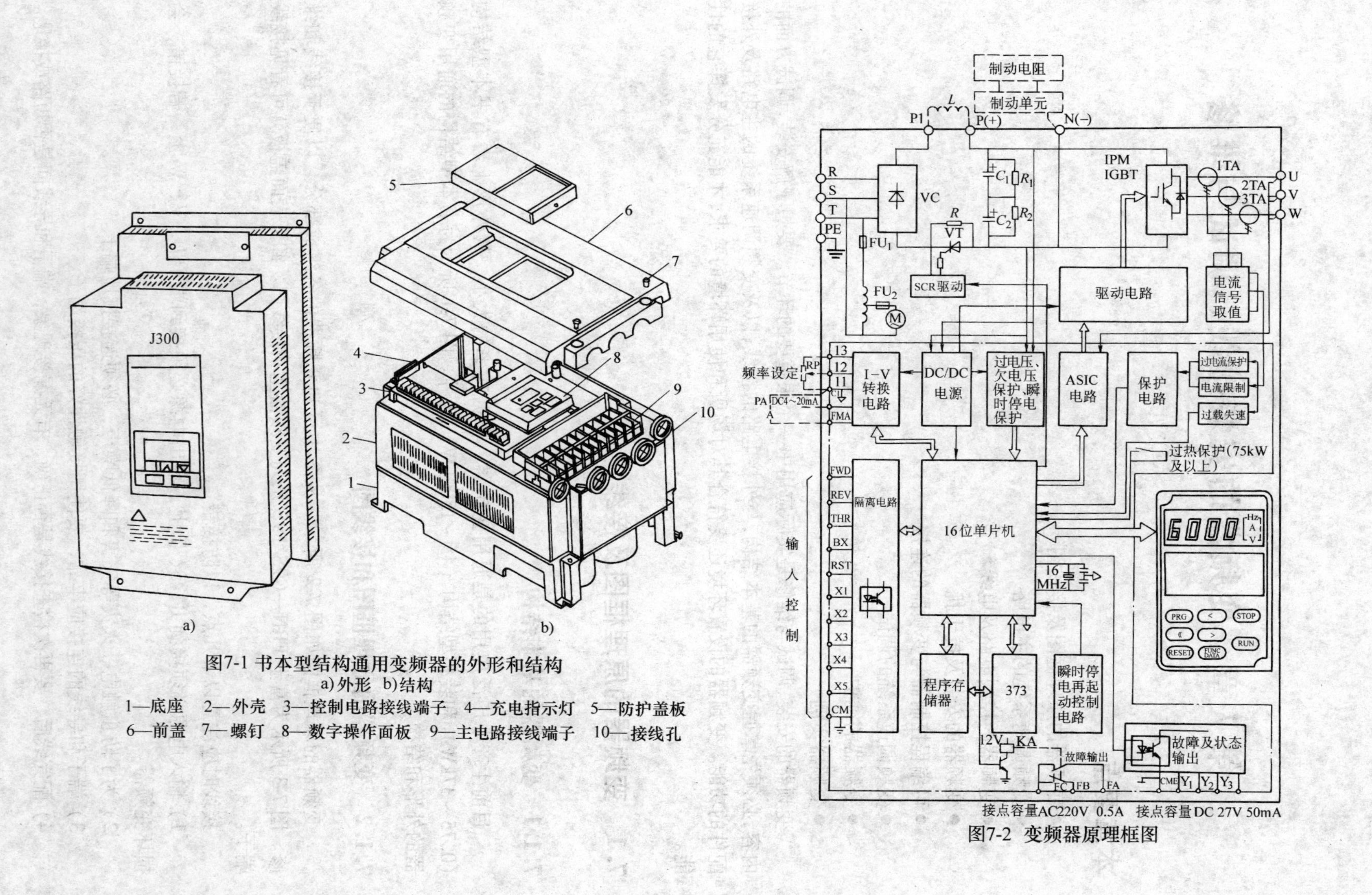

图7-1 书本型结构通用变频器的外形和结构

a) 外形 b) 结构

1—底座 2—外壳 3—控制电路接线端子 4—充电指示灯 5—防护盖板 6—前盖 7—螺钉 8—数字操作面板 9—主电路接线端子 10—接线孔

图7-2 变频器原理框图

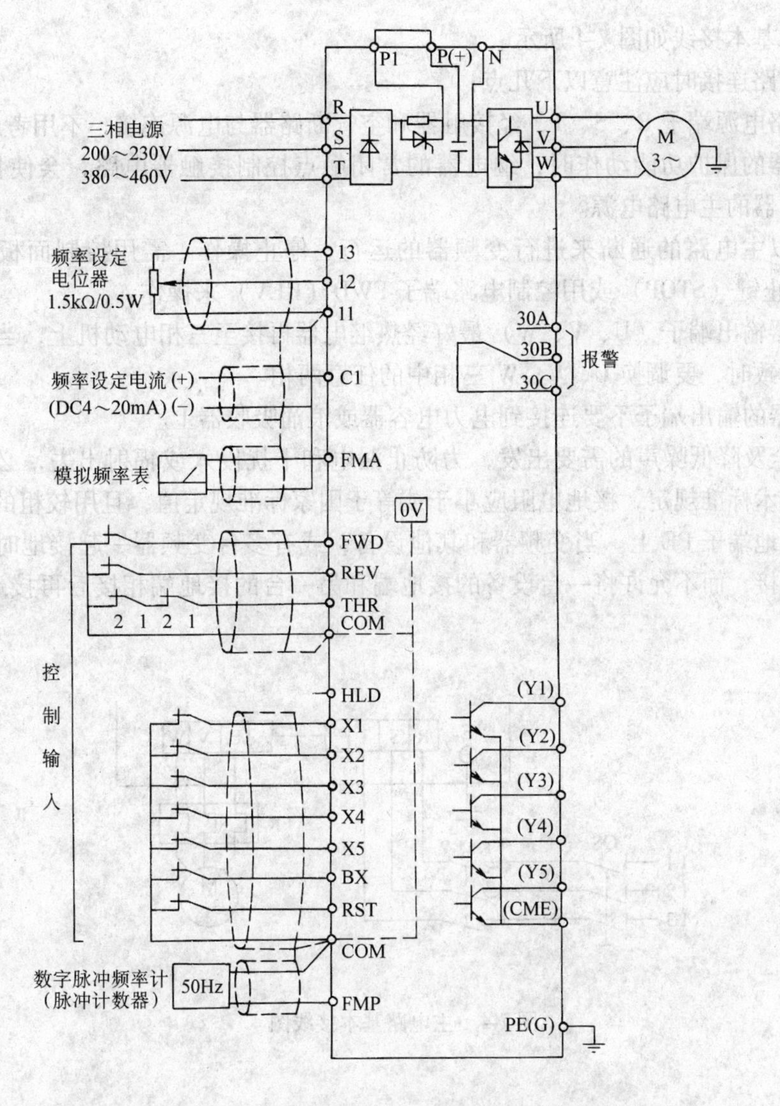

图 7-3　富士 FRN-G9S/P9S 系列变频器基本接线图

5）通电后，需要改接线时，即使已经关断电源，也应等充电指示灯熄灭后，用万用表确认直流电压降到安全电压（DC25V 以下）后再操作。若还残留有电压就进行操作，会产生火花，这时先应该放完电后再进行操作。

1. 主电路的连接

主电路端子和连接端子的功能见表 7-1。

表 7-1　主电路端子和连接端子的功能

端子符号	端子名称	说　明
R、S、T	主电路电源端子	连接三相电源
U、V、W	变频器输出端子	连接三相电动机
P1、P（+）	直流电抗器连接用端子	改善功率因数的电抗器
P（+），DB	外部制动电阻器连接用端子	连接外部制动电阻(选用件)
P（+），N（−）	制动单元连接端子	连接外部制动单元
PE	变频器接地用端子	变频器机壳的接地端子

主电路的基本接线如图7-4所示。

进行主电路连接时应注意以下几点：

1）主电路电源端子R、S、T，经接触器和空气断路器与电源连接，不用考虑相序。

2）变频器的保护功能动作时，继电器的常闭触点控制接触器电路，会使接触器断开，从而切断变频器的主电路电源。

3）不应以主电路的通断来进行变频器的运行、停止操作。需用控制面板上的运行键（RUN）和停止键（STOP）或用控制电路端子FWD（REV）来操作。

4）变频器输出端子（U、V、W）最好经热继电器再接至三相电动机上，当旋转方向与设定方向不一致时，要调换U、V、W三相中的任意两相。

5）变频器的输出端子不要连接到电力电容器或浪涌吸收器上。

6）从安全及降低噪声的需要出发，为防止漏电和干扰侵入或辐射出去，必须接地。根据电气设备技术标准规定，接地电阻应小于或等于国家标准规定值，且用较粗的短线接到变频器的专用接地端子PE上。当变频器和其他设备，或有多台变频器一起接地时，每台设备应分别和地相接，而不允许将一台设备的接地端和另一台的接地端相接后再接地，如图7-5所示。

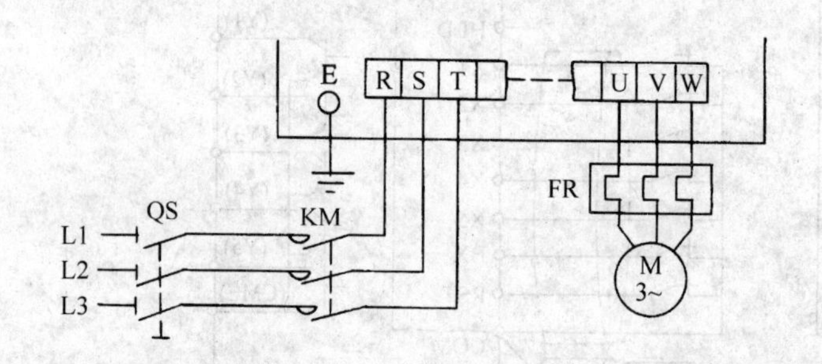

图7-4　主电路基本接线图

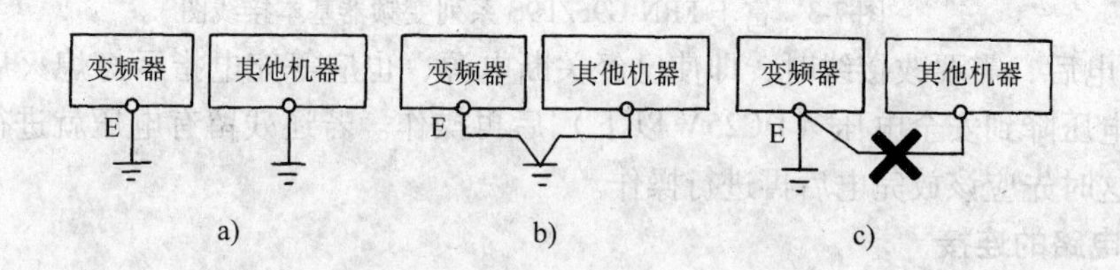

图7-5　变频器接地方式示意图

a）专用地线（好）　b）共用地线（正确）

c）共通地线（不正确）

2. 控制电路端子

表7-2为FRN-G9S/P9S系列变频器控制电路端子的功能说明。

其注意事项有如下几点：

1）用接点输入时，使用接触可靠性高的接点。

表 7-2　**FRN-G9S/P9S** 系列变频器控制电路端子的功能说明

分类	标　记	端子名称	说　明
频率设定	13	电位器电源	频率设定电位器用稳压电源 DC +10V（最大输出电流：10mA）
	12	电压输入	DC0 ~ +10V/0 至最大输出频率
	C1	电流输入	DC +4 ~ +20mA/0 至最大输出频率
	11	公共端	端子 12、13、C1 和 V1 公共端
命令输入	FWD	正转运行命令	FWD-CM：接通，电动机正向运行；断开，电动机减速停止
	REV	反转运行命令	REV-CM：接通，电动机反向运行；断开，电动机减速停止
	HLD	3 线运行停止命令	HLD-CM 接通时，FWD 或 REV 端子的脉冲信号能自保持，能由短时接通的按钮操作
	BX	电动机滑行停止命令	BX-CM 接通时，电动机将滑行停止，不输出任何报警信号
	THR	外部故障跳闸命令	THR-CM 断开，发生 OH2 跳闸，电动机将滑行停止，报警信号（OH2）自保持
	RST	报警复位	变频器报警跳闸后，RST-CM 瞬时接通（≥0.1s），使报警复位
监视输出	FMA-11	模拟监视器	输出 DC0 ~ +10V 电压；正比于由 F46/0 ~ F46/3 选择的监视信号 0：输出额率　2：输出转矩 1：输出电流　3：负载率
	FMP-CM	频率监视器（脉冲输出）	脉冲频率 =（F43）×（变频器输出频率）
接点输出	30A，30B，30C	报警输出	保护功能动作时，输出接点信号
控制输入	X1，X2，X3	多步速度选择	端子 X1、X2 和 X3 的 ON/OFF 组合能选择 8 种不同的频率
	X4，X5	选择加/减时间 2、3 或 4	端子 X4 和 X5 的 ON/OFF 组合能选择 4 种不同的加/减速时间
	COM	公共端	接点输入信号和脉冲输出信号（FMP）的公共端
开路集电极输出	Y1	输出 1	由 F47 选择各端子功能 代码：功能 0：变频器正在运行（RUN） 1：频率到达信号（FAR） 2：频率值检测信号（FDT） 3：过载预报信号（OL） 4：欠电压信号（LU） 5：键盘操作模式 6：转矩限制模式 7：变频器停止模式 8：自动再起动模式 9：自动复位模式 C：程序运行各步时间到信号（TP） d：程序运行一个循环完成信号（TO） E：程序运行步数信号 （由 3 个输出端子 Y3、Y4 和 Y5 编码指示） F：报警跳闸模式时的报警指示信号 （由 4 个输出端子 Y2、Y3、Y4 和 Y5 编码指示）
	Y2	输出 2	
	Y3	输出 3	
	Y4	输出 4	
	Y5	输出 5	
	CME	开路集电极输出的公共端	公共端或开路集电极输出信号

2）出厂时，FWD-CM 用短路片连接。通电后，只要按动触摸面板上的 RUN 键，即正转运行，按 STOP 键即停止运行（在触摸面板操作方式下）。

3）出厂时，外部报警输入端子 THR-CM 间已连接短路片，使用时要卸下短路片，与外部设备异常接点串接。若没有此接点，就不要卸下短路片。

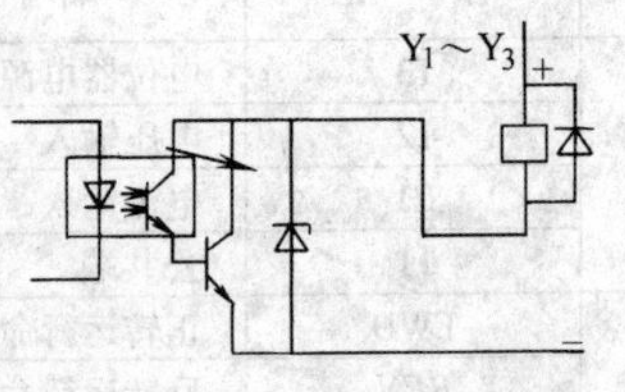

图 7-6　开路集电极输出端子连接示意图

4）模拟频率设定端子（13，12，11，C1）是连接从外部输入模拟电压、电流、频率设定器（电位器）的端子，在这种电路上设接点时，要使用微小信号的成对接点。

5）变频调速系统中的接触器、电磁继电器以及其他各类电磁铁的线圈，都具有较大的电感，在接通和断开的瞬间会产生很高的感应电动势，在电路内会形成峰值很高的浪涌电压，影响变频器的正常工作。可采用吸收电路来控制。开路集电极输出端子连接控制继电器时，可在励磁线圈的两端连接吸收电涌的二极管，如图 7-6 所示。也可在线圈两端并接 *RC* 浪涌电压吸收电路，如图 7-7 所示。应注意 *RC* 浪涌电压吸收电路的接线不能超过 20cm。

6）控制电路端子上的连接电线用 0.75mm² 及以下规格的屏蔽线或绞合在一起的聚乙烯线。

7）屏蔽线的接线，如图 7-8 所示。把一端连接到各自的共用端子（11、CM）上，另一端不接。

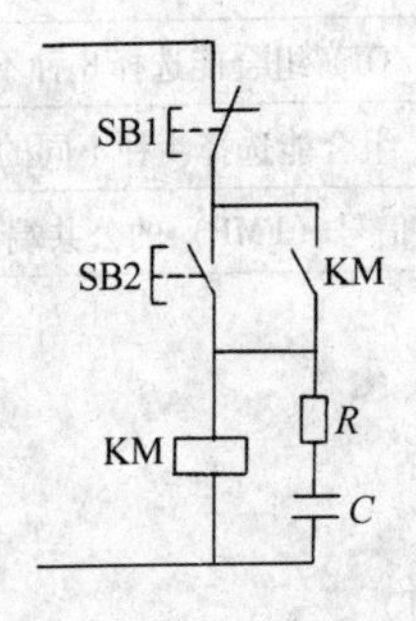

图 7-7　*RC* 浪涌电压吸收电路

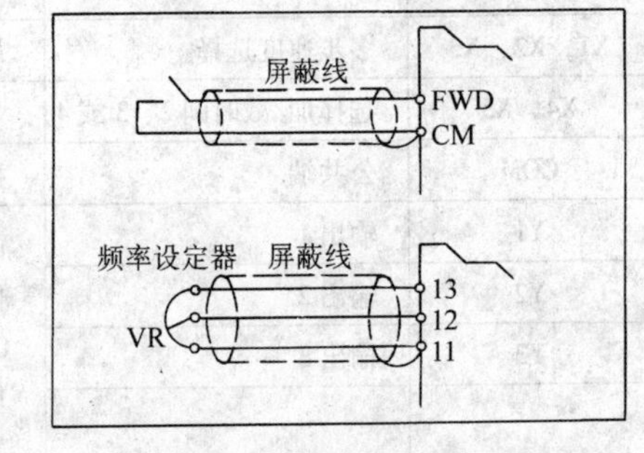

图 7-8　屏蔽线接线示意图

7.2　变频调速系统的主电路

变频器在实际应用中，需要和许多外接的配件一起使用，构成一个比较完整的主电路，如图 7-9 所示。现就各外接配件的功能和选择方法作一介绍。

1. 低压断路器 Q

图 7-10 为低压断路器外形图。

（1）功用

1）隔离作用。当变频器进行维修时，或长时间不用时，将 Q 切断，使变频器与电源隔离。

2）保护作用。低压断路器大都具有过电流及欠电压等保护功能，当变频器的输入侧发生短路或电源电压过低等故障时，可迅速进行保护。

(2) 选择

因为低压断路器具有过电流保护功能，为了避免不必要的误动作，取

$$I_{QN} \geqslant (1.3 \sim 1.4)\ I_N \tag{7-1}$$

式中　I_{QN}——低压断路器的额定电流；

　　　I_N——变频器的额定电流。

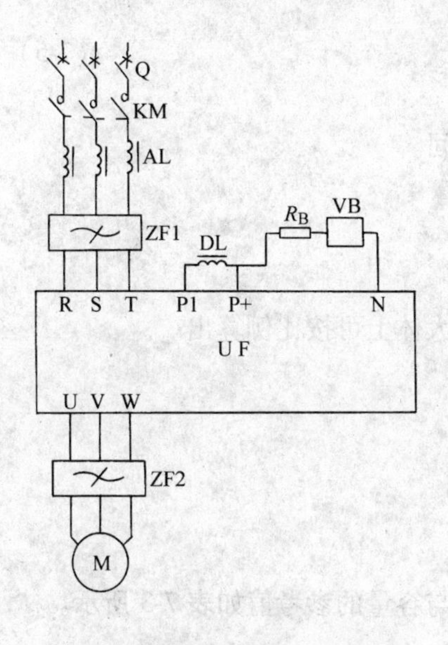

图 7-9　变频调速系统的主电路

图 7-10　低压断路器外形

2. 接触器 KM

图 7-11 为电磁接触器外形图。

(1) 输入侧接触器

1) 功用：

①可通过按钮方便地控制变频器的通电与断电；

②当变频器发生故障时，可自动切断电源。

2) 选择：

$$I_{KN} \geqslant I_N \tag{7-2}$$

式中　I_{KN}——接触器的额定电流。

图 7-11　电磁接触器外形

(2) 输出侧接触器

输出侧接触器仅用于变频器与工频电源切换等特殊情况，一般情况下不用。

因为输出电流中含有较强的谐波成分，故取

$$I_{KN} \geqslant 1.1 I_{MN} \tag{7-3}$$

式中　I_{MN}——电动机的额定电流。

3. 制动电路及制动单元

(1) 功用

当电动机因频率下降或重物下降（如起重机械）而处于再生制动状态时，制动电路及

制动单元可以避免在直流回路中产生过高的再生电压。

(2) 选择

1) 电路的电阻值 R_B。

$$R_B = U_{DH}/2I_{MN} \sim U_{DH}/I_{MN} \tag{7-4}$$

式中 U_{DH}——直流回路电压的允许上限值(V),在我国,$U_{DH} \approx 600V$。

2) 电阻的容量 P_B。

$$P_B = U_{DH}^2/\gamma R_B \tag{7-5}$$

式中 γ——修正系数。

设 t_B 为每次制动所需时间,t_C 为每个制动周期所需时间。

①在不反复制动的场合:

如每次制动时间小于10s,可取 $\gamma = 7$;

如每次制动时间超过100s,可取 $\gamma = 1$;

如每次制动时间在两者之间,即 $10s < t_B < 100s$,则 γ 大体上可按比例算出。

②在反复制动的场合:

如 $t_B/t_C \leqslant 0.01$,取 $\gamma = 5$;

如 $t_B/t_C \geqslant 0.15$,取 $\gamma = 1$;

如 $0.01 < t_B/t_C < 0.15$,则 γ 大体上可按比例算出。

(3) 常用制动电阻的阻值与容量的参考值

图7-12为两种制动电阻外形图。常用制动电阻的阻值与容量的参考值如表7-3所示。

图7-12 制动电阻外形

表7-3 常用制动电阻的阻值与容量的参考值(电源电压:380V)

电动机容量/kW	电阻值/Ω	电阻容量/kW	电动机容量/kW	电阻值/Ω	电阻容量/kW
0.40	1000	0.14	37	20.0	8
0.75	750	0.18	45	16.0	12
1.50	350	0.40	55	13.6	12
2.20	250	0.55	75	10.0	20
3.70	150	0.90	90	10.0	20
5.50	110	1.30	110	7.0	27
7.50	75	1.80	132	7.0	27
11.0	60	2.50	160	5.0	33
15.0	50	4.00	200	4.0	40
18.5	40	4.00	220	3.5	45
22.0	30	5.00	280	2.7	64
30.0	24	8.00	315	2.7	64

由于制动电阻的容量不易准确掌握，如果容量偏小，则极易烧坏。所以，制动电阻箱内应附加热继电器 KR，如图 7-13 所示。

（4）制动单元 VB

一般情况下，只需根据变频器的容量进行配置即可。

4. 电抗器

变频器的输入电流中含有许多高次谐波成分，这些高次谐波电流都是无功电流，使变频调速系统的功率因数降低到 0.75 以下。所以，在容量较大的变频调速系统中，应考虑接入电抗器，以提高功率因数。图 7-14 所示为电抗器外形图。电抗器主要有两种。

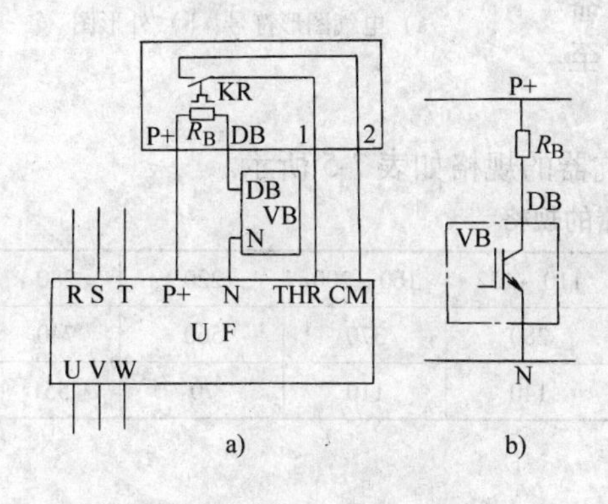

图 7-13　附加热继电器 KR

a）接线图　b）电路图

图 7-14　电抗器外形

（1）交流电抗器 AL

交流电抗器除了可以提高功率因数以外，还有以下功能：

1）削弱由电源侧短暂的尖峰电压引起的冲击电流。

2）削弱三相电源电压不平衡的影响。在只接交流电抗器的情况下，可将功率因数提高到 0.85 以上。

交流电抗器的外形和电气图形符号如图 7-15 所示。常用交流电抗器的规格如表 7-4 所示。

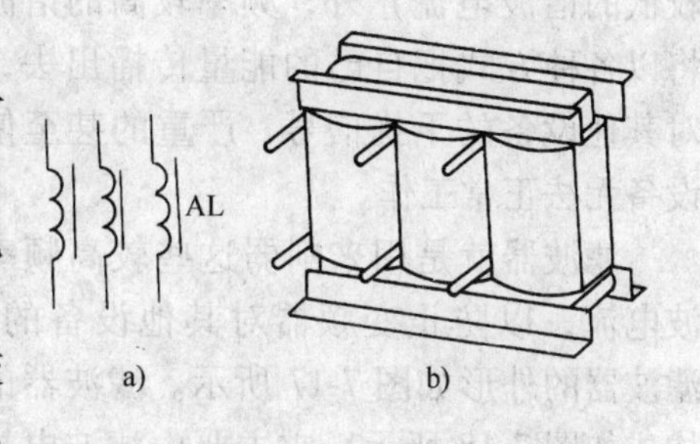

图 7-15　交流电抗器的外形和电气图形符号

a）电气图形符号　b）外形

表 7-4　常用交流电抗器的规格

电动机容量/kW	30	37	45	55	75	90	110	132	160	200	220
允许电流/A	60	75	90	110	150	170	210	250	300	380	415
电抗器电感量/mH	0.32	0.26	0.21	0.18	0.13	0.11	0.09	0.08	0.06	0.05	0.05

由于交流电抗器串接在电源与变频器输入侧，在工程实践中一般在下列情况下使用输入交流电抗器：

①变频器所用场所的电源供电容量与变频器容量之比为 10:1 以上。

②在与变频器同一电源上接有晶闸管设备，或带有开关控制的功率因数补偿装置时。

③三相电源的电压不平衡度较大，且大于3%时。

④变频器功率大于30kW时应考虑配置交流电抗器。

（2）直流电抗器DL

直流电抗器可将功率因数提高至0.9以上。由于其体积较小，因此许多变频器已将直流电抗器直接装在变频器内。

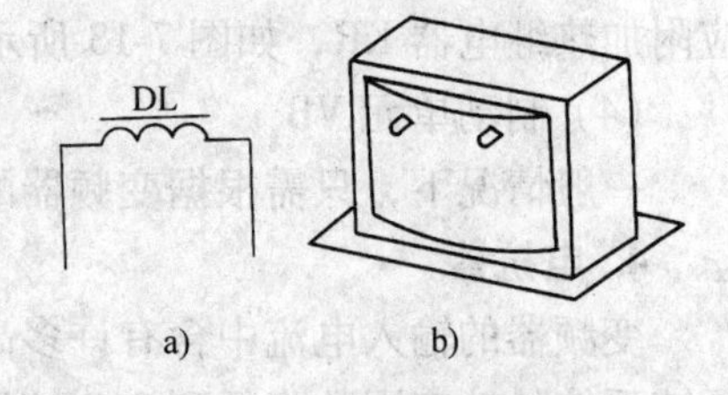

图7-16 直流电抗器的外形和电气图形符号

a）电气图形符号 b）外形图

直流电抗器除了可以提高功率因数外，还可削弱在电源刚接通瞬间的冲击电流。如果同时配用交流电抗器和直流电抗器，则可将变频调速系统的功率因数提高至0.95以上。

直流电抗器的构造如图7-16所示。常用直流电抗器的规格如表7-5所示。

表7-5 常用直流电抗器的规格

电动机容量/kW	30	37～55	75～90	110～132	160～200	220	280
允许电流/A	75	150	220	280	370	560	740
电抗器电感量/μH	600	300	200	140	110	70	55

注：一般变频器功率大于30kW时才考虑配置。

5. 滤波器

变频器的输入和输出电流中都含有很多高次谐波成分。这些高次谐波电流除了增加输入侧的无功功率、降低功率因数（主要是频率较低的谐波电流）外，频率较高的谐波电流将以各种方式把自己的能量传播出去，形成对其他设备的干扰信号，严重的甚至使某些设备无法正常工作。

图7-17 滤波器外形

滤波器就是用来削弱这些较高频率的谐波电流，以防止变频器对其他设备的干扰。滤波器的外形如图7-17所示。滤波器的大致构成如图7-18所示，它主要由滤波电抗器和电容器组成，如图7-18b所示。应注意的是：根据使用位置的不同，可以分为输入滤波器和输出滤波器。输入滤波器有线路滤波器和辐射滤波器两种。线路滤波器串联在变频器的输入侧，由电感线圈组成，用于增大电路的阻抗，减少频率较高的谐波电流；在需要使用外控端子控制变频器时，如果控制回路电缆较长，外部环境的干扰有可能从控制回路电缆侵入，造成变频器误动作，此时将线路滤波器串联在控制回路电缆上，可以消除干扰。辐射滤波器并联在电源与变频器的输

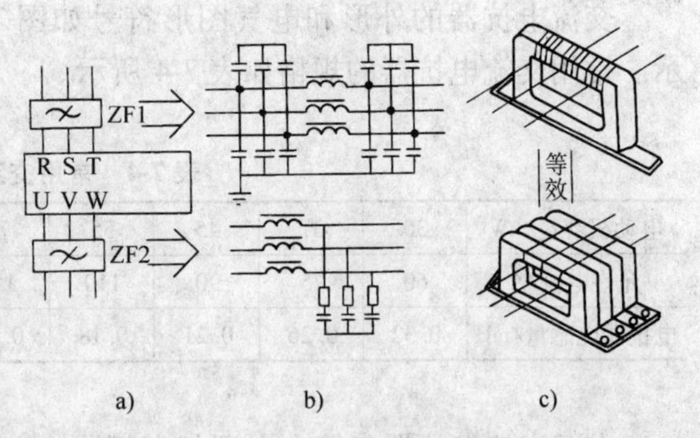

图7-18 滤波器构成

a）框图 b）电抗器和电容器 c）滤波电抗器的结构

入侧，由高频电容组成，可以吸收频率较高具有辐射能量的谐波成分，用于降低无线电噪声。线路滤波器与辐射滤波器同时使用效果较好。变频器输出滤波器中，其电容器只能接在电动机侧，且应串入电阻，以防止逆变管因电容器的充、放电而受冲击。滤波电抗器的结构如图 7-18c 所示，由各相的连接线在同一个磁心上按相同方向绕 4 圈（输入侧）或 3 圈（输出侧）构成。要说明的是：

1）三相的连接线必须按相同方向绕在同一个磁心上，这样，其基波电流的合成磁场为 0，因而对基波电流没有影响；

2）在 1 个磁心上绕 4 圈和在 4 个磁心上绕 1 圈是等效的。可根据连接线的粗细灵活地决定其加工方法。

6. 漏电保护器

由于变频器输入输出引线和电动机内部均存在分布电容，并且变频器使用的载波频率较高，造成变频器的对地漏电电流较大，有时会导致保护电路的误操作。遇到这类问题时，除适当降低载波频率、缩短引线外，还应当安装漏电保护器。

漏电保护器应当安放在变频器的输入侧，置于空气断路器之后较为合适。

漏电保护器的动作电流应大于线路在工频电源下不使用变频器的漏电流（包括电动机等漏电流的总和）的 10 倍。

7.3 主电路电线

主电路电线与一般的电力线一样，也必须对电流容量、短路保护、电线压降等研究后再决定。

变频器输入电流的有效值，往往比电动机的电流大。变频器与电动机间的电线敷设距离越长，则电压降越大，可能会使电动机转矩不足。特别是变频器输出频率低时，其输出电压也低，电压降所占的比例增大。变频器与电动机间的压降以额定电压的 2% 为容许值，可依此选择电线。在采用专用变频器时，如有条件补偿变频器的输出电压时，取额定电压的 5% 左右为容许值。容许压降给定时，主电路电线的电阻值必须满足下式：

$$R_C \leqslant (1000 \times \Delta U)/(\sqrt{3}LI) \tag{7-6}$$

式中 R_C——单位长度电线的电阻值（Ω/km）；

ΔU——容许线间电压降（V）；

L——1 相电线的敷设距离（m）；

I——电流（A）。

下面是根据式（7-6）计算的实例。

【例 7-1】 按下列条件选择主电路电线：220V 供电，笼型电动机 7.5kW、4 极、额定电流 33A，电线的敷设距离 50m，电压降在额定电压的 2% 以内。

解：（1）求额定电压下的容许电压降。

$$容许电压降 = 220\text{V} \times 2\% = 4.4\text{V}$$

（2）求容许电压降以内的电线电阻值。

$$电线电阻 = [(1000 \times 4.4)/(\sqrt{3} \times 50 \times 33)]\Omega/\text{km} = 1.54\Omega/\text{km}$$

（3）根据计算出的电阻值选用导线。

由表7-6选择电线电阻1.5Ω/km以下的电线，截面积为14mm²。

表7-6 电线的选用实例（敷设距离30m）

4极通用电动机功率/kW	适用变频器JP6C—T系列			变频器输出电压/V		标准适用电线		30m的线间电压降		
	电压/V	容量/kW	电流/A	60Hz	6Hz	电线截面积/mm²	20°C导体电阻/（Ω/km）	电压降/V	60Hz（%）	6Hz（%）
0.4	220	0.4	3	220	40	2	9.24	1.44	0.65	3.6
0.75		0.75	5	220	40	2	9.24	2.40	1.09	6.0
1.5		1.5	8	220	40	2	9.24	3.84	1.75	9.6
2.2		2.2	11	220	40	3.5	5.20	2.97	1.35	7.4
3.7		3.7	17	220	40	3.5	5.20	4.6	2.09	11.5
5.5		5.5	24	220	40	5.5	3.33	4.15	1.89	10.4
7.5		7.5	33	220	40	8	2.31	3.96	1.80	9.9
11	400/400	11	46	220	40	14	1.30	3.10	1.41	7.8
15		15	61	220	40	22	0.824	2.61	1.19	6.5
22		22	90	220	40	30	0.624	2.91	1.32	7.3
30		30	115	220	40	50	0.378	2.26	1.03	5.7
37		37	145	220	40	80	0.229	1.73	0.78	4.3
45		45	175	220	40	100	0.180	1.64	0.75	4.1
55		55	215	220	40	125	0.144	1.61	0.73	4.0
75		75	144	440	45	80	0.229	1.71	0.39	3.9
110		110	217	440	45	125	0.144	1.62	0.37	3.7
150		150	283	440	45	150	0.124	1.86	0.42	4.2
220		220	433	440	45	250	0.075	1.69	0.38	3.8

通常所使用的电线粗细与电动机容量的关系还可查一些表。但在实际敷设时，需要根据变频器、电动机的规格（电压、电流等）和电线的敷设距离等重新核算。图7-19所示为主电路配线示意图。

接地电线与单元型变频器的接地端子连接。如变频器安装在配电柜内时，则与配电柜的接地端子或接地母线连接。根据电气设备技术标准，接地电线必须用直径1.6mm以上的软铜线。

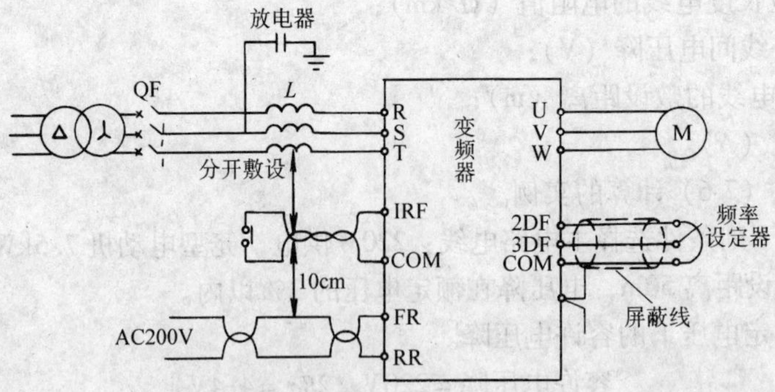

图7-19 主电路配线示意图

7.4 变频器的控制电路

为变频器的主电路提供通断控制信号的电路，称为控制电路。其主要任务是完成对逆变器开关器件的开关控制和提供多种保护功能。控制方式有模拟控制和数字控制两种。目前已广泛采用了以微处理器为核心的全数字控制技术，采用尽可能简单的硬件电路，主要靠软件完成各种控制功能，以充分发挥微处理器计算能力强和软件控制灵活性高的特点，完成许多模拟控制方式难以实现的功能。控制电路主要由以下部分组成：

1）运算电路。运算电路的主要作用是将外部的速度、转矩等指令信号同检测电路的电流、电压信号进行比较运算，决定变频器的输出频率和电压。

2）信号检测电路。将变频器和电动机的工作状态反馈至微处理器，并由微处理器按事先确定的算法进行处理后为各部分电路提供所需的控制或保护信号。

3）驱动电路。驱动电路的作用是为变频器中逆变电路的换流器件提供驱动信号。当逆变电路的换流器件为晶体管时，称为基极驱动电路；当逆变电路的换流器件为 SCR、IGBT 或 GTO 时，称为门极驱动电路。

4）保护电路。保护电路的主要作用是对检测电路得到的各种信号进行运算处理，以判断变频器本身或系统是否出现异常状况。当检测到异常状况时，进行各种必要的处理，如使变频器停止工作或抑制电压、电流值等。

7.5 控制电路电线

变频器的控制信号是微弱的电压、电流信号，所以与主电路不同，对于电线的选择和敷设要增加干扰对策和规程等。控制线路配线敷设方式如图 7-20 所示。

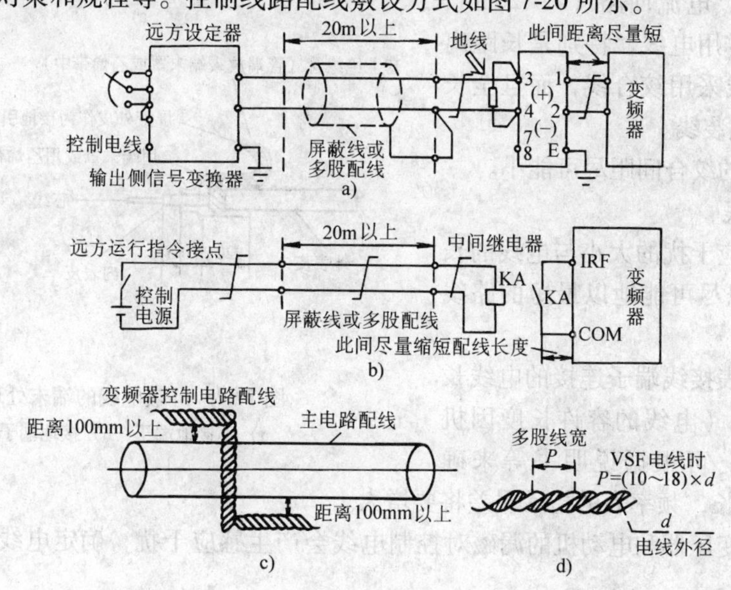

图 7-20　控制线路配线敷设方式

a）20m 以上设定频率　b）20m 以上远距离操作　c）控制线与主电路线间距　d）控制线绞扭宽度

1. 电线的种类

一般，控制信号的传送所使用的电线采用聚氯乙烯绝缘聚氯乙烯护套屏蔽电线。

2. 电线的粗细

控制电线导体的粗细选择必须考虑机械强度、规程、电压降及敷设费用。推荐使用导体截面积 1.25mm² 或 2mm² 的电线。但是，如果敷设距离短、电压降在容许值以内，使用 0.75mm² 比较经济。

3. 电线的分开敷设

变频器的控制电线与主电路电线或其他电力电线需分开敷设。相隔距离取电气设备技术标准所确定的距离。

4. 电线的屏蔽

1）电线不能分开铺设或者即使分开铺设也不会有抗干扰效果时，要进行有效的屏蔽。

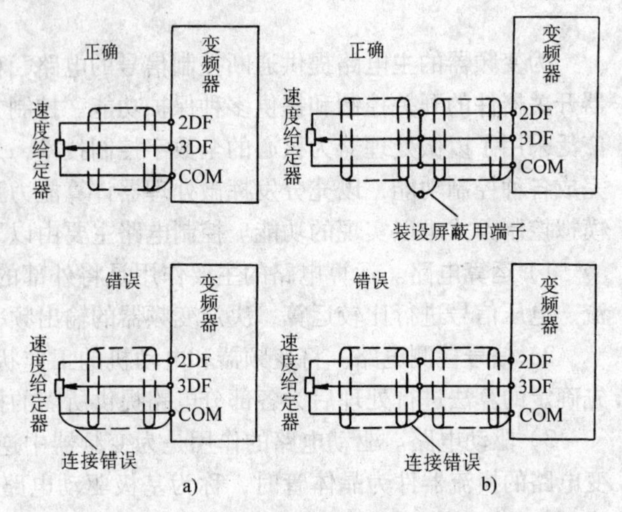

图 7-21　屏蔽电线的连接方法
a）不中继时　b）中继时

2）电线的屏蔽利用已接地的金属管或者穿在金属管内和带屏蔽的电线上。

3）屏蔽电线的连接方法如图 7-21 所示，屏蔽电线端末的处理如图 7-22 所示。

5. 绞合电线

1）弱电压、电流回路（4～20mA，0～5V/1～5V）用电线、特别是长距离的控制电路电线采用绞合线，而且全长都使用屏蔽的铠装线。

2）绞合线的绞合间距尽可能小。

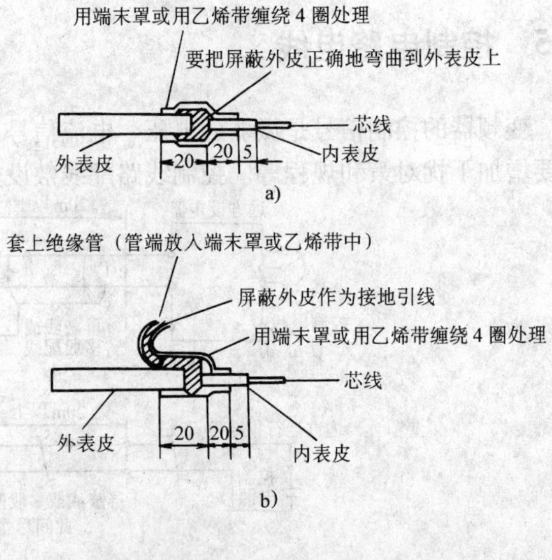

6. 铺设路线

1）电磁感应干扰的大小与电线的长度成比例，所以尽可能地以最短的路线铺设。

2）与频率表接线端子连接的电线长度取 200m 以下（电线的容许长度因机种不同而不同，可根据说明书等来确认）。敷设距离长，频率表的指示误差将要增大。

图 7-22　屏蔽电线的端末处理
a）不接地端子　b）接地端子

3）大容量变压器和电动机的漏磁对控制电线会产生感应干扰，确定电线路线要离开这些设备敷设。

4）弱电压电流回路所用电线的路线不要接近有很多断路器和继电器的控制盘。

7. 制动单元的接线

其接线方式如图7-23所示。

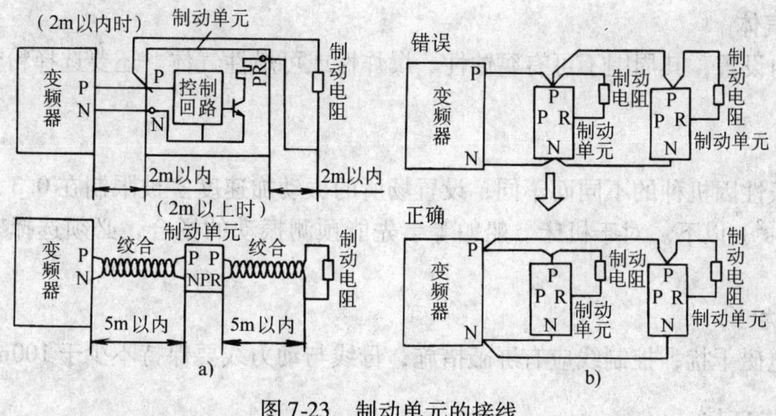

图7-23 制动单元的接线
a）使用一台时 b）并联使用时

7.6 变频器的安装

变频器是电子设备，所以它对周围环境的要求也和其他电子设备一样。为了使变频器能稳定地工作，发挥所具有的性能，必须确保设置环境能充分满足IEC标准及国标对变频器所规定环境的容许值。

7.6.1 设置场所

装设变频器的场所条件有：

1）电气室应湿气少、无水浸入。

2）无爆炸性、燃烧性或腐蚀性气体和液体，粉尘少。

3）装置容易搬入安装。

4）应有足够的空间，便于维修检查。

5）应备有通风口或换气装置以排出变频器产生的热量。

6）应与易受变频器产生的高次谐波和无线电干扰影响的装置分离。

7）安装在室外必须单独按照户外配电装置设置。

7.6.2 使用环境

变频器要长期稳定运行，对其使用环境有一定要求。

1. 周围温度

变频器运行中周围温度的容许值多为0～40 °C或－10～50 °C，避免阳光直射。

1）上限温度。对于单元型装入配电柜或控制盘内等使用时，考虑柜内预测温升10 °C，则上限温度多定为50 °C。变频器为全封闭结构、上限温度为40 °C的壁挂用单元型装入配电柜内使用时，为了减少温升，可以装设通风管（选用件）。

2）下限温度。周围温度的下限值多为0 °C或－10 °C，以不特别冻结为前提条件。

2. 周围湿度

变频器要注意防止水或水蒸气直接进入变频器内，以免引起漏电，甚至打火、击穿。而周围湿度过高，也可使电气绝缘性能降低和金属部分腐蚀。为此，变频柜安装平面应高出水平地面 800mm 以上。

3. 周围气体

作为室内设置，其周围不可有腐蚀性、爆炸性或可燃性气体。还要选择粉尘和油雾少的设置场所。

4. 振动

关于耐振性因机种的不同而不同，设置场所的振动加速度多被限制在 0.3～0.6g（振动强度≤5.9m/s^2）以下。对于机床、船舶等事先能预测振动的场合，必须选择有耐振措施的机种。

5. 抗干扰

为防止电磁干扰，控制线应有屏蔽措施，母线与动力线要保持不少于 100mm 的距离。

7.6.3 安装环境

下面主要针对变频器安装场所的温度、湿度和振动等环境进行研究。

1. 温度

（1）变频器效率与损耗

所谓变频器效率是指变频器本身的变换效率。其值按式（7-7）可以求出。

$$\eta = (P_o/P_i) \times 100\% = [P_o/(P_o + P_1)] \times 100\% \tag{7-7}$$

式中 η——变频器效率（%）；

P_o——变频器输出功率（W），

P_i——变频器输入功率（W）；

P_1——变频器内部损耗（W）。

由式（7-7）可以看出，变频器效率决定于变频器内部的损耗。变频器损耗主要产生在逆变部分（约占变频器总损耗的 50%）、整流部分（约 40%）、控制电路（约 10%），这些损耗中，逆变部分和整流部分的损耗量随负载电流的变化而变化。其他损耗与负载电流的变化无关，为一个定值。

此外，以控制电路为主体的损耗不受变频器容量大小的影响，所以小容量的变频器效率比大容量的低。图 7-24 为功率流传示意图。

（2）防止发热

由于变频器内部存在着功率损耗，因而工作过程中会导致变频器发热。在设计配电柜或设计电气室、设置场所时，必须考虑变频器工作时其周围温度要控制在允许范围以内。

不能达到要求时，要采用下列方法降低周围温度，使它在容许温度以内。

1）防止配电柜发热。变频器发

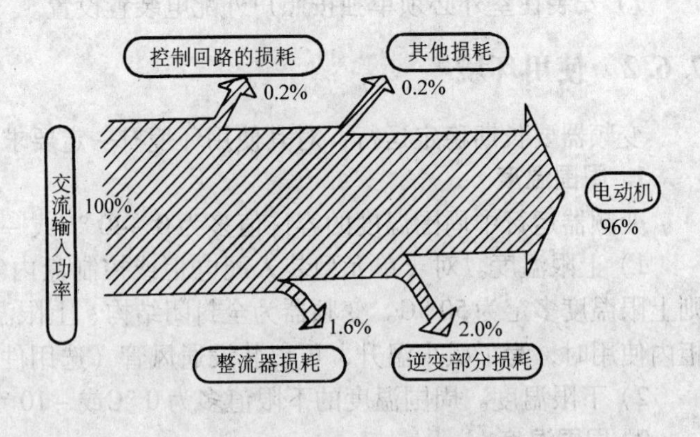

图 7-24 变频器的功率流传

热引起配电柜的温升通常可用式（7-8）求出。

$$\Delta t = (P_1 + P_2)/(K_1 S + K_2 V) \tag{7-8}$$

式中 Δt——温升（°C）；

P_1——变频器产生的损耗（W）；

P_2——装设的其他器件产生的损耗（W）；

S——配电柜的散热面积（m^2）；

V——换气风量（m^3/min）；

K_1——配电柜的结构和材料决定的常数，$K_1 \approx 6$；

K_2——由空气的比热容决定的常数，$K_2 \approx 20$。

根据式（7-8）求出的温升必须满足式（7-9）的关系。即

$$\Delta t < T_u - T_a \tag{7-9}$$

式中 T_a——配电柜周围温度的最大值（°C）；

T_u——变频器容许上限周围温度（°C）。

为此，需要采取加大配电柜的尺寸，或增加换气风量等方法。

变频器在控制箱内的间隔如图 7-25 所示，几种安装方式如图 7-26 所示。

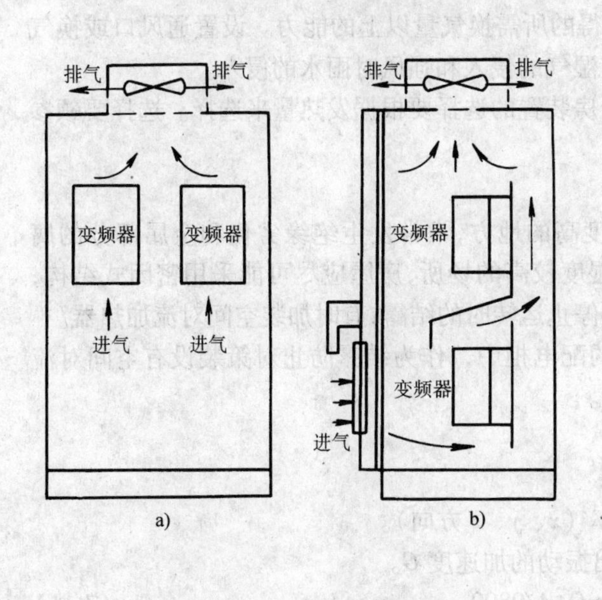

图 7-25 变频器在控制箱内的布置

a）变频器横向布置 b）变频器纵向布置

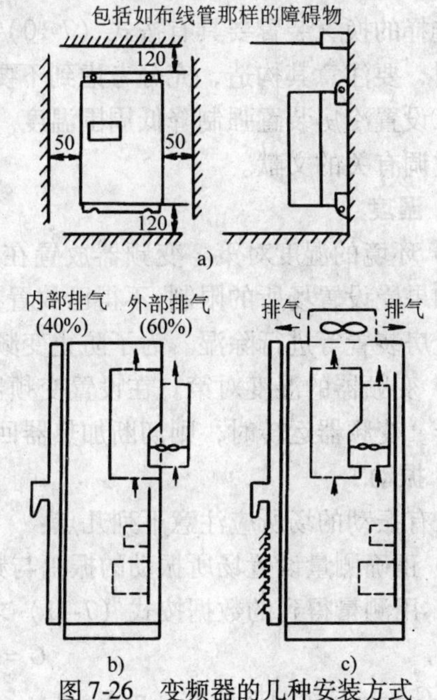

图 7-26 变频器的几种安装方式

a）横排式 b）变频器散热片露在盘外冷却方案 c）变频器散热片露在盘内安装方式

柜内布置应注意：

①考虑到柜内温度的增加，不应将变频器放在密封的小盒中或在其周围空间堆放零件、热源等。

②柜内的温度应不超过 50 °C。

③在柜内安装冷却扇时，应设计成冷却空气能通过热源部分。变频器和风扇安装位置不正确，将导致变频器周围的温度超过允许的数值。

④将多台变频器安装在同一装置或控制箱里时，为减少相互热影响，建议横向并列安放，如图 7-25a 所示。必须上下（纵向）安装时，为了使下部的热量不至影响上部的变频器，应在变频器之间加入一块隔板，如图 7-25b 所示。

2）电气室或设置场所防止发热。因变频器的发热使电气室或设置场所的温度升高时可采取以下对策：

①设置通风口或换气装置。设置通风口或换气装置时，所需换气风量可根据式（7-10）求出。

$$V = Q/[C_P\rho(T_i - T_0)] \tag{7-10}$$

式中 V——所需换气量（m^3/min）；

Q——室内产生的热量（kJ/min）；

C_P——在 T_0 时空气的定压比热容［kJ/(kg·°C)］，在压力为 0.1MPa、温度 0～100°C 时为 1kJ/（kg·°C）；

ρ——在 T_0 时空气的密度（kg/m^3），在 20 °C时为 1.20kg/m^3；

T_i——室内的目标温度（°C）；

T_0——室外的最高温度（°C）。

选择的换气装置要具有按式（7-10）求得的所需换气量以上的能力。设置通风口或换气装置时，要注意其构造，充分考虑到不要有湿气的侵入和强风时雨水的侵入。

②设置冷房装置强制降低周围温度。冷房装置的选择要根据发热量来选择。选择要领参考与空调有关的文献。

2. 湿度

1）环境的湿度对策。变频器放置在湿度高的地方，常常发生绝缘劣化和金属部分的腐蚀。如果受设置场所的限制，不得已放置在湿度较高的场所，房屋应尽可能采用密闭式结构，利用冷房装置等进行除湿。为了防止变频器停止运转时的结露，有时加装空间对流加热器。

2）变频器的湿度对策。在设置变频器的配电柜中，作为结露防止对策装设有空间对流加热器。变频器运转时，则切断加热器回路。

3. 振动

在有振动的场所应注意下列几点：

1）正确测量设置场所振动的振幅与频率（x、y、z 方向）。

2）用测量得到的数据按式（7-11）求出振动的加速度 G。

$$G = (2\pi f)^2 A/9800 \tag{7-11}$$

式中 G——振动的加速度（mm/s^2）；

f——振动的频率（Hz）；

A——振动的振幅（mm）。

3）振动的加速度 G 超过变频器的容许值时，在振源一侧需要采取减小振动的对策，而在变频器一侧需要采用防振橡胶或变更设置场所等。在有振动的场所设置的变频器，必须以容易松动的主电路为重点，定期地进行加固。

7.6.4 安装方法

1）把变频器用螺栓垂直安装到坚固的物体上，而且从正面就可以看见变频器正面的文字位置，不要上下颠倒或平放安装。

2）变频器在运行中会发热，为确保冷却风道畅通，按图7-27所示的空间安装（电线、配线槽不要通过这个空间）。由于变频器内部热量从上部排出，所以不要安装在不耐热的机器下面。

3）变频器在运转中，散热片的附近温度可上升到90 °C，变频器背面要使用耐温材料。

4）安装在控制箱内时，要充分注意换气，防止变频器周围温度超过额定值。不要放在散热不良的小密闭箱内。

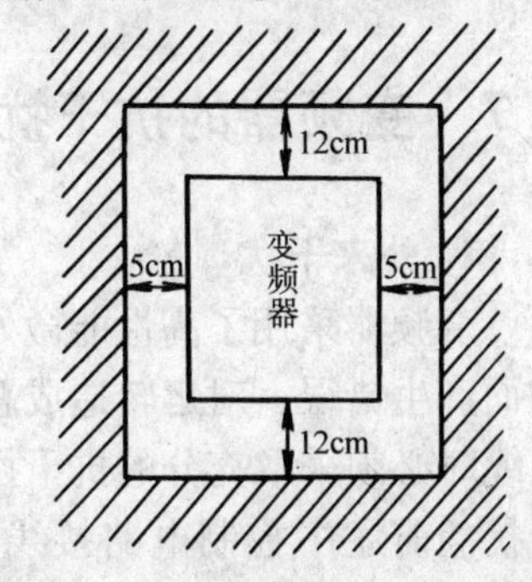

图7-27　安装方向与周围的空间

图7-28所示为施耐德电气公司Altivar 58F变频器的安装图。

其安装说明为：

1—金属板。与变频器一起供货，如图7-28所示安装（设备和金属板接地）。

2—Altivar 58F主机。

3—非屏蔽的电源线或电缆。

4—非屏蔽电缆。用于故障继电器触点输出。

5—压线卡。材料为不锈钢。电缆6、7、8和9的屏蔽层尽量靠近变频器接地：先剥去电缆的外皮，再使用适当的压线片将暴露的屏蔽层固定在接地金属板1上。屏蔽线必须用压线卡紧压在金属板上，以确保接触良好。

6—连接电动机的屏蔽电缆。

7—连接编码器的屏蔽电缆。

8—制动电阻（如有）屏蔽电缆。

9—控制电缆。需要使用多芯线时必须用小截面电线（$0.5mm^2$）。

上述6、7、8、9电缆的屏蔽层必须两端接地，不能切断。所有中间端子必须是EMC屏蔽的金属材料。

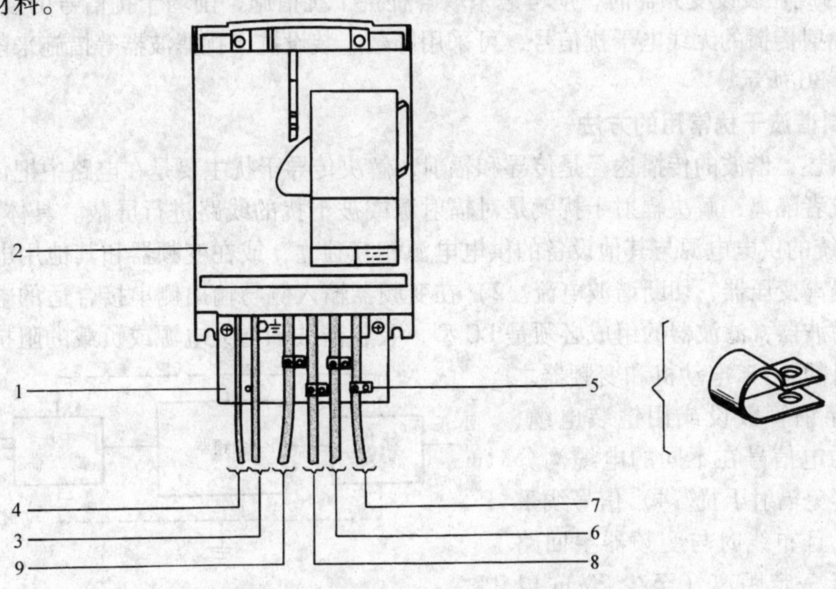

图7-28　Altivar 58F变频器的安装图

注意事项：

1）变频器和电动机外壳与电缆屏蔽层之间必须保证高频等电位接地，同时每台装置也必须与 PE（黄绿色）保护接地端子一起连接到接地装置上。

2）如果使用附加的输入滤波器，则应将其安装在变频器的后面，且要通过非屏蔽电缆直接与主电源相连。第 3 项电缆可直接连接滤波器。

7.7 变频器的抗干扰

1. 外来干扰

变频器采用了高性能微处理器等集成电路，对外来电磁干扰较敏感，会因电磁干扰的影响而产生错误，对运转造成恶劣影响。外来干扰多通过变频器控制电缆侵入，所以敷设控制电缆时必须采取充分的抗干扰措施。在变频器的输入电路中接入交流电抗器，可有效地抑制干扰。前述中控制电路接线所采取的措施，就是为了提高变频器的抗干扰能力。

2. 变频器产生的干扰

变频器的输入和输出电流的波形都不是标准正弦波，含有很多高次谐波成分。它们将以空中辐射、线路传播等方式把自己的能量传播出去，对周围的电子设备、通信和无线电设备的工作形成干扰，如图 7-29 所示。因此在装设变频器时，应考虑采取各种抗干扰措施，削弱干扰信号的强度。例如，对于通过辐射传播的无线电干扰信号，可采用屏蔽、装设抗干扰滤波器等措施来削弱干扰信号，如图 7-30 所示。

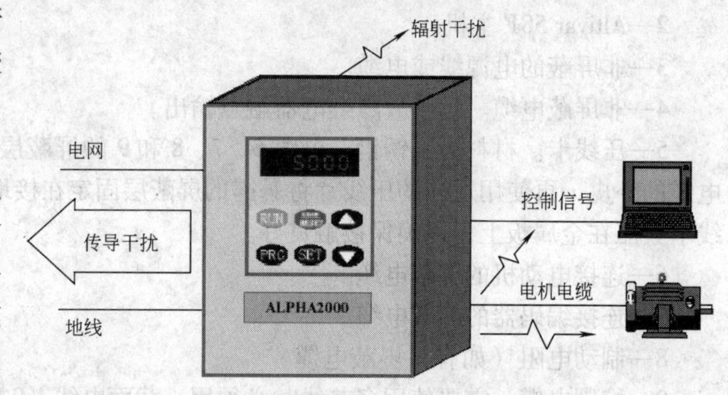

图 7-29　变频器对外部的干扰示意图

3. 抑制谐波干扰常用的方法

如前所述，谐波的传播途径是传导和辐射，解决传导干扰主要是在电路中把传导的高频电流滤掉或者隔离；解决辐射干扰就是对辐射源或被干扰的线路进行屏蔽。具体常用方法：1）变频系统的供电电源与其他设备的供电电源相互独立，或在变频器和其他用电设备的输入侧安装隔离变压器，切断谐波电流。2）在变频器输入侧与输出侧串接合适的电抗器，或安装谐波滤波器，滤波器的组成必须是 LC 型，吸收谐波和增大电源或负载的阻抗，达到抑制谐波的目的。3）电动机和变频器之间电缆应穿钢管敷设或用铠装电缆，并与其他弱电信号在不同的电缆沟分别敷设，避免辐射干扰。4）信号线采用屏蔽线，且布线时与变频器主回路控制线错开一定距离（至少 20cm 以上），切断辐射干扰。5）变频器使用

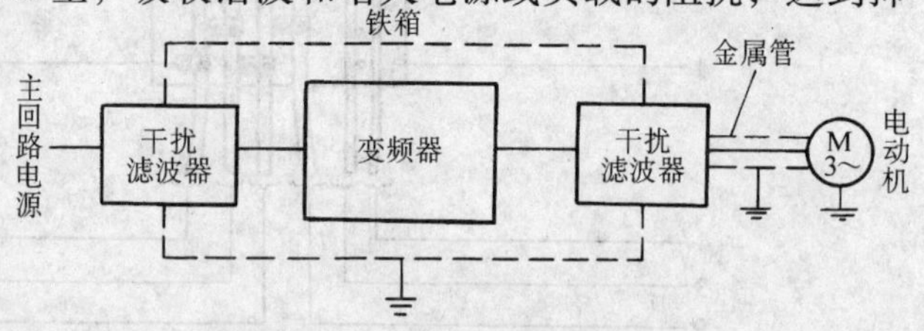

图 7-30　无线电干扰对策

专用接地线，且用粗短线接地，邻近其他电器设备的地线必须与变频器配线分开，使用短线。这样能有效抑制电流谐波对邻近设备的辐射干扰。

7.8 可编程控制器与变频器的连接

可编程控制器（PLC）是一种利用数字运算和操作的精密电子控制装置。它可通过软件来改变控制过程，又由于具有简便、可靠、易于掌握等优点，已经得到广泛的应用。变频调速技术是通过变频器构成自动控制系统来进行控制，经常要和 PLC 配合使用，所以变频器与 PLC 的配合十分重要。

7.8.1 可编程控制器与变频器的连接方法及注意事项

现在变频器可直接接收 PLC 的 PWM 信号，并可控制电动机频率。如图 7-31 所示为日本松下公司的 PLC 和变频器直接连接示意图。其 FP0 可以输出 0.1% 精度的 PWM 脉冲输出。VF0 内部电路对 PWM 占空比（ON 时间）进行精确测定。

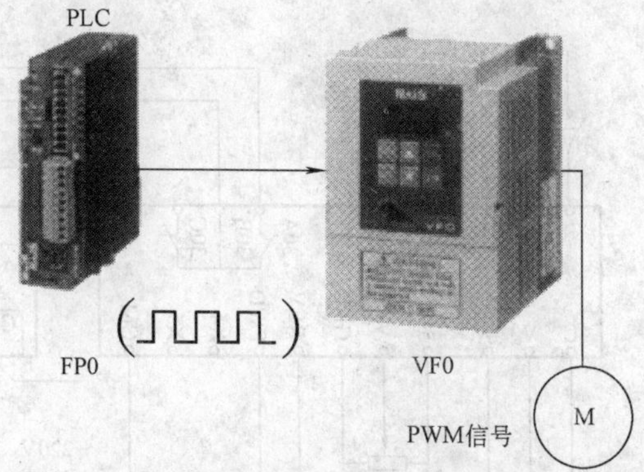

图 7-31 PLC 和变频器直接连接示意图

图 7-32 为 PLC 与变频器的连线示意图。图 7-32a 是使用继电器触点与变频器连接，常因为接触不良带来误操作；图 7-32b 是使用晶体管与变频器连接，需要考虑晶体管自身的电压、电流容量等因素来保证可靠性。

在使变频器与 PLC 连接使用时，应注意以下几个问题：

1）当变频器的输入信号电路连接不当时，可能会导致变频器的误动作。

2）注意 PLC 一侧输入阻抗的大小，以保证电路中的电压和电流不超过电路的容许值，

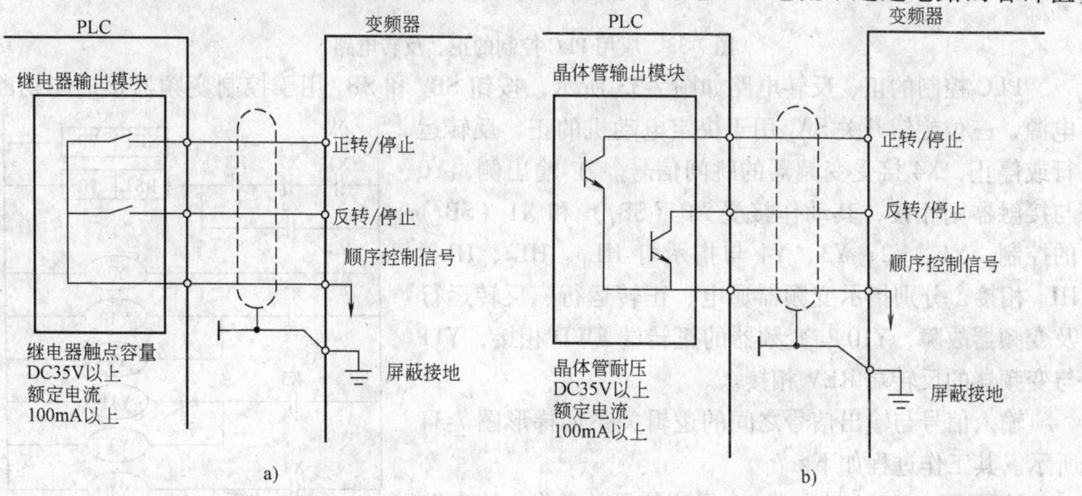

图 7-32 PLC 与变频器的连线示意图

a）PLC 的继电器触点与变频器连接 b）PLC 的晶体管与变频器连接

从而提高系统的可靠性和减少误差。

3）PLC 的接地端十分重要，必须接地良好。尤其是和变频器一起使用时，如果接地不符合要求，可能因受变频器的干扰而无法工作。应避免和变频器使用共同的接地线，并在接地时尽可能使两者分开。

4）当电源条件不太好时，应在 PLC 的电源模块以及输入/输出模块的电源线上接入噪声滤波器和降低噪声用的变压器等。如有必要也可在变频器一侧采取相应措施。

5）当把 PLC 和变频器安装在同一个操作柜中时，应尽可能使与 PLC 和变频器有关的电线分开。并通过使用屏蔽线和双绞线来提高抗噪声的水平。

7.8.2 由 PLC 控制的电路

由 PLC 控制的电路有正转控制电路，正、反转控制电路，与工频的切换电路，多挡转速控制等。这里介绍一下正、反转控制电路。

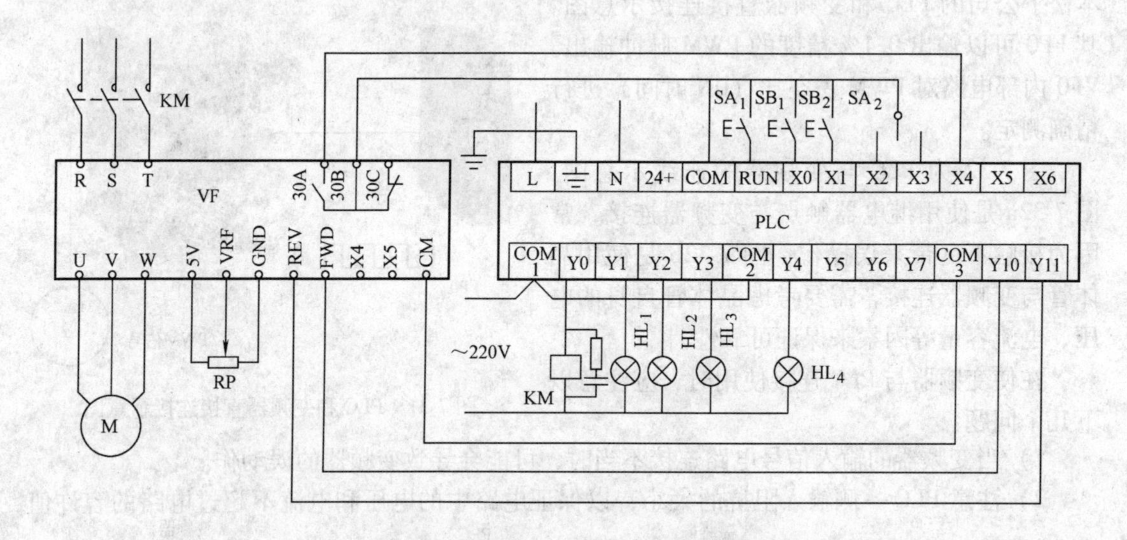

图 7-33 应用 PLC 控制的正、反转电路

PLC 控制的正、反转电路如图 7-33 所示，按钮 SB_1 和 SB_2 用于控制变频器接通与切断电源，三位旋钮开关 SA_2 用于决定电动机的正、反转运行或停止，X4 接受变频器的跳闸信号。在输出侧，Y0 与接触器则相接，其动作接受 X0（SB_1）和 X1（SB_2）的控制，Y1、Y2、Y3、Y4 与指示灯 HL_1、HL_2、HL_3、HL_4 相接，分别指示变频器通电、正转运行、反转运行及变频器故障，Y10 与变频器的正转端 FWD 相接，Y11 与变频器的反转端 REV 相接。

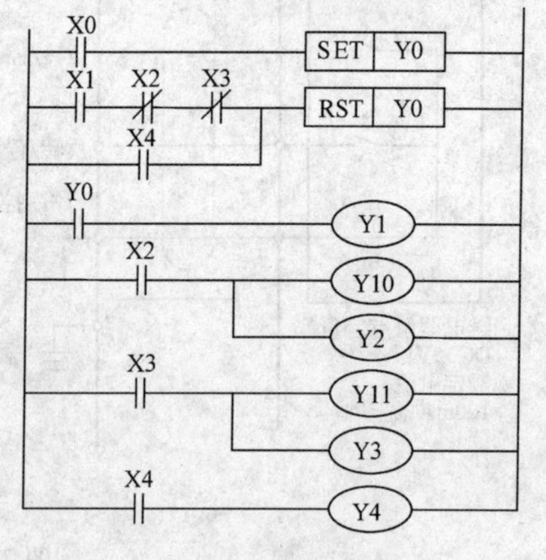

图 7-34 控制梯形图

输入信号与输出信号之间的逻辑关系如梯形图 7-34 所示。其工作过程如下：

按下 SB_1，输入继电器 X0 得到信号并动作，输出继电器 Y0 动作并保持，接触器 KM 动作，变频器接通电源。Y0 动作后，Y1 动作，指示灯 HL_1 亮。

将 SA_2 旋至“正转”位，X2 得到信号并动作，输出继电器 Y10 动作，变频器的 FWD 接通，电动机正转起动并运行。同时，Y2 也动作，正转指示灯 HL_2 亮。

如 SA_2 旋至“反转”位，X3 得到信号并动作，输出继电器 Y11 动作，变频器的 REV 接通，电动机反转起动并运行。同时，Y3 也动作，反转指示灯 HL_3 亮。

当电动机正转或反转时，X2 或 X3 的常闭触点断开，使 SB_2（从而 X1）不起作用，于是防止了变频器在电动机运行的情况下切断电源。

将 SA_2 旋至中间位，则电动机停机，X2、X3 的常闭触点均闭合。如再按 SB_2，则 X1 得到信号，使 Y0 复位，KM 断电并复位，变频器脱离电源。

电动机在运行时，如变频器因发生故障而跳闸，则 X4 得到信号，使 Y0 复位，变频器切断电源，同时，Y4 动作，指示灯 HL_4 亮。

7.9 变频调速系统的调试

变频调速系统的调试工作，没有规定的步骤，只是一般应遵循“先空载、继轻载、后重载”的规律。

7.9.1 通电前的检查

变频器安装、接线完成后，通电前应进行下列检查：

1）外观、构造检查。包括检查变频器的型号是否有误、安装环境有无问题、装置有无脱落或破损、电缆直径和种类是否合适、电气连接有无松动、接线有无错误、接地是否可靠等。

2）绝缘电阻的检查。测量变频器主电路绝缘电阻时，必须将所有输入端（R、S、T）和输出端（U、V、W）都连接起来后，再用500V 兆欧表测量绝缘电阻，其值应在 10MΩ 以上。而控制电路的绝缘电阻应用万用表的高阻挡测量，不能用兆欧表或其他有高电压的仪表测量。

3）电源电压检查。检查主电路电源电压是否在容许电源电压值以内。

7.9.2 变频器的功能预置

变频器在和具体的生产机械配用时，需根据该机械的特性与要求，预先进行一系列的功能设定（如基本频率、最高频率、升降速时间等），这称为预置设定，简称预置。

功能预置的方法主要有以下两种：

1）手动设定，也叫模拟设定，是通过电位器和多极开关设定。

2）程序设定，也叫数字设定，是通过编程的方式进行设定。

多数变频器的功能预置采用程序设定，通过变频器配置的键盘实现。

1. 变频器的键盘配置

不同的变频器的键盘配置及各键的名称差异很大，归纳起来有如下几种：

1）模式转换键。用来更改工作模式，主要有显示模式、运行模式及程序设定模式等。常用的符号有 MOD、PRG 等。

2）增减键。用于改变数据。常用的符号有△或∧或↑、▽或∨或↓。有的变频器还配置了横向移位键（>或≫），用以加速数据的更改。

3）读出、写入键。在程序设定模式下，用于读出和写入数据码。对于这两种功能，有的变频器由同一键来完成，有的则用不同的键来完成。常见的符号有 SET、READ、WRT、DATA、ENTER 等。

4）运行操作键。在键盘运行模式下，用来进行“运行”、“停止”等操作。主要有 RUN（运行）、FWD（正转）、REV（反转）、STOP（停止）、JOG（点动）等。

5）复位键。用于故障跳闸后，使变频器恢复正常状态。键的符号是 RESET（或简写为 RST）。

6）数字键。有的变频器配置了“0～9”和小数点“.”等数字键，在设定数字码时，可直接键入所需数据。

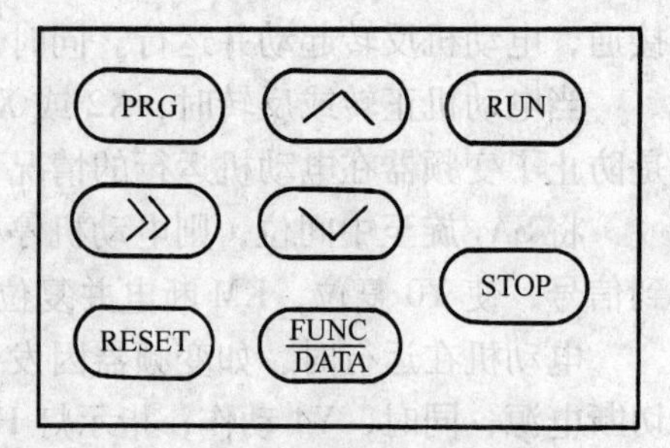

图 7-35　FRN-G9S/P9S 系列变频器的键盘配置

富士 FRN-G9S/P9S 系列变频器的键盘配置如图 7-35 所示。各键的名称及功能见表 7-7。

表 7-7　富士 FRN-G9S/P9S 系列变频器的键盘上各键的名称及功能

标　记	名　称	功　　能
>>	移位键	正常模式时，不管停止或运行状态，用于切换数字监视器或图形监视器的显示内容（如频率、电流、电压等） 编程设定模式时，用于移动数据设定值的位 选择功能码时，用于移动数据设定值的位
∧ ∨	增、减键	设定数据时，∧键增加设定值，∨键减少设定值 正常模式时，∧键增加频率设定值，∨键减少频率设定值
STOP	停止键	停止变频器运行（仅在选择键盘面板操作时有效）
RUN	运行键	起动变频器运行（仅在选择键盘面板操作时有效）
PRG	编程键	正常模式或编程设定模式的选择键
FUNC DATA	功能/数据键	用于各功能数据的读出和写入 用于存入改变后的设定频率值
RESET	复位键	报警停止状态复位到正常模式；编程设定模式时，使从数据更新模式转为功能选择模式 取消设定数据写入

2. 变频器的程序设定

程序设定就是通过编写程序的方法对变频器进行功能预置。如设定起动时间、停止时间等。

现代变频器可设定的功能有数十种甚至上百种，为了区分这些功能，各变频器生产厂家都以一定的方式对各种功能进行了编码，这种表示各种功能的代码，称为功能码。不同变频器生产厂家对功能码的编制方法是不一样的。富士 FRN-G9S/P9S 系列变频器的部分功能码见表 7-8。

表 7-8　富士 FRN-G9S/P9S 系列变频器部分功能码

功能			LCD 显示	设定范围
分类	代码	名称		
基本功能	00	频率设定命令	00 FREQ COMND	0:键盘操作(∧或∨键) 1:电压输入(端子 12 和 V1)。 2:电压和电流输入(端子 12、V1 和 C1)
	01	操作方法	01 OPR METHOD	0:模数操作(RUN 或 STOP 键) 1:FWD 或 REV 端子命令信号操作
	02	最高频率	02 MAX Hz	G9S:50 ~ 400Hz P9S:50 ~ 120Hz
	03	基本频率 1	03BASE Hz—1	G9S:50 ~ 400Hz P9S:50 ~ 120Hz
	04	额定电压 1 (最大输出电压 1)	04 RATED V—1	0:正比于输入(无 AVR 功能) 80 ~ 240V(200V 系列) 320 ~ 480V(400V 系列)
	05	加减时间 1	05 ACC TIME1	0.01 ~ 3600s
	06	减速时间 1	06 DEC TIME1	0.00(滑行停止),0.01 ~ 3600s
	07	转矩提升 1	07 TRQ BOOST1	0.0(自动设定),0.1 ~ 20.0(手动设定)
	08	电子热过载(选择) 继电器(保护电动机)(数据)	08 ELECTRN OL	0:不动作 1:动作(适用于 4 极标准电动机) 2:动作(适用于富士 4 极逆变器电动机)
	09	电子热过载(选择) 继电器(保护电动机)(数据)	09 0L LEVEL	约为逆变器额定电流的 20% ~ 105%
	10	瞬时停电后再起动	10 RESTART	0:不动作 1(停电发生时跳闸和报警) 1:不动作 2(电源恢复时跳闸和报警) 2:动作(平稳恢复) 3:动作(瞬时停止和按停电前的频率再起动) 4:动作(瞬时停止和按起动频率再起动)
	11	频率限制(上限)	11 H LIMITER	G9S:0 ~ 400Hz P9S:0 ~ 120Hz
	12	频率限制(下限)	12 L LIMITER	G9S:0 ~ 400Hz P9S:0 ~ 120Hz
	13	偏置频率	13 FREQ BIAS	G9S:0 ~ 400Hz P9S:0 ~ 120Hz
	14	频率设定信号增益	14 FREQ GAIN	0.0 ~ 200.0%
	15	转矩限制(驱动)	15 DRV TORQUE	20% ~ 180.999% (999:不限制)
	16	转矩限制(制动)	16 BRK TOROUE	0.20% ~ 180.999% (999:不限制)
	17	直流制动(开始频率)	17DC BRK Hz	0.0 ~ 60.0Hz
	18	(制动值)	18 DC BRKLVL	0.0 ~ 100%
	19	(制动时间)	19 DC BEKT	0.0(直流制动不动作),0.1 ~ 300s

（续）

功能			LCD 显示	设定范围
分类	代码	名称		
基本功能	20	多步频率设定 频率 1	20 MULTI Hz—1	G9S:0.00,0.20～400.0Hz P9S:0.00,0.20～120Hz
	21	多步频率设定 频率 2	21 MULTI Hz—2	
	22	多步频率设定 频率 3	22 MULTI Hz—3	
	23	多步频率设定 频率 4	23 MULTI Hz—4	
	24	多步频率设定 频率 5	24 MULTI Hz—5	
	25	多步频率设定 频率 6	25 MULTI Hz—6	
	26	多步频率设定 频率 7	26 MULTI Hz—7	
	27	电子热过载继电器 (保护制动电阻)	27 DBR OL	0:不动作 1:动作(～7.51kW,内装 DB 电阻) 2:动作(～7.5kW,外接选件 DB 电阻)
	28	转差补偿控制	28 SLIP COMP	-9.9～+5.0Hz
	29	转矩矢量控制	29 TRQ VECTOR	0:无效 1:有效
	30	电动机极数	30 MTR POLES	2～14(偶数)
	31	功能组(32～41)	31 32～41	0:不显示功能码 32～41 1:显示功能码 32～41

各种功能所需设定的数据或代码称为数据码。如最高频率为 50Hz、升速时间为 15s 等。变频器程序设定的一般步骤如下：

1）按模式转换键（MODE 或 PRG），使变频器处于程序设定状态。

2）按数字键或数字增减键（∧、∨；≫），找出需预置的功能码。

3）按读出键或设定键（READ 或 SET），读出该功能中原有的数据码。

4）如需修改，则按数字键或数字增减键来修改数据码。

5）按写入键或设定键（WRT 或 SET），将修改后的数据码写入存储器中。

6）判断预置是否结束，如未结束，则转入第二步继续预置其他功能；如已结束，则按模式转换键，使变频器进入运行状态。

上述步骤可用如图 7-36 所示的流程图来表示。图 7-37 所示为富士 FRN-G9S/P9S 系列变频器程序设定流程图。

变频器预置完成后，可先在输出端不接电动机的情况下，就几个较易观察的项目如升速和降速时间、点动频率等检查变频器的执行情况是否与预置相符合，并检查三相输出电压是否平衡。

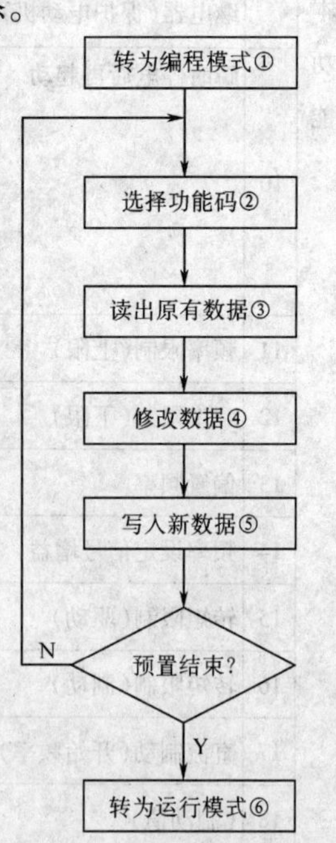

图 7-36 程序设定流程图

7.9.3 电动机的空载试验

变频器的输出端接上电动机，但将电动机与负载脱开，进行通电试验以观察变频器配上电动机后的工作情况，并校准电动机的旋转方向。可按以下步骤进行试验：

1）先将频率设置于0位，接通电源后，稍微增大工作频率，观察电动机的起转情况以及旋转方向是否正确。

2）将频率上升至额定频率，让电动机运转一段时间，观察变频器的运行情况。如一切正常，再选若干个常用的工作频率，也使电动机运行一段时间，观察系统运行有无异常。

3）将给定频率信号突降至0（或按停止按钮），观察电动机的制动情况。

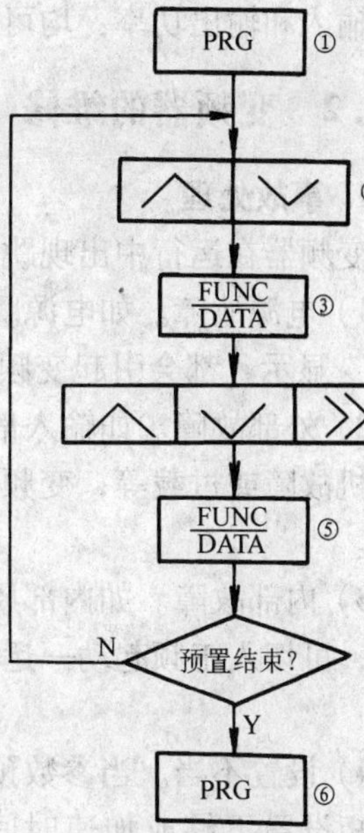

图7-37 FRN-G9S/P9S系列变频器程序设定流程图

7.9.4 调速系统的负载试验

将电动机的输出轴与负载连接起来，然后进行试验。

1. 起转试验

使工作频率从0Hz开始缓慢增加，观察拖动系统能否起转，在多大频率下起转。如起转较困难，应设法加大起动转矩。

2. 起动试验

将给定信号调至最大，按下起动键，观察起动电流的变化以及整个拖动系统在升速过程中是否运行平稳。如因起动电流过大而跳闸，则应适当延长升速时间。

3. 停机试验

将运行频率调至最高工作频率，按停车键，观察系统停机过程中是否出现因过电压或过电流而跳闸。如有，则应适当延长降速时间。

当输出频率为0Hz时，观察系统是否有爬行现象。如有，则应适当加强直流制动。另外，一般还应校验电动机的发热、过载能力等性能。

7.10 变频器的维修与检查

7.10.1 测量变频器电路时仪表类型的选择

在变频器的调试及运行过程中，有时需要测量它的某些输入、输出量。由于通常使用的交流仪表都是以测量工频正弦波形为目的而设计制造的，而变频器电路中的许多量并非标准工频正弦波。因此，测量变频器电路时如果仪表类型选择不当，测量结果会有较大误差，甚至根本无法进行测量。测量变频器电路的电压、电流、功率时可根据下列要求，选择适用的仪表。

输入电压：因是工频正弦电压，故各类仪表均可使用。

输出电压：一般用整流式仪表。如选用电磁式仪表，则读数偏低。但绝对不能用数字电压表。

输入和输出电流：一般选用电磁式仪表。热电式仪表也可选用，但反应迟钝，不适用于负载变动的场合。

输入和输出功率：均可用电动式仪表。

7.10.2 变频器的维修

1. 事故处理

变频器在运行中出现跳闸，即视为事故。跳闸事故的原因通常有以下四种类型：

1）电源故障。如电源瞬时断电或电压低落出现“欠电压”显示，瞬时过电压出现“过电压”显示，都会引起变频器跳闸停机。待电源恢复正常后即可重新起动。

2）外部故障。如输入信号断路，输出线路开路、断相、短路、接地或绝缘电阻过低，电动机故障或过载等，变频器即显示“外部”故障而跳闸停机，经排除故障后，即可重新起动。

3）内部故障。如内部风扇断路或过热，熔断器断路，器件过热，存储器错误，CPU 故障等，可切入工频起动—运行，不致影响生产；待内部故障排除后，即可恢复变频起动—运行。

4）设置不当。当参数预置后，空载试验正常，加载后出现“过电流”跳闸，可能是起动转矩设置不够或加速时间不足；也有的运行一段时间后，转动惯量减小，导致减速时“过电压”跳闸，适当增大加速时间便可解决。

2. 冗余措施

应用计算机往往采取冗余措施，即双保险或多保险措施，应用变频器也是如此。

1）变频/工频切换措施。该措施以备变频装置一旦出现故障，则可及时切换到工频常规运行，不至于影响生产。现通用型低压变频器普遍采取综合故障报警方式，即变频器内部故障与外部故障报警信号不能区别给出。如采用自动切换模式，则因外部故障切到工频后，将导致外部故障进一步扩大。如因电动机绝缘电阻下降引起的故障报警输出，若自动切入工频后，就会烧毁电动机。所以采取从显示屏上识别内外故障人工切换方式。

2）自动/手动切换措施。对于闭环控制系统，可设置这一措施，以备一旦微机或 PLC 等出现故障，及时离线实施手动模拟调速控制，即可维持生产。

3. 应急检修

变频装置一旦发生内部故障，如在保修期内，要通知厂家或厂家代理负责保修。根据故障显示的类别和数据进行下列检查：

1）打开机箱后，首先观察内部有否断线、虚焊、烧焦气味或变质变形的元器件，如有则及时处理。

2）用万用表检测电阻的阻值和二极管、开关管及模块通断电阻，判断是否开断或击穿。如有，按原标称值和耐压值更换，或用同类型的代替。

3）用双踪示波器检测各工作点波形，采用逐级排除法判断故障位置和元器件。

在检修中应注意的问题：

1）严防虚焊、虚连，或错焊、连焊，或者接错线。特别是别把电源线误接到输出端。

2）注意通电静态检查指示灯、数码管和显示屏是否正常，预置数据是否适当。

3）有条件者，可用一小电动机进行模拟动态试验。

4）带负载试验。

7.10.3 变频器的检查

1. 日常检查

变频器运行过程中，可以从设备外部用目视来检查运行状况有无异常，一般检查的内容有：

1）技术数据是否满足要求，电源电压是否在允许范围内。

2）冷却系统是否运转正常。

3）周围环境是否符合要求。

4）触摸面板显示有无异常情况。

5）有无异常声音、异常振动、异常气味等。

6）有无过热的迹象。

2. 定期检查

为了防止出现因元器件老化和异常等造成故障，变频器在使用过程中必须定期进行保养维护，更换老化的元器件。在定期检查时，先停止运行，切断电源，再打开机壳进行检查。但必须注意，即使切断了电源，主电路直流部分滤波电容器放电也需要时间，须待充电指示灯熄灭后，用万用表等测量，确认直流电压已降到安全电压（DC25V 以下）后，再进行检查。

可按照表 7-9 进行定期检查。需定期检查更换的元器件及参考检查更换时间见表 7-10。

表 7-9 变频器定期检查一览表

检查项目		检查内容	检查方法	判定标准
周围环境		1）确认环境温度、湿度、振动、空气（有无灰尘、气体、油雾、水滴等）是否合乎条件 2）周围有否放置工具等异物及危险品	1）用目视和仪器测量 2）依据目视	1）满足技术参数要求 2）没放置
电压		主电路、控制电路电压是否正常	用万用表等测量	满足技术参数要求
触摸面板		1）显示看得清楚否 2）缺少字符否	1）、2）依据目视	1）、2）能读显示，没有异常
框架、前面板等		1）是否有异常声音、异常振动 2）螺栓（紧固部位）是否松动 3）是否有变形损坏 4）是否有由于过热引起的变色 5）是否有沾着灰尘、污损	1）依据目视、听觉 2）拧紧 3）、4）、5）依据目视	1）、2）、3）、4）、5）没有异常
主电路	公用	1）螺栓类是否有松动、脱落 2）机器、绝缘体是否有变形、裂纹、破损或由于过热老化而变色 3）是否有附着污损、灰尘	1）拧紧 2）、3）依据目视	1）、2）、3）没有异常
	导体、导线	1）导体由于过热是否有变色、变形现象 2）电线外皮是否有破裂、变色现象	1）、2）依据目视	1）、2）没有异常

(续)

检查项目		检 查 内 容	检 查 方 法	判 定 标 准
主电路	端子座	没有损伤	依据目视	没有异常
	滤波电容器	1）是否有漏液、变色、裂纹、外壳膨胀 2）安全阀没出来，阀体是否有显著膨胀的地方 3）按照需要测量静电容	1）、2）依据目视 3）用静电电容测量仪器测量	1）、2）没有异常 3）静电容≥初始值×0.85
	电阻	1）是否有由于过热而引起的异味、绝缘体裂纹 2）是否有断线	1）依据嗅觉、目视 2）依据目视或卸开一端的连接，用万能表测量	1）没有异常 2）标明的电阻值误差在±10%以内
	变压器、电抗器	是否有异常的呜呜声、异味	依据听觉、目视、嗅觉	没有异常
	电磁接触器、继电器	1）工作时是否有振动声音 2）触点是否有虚焊	1）依据听觉 2）依据目视	1）、2）没有异常
控制电路	控制电路板连接器	1）螺栓类连接器是否有松动 2）是否有怪味、变色 3）是否有裂缝、破损、变形、显著生锈 4）电容器是否有漏液、变形痕迹	1）拧紧 2）依据嗅觉、目视 3）、4）依据目视	1）、2）、3）、4）没有异常
冷却系统	冷却风扇	1）是否有异常声音、异常振动 2）螺栓类是否有松动 3）是否由于过热而变色	1）依据听觉、目视，用手转一下（必须切断电源） 2）拧紧 3）依据目视	1）平稳旋转 2）、3）没有异常
	通风道	散热片、给气排气口的间隙是否堵塞，是否有附着异物	依据目视	没有异常

表7-10　需定期检查更换的元器件及参考检查更换时间

名　　称	参考更换时间	更 换 方 法
冷却风扇	2～3年	更换为新品
平滑电容	5年	更换为新品
熔断器	10年	更换为新品
印制电路板上的铝制电解电容	5年	更换为新品（检查后决定）
定时器		检查动作时间后决定

注：使用条件：1. 周围温度　年平均30°C；2. 负载率　80%以下；3. 使用率　12h/天以下。

7.11　变频器的保护功能及故障诊断

7.11.1　保护功能

若变频器保护功能动作，则变频器立即跳闸，LED显示故障名称，使电动机处于自由运转状态并停止。在消除故障原因、用RESET键或控制电路端子BST输入复位之前，始终维持跳闸状态。

报警显示、跳闸的保护功能见表 7-11。

表 7-11　报警显示、跳闸的保护功能

保护功能	触摸面板显示		保　护　内　容
	LED	LCD	
过电流保护	OCP	过电流保护	电动机过电流或输出端短路等，变频器输出电流的瞬时值若超过过电流检测值，则保护功能动作
主器件自保护	FL	自保护	电源欠电压、短路、接地、过电流、散热器过热等
过电压保护	OUD	直流过电压	来自电动机的再生电流增加，主电路直流电压若超过过电压检测值，保护功能则动作，但是，错误施加过高电压时，不能保护 （检测值为：DC800V）
欠电压保护	LU	欠电压保护	电源电压降低后，主电路直流电压若降到欠电压检测值以下，保护功能则动作 瞬间停电（未选择瞬停再起动功能） 电压若降到不能维持变频器控制电路的工作时，则全部保护功能自动复位 （检测值为：DC400V）
变频器过载保护	OL	变频器过载保护	输出电流超过反时限特性过载电流额定值时，保护功能动作 变频器的容量偏小时的保护
外部报警输入	OLE	外部报警	电动机过载等报警输入

保护功能动作复位按图 7-38 所示程序进行。

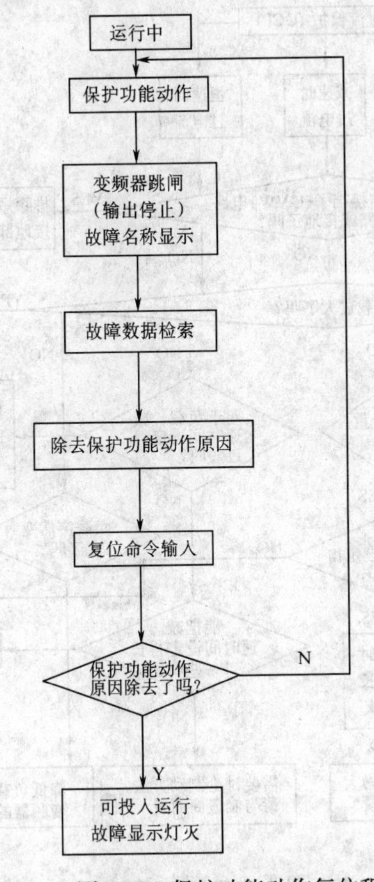

图 7-38　保护功能动作复位程序

防止跳闸的保护功能见表 7-12。

表 7-12 防止跳闸的保护功能

功能名称	动作内容
防止失速	如果在加速或减速中超出变频器的电流限制值，就会使加速或减速动作暂停。定速动作中如果超出同一等级，就会使输出频率下降，并等待各电流的减少，防止变频器跳闸。但是，如果动作时间过长，则变频器过载（OL）功能动作而跳闸。在加速或减速中如此功能动作，则加速或减速时间会比设定时间要长
输入浪涌	主电路电源端子（R，S，T）和控制电源输入端子之间通过浪涌接触器连接；如果从电源输出的电压低于浪涌额定电压，则保护变频器 相对电感间：7kV（1.2×50μs）；线与线之间：5kV（10×200μs）

若表中所列内容未涉及到，或变频器出现故障，零部件损坏了，无法解决时要与制造厂商联系。

7.11.2 保护功能动作时的诊断

保护功能发生了动作，要诊断发生了何种故障，过电流保护 OCP 按图 7-39 所示的程序进行。各种产品说明书上均有诊断各种故障的程序，可参照执行。

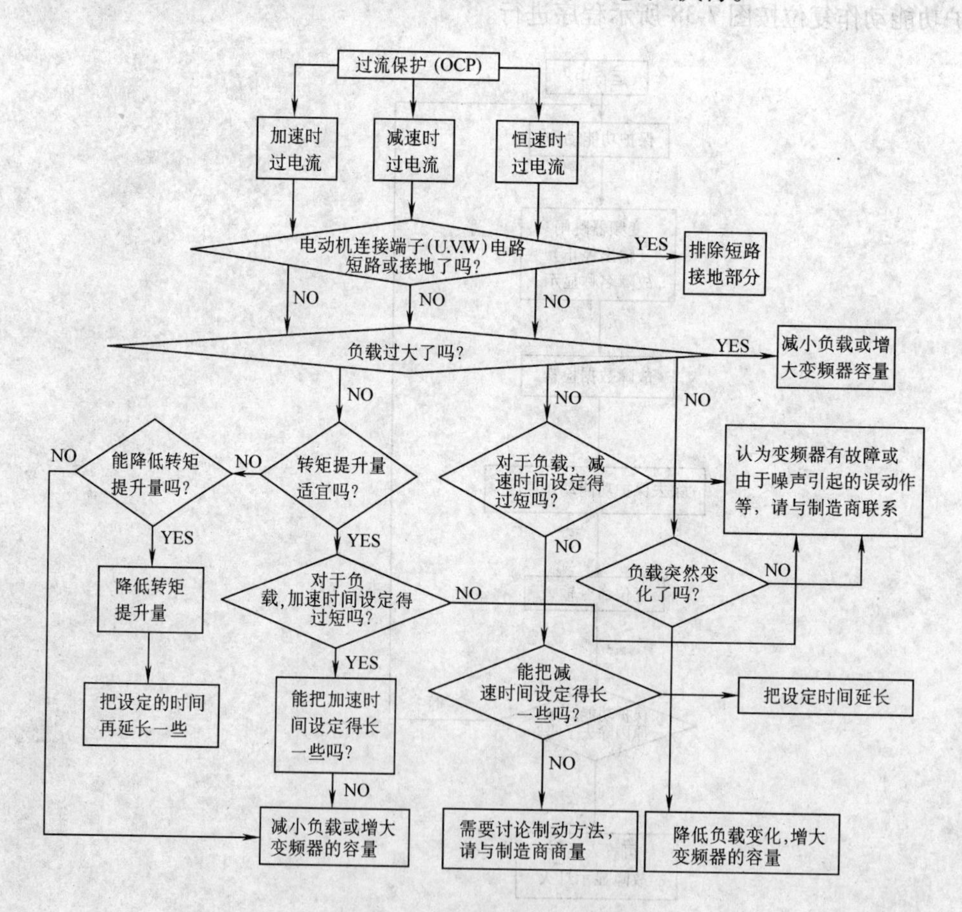

图 7-39 过电流保护 OCP 程序

7.11.3 变频器的故障检修

新一代高性能的变频器具有较完善的自诊断功能、保护及报警功能。熟悉这些功能对正确使用和维修变频器是极其重要的。当变频调速系统出现故障时，变频器大都能自动停车保护，并给出提示信息，检修时应以这些显示信息为线索，查找变频器使用说明书中有关指示故障原因的内容，分析出现故障的范围，同时采用合理的测试手段确认故障点并进行维修。

通常，变频器的控制核心——微处理器系统与其他电路部分之间都设有可靠的隔离措施，因此出现故障的概率很低。即使发生故障，用常规手段也难以检测发现。所以，当系统出现故障时，应将检修的重点放在主电路及微处理器以外的接口电路部分。变频器常见故障原因及处理方法见表7-13。

表7-13　变频器常见故障原因及处理方法

保护功能		异常原因	对策
欠电压保护	主电路电压不足；瞬时停电保护，控制电路电压不足	电源容量不足；线路压降过大造成电源电压过低，变频器电源电压选择不当（11kW以上），处于同一电源系统的大容量电动机起动，用发电机供电的电源进行急速加速；当切断电源的情况下，执行运转操作，电源端电磁接触器发生故障或接触不良	检测电源电压；检测电源容量及电源系统
过电流保护		加减速时间太短，在变频器输出端直接接通电动机电源，变频器输出端发生短路或接地现象，额定值大于变频器容量的电动机的起动，驱动的电动机是高速电动机、脉冲电动机或其他特殊电动机	由于可能引起晶体管故障，须认真地检查，排除故障后再起动
对地短路保护		电动机的绝缘劣化，负载侧接线不良	检查电动机或负载侧接线是否与地线之间有短路
过电压保护		减速时间太短，出现负负载（由负载带动旋转），电源电压过高	制动转矩不足时，延长减速时间，或者选用附加的制动单元、制动电阻器单元等；适当延长减速时间，如仍不能解决问题时，选用制动电阻或制动电阻单元
熔丝熔断		过电流保护重复动作，过载保护的电源复位重复动作，过励磁状态下，急速加减速（U/f特性不适），外来干扰	排除故障，确定主电路晶体管无损坏后，更换熔丝后再进行运行
散热片过热		冷却风扇故障，周围温度太高，过滤网堵塞	更换冷却风扇或清理过滤网；将周围温度控制在40 °C以下（封闭悬挂式），或者50 °C以下（柜内安装式）
过载保护	电动机变频器过转矩	过负载，低速长时间运转，U/f特性不当等，电动机额定电流设定错误，生产机械异常或由于过载使电动机电源超过设定值，因机械设备异常或过载等原因，电动机电流超过设定值	查找过负载的原因，核对运转状况、U/f特性、电动机及变频器的容量（变频器过载保护动作后，须找出原因并排除后方可重新通电，否则有可能损坏变频器）；将额定电流设定在指定范围内；检查生产机械的使用状况，并排除不良因素，或者将设定值上调到最大允许值

（续）

保护功能	异常原因	对策
制动晶体管异常	制动电阻器的阻值太小；制动电阻被短路或接地	检查制动电阻的阻值或抱闸的使用率，更换制动电阻或考虑加大变频器容量
制动电阻过热	频繁地起动、停止，连续长时间再生回馈运转，减速时间过短	缩短减速时间，或使用附加的制动电阻及制动单元
冷却风扇异常	冷却风扇故障	更换冷却风扇
外部异常信号输入	外部异常条件成立	排除外部异常
控制电路故障，选件接触不良，选件故障，参数写入出错	外来干扰，过强的振动、冲击	重新确认系统参数，记下全部数据后进行初始化；切断电源后，再接通电源，如仍出现异常，则需与厂家联系
通信错误	外来干扰，过强的振动、冲击，通信电缆接触不良	重新确认系统参数，记下全部数据后进行初始化；切断电源后；再接通电源，如仍出现异常，则需与厂家联系；检查通信电缆线

7.12 变频器实例

7.12.1 VACON NX 系列变频器

图7-40为VACON NX系列变频器的分拆图。

其技术特性如下。

1. 主输入电源连接

输入电压：

200～240V，380～500V，525～690V

电压变动容许值：－15%～＋10%

辅助电压：外部辅助电源可以给控制电路供电，可以给控制面板、内部驱动功能和现场总线供电。DC24V，300mA。

2. 电动机输出连接

电压：$0 \sim U_{in}$

额定输出：

低过载电流 I_L：每10min有1min过载10%，150%的起动转矩，40 °C环境温度。

高过载电流 I_H：每10min有1min过载50%，200%的起动转矩，50 °C的环境温度。

起动电流 I_S：如果输出频率＜30Hz并且温度＜＋60 °C，电流定义为每20s中的2s电流。

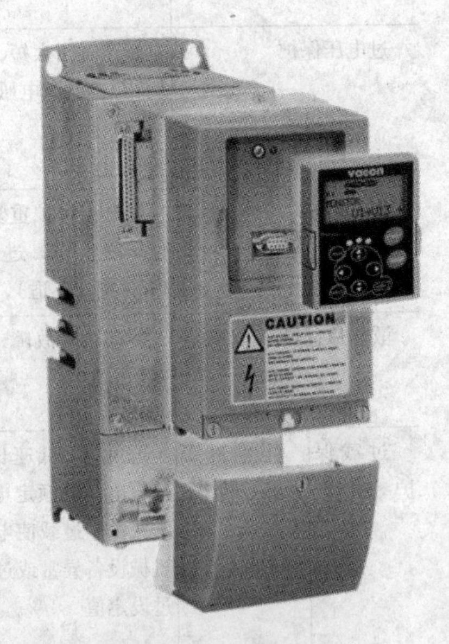

图7-40 VACON NX系列变频器的分拆图

起动转矩：由电动机和变频器决定。

输出频率：0～320Hz（不同的应用中会更高，最大值为7200Hz）

频率分辨率：0.01Hz（N×S），根据应用决定（N×P）。

3. 控制连接（取决于控制卡配置，典型值，见控制卡）

模拟电压：0～+10V，$R_i = 200\Omega$，单端（-10～+10V，操作杆控制），分辨率为10位，精度为±1%。

模拟电流：0（4）～20mA，$R_i = 250\Omega$，差动方式。

数字输入：正或负逻辑。

辅助电压：+24V±4.8V。

输出：250mA。

辅助电压：+24V±4.8V。

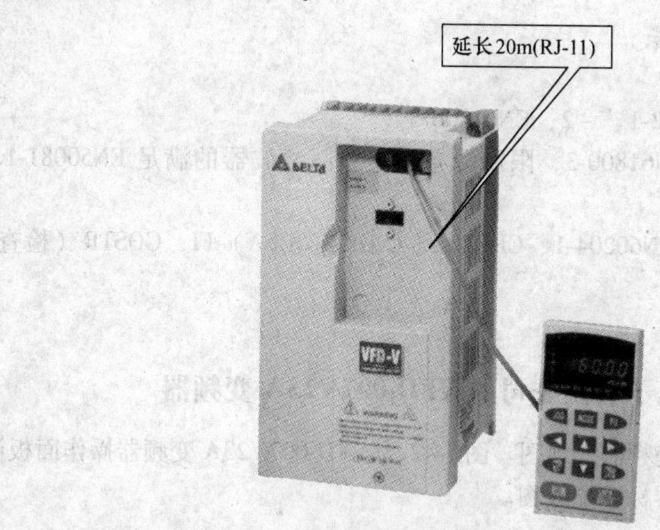

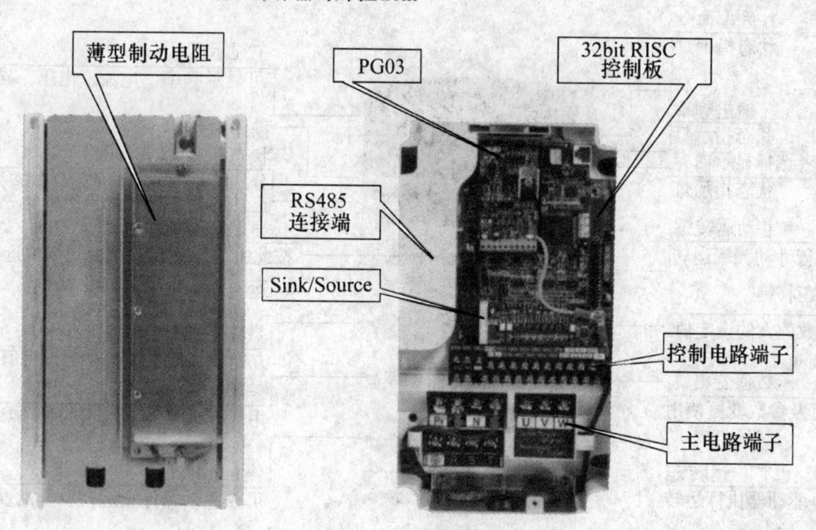

图7-41　VFD-007V23A变频器外观图

输入：300mA。

电位器：+10V+0.3V。

模拟输出：0（4）~20mA，$R_L<500\Omega$，分辨率10位，精度±3%。

数字输出：开集电极输出，50mA/48V。

继电器输出：最大开关电压；DC125V，AC250V。

最大开关负载：DC8A/24V，DC0.4A/125V，AC2kVA/250V。

最大连续负载：2A。

4. 环境限制

环境运行：低过载时，-10（无霜）~+40°C。

温度：高过载时，-10（无霜）~+50°C。

储存温度：-40~+60°C。

相对湿度：<95%，无结露。

5. EMC

抗干扰：完全满足EN50082-1、-2，EN61800-3。

抗辐射：代码系列满足EN61800-3，限制分布。有外部滤波器的满足EN50081-1、-2，EN61800-3，无限制分布要求。

安全性：满足EN50178，EN60204-1、CE、UL、C-UL、（CSA）FI，GOSTR（检查每台变频器的铭牌）。

CE认证：有。

7.12.2 中达斯米克电气电子有限公司的VFD-007V23A变频器

图7-41为VFD-007V23A变频器外观图。图7-42为VFD-007V23A变频器操作面板说明。图7-43为VFD-007V23A变频器标准配线图。

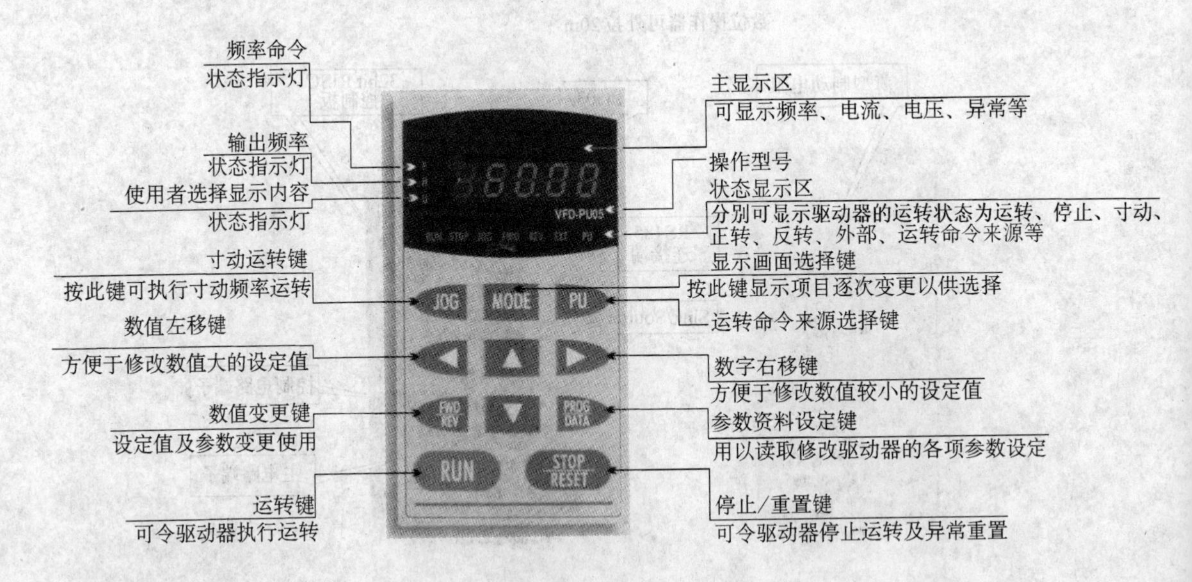

图7-42 VFD-007V23A变频器操作面板

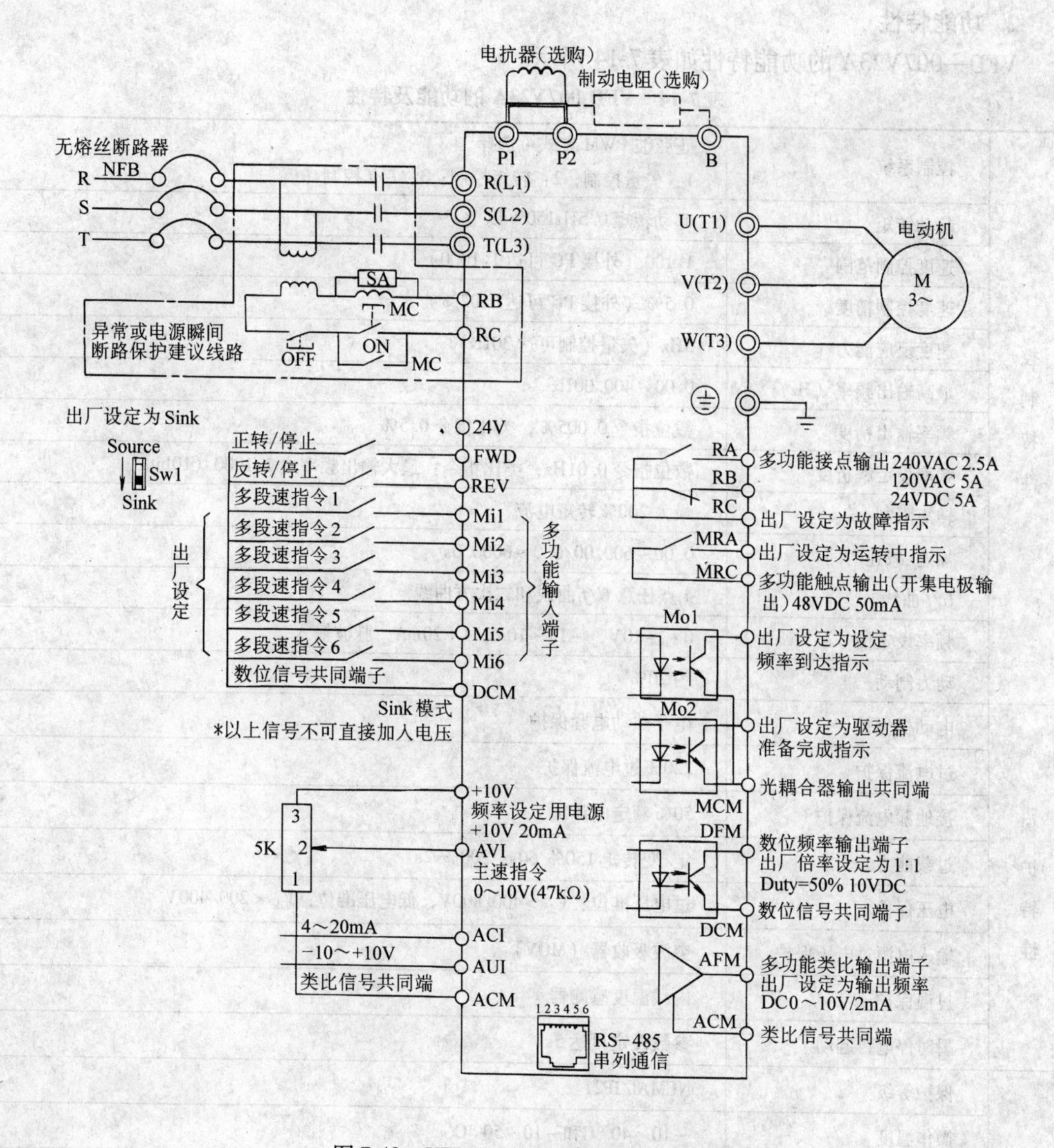

图 7-43　VFD-007V23A 变频器标准配线图

1. 变频器型号说明

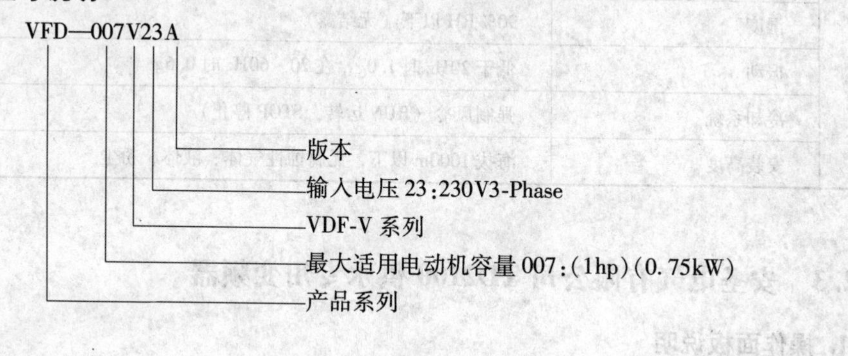

2. 功能特性

VFD—007V23A 的功能特性如表 7-14 所示。

表 7-14　VFD-007V23A 的功能及特性

控制特性	控制系统	正弦波 PWM 方式可选择 1：矢量控制；2：转矩控制；3：U/f 控制
	起动转矩	起动转矩 0.5Hz150% 以上
	速度控制范围	1:100（外接 PG 可达 1:1000）
	速度控制精度	0.5%（外接 PG 可达 0.02%）
	速度反应能力	5Hz（矢量控制可达 30Hz）
	最高输出频率（Hz）	0.00～400.00Hz
	频率输出精度	数位指令 0.005%，类比指令 0.5%
	频率设定解析度	数位指令 0.01Hz，类比指令：最大输出频率之 1/1000（10bit）
	转矩限制	最大 200% 转矩电流
	加速/减速时间	0.00～600.00/0.0～6000.0s
	U/f 曲线	4 点任意 U/f 曲线和二次方曲线
	频率设定信号	0～+10V，－10～10V，4～20mA，脉波输入
	动力制动	约 20%
保护特性	电动机保护	电子热动电驿保护
	过电流保护	220% 过电流保护
	接地漏电流保护	50% 额定电流
	过载能力	定/变转矩 150% 60s；200% 2s
	电压保护	过电压准位：V_{dc} >400/800V；低电压准位：V_{dc} <200/400V
	输入电源过电压保护	突波吸收器（MOV）
	过温保护	内藏温度感测器
	瞬时停电再起动	参数设定可达 5s
环境	保护等级	NEMAl/IP21
	操作温度	－10～40 °C和－10～50 °C
	储存温度	－20～－60 °C
	湿度	90% RH 以下（无结露）
	振动	低于 20Hz 时 1.0g，在 20～60Hz 时 0.6g
	冷却系统	强制风冷（RUN 运转，STOP 停止）
	安装高度	海拔 1000m 以下，无腐蚀性气体、液体、粉尘

7.12.3　安圣电气有限公司 TD2100 供水专用变频器

1. 操作面板说明

图 7-44 为 TD2100 变频器操作面板说明。

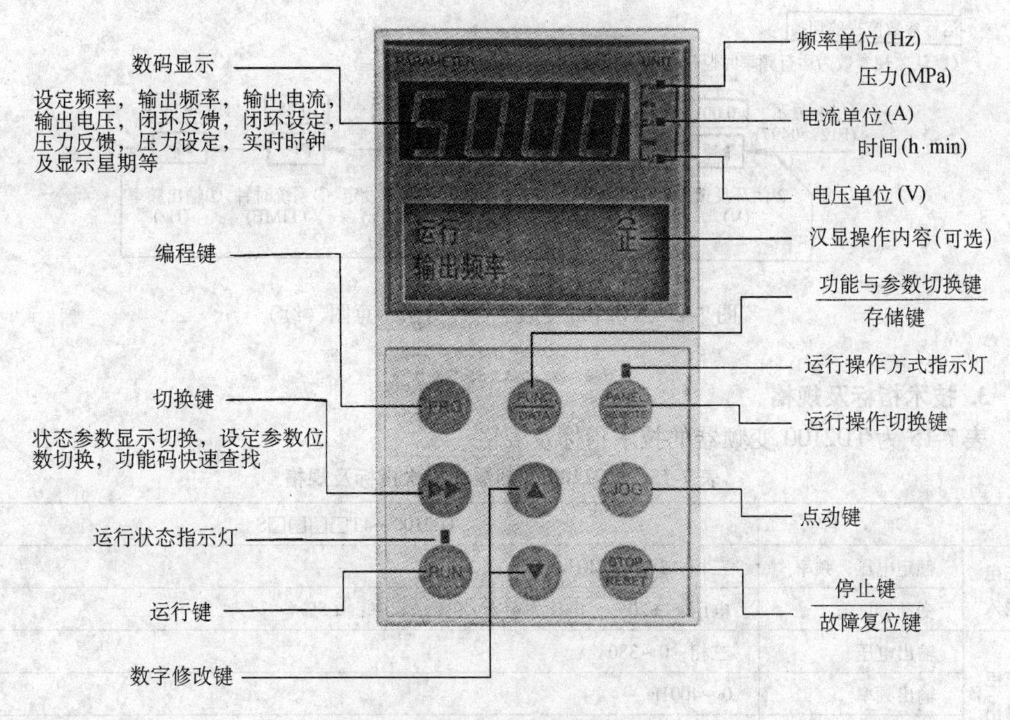

图 7-44　TD2100 变频器操作面板

2. 操作方法

图 7-45 为 TD2100 变频器操作方法示意图。

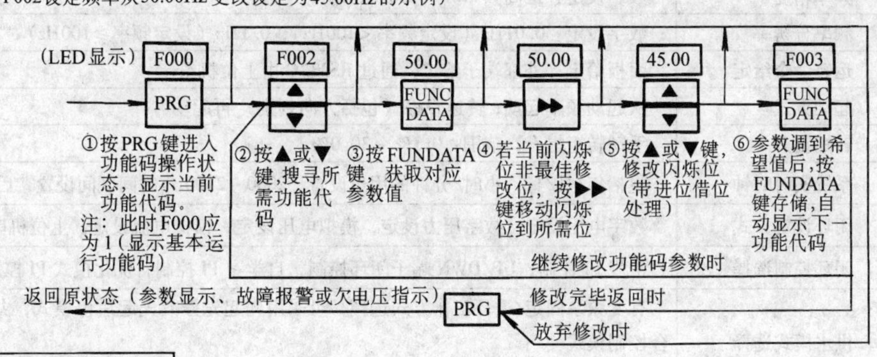

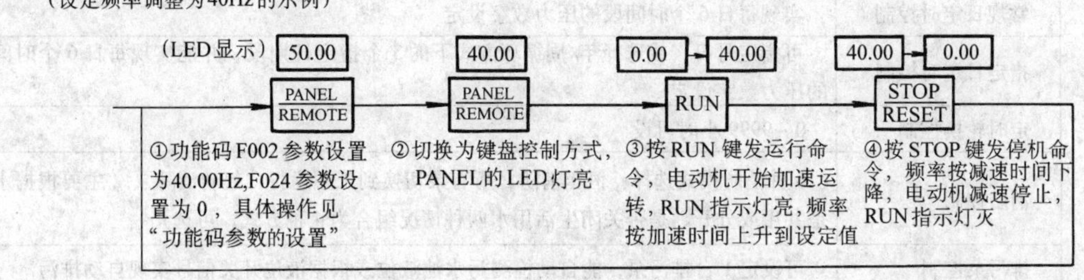

图 7-45　TD2100 变频器操作方法示意图

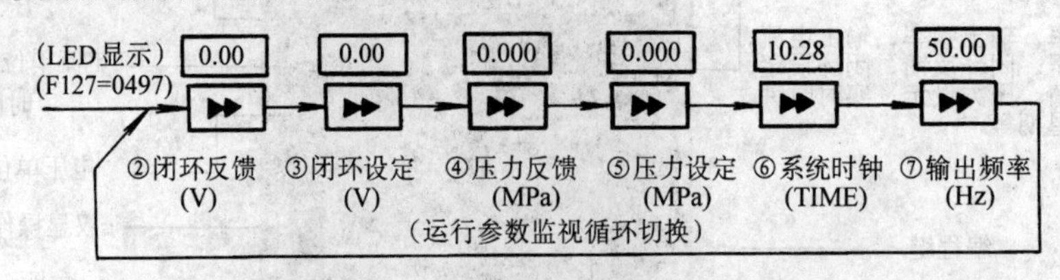

图 7-45　TD2100 变频器操作方法示意图（续）

3. 技术指标及规格

表 7-15 为 TD2100 变频器的技术指标及规格。

表 7-15　TD2100 变频器的技术指标及规格

	项　　目	TD2100—4T□□□□S
主电输入	额定电压；频率	三相，380V；50Hz/60Hz
	变动容许值	电压：±20%，电压失衡率 <3%；频率：±5%
主电输出	输出电压	三相，0～380V
	输出频率	0～400Hz
	过载能力	120% 额定电流 1min，150% 额定电流 1s
基本控制功能	调制方式	优化空间电压矢量控制
	控制方式	线性 U/f 控制，二次方 U/f 控制
	频率设定	数字设定：上位机串行通信设定
	频率精度	数字设定：最高频率 ×（±0.01%）
	频率分辨率	数字设定：0.01Hz（设定频率 <100Hz），0.1Hz（设定频率 ≥100Hz）
	运转命令给定	面板给定；外部端子给定，通过 RS232C 由上位机给定
	起动方式	从起动频率起动；转速跟踪（包括方向判别）再起动
	转矩提升	手动转矩提升，范围：0.1%～30.0%
供水专用控制功能	系统实时时钟	包括年/月/日，小时/分钟的用户设置，2000～2100 年时间区间设置，后备电池
	闭环设定方式	数字电压设定：数字压力设定，模拟电压设定；模拟电流设定，上位机串行通信设定
	闭环控制选择	常规 PI 控制；UP/DWN 端子闭环控制，自学习 PI 控制，优化模式 PI 控制
	供水模式选择	有变频泵固定/循环工作方式选择，可采用先起先停或先起后停模式，共 8 种供水组合控制模式 可实现最多 4 台变频循环泵或 7 台变频固定泵方式控制
	常规日定时控制	实现每日 6 个时间段的压力数字设定
	指定日定时控制	可指定月日，或选择年/周循环方式下的 3 个指定日期段，并能实现每日 6 个时间段的压力数字设定
	定时轮换控制	0～9999 小时可设
	消防控制	6 种消防模式选择：恒压消防；所有泵切换到工频运行；起动消防泵（主要根据水池是共用或分开、是否关闭生活用水两种情况组合为 4 种方式，可选）
	排污泵控制	可设定 1 台排污泵，能自动检测污水池液位或根据液位开关信号实现自动排污
	夜间休眠泵控制	可设定 1 台休眠小泵，其中休眠起/止时间、休眠压力及偏差带可设

（续）

	项　　目	TD2100—4T□□□□S
控制输入输出信号	模拟参考电压源	1 路，DC +10V，50mA 最大
	模拟电压输入	1 路，DC0 ~ +10V
	模拟电压/电流输入	1 路，DC0 ~ +10V 电压或 0 ~ 20mA 电流输入，通过 DSP 板上跳线 J4 选择
	模拟仪表显示输出	1 路，DC0 ~ +10V，压力或输出频率可选
	输出控制电源	DC +24V，100mA
	数字控制输入	运转、停止（包括三线式控制）指令，手动/自动方式选择；手动软起动指令，UP/DWN 端子加速/减速指令
	外部故障输入	消防信号，管网过电压
	排污池液位检测输入	2 路内置式液位传感器，也可外接上限和下限液位开关，通过 DSP 板上跳线 J7、J8 选择
	进水池液位检测输入	2 路内置式液位传感器，也可外接上限和下限液位开关，通过 DSP 板上跳线 J5、J6 选择
	电动机控制继电器输出	8 路可编程电动机继电器，最多可控制 7 台泵，包括常规泵、消防泵、排污泵和休眠泵，触点容量：阻性，AC250V/3A，或 DC28V/3A
	故障报警继电器输出	3 路故障报警继电器，分别为管网超压/欠电压、火警/水池缺水、变频器故障。触点容量：阻性，AC250V/3A，或 DC28V/3A
	故障电话自动拨号	1 ~ 12 位电话号码可选，由内置 BS232C 接口与外部的 MODEM 设备连接，以实现故障时自动拨号功能
	串行通信接口	RS485 接口，可实现与上位机联网控制功能，本机地址设定范围：0 ~ 127
显示	四位 LED 数码显示	可显示设定频率，输出频率，输出电压，输出电流，闭环反馈，闭环设定，压力反馈，压力设定，实时时钟：显示星期等参数
	中英文液晶显示（可选）	中英文提示操作内容
环境	使用场所	室内，不受阳光直晒，无尘埃、腐蚀性气体、可燃性气体、油雾、水蒸气、滴水或盐分等
	高度	低于海拔 1000m（高于 1000m，降额使用）
	环境温度	−10 ~ +40 °C（开盖时，可工作在 50 °C）
	湿度	20% ~ 90% RH，无水珠凝结
	振动	小于 5.9m/s^2（$0.6g$）
	存储温度	−20 ~ +60 °C
结构	防护等级	IP20
	冷却方式	强制风冷
安装方式		壁挂式

7.13 通用变频器发展趋势

通用变频器发展趋势是：

1）数控化。采用新型计算机控制，例如日本富士公司的大于等于30kW变频器，应用两个16位CPU，一个用于转矩计算，另一个用于数据处理，实现了转矩限定、转差补偿控制、瞬时停电的平稳恢复、自动加/减速控制及故障自诊断等。对于小于等于22kW变频器，采用一个32位数字信号处理器（DSP），提高了计算、检测和响应的速度，扩充和加强了其处理功能。

2）高频化。为适应纺织和精密机械等更多领域的高速需求，变频器的频率已由过去的0~50~120Hz，发展到400Hz，目前已提高到600Hz~1kHz，甚至3kHz以上。

3）数显化。已由过去的指示灯、发光二极管、LED数码管，发展到目前的液晶显示（LCD），显示行数有1、2、3、4行等。

4）高集成化。提高集成化技术及采用表面贴片技术，使装置的容量体积比得到进一步提高。

5）强化适应性。允许环境温度由过去普遍的0~40°C扩展为-10~+50°C（50°C时须卸下顶盖板）。允许相对湿度也由过去的80%提高到90%以上。有些户外场合，特别是军事部门都提出了全天候要求。

*7.14 新型变频器简介

近年来变频器领域出现了OEM化变频器升级换代、网络变频器的进一步增强、矩阵变频器的成形等特点，使得不同形式、不同类别、不同功能的变频器不断涌现。

7.14.1 OEM化变频器升级换代

尽管使用变频器有许多好处，但对于异步电动机的控制方式而言，变频器相对普通工频起动成本更高、体积更大，所以在很多自动化机械设备中，变频器采用率并不是很高。

SEW公司的OEM化产品对原先的Movitrac做了进一步升级，非常适合OEM配套使用在风机、水泵、机床工具和传送带上。由于采用先进的功率模块，其书架式的体积更小。为使用方便，其接线方式类似于接触器，安装更加简单，运行调整则以基本的14个参数为前提。

该变频器具有更加强大的软件功能（新增帮助卡）、更加安静的噪声设计（开关频率可达32kHz）、更加合理的散热设计（接近冷盘功能）、更加友好的环保功能（内置RFI滤波器）。

7.14.2 具有网络功能的变频器

数字化网络功能是近年来变频器国际展会上的重头戏，包括AB公司的PF系列变频器，都提供了网络接入方案，如最新的PowerFlex 4变频器具有内置的RS485通信能力，可以用在多种网络联接中使用，同时PowerFlex 4变频器可以通过装有DriveExplorerTM或DriveExecutiveTM 软件的微机进行编程和控制。

作为执行机构，变频器的网络化配置主要基于 3 个层面：设备层、控制层和信息层。可以配接最基本的 RS232/RS485 串行通信协议、PROFIBUS 等的现场总线协议以及 Internet 局域网协议。

在网络化日益普及的今天，与普通的点对点硬线连接方式相比，通过高速通信连接的变频器系统可以最大程度上降低系统维护时间、提高生产效率、减少运行成本。目前安装的现场总线模块有 Profibus DP、Interbus、DeviceNet、CAN Open 和 Modbus Plus 等。用户可以有更大的空间根据生产过程来选择 PLC 型号和品牌，并非常简单地集成到现有的网络中去。而且通过现场总线模块，可以不考虑变频器的型号，而以同一种编程语言和程序结构来与不同功率段、不同型号的变频器进行组构，如功率、速度、转矩、电流、设定值等。

7.14.3 矩阵变频器

由于矩阵式交—交变频省去了中间直流环节，能实现功率因数为 1，且能四象限运行，系统的功率密度大，因此矩阵变频器一直成为重要研发对象。

安川公司研制的矩阵变频器中有 9 个开关，每一个开关都由 2 个 IGBT 双向开关组成，能允许正向电压和负向电压通到电动机上。IGBT 数量的增加使矩阵变频器造价昂贵。矩阵变频器使用了三相电压输入来控制输出电压，不仅能吸收任何电流杂波，也能提供清洁的输出电压，可有效地进行输入电源电流控制与输出电压控制。这也是矩阵变频器吸引人的地方。它能大大降低输入电流谐波的产生，使其只有传统交—直—交变频器的 20% 左右。而且矩阵变频器的电流几乎是正弦波，即使在带载情况下，也是如此。当有再生发电时，电流能以 180°转换并反馈到电网中，而且也是以正弦波方式。在再生制动方式的工作中，矩阵变频器不需要制动电阻或特殊的变换器。反馈回的电也无需额外的设备（如变压器等）进行处理。总之，传动能在四象限高效率运行。

起初矩阵变频器主要用到能够发挥其长处和优点的场合中，如它的处理再生能量功能，在起重、电梯、离心机和其他需要连续起动又连续制动的场合。当然，它也可以装在那些需要制动，但又没有空间安装制动电阻或者安装电阻会引起意外事故的地方，如酒精厂、化工厂等。另外一个非常有潜力的地方，就是需要有低谐波的应用场合。如在轮船上，就能允许安装更小的发电机组。在一些隔离系统中能降低设备的体积，而省去了类似 12 脉冲变频器系统中的额外变压器。矩阵变频器将逐步覆盖 400V 的 5.5～22kW，直至 75kW，当然也有 200V 级的 5.5～45kW 变频器。

7.15 习题

1. 变频器接线时应注意哪些问题？
2. 简述主电路端子的功能。
3. 低压断路器的功用是什么？如何选择？
4. 输入侧接触器的功用是什么？如何选择？
5. 电抗器的作用是什么？
6. 滤波器的作用是什么？

7. 变频器的控制电路由哪几部分组成？

8. 变频器长期稳定运行所必需的环境条件有哪些？

9. 简述变频器的抗干扰问题，采取何措施加以预防？

10. 变频器与 PLC 连接使用时应注意哪些问题？

11. 测量变频器电路时仪表类型如何选择？

12. 变频器的保护功能有哪些？

13. 请按下列条件选择变频器主回路电线的截面积：220V 供电，笼型电动机 11kW、4 极、额定电流 15A，电线的敷设距离 50m，电压降在额定电压的 2% 以内。

第 8 章　变频技术综合应用

本章要点

- 变频技术在照明和电源设备上的应用
- 变频技术在空调设备上的应用
- 变频技术在机床设备上的应用
- 变频技术在电梯设备上的应用
- 变频技术在生产线中的应用
- 变频技术在家用电器中的应用

8.1　变频技术应用概述

变频技术的应用可分为两大类：一种是用于传动调速；另一种是用于各种静止电源。而变频器最为典型的应用是以各种机械的节能为目的。表 8-1 为变频器传动的特点；表 8-2 为变频器在工业领域中的节电潜力；表 8-3 为变频器的应用效果。本章将列举一些实例加以说明。

表 8-1　变频器传动的特点

变频器传动的特点	效　　果	用　　途
可以使标准电动机调速	可以使原有电动机调速	风机、水泵、空调、一般机械
可以连续调速	可选择最佳速度	机床、搅拌机、压缩机、游梁式抽油机
起动电流小	电源设备容量可以小	压缩机
最高速度不受电源影响	最大工作能力不受电源频率影响	泵、风机、空调、一般机械
电动机可以高速化、小型化	可以得到用其他调速装置不能实现的高速度	内圆磨床、化纤机械、输送机械
容易防爆	与直流电动机相比，容易防爆、体积小、成本低	药品机械、化学工厂
低速时定转矩输出	低速时电动机堵转也无妨	定尺寸装置
可以调节加减速的大小	能防止载重物坠落	起重机械
可以使用笼型电动机	电动机的维护较简单	生产流水线、车辆、电梯

表 8-2　变频器在工业领域中的节电潜力

项 目 名 称	需改造数量或千瓦数	节电百分比（%）	年节电量 /亿 kW・h
轧机、提升机（变频器交流传动代替直流传动）	320 万台	30	26
电力机车和内燃机车（变频交流代替直流）	120 台电力机车	25	60
IGBT 直流励磁电源（代替晶闸管）	30 万 kW	20	3.5
无轨电车（交流变频调速或直流斩波代替电阻调速）	5000 辆	30	1.0
工矿电动机车（变频交流或直流斩波代替电阻调速）	50 万辆	30	20
风机、水泵（交流变频调速代替风门、阀门）	3700 万台改造 10% 即 370 万台	30	51

（续）

项　目　名　称	需改造数量或千瓦数	节电百分比（%）	年节电量/亿 kW·h
高效节能荧光灯（逆变镇流器）	5000 万台	20	30
中频感应加热电源（逆变电源）	100 万台	30	9
电解电源	400 万 kW	5	5.6
电焊机（IGBT 逆变电源）	200 万台改造 10% 即 20 万台	30	3.1
电镀电源	340 万台	30	21.6
搅拌机、挤压机、精纺机、纤维机械、抽油机、空压机、起重机	2000 万 kW	30	51.2
总计			282

表 8-3　变频器的应用效果

应用效果	用　途	应　用　方　法	以　前　的　调　速　方　式
节能	鼓风机、泵、搅拌机、挤压机、精纺机	a. 调速运转 b. 采用工频电源恒速运转与采用变频器调速运转相结合	a. 采用工频电源恒速运转 b. 采用挡板、阀门控制 c. 机械式变速机 d. 液压联轴器
省力化 自动化	各种搬运机械	a. 多台电动机以比例速度运转 b. 联动运转，同步运转	a. 机械式变速减速机 b. 定子电压控制 c. 电磁滑差离合器控制
提高产量	机床 搬运机械 纤维机械 游梁式抽油机	a. 增速运转 b. 缓冲起动停止 c. 对稠油降低冲次	a. 采用工频电源恒速运转 b. 定子电压控制 c. 带轮调速
提高设备的效率（节省设备）	金属加工机械	采用高频电动机进行高速运转	直流发电机-电动机
减少维修（恶劣环境的对策）	纤维机械（主要为纺纱机），机床的主轴传动，生产流水线，车辆传动	取代直流电动机	直流电动机
提高质量	机床 搅拌机 纤维机械 制茶机	选择无级的最佳速度运转	采用工频电源恒速运转
提高舒适性	空调机	采用压缩机调速运转，进行连续温度控制	采用工频电源的通、断控制

图 8-1 至图 8-3 分别为变频器用于挤出机、配料系统、卷轴驱动的示意图，图 8-4 至图 8-7 分别为变频器用于调速控制系统中的示意图。图 8-8 为变频电动机的外形图。

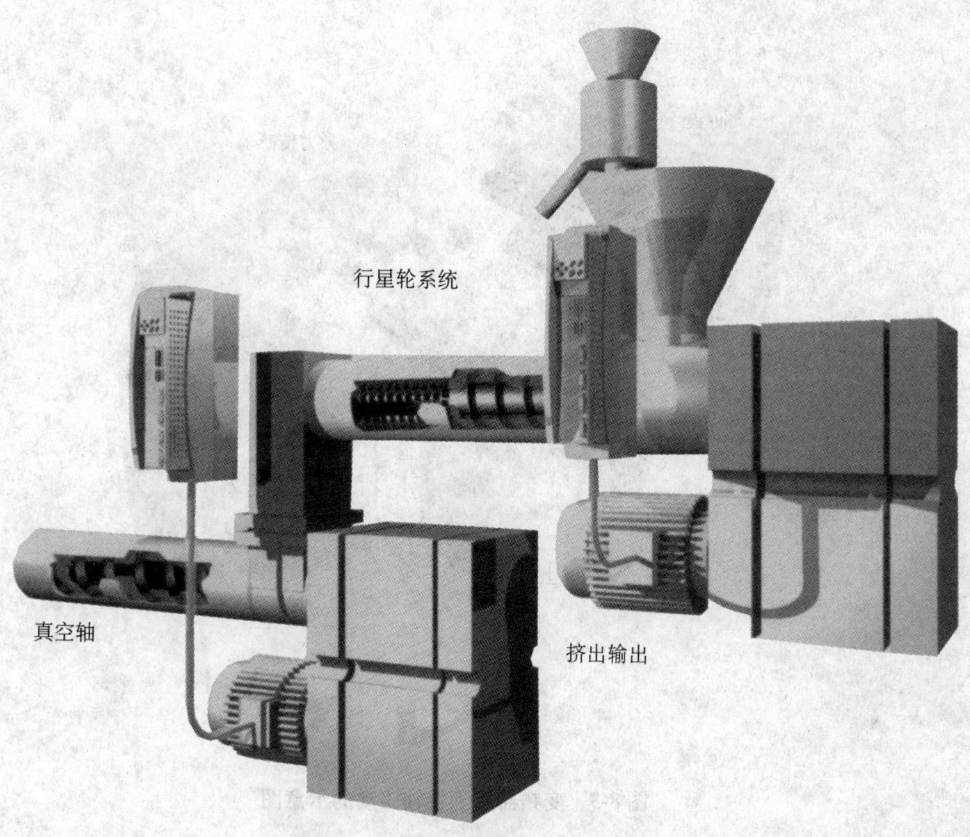

图 8-1　变频器用于挤出机的示意图

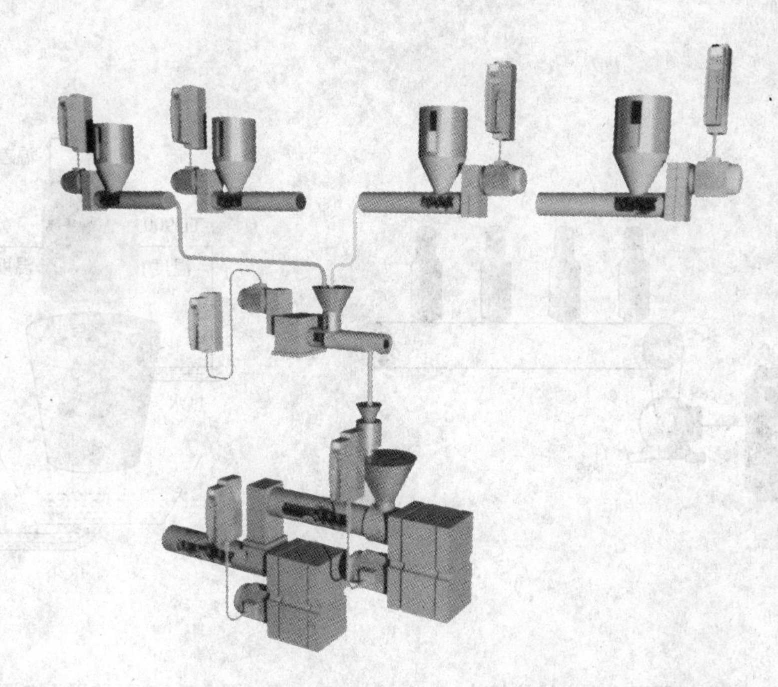

图 8-2　变频器用于配料系统的示意图

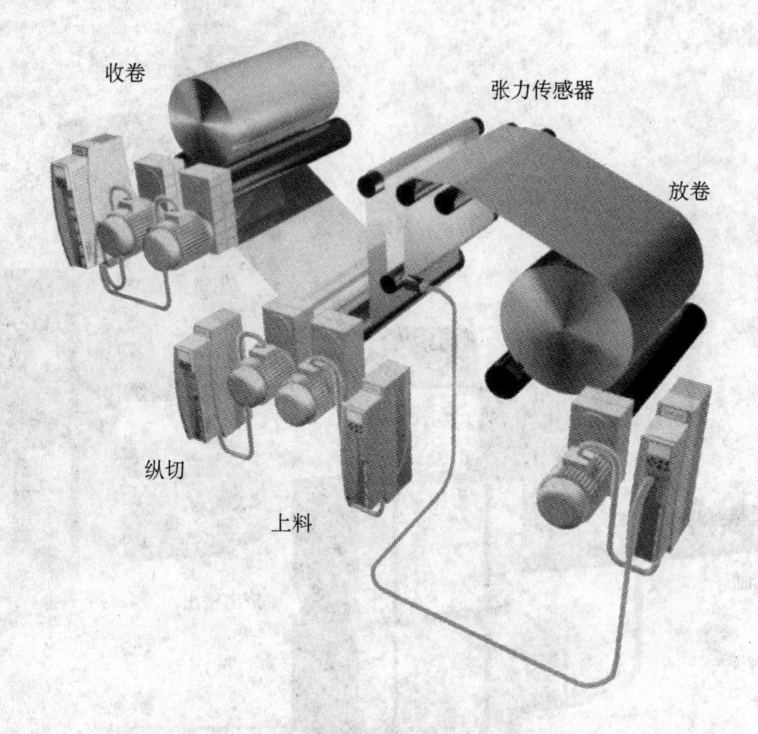

图 8-3　变频器用于卷轴驱动的示意图

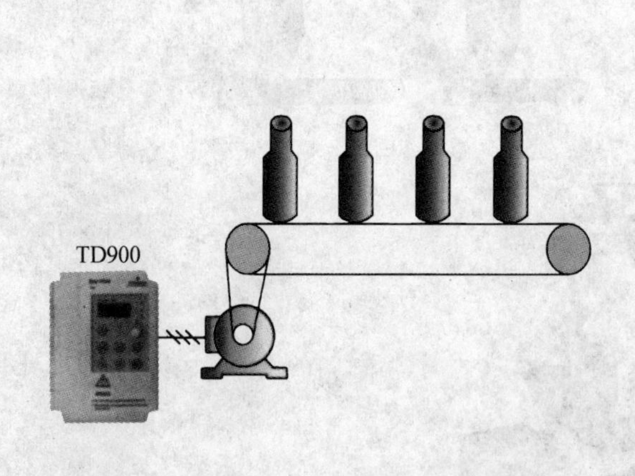

图 8-4　变频器用于生产线软起动及速度调节示意图

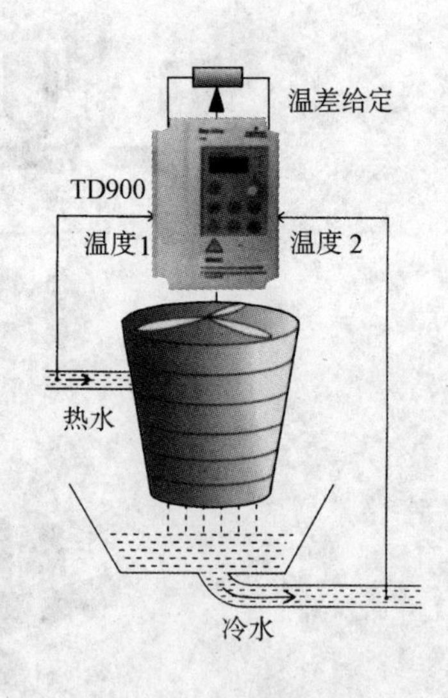

图 8-5　变频器用于空调系统 PID 与差分反馈控制示意图

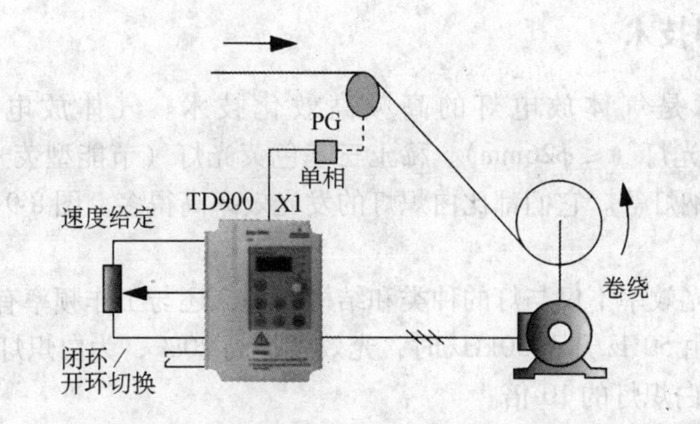

图 8-6　变频器用于化纤机械脉冲反馈恒线速度控制示意图

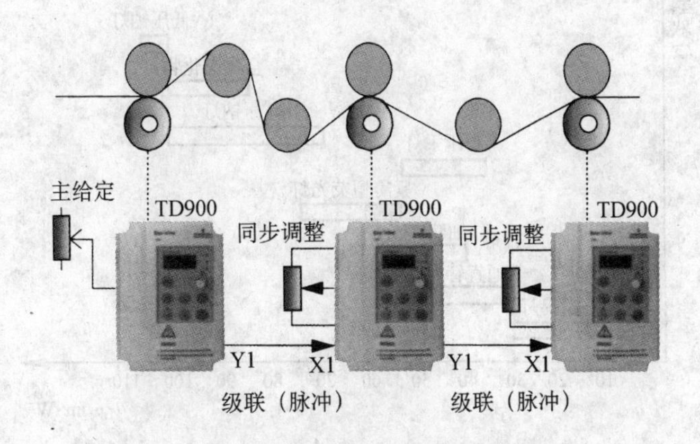

图 8-7　变频器用于印染机械同步控制示意图

图 8-8　变频电动机的外形

8.2　变频技术在照明和电源设备上的应用

应用变频技术的目的之一是节能。我国重点实施的“绿色照明工程”中，变频电子节能灯是主要推广项目，其工作频率高达 20 ~ 50kHz 以上。高频镇流器的内耗一般在 1W 左右，而电感镇流器的内耗却高达 8W 左右，仅镇流器一项即可节电 20%，再配上稀土三基色高效荧光灯，取代普通的白炽灯可节电 60% ~ 80%，取代普通的荧光灯可节电 25% ~ 50%。

8.2.1 高频照明技术

高频照明技术是气体放电灯的高频高效化技术。气体放电灯包括普通荧光灯（ϕ38mm）、细管荧光灯（≤ϕ26mm）、稀土三基色荧光灯（节能型荧光灯）、高压钠灯、金属卤化物灯和低压钠灯等。它们都比白炽灯的发光效率高得多。图 8-9 所示为各种照明灯发光效率的比较图。

气体放电灯发光效率不仅与灯的种类和结构有关，还与工作频率有关。即使是节能型荧光灯，其工作频率由 50Hz 升至 30kHz 时，光效可提高 20%，为白炽灯光效的 5 倍；灯管寿命可延长 25%，为白炽灯的 10 倍。

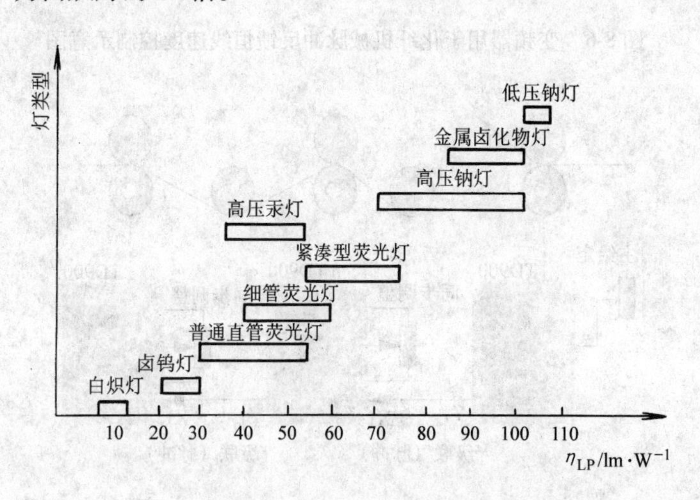

图 8-9 各种照明灯发光效率的比较图

1. 高频照明原理

气体放电灯分为两大类，一类是冷阴极辉光放电灯，依靠冷阴极电子发射，并以“二次发射”（即轰击发射）的形式发射电子，产生辉光放电。这类灯不需要预热起动，为冷起动或硬起动。另一类灯是靠热阴极电子发射起辉发光，所以必须预热起动，为热起动或软起动。目前大量使用的各种荧光灯都属于热起动类型的灯。

荧光灯在起动时，需要预热灯丝，使热阴极发射电子，再利用高压脉冲使管内惰性气体电离，使液态水银气化而猛烈轰击惰性气体分子，产生弧光放电，辐射紫外线来激发管内壁涂敷的荧光粉，发出可见光。起辉后的荧光灯管，由高阻开路状态变为低阻导通状态，即可在额定电压下正常工作。

所谓电感式镇流器，是通过与灯丝串联的常闭双金属片起辉器，给灯丝提供预热电流；又利用双金属片的跳开使电感镇流器产生高压脉冲，轰击管内的惰性气体分子。一般需要轰击数次才能起辉。灯管起辉后，电感镇流器起降压限流的作用。由于多次起辉，对灯丝发射物质损失较大；电感镇流器的直流电阻使灯系统多耗电 20% ~30%；因为电感性负荷，导致灯系统功率因数 cosφ 只有 0.4~0.6。

所谓高频照明，是用高频电子镇流器对荧光灯实施高频电流预热灯丝，再施以高频高压脉冲起辉灯管，随后以高频常压来保持灯管的正常工作。荧光灯的效率随着频率的升高而呈波浪状曲线提高。其使用寿命与预热时间、起动次数、灯丝温度等因素密切相关。由于高频起动时间可控，而且一次性起辉，高频运行时阴极温度较低，可以延长灯管的使用寿命。

2. 高频照明的特点

高频照明灯与电感式工频照明灯比较，具有以下特点：

1）光效高。一般可提高10%～20%。

2）寿命长。荧光灯可延长使用寿命0.25～1倍，高强度气体放电灯（HID）可延长使用寿命1.5～2倍。

3）温升低。一般为电感式荧光灯发热量的1/2，白炽灯发热量的1/5。

4）功耗低。高频电子镇流器的功耗，仅为灯系统总功耗的8.4%；而普通电感镇流器则高达30%，节能型电感镇流器也有20%左右；故高频镇流器的节电率为10%～17%，有的高达25%。

5）功率因数高。如采用无源滤波电路，功率因数 $\cos\varphi\approx0.7\sim0.8$，采用有源滤波电路的功率因数 $\cos\varphi\approx0.95\sim0.98$，故可节约无功功率。

6）视在功率低。以40W直管型荧光灯为例，电感式有功功耗为48W，视在功率为90VA；而高频式的有功功耗为41W，视在功率为43VA。

7）无频闪。有益于视力。

8）可变频20～180kHz，调光10%～100%。进一步节约电能（10%～90%）。

9）易起辉。延迟0.5～2s一次性起动，即使电源电压降至60%，环境温度降至－15°C，也能顺利起辉。

10）体积小，重量轻，与灯管易实现一体化。

高频荧光灯与工频荧光灯性能的对比详见表8-4。表8-5为相近照度下的不同灯的功率对照表。

表8-4　高频荧光灯与工频荧光灯的性能对比

参　数	高频荧光灯	工频荧光灯	对　比
工作频率 f/Hz	20000～50000	50Hz	节能省材
镇流器功耗 P_b/W	0.5～3.0	7～9	节省有功功率70%～90%
灯系统功耗 P/W	标称值1.05倍	标称值1.2倍以上	节省有功功率～20%
功率因数($\cos\varphi$)	0.6～0.95	0.4～0.6	节省无功功率50%～99%
补偿电容	勿需	需要	节约开支和空间
视在功率 S/VA	标称功率1.1倍左右	标称功率2倍左右	减少变压器容量30%～50%
工作电压 U/V	130～264	180～240	适合电压波动大的地区
起辉方式	一次预软起动	多次预热起辉	延长灯管寿命
起辉器	无	有	减少成本和故障
频闪	无	有	保护眼睛
环境温度 t/°C	－20～＋50	5～40	适应性强
保护功能	有	无	安全可靠
绝缘材料	阻燃材料	普通绝缘材料	防火
重量	轻	重	减轻80%
体积	小(一体化)	大	减小30%～50%

（续）

参　数	高频荧光灯	工频荧光灯	对　比
断丝再用	可	不可	废管利用
交流声	无	有	降低噪声
带多只灯管	简易	复杂	便于安装控制
灯具配套	轻便	笨重	现代化
可否调光	可	否	节电、延长寿命、保护眼睛

表 8-5　相近照度下的不同灯功率对照表　（单位：W）

高频一体化荧光灯	工频直管型荧光灯	白炽灯	高频一体化荧光灯	工频直管型荧光灯	白炽灯
3		15	13 ~ 15	20	75
5		25	18 ~ 22	30	100
7		40	28 ~ 30	40	150
9 ~ 12	15	60			

高频照明当前存在的缺点主要有两个：一是成本较高，比电感镇流器高 2 ~ 3 倍；二是谐波含量高，对电网有一定污染，采取功率因数校正及谐波抑制措施后可缓解，但又增加了成本。这一矛盾有待进一步的解决。

8.2.2　高频镇流器类型

高频照明的高频电来源于高频镇流器，高频镇流器根据不同用途、不同电路、不同器件和不同档次，分为不同的类型。

1. 电路类型

（1）高频镇流器电路基本类型

高频镇流器是一种高频振荡器。从电子学上看是一种交—直—交电压型变频器。从电路主电路（即振荡电路或逆变电路）基本原理上分，又可分为变压器耦合式 *LC* 并联谐振型，如图 8-10 所示；*LC* 耦合串联谐振型，如图 8-11 所示。

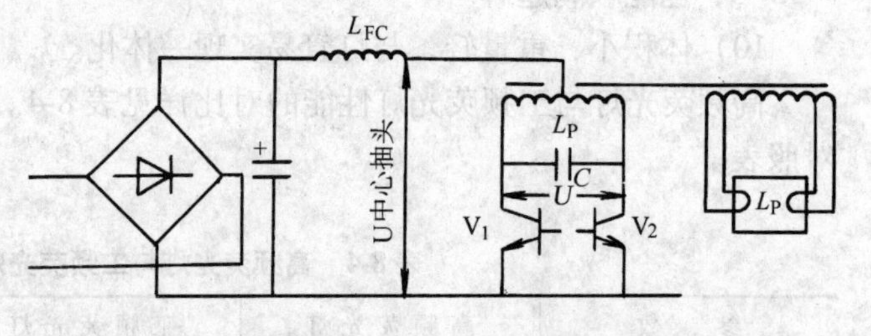

图 8-10　变压器耦合式 *LC* 并联谐振型电路原理图

早期的高频镇流器是采用并联谐振型。由于全部输出功率都要通过变压器耦合，势必加大变压器和镇流器的体积和重量，同时变压器的损耗也直接影响到镇流器乃至整个灯系统的

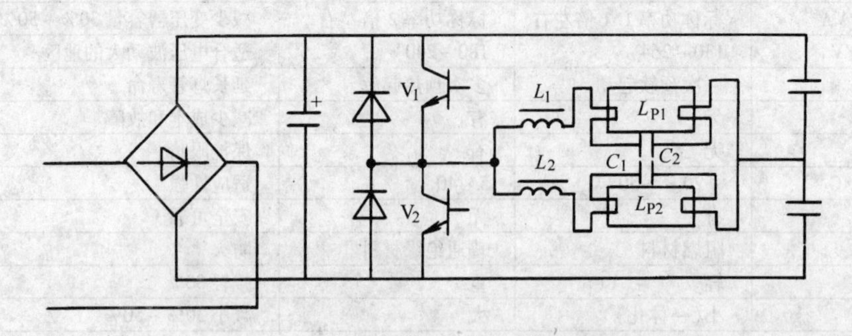

图 8-11　*LC* 耦合串联谐振型电路原理图

总效率。另一方面，LC 并联谐振电路对振荡管（或称逆变管）的耐压要求很高。这就是现代高频镇流器多采用串联谐振型的两个主要原因。

（2）LC 耦合串联谐振型基本电路

图 8-12 所示为 LC 耦合串联谐振高频镇流器的基本电路。此电路为国内外普遍采用的所谓触发式半桥振荡驱动电路，不仅适用于普通荧光灯、细管型荧光灯、紧凑型荧光灯，还可扩展到低压钠灯。它由整流电路（VD_1 ~ VD_4）、滤波电路（C_1、C_2）和振荡电路或称逆变电路（V_1、V_2、MT、HL、C_7）所组成，是一个典型的交—直—交转换电路。它通过整流桥将 220V 直接全波整流为直流电。再经两只电解电容器串联分压滤波，以降低电容器的端电压，从而降低成本并提高可靠性。也可采用一只耐压高的电解电容器，以减小空间。然后由两只晶体管 V_1 和 V_2，通过高频扼流圈 HL、灯丝和电容器 C_7 串联谐振，将直流电逆变为 20 ~ 50kHz 或更高频率的交流电。R_1、C_3 和 VD_5 组成起动电路用的锯齿波发生器，借以激励高频振荡，产生的高频高压电经过灯丝预热 0.4 ~ 1s，灯管一次性起辉。灯管起辉后由高阻变为低阻，改变了振荡参数，致使工作频率和工作电压均降至额定值。此时 HL 起限流稳流作用。由于 HL 电阻很小，所以高频镇流器消耗的有功功率只有 0.5 ~ 1W，从而实现节电目的，功率因数为 0.6 左右，加装无源滤波电路后功率因数可达 0.7 以上。

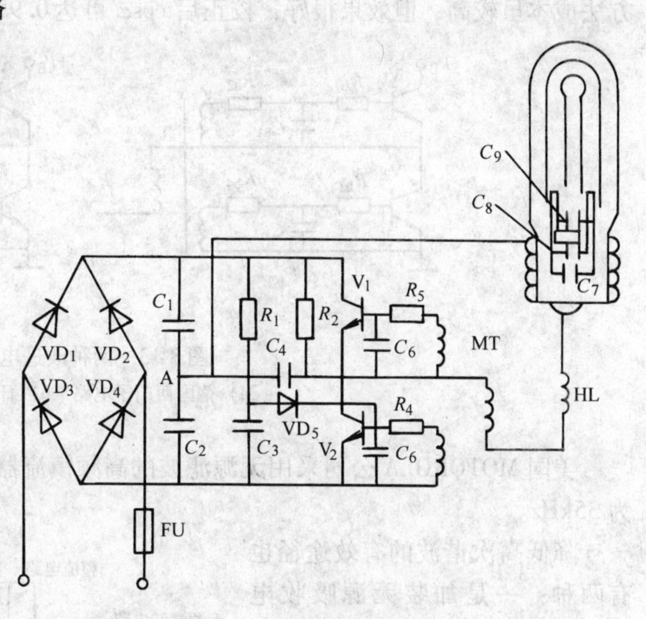

图 8-12 20 ~ 50kHz 晶体管高频镇流器基本电路

图中的 C_7 ~ C_9 构成多重起辉网络，一旦灯丝烧断（无论烧断一端或者两端），只要不漏气且有发射能力，仍可起辉，使废灯管复活。

（3）提高可靠性电路

在上述电路基础上进行改进，以减少器件发热损耗，降低有功功率损耗；提高可靠性，延长使用寿命；提高功率因数，降低谐波损耗，净化电网。

高频镇流器中主要发热元器件是晶体管，其次是滤波电容、高频扼流圈和硅堆整流器。减少晶体管发热损耗的根本途径是降低其开关损耗。

德国西门子公司在利用 C_3 和 C_4 的存储电容器将 MT 磁环二次侧感应的脉冲电压转换为电场能量提供发射结存储电荷的基础上，又在基极与电容器之间各加一只适量的电阻，从而加大 RC 时间常数，确保管子的导通时间，如图 8-13a 所示。

日本则将 MT 磁环二次侧感应的脉冲电压加到附加的电感中变为磁场能量存储，再通过与之串联的电容器充放电交换能量，从而保证发射结电荷的存储时间，如图 8-13b 所示。

（4）提高功率因数与抑制高次谐波电路

提高功率因数的途径有两种：

一是采用无源滤波元件，功率因数 $\cos\varphi$ 可达0.7～0.8以上，这种方法简单易行，成本低。另一种是加装有源功率因数校正电路（APFC），使输入电流相位始终跟随电压。这种方法成本虽较高，但效果很好，校正后 $\cos\varphi$ 可达0.95以上。

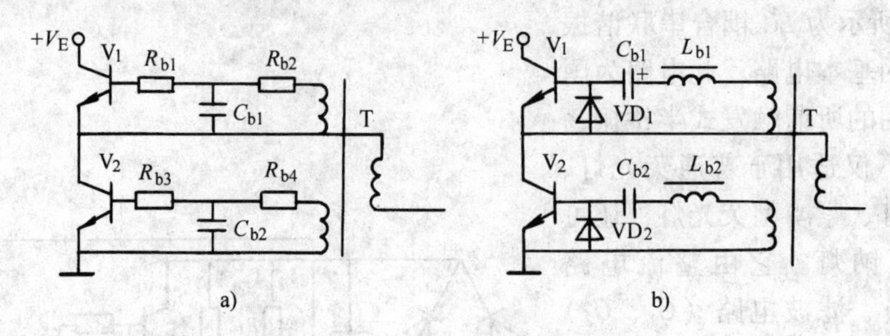

图8-13　两种改进电路

a）德国西门子电路　b）日本电路

美国MOTOROLA公司采用无源滤波的高频镇流器的典型电路如图8-14所示，工作频率为35kHz。

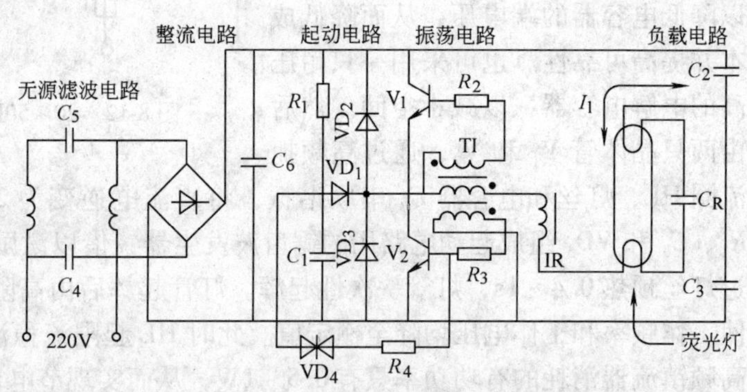

图8-14　MOTOROLA无源滤波高频镇流器典型电路

降低高次谐波的有效途径也有两种：一是加装无源吸收电路，如在电源输入侧装设 LC 抑制电路，可保证谐波分量降至35%以下；二是加装电子滤波器即有源滤波电路，谐波分量可降至25%以下。

目前，APFC控制IC发展到固定频率（可达300kHz）的脉宽调制（PWM），使电流总谐波含量THD＜5%，$\cos\varphi \geqslant 0.995$。如西门子公司、美国MOTOROLA、IR、APT、韩国三星等公司都推出了新型APFC。一般是由象限乘法器、误差放大器、PWM电压比较器、零电流检测器、逻辑电路及驱动输出级等单元电路所组成的集成电路，具有微功耗、欠电压锁定、输出钳位、峰值电流及开关频率限制等功能，如MOTOROLA公司的MC34262型有源功率因数校正电路（APFC）。这种有源滤波器与无源滤波器相比，具有理想的功率因数（接近1.0）、较低的谐波电流、较小的电抗器（1.2～10mH）及电容器（2.2～8.3μF）、较宽的输入电压范围（90～270V）和可调节的滤波电容电压等特点。

（5）变压器耦合 LC 串联谐振电路

因卤素灯工作在低压范围，于是在 LC 串联谐振电路中，又串入一级变压器，提供卤素灯高频低压电（12V）。MOTOROLA公司的典型电路如图8-15所示。

（6）高—低频电路

这是针对高强度气体放电灯（HID）在高频工作时，因“音频共振”引起的电弧不稳、闪烁甚至灭弧问题而采用的一种低频矩形波电路。图8-16为金属卤化物灯高—低频镇流器基本原理图。

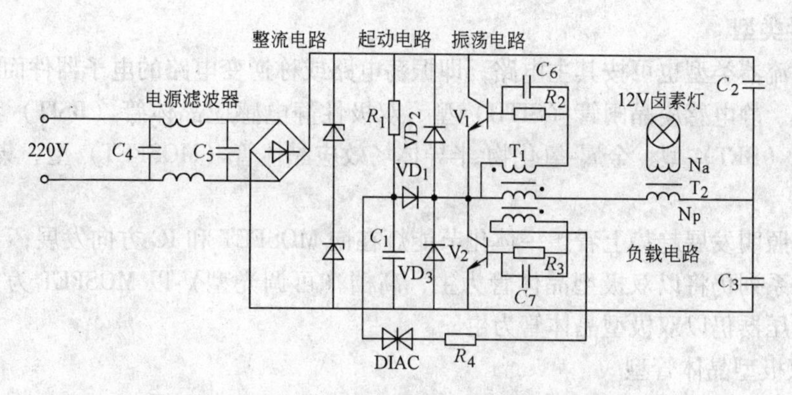

图 8-15 MOTOROLA 卤素灯高频镇流器电路

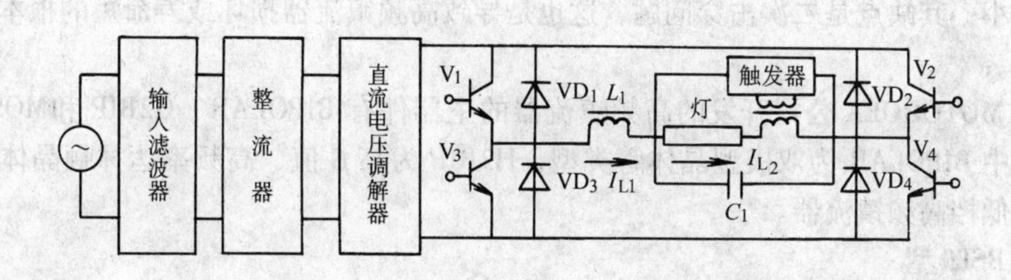

图 8-16 高—低频镇流器基本原理图

电路中的 V_1、V_2 为高频（几十千赫开关器件），而 V_3、V_4 为低频（几百赫）开关器件；L_1 为扼流圈，用以限制灯电流；C_1 为高（频）通（过）电容器；触发器是在灯起辉时间给灯提供脉冲电压。图 8-17 为高—低频镇流器电压和电流的波形图。

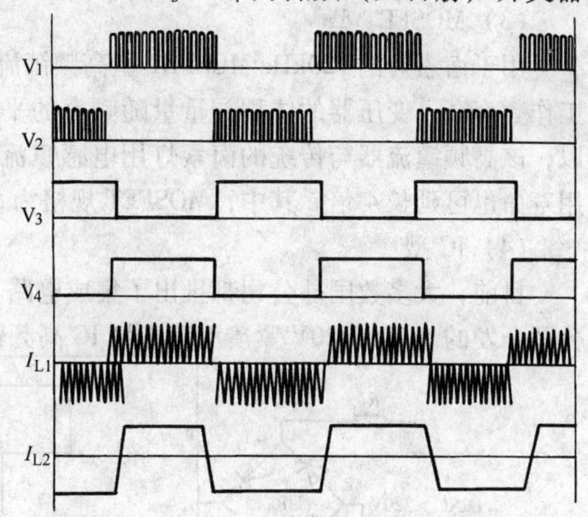
图 8-17 高—低频镇流器电压和电流波形图

采用这种电路可以把弧芯亮度控制在给定的各种灯电压范围内，保证灯的使用寿命。

（7）调光电路

图 8-18 为一调光台灯的典型电路。主电路由电源开关 S、灯泡 H、双向晶闸管 VT、电感 L 等构成；电位器 RP_1（微调）、RP_2（带开关）、电阻 R_1、电容 C_2 和双向二极管 VD 组成双向晶闸管的触发电路。当充电电压达到双向二极管正负导通电压阈值时，触发双向晶闸管 VT 双向导通；当输入电源电压过零时，VT 自动关断。调整电位器阻值可调整充电速率，即可调整晶闸管的导通角，从而调节灯光的强弱。另外，L 和 C_1 构成高频滤波电路，使高频触发信号不致污染电网。它们的工频阻抗很小，不会影响灯光的亮度。

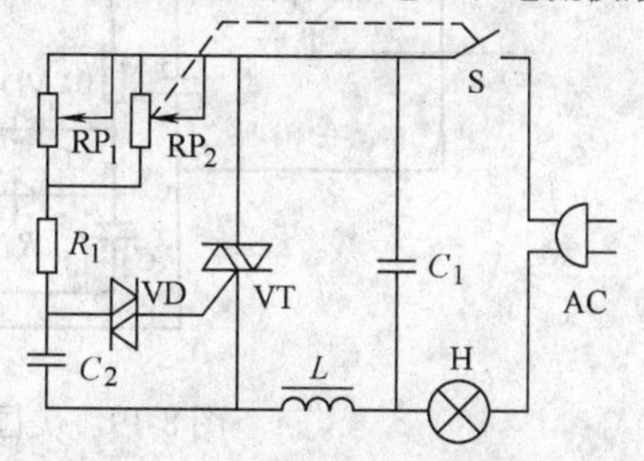

图 8-18 调光台灯的典型电路

2. 器件类型

高频镇流器类型也可按其主电路，即振荡电路或称逆变电路的电子器件而划分为：双极型晶体管型、静电感应晶闸管（SITH）型、双极性静电感应晶体管（BSIT）型、双极型宽温区晶体管（BFT）型、金属-氧化物-半导体场效应晶体管（MOSFET）型、集成电路（IC）型。

从高频照明发展趋势上看，一体化节能灯在向 MOSFET 和 IC 方向发展；工业照明 35W 以上的经济系列仍将以双极型晶体管为主，高档（可调光型）以 MOSFET 为主；低压卤素灯的电子变压器仍以双极型晶体管为主。

（1）双极型晶体管型

双极型晶体管，因有两种载流子工作（电子与空穴）而得名，其优点是耐压高、电流大、管压小，其缺点是二次击穿问题，这也是导致高频镇流器损坏或寿命短的根本性原因之一。

美国 MOTOROLA 公司开发的高频镇流器的主器件有 BIPOLAR、H2BIP 和MOSFET三种类型。其中 BIPOLAR 为双极型晶体管类型，H2BIP 为高 β 值、高频率达林顿晶体管型，适用于中、低档高频镇流器。

（2）BSIT 型

BSIT 是一种新型的快速功率半导体器件，它集双极型与场控型晶体管特点于一体，利用 IC 工艺制成。BSIT 可在很宽的范围完全取代双极型功率晶体管，具有可靠性高、开关频率快、通态压降低、减小吸收电路、无二次击穿等特点。其驱动与双极型晶体管相同。

（3）MOSFET 型

用于卤素灯的 120kHz MOSFET 型高频镇流器采用了变压器耦合 *LC* 串联谐振方式，由于工作频率高，变压器的体积与重量随频率的平方根成反比减少，效率可达 85%～96%。所以，该高频镇流器与传统的卤素灯用电感镇流器相比，重量减少至 1/10～1/15，卤素灯使用寿命也可延长 4 倍。其中，MOSFET 规格为 500V、9. 6A。

（4）IC 型

目前，大多数国外公司都推出了集成电路（IC）高频镇流器。如图 8-19 所示为美国 IR 公司开发的 13W、220V 紧凑型荧光灯 IC 高频镇流器基本电路图。

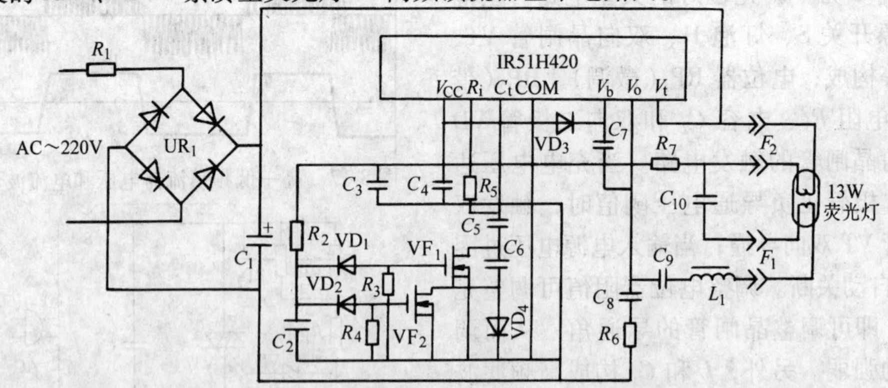

图 8-19　美国 IR 公司 IC 高频镇流器电路

3. 应用实例

（1）U 型管节能灯控制电路

图 8-20 为一种 U 型管节能灯控制电路。该电路的工作原理如下：

220V 交流电经 VD_1 ~ VD_4 桥式整流、C_1 滤波后，获得 300V 左右的直流电压。R_6、C_3 及双向二极管 VD 构成触发电路。当 C_3 充电至 VD 的转折电压后，VD 迅速将 C_3 上的电荷部分经磁环 T_3 耦合放电，T_1 为 VT_1 提供一个正向偏流，使 VT_1 饱和导通。充电形成的瞬时电路为：电源 A 点→VT_1（c、e 极）→B 点→灯丝 R01→C_5→灯丝 R02→电感 L→C_4→T_3→电源负极。

变化的电流加于 T_3 后，通过磁环的耦合，又反过来迫使 VT_1 截止，使 VT_2 导通，这时 C_4、C_5 中被充的电荷又通过 VT_2 泄放掉，其电流通路为：C_4 正极→L→灯丝 R02→C_5→灯丝 R01→B 点→VT_2（c、e 极）、R_4→T_3→C_4 负极。

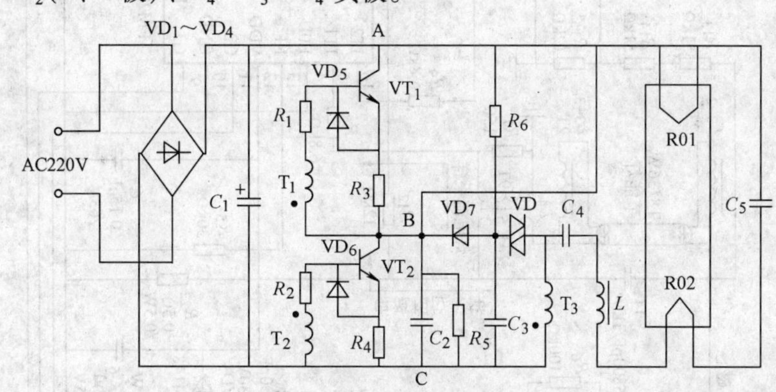

图 8-20 一种 U 型管节能灯控制电路

由于 VT_1、VT_2 不断地交替导通和截止，再配合 C_2 的积分作用，便在 B、C 两点之间获得了一近似正弦波的交变高频电压，将灯管启辉点燃。

灯管启辉后，其内阻急剧下降，使 L、C_5 两端谐振电路品质因数 Q 值大为降低，电路处于失谐振荡，故灯管两端（即 C_5 两端）的高启辉电压降为正常工作电压，维持灯管正常发光。L 起着稳定电流的作用，相当于电感镇流器。

（2）FM2822 型可调光荧光灯电子镇流器控制器及其应用

FM2822 是上海复旦微电子公司研发的可调光荧光灯电子镇流器集成电路。与一些国外公司的同类 IC 比较，在设计上有独特之处，可以简化外围电路设计，大大增加外围设计的灵活性。

基于 FM2822 的 T8/36W 型节能灯电子镇流器电路如图 8-21 所示。图中，C_1、L_1 和 C_2 组成 EMI（电磁干扰）滤波器，VD_1 ~ VD_4 为桥式整流器，RP_1 为调光电阻，V_1 和 V_2 为半桥开关，$L_{3\text{-}1}$ 和 C_{14} 组成 LC 串联谐振电路，L_4 的二次绕组与 R_7 组成灯电流采样电路，R_{12} 和 R_{22} 等组成电流相位采样电路，R_{11}、R_{14}、R_{15}、VD_6 和 C_{12} 组成灯电压和过压检测电路。

其工作原理如下：

1）电路启动。在接通 AC 电源后，电流经桥式整流器输出，并经启动电阻 R_1、R_2 及 VS 对 IC（FM2822）的 VDD 引脚上的电容 C_6 充电。当 C_6 上的电压达到 11V 以上时，IC 启动，振荡电路起振，半桥逆变器开始工作。一旦半桥产生输出，C_5、VS 和 VD_5 等组成的电荷泵电路则为 IC 的 VDD 引脚提供工作电流。

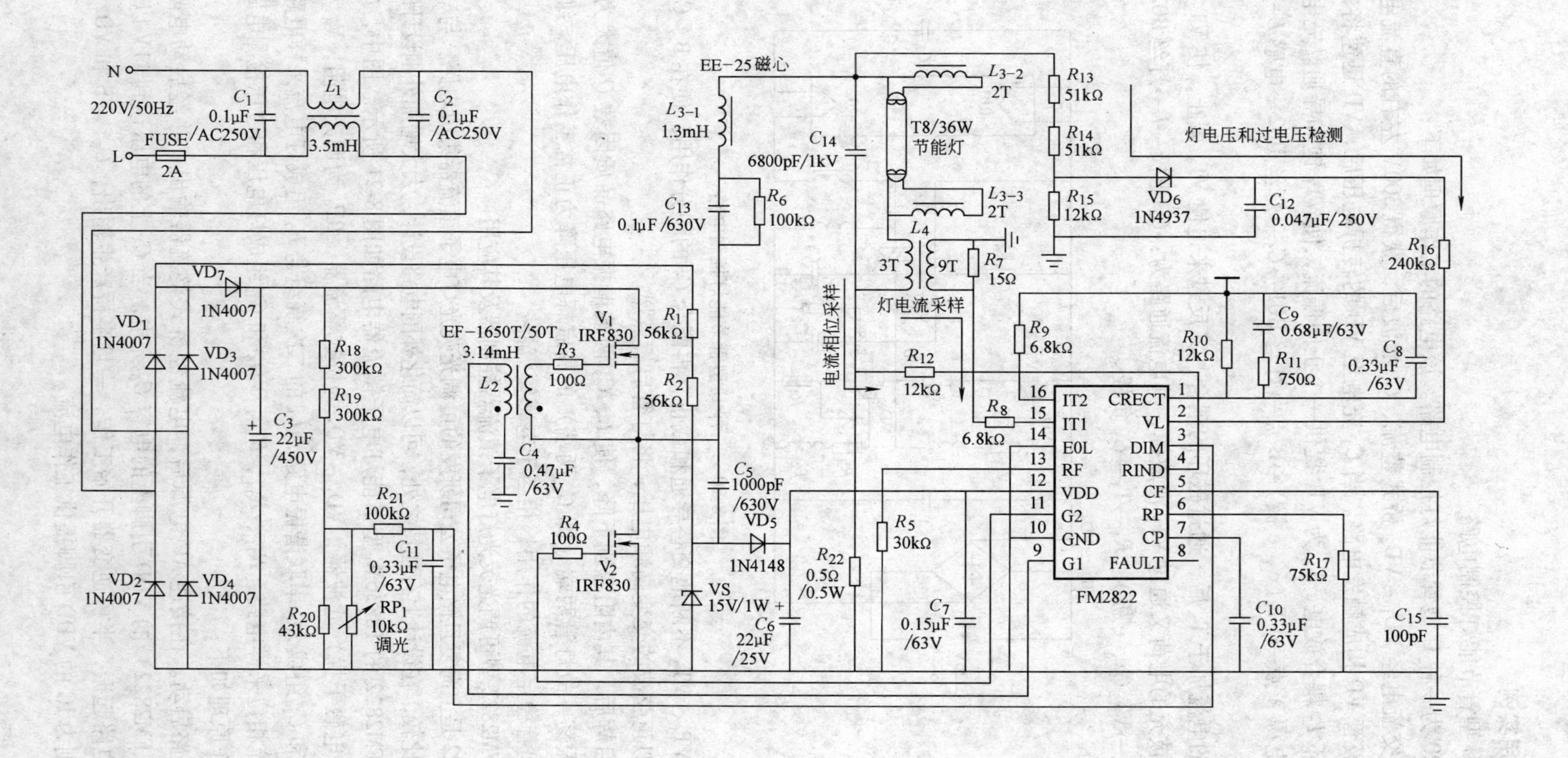

图8-21　基于FM2822的T8/36W型节能灯电子镇流器电路

2）预热与启辉（触发）。灯丝预热的目的是为了延长灯管寿命，同时降低灯触发电压。一旦电路启动，振荡器则产生一个较高的频率对灯丝预热，当IC引脚CP上的电容C_{10}电压升至4V时，预热时间结束。当C_{10}取0.331μF时，预热时间为1s。预热频率主要由IC引脚RP外部电阻R_{17}设定。R_{17}阻值越大，振荡频率则越低。通常将预热频率设置为50～60kHz。

在预热结束之后，C_{10}上的电压从4V开始向0V扫描，振荡频率从预热频率向工作（即稳态工作）频率扫描。当频率接近L_{3-1}和C_{14}的固有频率时，则发生LC串联谐振，在C_{14}上产生一个高压将灯点亮。触发时间为0.2s。工作频率即最低振荡频率，通常将其设置为35～45kHz，具体由引脚RF上的电阻R_5和引脚CF上的电容C_{15}共同决定。

3）调光。IC引脚DIM上的调光信号与引脚CRECT上的信号作比较，内部误差放大器产生相应的误差电流送至压控振荡器产生某一个频率，使逆变器在该频率下工作，并在谐振电感L_{3-1}上产生一个阻抗，以决定灯电流和灯功率，从而决定灯亮度。

IC引脚IT1和IT2接收灯电流采样信号，经内部全波整流后输入到乘法器。引脚VL接收灯电压采样信号，并作为乘法器的另一个输入。引脚CRECT上的输出电流（乘法器输出）经外部阻容滤波电路滤除高频成分，决定灯电流和灯电压乘积信号，从而对调光控制实现功率闭环反馈。引脚DIM上的输入DC电压为0～4V，相应的灯功率调节范围为2%～100%。

8.2.3 镇流器鉴别

市场上销售的镇流器可谓琳琅满目，尤其是一体化荧光灯中的镇流器。如何辨别其真伪和优劣，以下几方面可供参考：

1）价格：电感式的最便宜；高频高档式的最贵，高频低档式的次之；倍压式的再次之，但略高于电感式。

2）外观：电感式的体积大且为铁皮封装；高频式的体积稍小，采用半封闭式的塑料外壳，壳上开有许多散热孔；倍压式的体积小，多为塑封式。

3）重量：电感式的笨重；高频式的较轻；倍压式的轻小。

4）内部结构：电感式的由铁心线圈构成；高频式的由晶体管、电解电容器、高频电感等组成；倍压式的仅由二极管和薄膜电容器组成。

5）起辉：电感式的总要闪2～3次后才能起辉；高频式的延迟0.4～1s便可一次起辉；倍压式的则瞬间起辉，属于冷起动或称硬起动，会破坏灯丝发射物质。

6）亮度：电感式的有频闪（50Hz）；高频式的无频闪；倍压式的因灯电流不足而发暗。

7）声音：电感式的有电磁交流声；高频式的有超音频，但听不到；倍压式的有直流电，无交流声。

8）发热量：电感式的灯管温度高；高频式的比前者约低一半；倍压式的灯管温度低，其导线内藏有镇流用电阻丝，将消耗电能转换为热量。

9）输入电压、电流：其积为视在功率，电感式的约为额定功率的2倍左右；高频低功率因数的，约为额定功率的1.5倍左右；高频高功率因数的为额定功率的1.1倍左右；倍压式的则低于额定功率。

10）输入功率因数：电感式的为0.4～0.6；高频低档式的约0.6～0.8，高频高档式的达0.95以上；倍压式的为电容性。

11）灯管波形：电感式的为工频畸变波形；高频式的为超音频畸变波形；倍压式的为直流脉动波形。

8.2.4 变频电源

电气设备、通信设备、计算机及外部设备、电子仪器、机电一体化设备乃至家用电器等，都离不开电源转换装置，即从动力电或市电转换为所需要的直流电或交流电，且许多场合需要稳压，有的还需要稳频稳压。电源装置也经历了旋转机组、电子管、晶闸管、双极型晶体管、场效应晶体管、集成电路等主电路器件的变革。早期应用的变压器抽头整流式、调压变压器整流式、磁放大式、磁饱和式等电磁式、半电子式电源逐渐被电子电源所取代。电子电源主要有线性稳压式、开关稳压式两种类型。前者采用降压稳压方式，使调整管上的功耗变为热量散发掉，其转换效率只有50%左右；后者即变频式，或称逆变式。变频式有工频式（50Hz）、中频式（15kHz以下）、高频式（16kHz以上）之分。尤其是后者具有体积小、重量轻、效率高、功率因数高等优点，是电源装置发展的方向。

在高频电源中，又分为脉宽调制（PWM）型和谐振型两种类型。前者是采用固定频率，脉冲通过改变脉冲宽度（导通时间）进行全功率开关转换，称为硬转换型；后者是采用正弦波固定导通时间在交流过零（零电压）或电流过零（零电流）时进行开关转换，称为软转换。后者功率损耗几乎为零，谐波干扰、电磁干扰和射频干扰也较小，是最有发展前途的新一代开关电源。

谐振型开关电源的类型主要有：电流谐振型、电压谐振型、多谐振型和部分谐振型。

电源装置根据主次作用分为主电源（一次电源）和辅助电源（二次电源）。如程控交换机的48V电源是主电源，容量较大；而辅助电源由主电源输入，二次输出多种电压，容量较小。

电源装置根据用途又分为：计算机（单片机、单板机、微型机、小型机、中大型机、PLC、工作站、外部及终端设备等）电源、通信（有线通信、程控交换机、传真机、无线通信、广播电视设备、微波通信、卫星地面通信等）电源、办公自动化（OA）设备（打字机、复印机、多媒体设备等）电源、工厂自动化（FA）设备（模拟控制、程序控制、数字控制、智能控制、电力控制、自动售货机等）电源、检测设备（检测仪表、医用电子设备等）电源、家用电器（电视机、卡拉OK机、收录机、摄录放机、高级音响、游戏机等）电源等。

8.2.5 不间断电源（UPS）

通常电源停电后即刻停止输出，而重要设备如精炼设备、半导体设备、通信设备、计算机、医院、造币厂、金融机要部门等必须保证不中断供电。不间断电源UPS是一种恒压型不间断电源，有交流工频式，也有直流输出式。主要用于瞬时断电或事故停电时即时辅助供电，并维持一定的时间，以免停电造成损失。同时，要求稳频稳压，减少谐波对电网功率因数的污染，改善电网供电质量。

1. UPS类型

早期的UPS，是备用发电机组。随着电子技术的发展，出现了电子管式UPS；进入半导体时代，又出现了晶闸管式 UPS；随着集成电路的迅猛发展，出现了双极型功率晶体管（GTR）式 UPS；接着就被单极型场效应晶体管（MOSFET）和复合型绝缘栅双极型晶体管（IGBT）式 UPS 所取代；现在有智能型功率模块（IPM）式UPS。

根据其使用方式，又分为离线式、在线式和并网式等类型。

按其输出方式分为交流型（单相、三相）和直流型两大类。目前我国民用以交流 UPS 为主，直流 UPS 主要用于军事和通信。直流 UPS 是在 A/D 开关电源基础上，配置 48V 蓄电池、转换开关和充电机构成。

2. UPS 的主要技术指标

UPS 有十多项主要指标，如何比较专业地认识 UPS 指标，涉及到 UPS 的设计思想。现以 POWERSON 牌单相 UPS 为例简要说明如下：

1）输入电压。一般为 176 ~ 253V。对于后备式 UPS，当输入电压低于 176V 或高于 253V 时，UPS 就进入后备工作状态。对于在线式 UPS，当输入电压低于 176V 就报警，并有可能开始耗用后备电池；当输入电压高于 253V 时，切断市电输入，由后备电池供电，并禁止旁路从市电直接供电。

2）输出电压。正弦波输出的 UPS 的输出电压一般为 220(1 ±3%)V，优于市电。另外，由于逆变器内阻比电网大，所以瞬态响应是考核 UPS 逆变器性能比较重要的指标，一般动态电压波动范围为 220(1 ±10%)V。瞬变响应恢复时间小于 100ms。

PWM 方波 UPS 的输出电压测量情况比较复杂，一般应该用真有效值表测量 PWM 方波电压有效值。

3）电流。输入、输出电流是选用 UPS 的重要指标。输入电流大小和波形反映 UPS 效率和功率因数，输出电流直接反映 UPS 逆变器输出的能力。

对于相同功率的 UPS，输入电流越小，效率越高。传统工频在线式 UPS 输入电路采用晶闸管整流，其功率因数仅 0.6 ~ 0.7。而新一代 UPS，如 POWERSON MUI 系列等高频 UPS，输入用 IGBT 有源整流，功率因数达 0.98 以上，消除了谐波电流对电网的污染，称为绿色电源。

输出电流反映 UPS 输出能力的大小。如 MUI3000UPS，其输入、输出功率为 3000VA/2000W，输出电流 13.6A，输出功率因数 0.67，输入电流 10.7A，输入功率因数高于 0.98。输出功率因数为 0.67，说明其逆变器带非线性负载能力强，适用于计算机负载。

由于 MUI3000 采用 PFC 技术，输入功率因数高于 0.98，因此出现输入电流小于输出电流的情况，这反映 MUI 系列 UPS 的效率高，是节能产品。由于 UPS 大大提升了电网的功率因数，减小了配电损耗，因此，消除了负载对电网的污染。

4）后备时间。一般 UPS 后备时间设计值为 5 ~ 10min，但由于用户实际使用总会留有一定功率余量，实际后备时间会大于额定值。但应注意由于 UPS 一般配用全密封免维护铅酸蓄电池，后备时间会受到下列因素的影响：

①负载大小与后备时间不成线性关系：负载从满载减到半载，后备时间可增加 1.5 倍以上。但在允许使用温度范围内每降低 1°C 将损失 1% 以上的后备时间。

②电池寿命一般可达 3 ~ 5 年：这取决于使用条件、充放电状况、使用环境，同时要注意长期储存而缺乏维护或使用中只充不放等都会影响电池寿命。

8.2.6 单相在线式 UPS 典型实例

1. 电路分析

单相在线式不间断电源的典型原理框图如图 8-22 所示。它由逆变器主电路、控制电路、驱动电路、电池组、充电器以及滤波、保护等辅助电路组成。

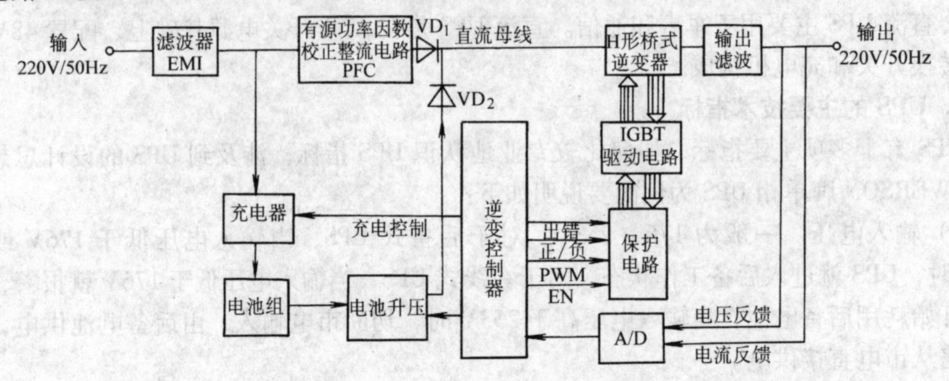

图 8-22 单相在线式不间断电源框图

工作原理：当市电正常时，输入的市电经滤波器输入到有源功率因数校正整流电路 PFC，使输入功率因数接近 1。由 PFC 电路输出稳定的直流电压与电池升压电路输出电压，经二极管 VD_1、VD_2 在直流母线上并联。电池升压电路的输出电压略低于 PFC 整流器输出电压，所以在市电正常情况下，由 PFC 整流后的市电向逆变器提供能量。

当市电出现异常情况时，PFC 输出将低于电池升压输出。这时由电池升压后向逆变器提供能量，充电器停止工作。

H 形全桥式逆变器将直流母线上的 400V 电压逆变成 220V、50Hz 正弦交流电压并经输出滤波器输出。

控制器由单片机及其他辅助电路组成，主要负责脉宽调制波的产生、输出正弦波与市电同步、UPS 管理以及报警和保护。

逆变器是 UPS 中重要的组成部分之一。现在都选用 IGBT 管作为主功率变换器的开关管，逆变器的调制频率为 20kHz。由逆变控制器、H 形桥式逆变器、驱动和保护电路组成。

逆变控制器由基准正弦波发生器、误差放大器与 PWM 调制器构成。逆变器的输出电压、反馈信号和基准正弦波信号送到误差放大器，其输出误差信号再与 20kHz 三角波通过电压比较器进行比较，调制出 PWM 信号，如图 8-23 所示。但实际应用中上述功能已由单片机独立完成。

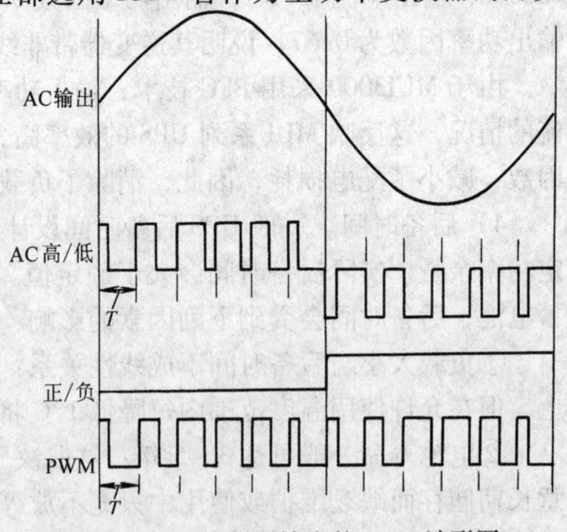

图 8-23 逆变控制器输出的 PWM 波形图

硬件保护电路的主要功能是产生死区抑制时间、执行逆变器关闭、产生 4 个桥臂驱动信号等。PWM 信号和正/负信号来自单片机，经过死区抑制时间 1μs 后分 4 路送至桥臂的驱动

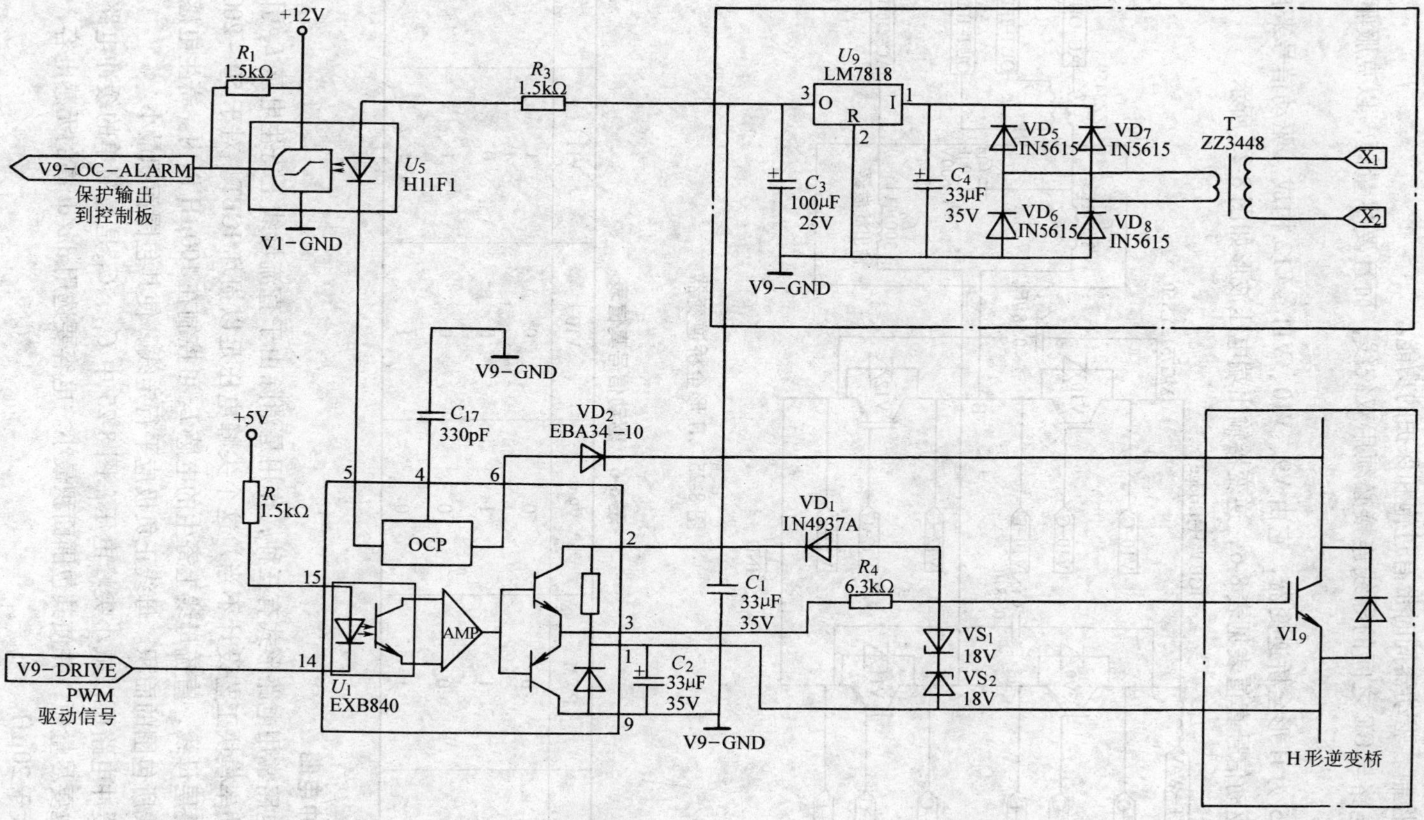
+12V
R1 1.5kΩ
R3 1.5kΩ
U9 LM7818
3 O R I 1
2
V9-OC-ALARM
保护输出
到控制板
U5 H11F1
V1-GND
C3 100μF 25V
C4 33μF 35V
VD5 IN5615
VD7 IN5615
VD6 IN5615
VD8 IN5615
T ZZ3448
X1
X2
V9-GND
C17 330pF
VD2 EBA34-10
+5V
R 1.5kΩ
5
4
6
OCP
2
VD1 IN4937A
R4 6.3kΩ
C1 33μF 35V
15
AMP
3
14
1
C2 33μF 35V
VS1 18V
VS2 18V
VI9
V9-DRIVE
PWM
驱动信号
U1 EXB840
9
H形逆变桥

图8-24　驱动电路

器。死区抑制时间的长短取决于IGBT开通和关闭速度及驱动自身的延时。

驱动电路如图8-24所示，它由隔离电路的辅助电源和驱动器EXB840构成，完成对4个IGBT管的控制。驱动器同时带有过饱和保护的功能。

驱动电路与GE之间的导线连接必须用双绞线，而且要尽量短，以克服驱动过程的干扰。

图8-25为H形全桥逆变器，它由V9、V10、V11、V12构成。驱动信号来自于EXB840的输出。驱动信号真值表见表8-6，逆变器输出端电压波形如图8-23所示。

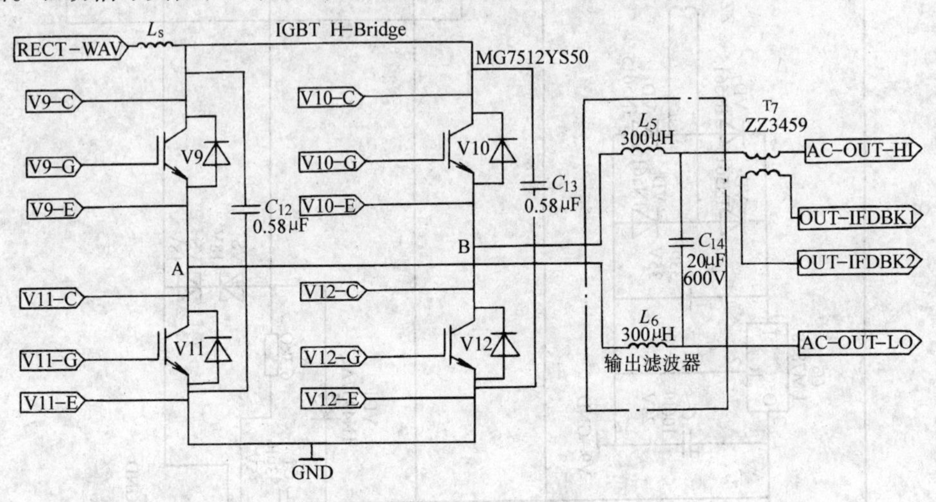

图8-25 H形全桥逆变器

表8-6 驱动信号真值表

正/负	PWM	V9	V10	V11	V12
0	0	0	0	1	1
0	1	1	0	0	1
1	0	0	0	1	1
1	1	0	1	1	0

2. 缓冲电路

缓冲电路常用电路形式有三种，作用是消除由于直流母线上寄生电感 L_S 引起的尖峰电压。如果功率模块工艺设计不当，这个尖峰电压足以损坏IGBT。对于50～200A的IGBT，如果采用叠层母线，直流母线上寄生的电感 L_S 可控制在100μH以内。寄生电感的大小取决于直流母线所包围的面积。母线正负极应平行走线，使其包围面积最小。

采用缓冲电路可以减小尖峰电压，图8-25中 C_{12}、C_{13} 是最简单的缓冲电路，实际应用时其引线也要尽量短，并使其包围面积最小。电容要选用 du/dt 高的无感电容，缓冲电路总电感不要大于20μH。

3. IGBT保护和选用

UPS的保护主要就是功率变换电路的保护，即IGBT保护。保护措施有：

1）过功率损耗：热关断，电流限制。

2）过电流：过电流关断，电流限制。

3）过电压：过电压钳位。

4）过温度：热关断。

5）驱动功率不足：栅极欠电压关断。

在 UPS 设计中，正确使用 IGBT 的另一个重要环节是短路保护。在短路情况下，IGBT 的工作区域不能超出安全工作区。当检测到短路电流后，有几种方法可防止IGBT被损坏，最简单的方法是在 10μs 内关闭 IGBT 驱动信号，这就要求设计缓冲吸收电路时要考虑短路情况，同时也要检测 U_{CE} 饱和压降，控制在饱和导通状态下 $U_{CE} \leq 7.0V$，这样可大大减小短路状态下 IGBT 的过载，保证工作在安全区内。

此外，由于开关频率为 20kHz，故应选用第三代速度高、饱和压降低的 IGBT，如东芝的 MG75J2YS50。

输出滤波器是个低通滤波器，能滤除 20kHz 的调制频率及其高次谐波分量，输出 50Hz 工频电压，输出波形中高频成分不应超过 1%。

8.2.7 UPS 的发展方向

1）高频化。所谓高频化，一是先逆变为 18～20kHz 的高频交流电，然后再经二次变频输出工频交流电。二次变频的方式有：交—交型，即直接变换器，如图 8-26a 所示；交—直—交型，即经过工频整流、滤波、高频逆变、整流、滤波、高频（16kHz）载频 PWM 逆变，获得正弦波工频交流电，如图 8-26b 所示。其中隔离变压器，有的加在高频输出端，有的加在工频输出端。

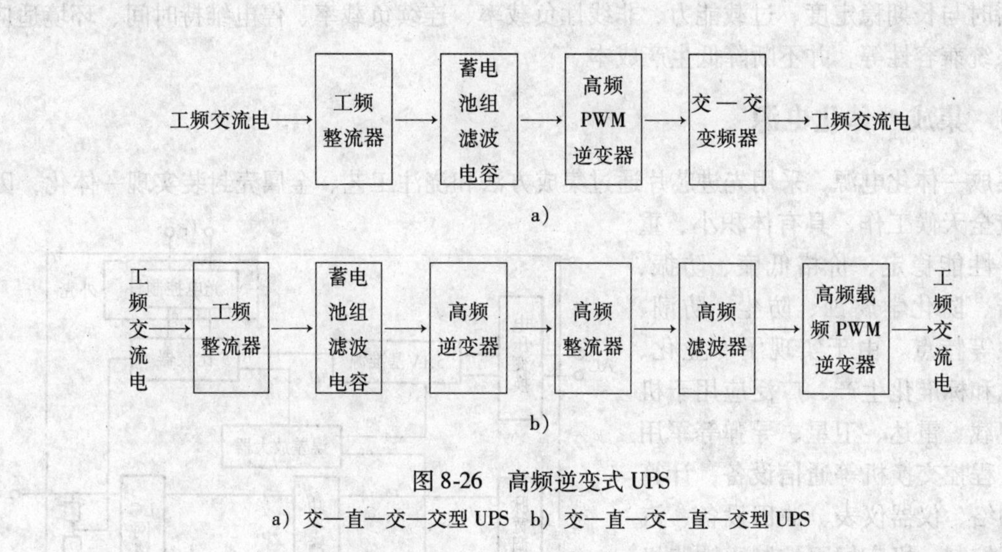

图 8-26 高频逆变式 UPS
a）交—直—交—交型 UPS b）交—直—交—直—交型 UPS

2）容量两极化。一方面发展小型化、轻型化和薄型化的小型便携式电源；另一方面开发重要部门的大型 UPS，以适应市场需求。

3）谐波抑制与功率因数校正。早期的晶闸管式 UPS，因输出方波，故谐波大，功率因数低（0.7 以下），采用 12 相或 24 相整流则明显改善。后来采用双极型晶体管（GTR）施以 PWM 控制，谐波得到有效抑制，功率因数也达到 0.9 以上，但 GTR 载频频率不高，又有二次击穿问题，于是场控型（MOSFET）UPS 应运而生，载频可达 16kHz 以上，根除了二次击穿的弊病，但功率不大；于是又出现了具有双极型和场控型优点的 IGBT 式 UPS 进入中大容量领域。

目前采用功率因数校正电路（PFC）和 PWM 整流器的 UPS，输入端的 THD 可降到 5% 以下，功率因数高达 0.95～0.99。根据 IEC555 的要求，各种电源转换器必须向 PFC 方向发展。根据欧洲电磁相容标准规定，输出 300W 以上的产品均要求采用 PFC 技术。

4）智能控制。现代 UPS 已逐步采用（16 位）CPU 和（32 位）DSP，实现数字化控制。

5）主器件更新换代。逆变式 UPS，从第一代晶闸管（SCR），发展到第二代双极型晶体管（GTR），现在已进入到第三代场控型晶体管（MOSFET、IGBT），第四代智能功率模块（IPM）也将得到应用。

6）非线性负载适应性。以往的 UPS 的非线性负载率只有 70%～80%，甚至更低。采取高频 PWM 控制瞬时电压措施后，非线性负载率可达 100%。

日本三垦公司最新的 UPS，由于采用高频 PWM 瞬间电压控制和 IGBT 逆变器件，不仅实现了高速控制，且大幅度地降低了输入端的高次谐波和无功电流，还能对负载的急剧变化引起的瞬间电压变化进行有效控制，因而适应包括整流器负载在内的 100% 非线性不平衡负载。

7）降低噪声。日本 1kVA 的 UPS 噪声为 40dB，50kVA 的为 60dB，以便于UPS 与个人微机一道置于办公室内。降低噪声的措施有：超音频化，如高频逆变与载频调制；采用自然空气冷却，可降低噪声水平 5dB。

8）提高性能价格比。提高性能包括容量、转换效率、谐波含量、功率因数、电压与频率的瞬时与长期稳定度、过载能力、非线性负载率、连续负载率、停电维持时间、环境适应性、系统兼容性等，并不断降低生产成本。

8.2.8 集成一体化电源

集成一体化电源，采用先进芯片通过集成方法和浇注工艺、金属壳封装实现一体化，因而适应全天候工作，具有体积小、重量轻、性能稳定、价格低廉、防振、防冲击、防化学腐蚀、防尘、防潮、防油蚀等特点。由于实现了专业化、模块化和标准化生产，广泛应用于机载、舰载、雷达、卫星、导弹等军用设备，程控交换机等通信设备，计算机及网络、仪器仪表、油田设备、汽车装配控制、机床伺服控制、铁路机车及发电厂等专用设备上。

这种集成化电源分为 18 种类型，350 种电压值，最小电压挡 0.1V；兼有单路、多路、可调、正负输出。其基本电路原理框图分别见图 8-27 和图 8-28。

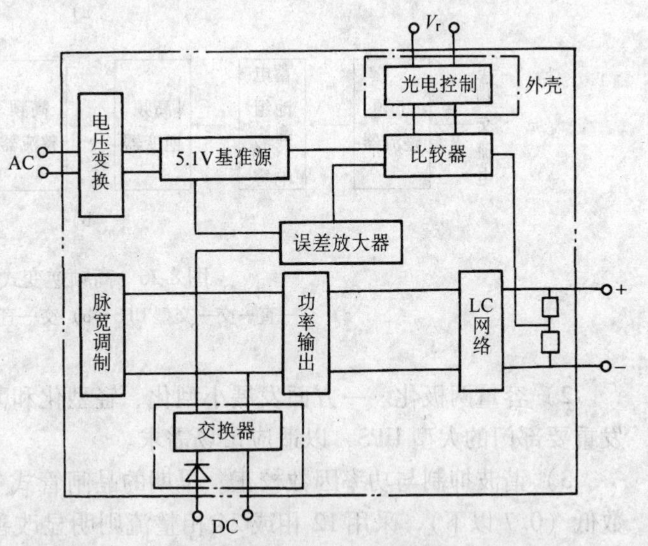

图 8-27 开关式集成一体化电源电路原理框图

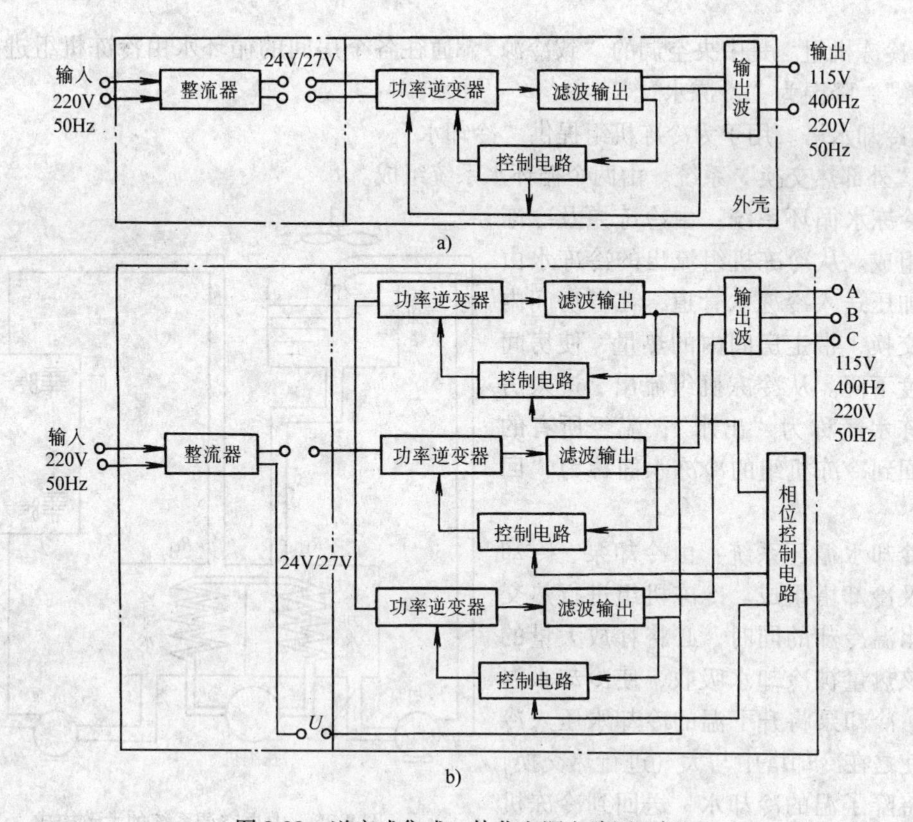

图 8-28　逆变式集成一体化电源电路原理框图

a）单相式　b）三相式

注：图中含整流器部分为交—直—交变频电源电路原理图，不含整流器的部分为直—交逆变电源电路原理图。

8.3　变频技术在空调设备上的应用

空调电动机一般为 380V、15～55kW。作为建筑物重要的耗电设备，空调风机采用变频调速已是大势所趋。采用变转矩变频器，既可满足空调的需要，且可节电 30%～60%，又延长了空调机的寿命。再加上温湿度传感器和微机闭环控制，成为现代化的空调器。而小型空调器数量大，应用面广，多为单相电动机驱动，故效率低，又笨重。后采用微型三相电动机，与相同功率单相电动机比，体积和重量可减少 30%～50%。变频器可由三相供电，也可单相输入、三相输出。

8.3.1　中央空调

为保证产品质量，纺织厂要求有一定温湿度，纺线才不断；集成电路生产厂、药厂、食品厂要有一定洁净度，才能生产出合格的产品；公寓、写字楼、宾馆、大型商厦等为了人员和工作环境的舒适，都采用了中央空调，集中供暖、供冷。

1. 中央空调系统的构成

如图 8-29 所示，中央空调系统主要由以下几部分组成：

1）冷冻机组。是中央空调的“致冷源”，通往各个房间的循环水由冷冻机组进行“内部热交换”，降温为“冷冻水”。

2）冷却水塔。用于为冷冻机组提供“冷却水”。

3）“外部热交换”系统。由两个循环水系统组成。

①冷冻水循环系统：由冷冻泵及冷冻水管道组成。从冷冻机组流出的冷冻水由冷冻泵加压送入冷冻水管道，在各房间内进行热交换，带走房间内的热量，使房间内的温度下降。从冷冻机组流出、进入房间的冷冻水简称为“出水”；流经所有的房间后回到冷冻机组的冷冻水简称为“回水”。

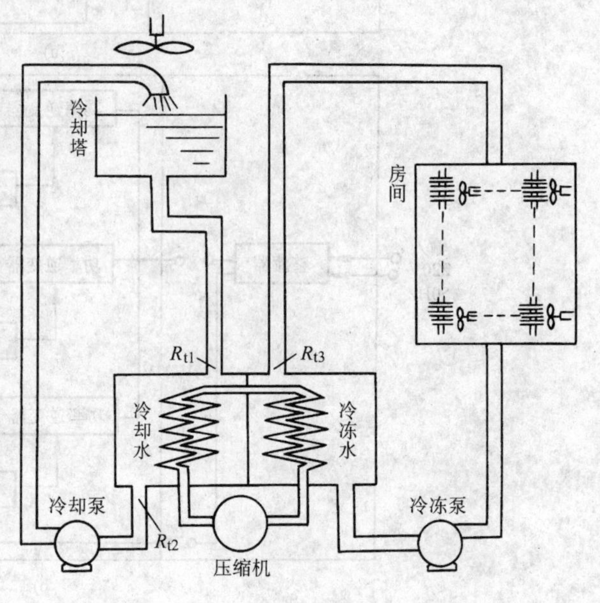

图 8-29　中央空调系统的大致构成

②冷却水循环系统：由冷却泵、冷却水管道及冷却塔组成。冷冻机组进行热交换，使水温冷却的同时，必将释放大量的热量。该热量被冷却水吸收，使冷却水温度升高。冷却泵将升了温的冷却水压入冷却塔，使之在冷却塔中与大气进行热交换，然后再将降了温的冷却水，送回到冷冻机组。如此不断循环，带走了冷冻机组释放的热量。流进冷冻机组的冷却水简称为“进水”；从冷冻机组流回冷却塔的冷却水简称为“回水”。

4）冷却风机。有两种情况：

①室内风机：安装于所有需要降温的房间内，用于将由冷冻水冷却了的冷空气吹入房间，加速房间内的热交换。

②冷却塔风机：用于降低冷却塔中的水温，加速将“回水”带回的热量散发到大气中去。

5）温度检测。通常使用热电阻，如图中的 R_{t1}、R_{t2}、R_{t3}。

由此看出，中央空调系统的工作过程是一个不断地进行热交换的能量转换过程。在这里，冷冻水和冷却水循环系统是能量的主要传递者。因此，对冷冻水和冷却水循环系统的控制是中央空调控制系统的重要组成部分。

2. 中央空调的拖动系统

中央空调的拖动系统通常由以下几个部分组成：

1）冷冻机组拖动系统；

2）冷冻泵拖动系统；

3）冷却泵拖动系统；

4）风机（包括室内风机和冷却塔风机）拖动系统。

3. 变风量控制

空调的环境空气温度是随四季的变化而变化的，而且用空调送风的房间也不一样，所以世界上比较先进的国家都采用变风量空调，以达到节能的目的；变风量可以通过变频器改变风机电动机的转速来调节风量；同时还可调节冷冻泵控制送风温度，其构成如图 8-30 所示。

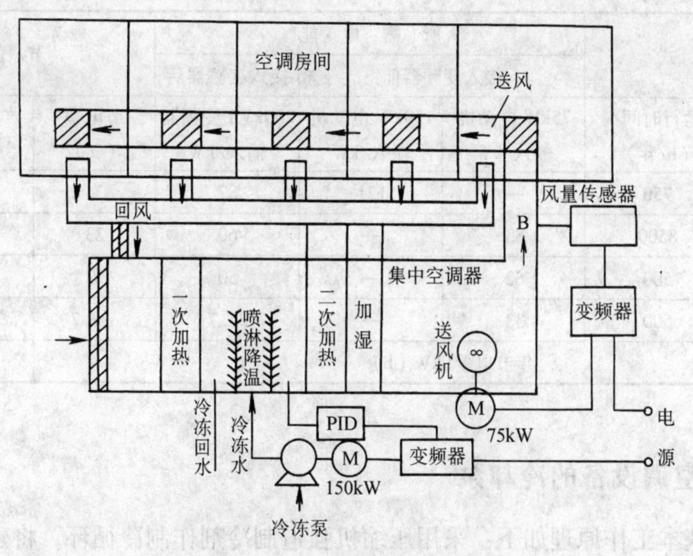

图 8-30　中央空调变风量调节示意图

空调机将外面的新鲜空气吸入，进行过滤、冷热交换后送到楼房内，用变频器对空调机的送风机进行风量控制，以达到节能的目的。这里介绍的是大型商店使用空调机送风机调速控制的例子。

吸进的新鲜空气由空调机冷却或加热后，通过空调机送入室内。由于所需要的空气量随楼内的人数及昼夜大气温度的变化而不同，所以与此相应地对风量进行调节就可以减少输入风机的电能，并调整空调机的热负载。因此按适当的运行模式改变送风机的转速，从而控制送风量，就可以做到不仅减少送风机电动机的能耗，还可以减轻供暖气时锅炉的热负载和供冷气时制冷机的热负载。热负载的变动会引起冷水循环量的增加或减少，但任随其压力变化或只调节出水阀会造成很大的压力损失，使效率变低。对冷冻泵进行转速控制，可以保持最佳压力，防止压力损失，取得节能的效果。根据这个目的，对已有的冷冻泵进行调速控制时，变频器控制方式较其他调速方式更容易，也更经济。

通常的送风机是用工频电源恒速运转，设有风门控制进风量，节能很少。引入变频器后，作为备用，保留了常规由工频电源运转的旁路系统。变频器根据 PID 调节器的信号进行速度调节，冷冻泵用压力进行 PID 调节。

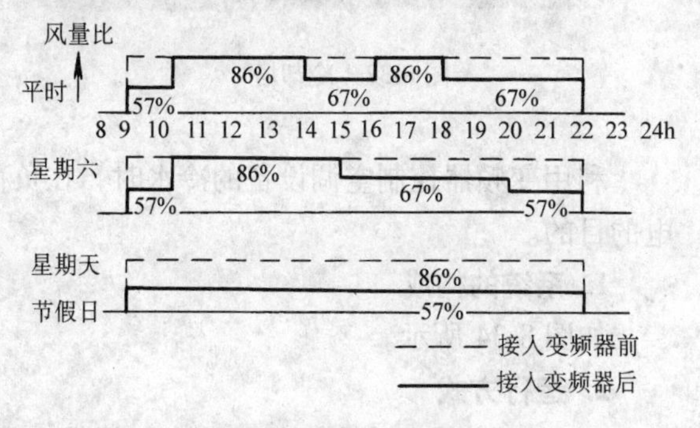

图 8-31　运行模式图

图 8-31 是以一星期为周期，按平时、星期六、星期天与节假日分为三个运行模式的运行图。送风机的进风量根据二氧化碳浓度等环境标准来确定其最少的必需量。现有设备的送风机由于设计时留有一定的裕量，因此按高速时 86%、中速时 67%、低速时 57% 的进风量（转速）来设定。

其节能效果如表 8-7 所示。

表 8-7　节 能 效 果

运行模式		所需电能			节能效果	
		接入变频器前		接入变频器后		
输出流量/(L/min)	运行时间/(h/年)	75kW 电动机输入/kW	150kW 电动机输入/kW	200kVA 变频器输入/kW	节电率(%)	节电量/kW·h
3800	750	—	121	87	34	25500
2500	8500	83	—	60	23	19550
1750	500	62	—	50	12	6000
750	500	33	—	36.7	-3.7	-1850
年节电量(kW·h)						49200

8.3.2　用于空调设备的冷却泵

中央空调基本工作原理如下：采用压缩机强迫制冷剂作制冷循环，将建筑物中的热量通过冷媒（通常为水）转移到制冷剂中，通过冷却塔再将热量转移到大气中，其中循环水的冷却泵和冷冻泵所消耗的能量约占总耗能的60%。空调设备均是按设计工况的最大制冷量来考虑的。绝大多数的时间在低负荷情况下工作。因此使用变频器进行驱动将节约大量的能量。

图 8-32 为冷却塔，图 8-33 为冷却泵。

图 8-32　冷却塔

图 8-33　冷却泵

利用变频器控制空调设备的冷水时，在负荷较小时，可使泵的转速下降一些，以达到节电的目的。

1. 系统的构成

如图 8-34 所示。

2. 运行方式

1）对于装有多台空调机的场合，根据空调机的使用负载状态，在冷水的流量变化时，可由压差信号器检测水箱 1 和水箱 2 之间的压力差，由变频器控制冷却泵的转速使这个压力差为恒定值。

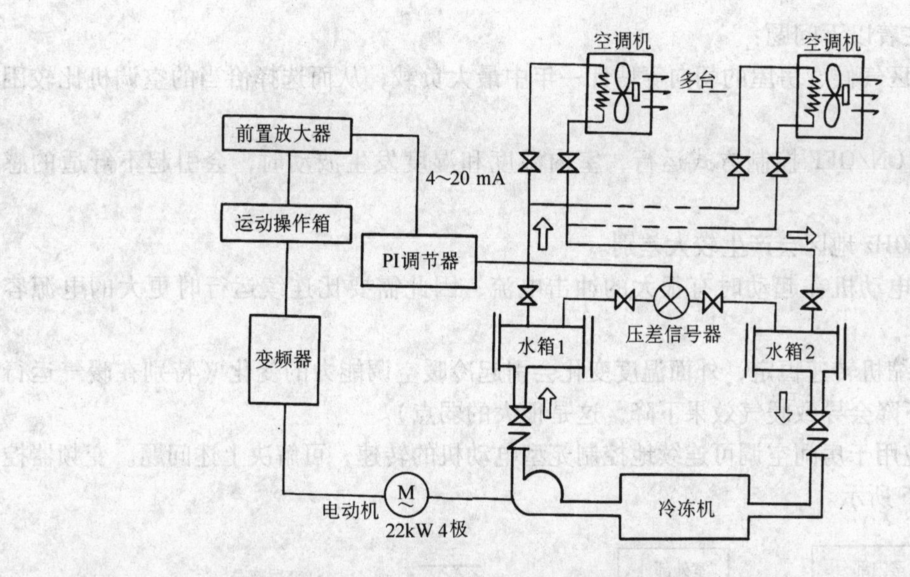

图 8-34　空调冷却泵系统图

2）手动与自动运行的切换可利用运动操作箱来进行切换。

3. 主要参数

1）负载特性：转矩随转速的平方递减。

2）电动机容量：22kW。

3）变频范围：40～60Hz。

4）控制方式：压力差定值控制。

4. 使用效果

由水泵的工作原理可知，水泵的流量与水泵（电动机）的转速成正比，水泵的扬程与水泵（电动机）的转速的平方成正比，水泵的轴功率等于流量与扬程的乘积，故水泵的轴功率与水泵的转速（电动机的转速）的三次方成正比。

例如，将供电的频率由 50Hz 降至 40Hz，则

$P_{40}/P_{50}=40^3/50^3=0.512$

即 $P_{40}=0.512P_{50}$，节能约为原来耗能的 40%。

5. 注意事项

使用时应注意冷却泵的流量根据冷冻机的制约决定其最小流量，为了不低于这个流量，必须给变频器设定对应于这个流量的最低频率；同时，由于最大流量与最小流量之间必须用比例控制来调节，所以有必要设置偏压系统及放大系统来实现比例控制系统的调节。

8.3.3　家用空调

家用空调有移动式（柜式）、窗式和分体式。分体式空调也可分为一个房间、两个房间（一托二）和三个房间（一托三）用的。这里将分体式一个房间和三个房间用的空调采用变频器调节控制的情况分别介绍如下。

1. 分体式一个房间用的空调

过去房间用的空调通常是采用 ON/OFF 控制方式，用笼型电动机带动压缩机来调节冷

暖气，但它存在着以下问题：

1）根据地区气候、房屋的朝向等估计一年中最大负载，从而选择恰当的空调机比较困难。

2）由于是ON/OFF控制方式运行，室内温度和湿度发生波动时，会引起不舒适的感觉。

3）在50/60Hz地区会产生较大差别。

4）压缩机电动机在起动时有很大的冲击电流，因此需要比连续运行时更大的电源容量。

5）由于压缩机转速恒定，外面温度变化会引起冷暖空调能力的变化（特别在暖气运行时，外面气温下降会导致暖气效果下降，这是很大的弱点）。

将变频器应用于房间空调可连续地控制笼型电动机的转速，可解决上述问题。变频器控制框图如图8-35所示。

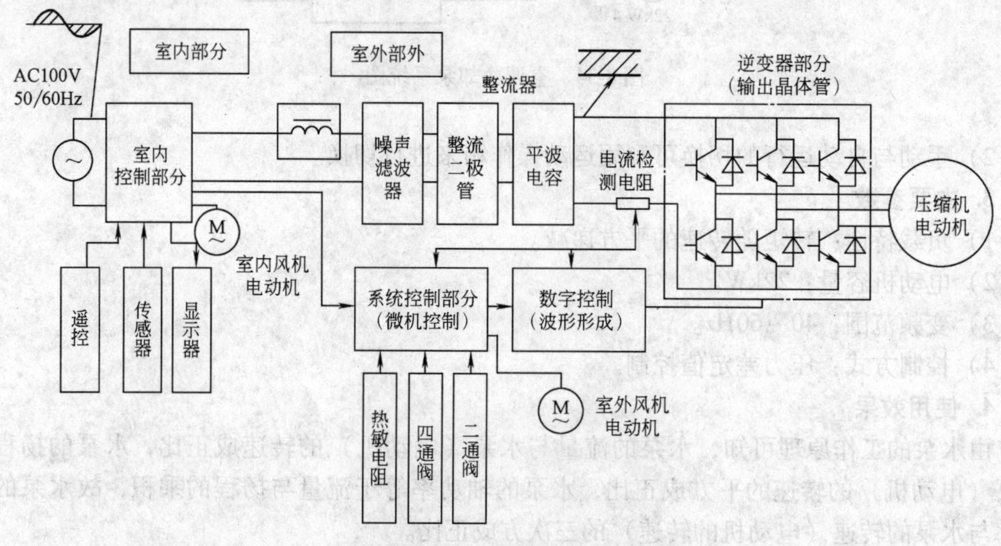

图8-35　变频器控制框图

室内机以室内控制部分为中心，由遥控、传感器、显示器和风机电动机驱动电路组成。温度和湿度数据及运行模式等设定条件以序列信号的形式送往室外机。

室外机以系统控制部分为中心，由整流单元、逆变单元、电流传感器、室外风机电动机及阀门控制部分组成。

房间空调的室内机备有室温传感器，并将设定温度和运行情况等信息传送给室外部分。室外机分析这些信息，了解温差与室温变化的时间等，然后计算并指定压缩机电动机的频率。开始运行时，如果室温与设定温差很大，采用高频运行，随着温差的减小而采用低频运行。在室温急剧变化时，使频率变化幅度大，室温变化缓慢时使频率变化范围小，并在平衡冷暖气负载与压缩机输出的同时，以最短的时间使室温达到所希望的值。

使用变频器控制空调可以达到以下效果：

1）利用变频控制节能。房间空调一年的运行模式基本上是在轻负载下运行。采用变频器的容量控制在负载下降时使压缩机能力也下降，以此来保持与负载的平衡。在利用变频器变频控制使压缩机转速下降时，由于相对于压缩机容量，热交换器容量的相对比率增加，所以是高效率运行，特别是轻负载时更为显著。

2）压缩机开/停损耗减少。由于使用变频器控制的空调可用变频来对应轻负载，所以可减少压缩机开停次数，使制冷电路的制冷剂压力变化引起的损耗减少。

3）舒适性改善。与通常的热泵空调相比，装上变频器后，在室外气温下降、负载增加时压缩机转速上升，能提高暖气效果。

4）消除50/60Hz地区的影响。由于变频器控制的空调在原理上是先将交流变为直流再产生交流，所以与50Hz和60Hz的地区差无关，始终具有最大能力。

5）起动电流减小。由变频器控制的空调在起动压缩机时，选择较低电压及频率来抑制起动电流，并获得所需起动转矩，所以可防止预定导通电流的增加。

2. 分体式空调供三个房间用

此种空调用于既有工作区，又有住宅的地方。采用变频的方式可按工作区和生活区的时间带分开使用空调，也可满足高级住宅、套房的多室空调与多种要求，所以其应用不断增加。这里以用于三个房间的多重分体空调为例加以说明。

装上变频器后，可对应于冷暖气负载的变化改变电源频率，从而改变压缩机转速，起到调节作用。压缩机的特性是，对于同一压缩机，其负载减少得越多，相对于压缩机能力的相对热交换容量就越大，成为低压缩比，高效率运行。变频器能利用和发挥这一优良特性，控制冷气时的过热度、暖气时的过冷却度，再采用电子线性膨胀阀供给适合各房间负载的最佳制冷剂，就能实现节能与提高舒适性。

图8-36所示为变频器多重制冷剂系统与制冷控制。室外单元有与3台室内单元制冷剂管道连接的液、气管道接口，以及室内外连接线路的接线板，分别配置了3套。在安装阶段确定的单元能力规格值用变频器多重控制基板内的“能力设定开关”进行记录。

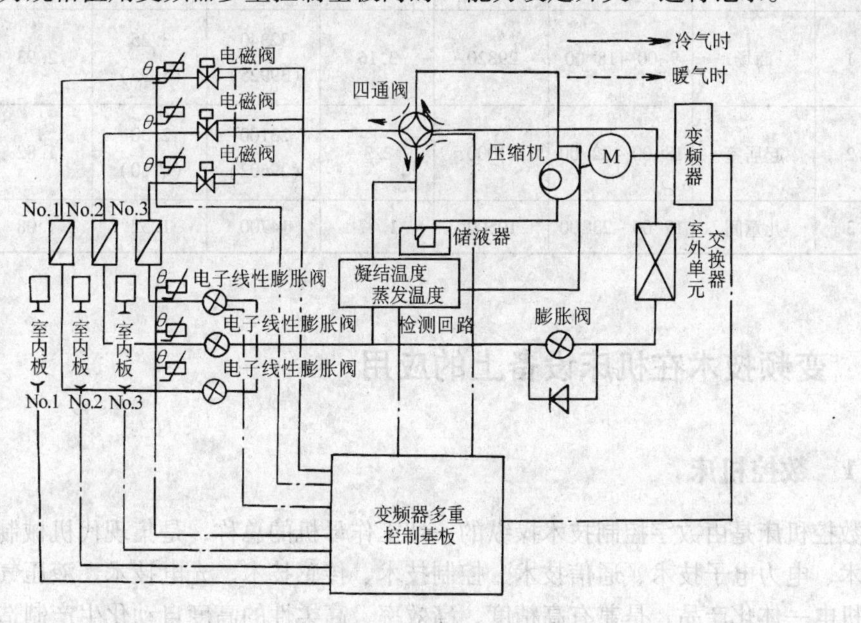

图8-36　制冷剂系统与制冷控制

变频器与同压缩机结合在一起的驱动电动机相连，运行信号由变频器多重控制基板提供。该基板内的微机根据各室内单元输出的压缩机运行指令与冷暖气指令来决定运行状态。各房间的遥控指令在冷气与暖气重叠时暖气优先，在输出暖气指令的室内单元停止输出压缩机运行指令前（即在加热 OFF 或停机前），输出冷气指令的其他室内单元采取送风方式。

变频器频率控制在 30～80Hz 范围内（暖气时除霜是 90Hz）。起动时或输出压缩机运行指令的室内单元数量变化时，相应于需求能力按预先确定的基准频率运行。输出频率设有基准频率、上面 2 挡和下面 1 挡，共计 4 挡。首先，按基准频率连续运行 10min，如能力不足则上升 1 挡运行，10min 连续运行后再上升 1 挡。反之，压缩机停止时间没有持续到 10min 以上就输出运行指令时，就将基准频率下降 1 挡再开始运行。

变频器分体空调的控制效果有以下几点：

1）用变频器控制压缩机转速，可发挥以低输入产生高冷暖气的能力。

2）在 3 台空调单独设置的场合，3 台满载运行合计费用（基本费用）相当可观，而变频器分体空调一个压缩机带几个室内风口，可按时间带分开使用，所以合计费用及运行成本都会降低。

3）用户操作可以与通常各房间单独设置空调时一样。

4）室外单元只需一台，设置空间大幅度减小，这对于居住空间的美化及经济上都很有利。常规空调与变频分体空调的比较见表 8-8。

表 8-8　常规空调与变频分体空调的比较

	用途	运行时间	常规空调				变频器分体空调	
			冷气		暖气		冷气	暖气
			能力 /(kJ/h)	输入 /kW	能力 /(kJ/h)	输入 /kW	输入 /kW	输入 /kW
No. 1	商场	9:00～18:00	29820	3.16	32340 (39925)	3.25 (5.35)	2.93	3.12 (3.92)
No. 2	起居室	18:00～22:00	21000	2.3	23100 (29602)	2.30 (4.10)	1.82	2.18 (2.60)
No. 3	儿童间	19:00～23:00	10500	1.17	14700	1.52	1.08	1.30

8.4　变频技术在机床设备上的应用

8.4.1　数控机床

数控机床是由数字控制技术操纵的一切工作母机的总称，是集现代机械制造技术、微电子技术、电力电子技术、通信技术、控制技术、传感技术、光电技术、液压气动技术等为一体的机电一体化产品，是兼有高精度、高效率、高柔性的高度自动化生产制造设备。

数控机床一般由机、电两大部分构成。其中电气电子部分主要是由数控系统（CNC）、进给伺服驱动和主轴驱动系统组成。根据数控系统发出的命令，要求伺服系统准确快速地完成各坐标轴的进给运动，且与主轴驱动相配合，实现对工件快速的高精度加工。因此，伺服驱动和主轴驱动是数控机床的重要组成部分，其性能好坏对零件的加工精度、加工效率与成本都有重要的影响。由于机床的加工特点，运动系统经常处于四象限运行状态。因此，如何将机械能及时回馈到电网，提高运行效率也是一个极其重要的问题。伺服驱动功率一般在10kW以下，主轴驱动功率在60kW以下。

1. 数控机床的电力驱动

这里从节电的角度来考虑数控机床的电力驱动问题。

数控机床的电力驱动主要分为3种类型：

1）进给伺服驱动系统。以数控车床为例，伺服系统驱动滚珠丝杠带动刀架运动，实现刀具对工件的加工。当前交流伺服系统已基本上取代了直流伺服装置，这主要是考虑其维护简单和使用性能优良，而很少考虑到效率问题。因为进给伺服系统的功率一般不大，大都采用能耗制动，实现交流化之后，节电效果并不明显。对于高速大功率的进给伺服系统，采用交流变频矢量控制技术，能实现再生制动，对于经常处于起制动工况的伺服系统来说，采用再生制动方案对节电是有价值的。这对同步型和异步型AC伺服系统来说都是可行的，因为功率电子器件的价格在总成本中的比例不断下降。

2）主轴驱动系统。高速度高精度主轴驱动技术是数控机床的关键技术之一，主驱动的功率一般在5～70kW之间，速度高达15000～20000r/min。采用感应电动机变频矢量控制或直接力矩自调技术和再生制动方案，可节约大量的电能。现在基本上采用IGBT功率器件，组成双边对等的整流逆变桥，在任何工况下，都可实现四象限运行，这是保证性能和节电的最好方案。

3）电动机内装式高速交流主轴驱动系统。此系统是主轴驱动的发展方向，应用较广泛。其特点是将机床主轴与交流电动机的转子合二为一，中间没有其他传动部件，从而降低了噪声，减小了体积，简化了结构，节省了材料，降低了成本，消除了传动链的连接误差和磨损，提高了主轴的转速和精度。但对交流电动机及其驱动装置的设计要求很高，既要有很宽的恒功率范围（1∶16以上），还要保持足够的输出转矩，并要求有多条转矩-速度曲线，以适应不同的加工要求。

总而言之，数控机床的主轴驱动已实现了交流变频调速矢量控制。在保证工艺要求的前提下，从节材、节能的观点看，数控机床主轴交流电动机要实现内装式（即电主轴），电动机的基本转速尽量降低，恒转矩调速范围下移，尽量扩大恒功率范围，提高最高速度，使调速策略尽可能与负载特性相一致，减小电动机驱动系统的体积与成本，提高效率，改善散热条件。

2. 主轴变频交流调速

以前齿轮变速式的主轴转速最多只有30段可供选择，无法进行精细的恒线速度控制，而且还必须定期维修离合器；另一方面，直流型主轴虽然可以无级调速，但存在必须维护电刷和最高转速受限制等问题。而主轴采用变频器驱动就可以消除这些缺点。另外，使用通用型变频器可以对标准电动机直接变速传动，所以除去离合器很容易实现主轴的无级调速。

图8-37所示为通用型变频器应用于数控车床的设备组成。以往的数控车床一般是用时间控制器确认电动机达到指令速度后才进刀，而变频器由于备有速度一致信号（SU），所以可以按指令信号进刀，从而提高效率。

图 8-38 所示为运行模式的一个例子。当工件的直径按锥形变化时（图中②的部分），主轴速度也要连续平滑地变化，从而实现线速度恒定的高效率、高精度切削。

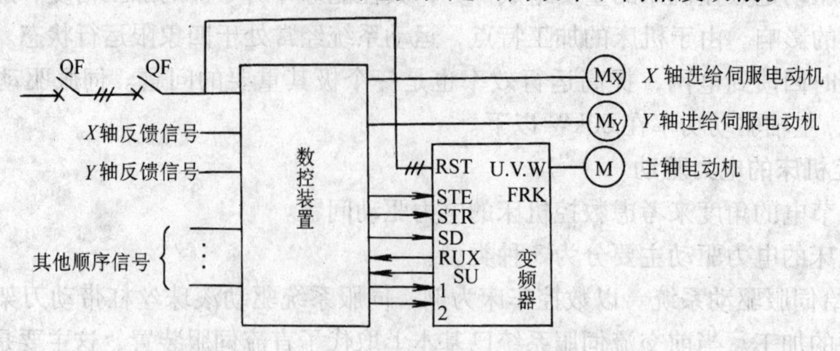

图 8-37　变频器应用于数控车床

对于通常采用主轴直流调速的高级机种，引入主轴专用变频器进行交流调速后，可以得到以下的效果：

1）由于有更高的主轴速度，可以实现对铝等软工件的高效率切削以及更高精度的最终切削。

2）由于不需要维护电刷，主轴电动机的安装位置可更自由地选择。

3）由于采用全封闭式电动机，适应环境性更好。

4）由于不需要励磁线圈，更节省电能。

另外，对于通常采用离合器变速的车床，引入通用变频器后，也可取得如下的效果：

1）简化了动力传递机构。

2）能实现精细的恒线速控制。

3）不用对离合器进行维护。

4）容易实现高速恒功率运转。

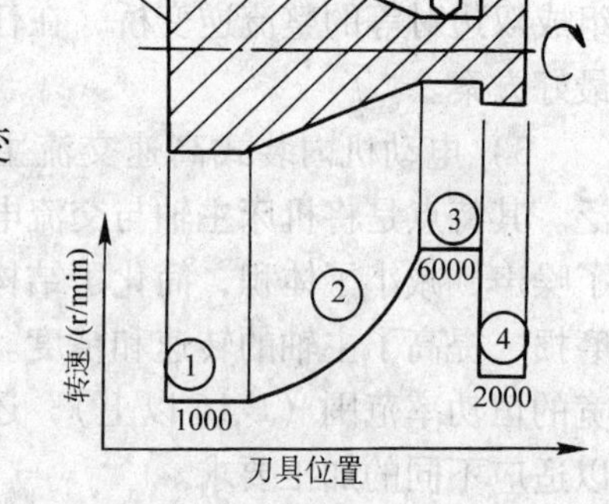

图 8-38　工件形状与运行模式

8.4.2　车床

1. 立式车床

立式车床对于卧式车床不能加工的铁路车辆的车轮、汽车的轮毂等口径和重量大的工件非常有效。由于要求提高生产率，维护简便等，采用变频器传动方式的立式车床正在增加。

立式车床的加工工件一般重量很大，所以主轴电动机容量也大，一般是 22 ~ 100kW。这种等级的电动机，其传动调速部件的离合器、齿轮等机械部分的尺寸也很大，所以使用变频器的效益也就很明显。另外，大外径的工件，从外向内连续切削时，用变频器可实现恒线速切削，从而提高效率。立式车床由于多数不需要突然加减速，所以一般不用专用变频器，而用通用变频器。

图 8-39 所示为立式车床变频调速的框图。刀架进给采用小容量变频器。工件的惯性从电动机轴上看是电动机惯性的 10 倍以上，所以必须设置制动装置。刀架进给虽然要横向移动，但并不要求大的转矩，所以一般使用数千瓦的变频器即可。对于要求高精度切削的数控

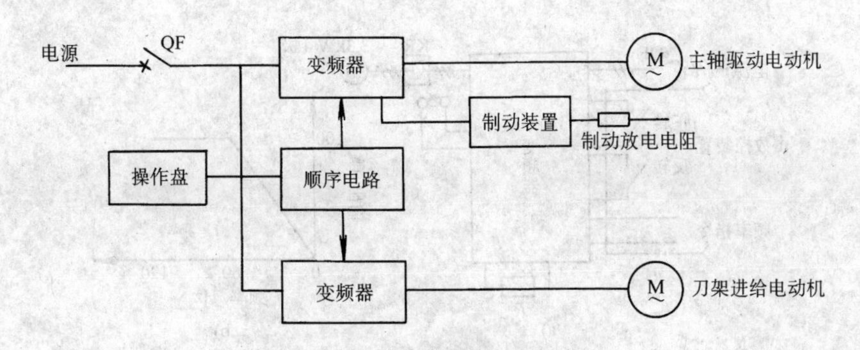

图 8-39　立式车床变频调速框图

立式车床，使用伺服机构组成系统的设备除了变频器和制动装置外，还有制动放电电阻、底座上升用的液压设备、限幅开关、顺序电路及操作盘等。

图 8-40 所示为运行模式的一个例子。由于工件的直径很大，所以根据刀具的位置使主轴速度连续变化，以实现恒线速切削。

使用变频器后，取消了离合器、齿轮等机械变速部分，使维护更方便。特别是立式车床的工件（包括底座）惯性很大，所以将机械制动改为电制动具有很大的优越性。此外，由于很容易实现高速运转，所以可以高效率地加工铝等软工件；且无级变速可以做到恒线速加工，所以能提高生产率。

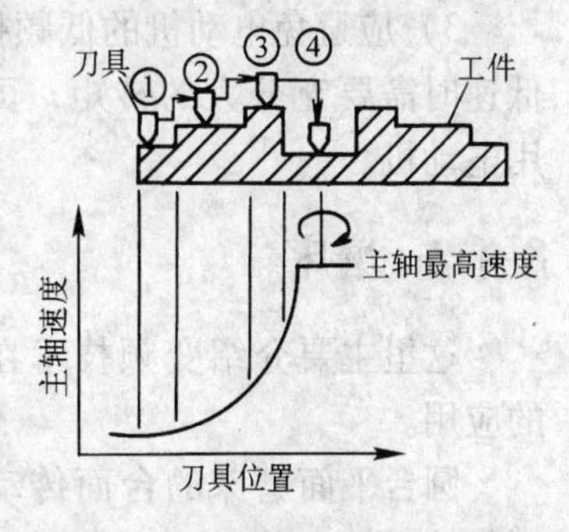

图 8-40　工件形状与运行模式

2. 自动车床

自动车床是指高速加工滚珠丝杠等精密部件的机床。由通常的凸轮式改变为复合数控车床后，使生产效率大大提高，成为具有稳定加工精度和良好性能指标的机械，从而得到了广泛的应用。对于这种自动车床的主轴采用变频器传动也越来越多。

对于自动车床，采用具有下列功能的变频器可以缩短加工周期：

1）可不经过停止状态直接由正转变为反转。

2）变频器输出频率为 120Hz 以上，可加快速度。

3）备有相应于急剧减速的再生制动装置。而且有制动功能，减速结束时不用机械闸就能完全停止。

4）低速时速度变化率小，运行平滑。

图 8-41 所示为自动车床用变频调速的框图及其特性。图中 R 是制动电阻。变频器的输入信号有从数控装置送来的正转、反转、频率指令等。另外，为了缩短加速时间，使用了比电动机容量更大的变频器。

图 8-42 是加工模式与工件形状的一个例子。加工时需频繁地加减速与停止。在图中加工模式⑥是主轴停止，刀具旋转进行攻螺纹加工。

使用效果有：

1）缩短了加工周期，使生产率提高。

2）将以往的带制动器电动机更换为通用电动机，因而便于维护。

3）由于采用数控变频器，使速度再现性好，产品质量稳定。

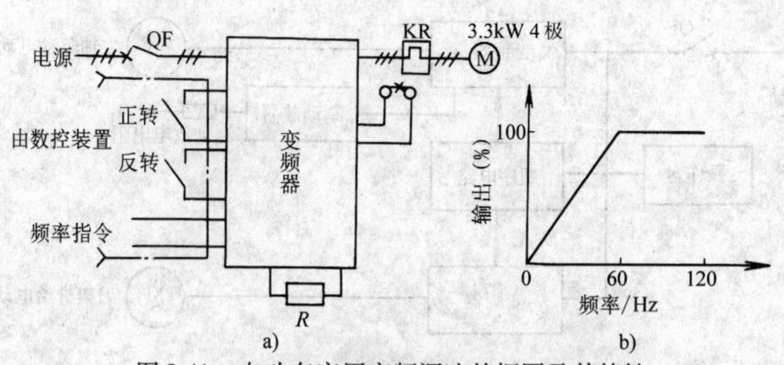

图 8-41　自动车床用变频调速的框图及其特性

a）框图　b）特性

需要注意的问题有：

1）由于速度可调范围大，需要考虑与机械部件匹配以防止谐振。

2）由于制动电阻的大小是根据减速频率决定的，应以最繁重的运行模式来选择。另外，由于温度高，应考虑安装位置。

3）应避免电动机的低频振动。另外，如在低速时需要充分大的转矩，可使用通风型的专用电动机。

8.4.3　磨床

这里主要介绍变频技术在圆台平面磨床上的应用。

圆台平面磨床的台面传动虽然一直采用液压马达，但工作时油温上升，其结果是机械部分产生热畸变，这对于被称为镜面抛光的加工精度会产生恶劣影响。而且液压系统的维护也极不方便。采用变频调速可消除这样的问题。图 8-43 为磨床变频调速工作示意图，图中的台面采用变频器传动时，砂轮接近旋转台面中心就增加台面转速，反之砂轮接近外围就减小台面转速。重复这样的操作就可以使台面上工件的磨削速度与其位置无关而保持恒定，从而提高精度和效率。

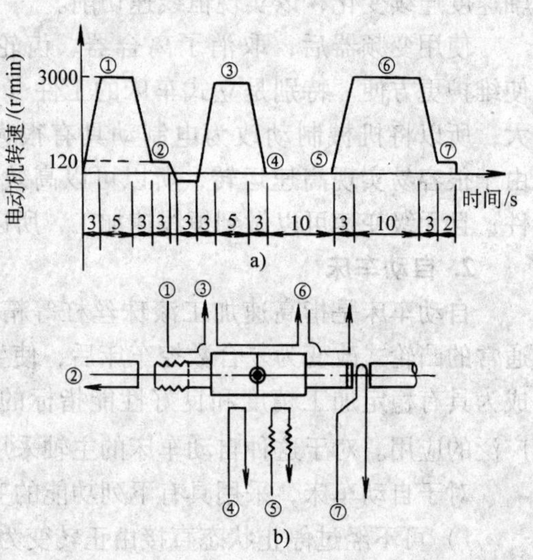

图 8-42　加工模式与工件形状

a）加工模式　b）工件形状

①—切削　②—加工螺纹　③—切削　④—螺纹底孔　⑤—攻螺纹　⑥—切削　⑦—端面切削

图 8-44 所示为磨床变频调速框图及频率指令。图中 RP_1 ~ RP_5 等可变电阻用来设定变频器的输出频率，按图 8-44b 所示特性设定，其中 RP_3 装在机械部分，其阻值随砂轮位置而变化，应选用可靠性高的产品。图 8-44a 中 RP_1 ~ RP_5 构成的电路给出的变频器频率指令是根据与砂轮往复运动联动的 RP_3 的值来确定的，砂轮靠近中心时大，靠近外围时小，从而台面转速很好地跟踪了变频器频率指令。

调整时，由 RP_1 设定最大速度。RP_3 最大时调整 RP_5，设定中心速度。由于采用数控变频器，使速度再现性好，产品质量稳定。

使用效果有：

1）与以往方式（液压马达方式）相比，对机械部件的热影响降低，因而提高了工件的磨削精度。

2）与以往方式相比，速度跟踪性能提高使线速度变化减小，降低了工件的表面粗糙度。

3）速度设定较以往方式更容易，操作简便。

4）不需要对液压系统的维护，机器运转率提高。

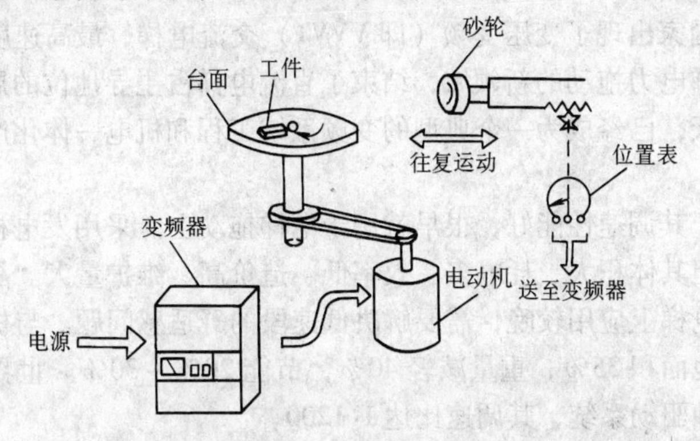

图 8-43　磨床变频调速工作示意图

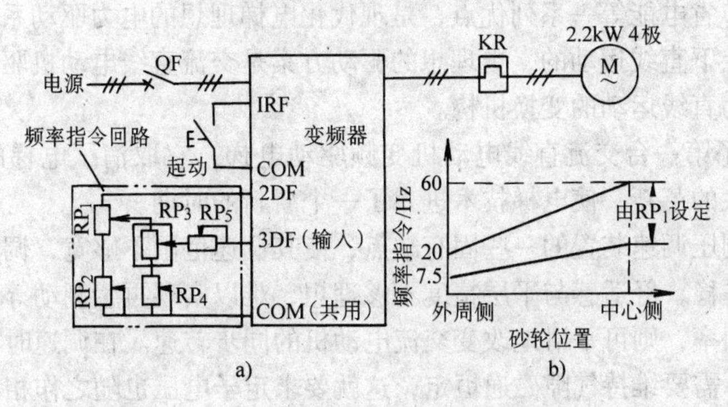

图 8-44　磨床变频调速框图和频率指令

a）框图　b）频率指令

需要注意的问题有：

1）由于反复加减速，选择电动机和变频器时都应确保在其等效额定负载以内，特别应注意制动器的负载。

2）为确保磨削面的精度和表面粗糙度，应选择振动小的电动机。

3）为了减小负载变化对转速的影响，机械设计应考虑在最高电动机转速时也能使用。

8.5　变频技术在电梯设备上的应用

8.5.1　概述

电梯是一种垂直运输工具，它在运行中不但具有动能，而且具有势能。它经常处在正反转、反复起制动过程中。对于载重大、速度高的电梯来说，提高运行效率、节约电能是重点要解决的问题。

1949 年出现群控电梯；1962 年美国出现了半导体逻辑控制电梯；1967 年晶闸管应用于电梯，使电梯拖动系统大为简化，性能得到提高；1971 年集成电路用于电梯，1975 年出现了电子计算机控制的电梯，电梯控制技术真正使用了微电子技术与软件技术，进入了现代电梯群控系统的发展时期。

这以后，先进国家出现了变压变频（即 VVVT）交流电梯，最高速度可达到 12.5m/s 以上，从而开辟了电梯电力拖动的新领域，结束了直流电梯占主导地位的局面。

电梯发展到今天，已经成为一个典型的变频系统工程和机电一体化产品，并复合了多种先进技术。

直流电动机由于其调速性能好，很早就用于电梯拖动上。采用发电机-电动机形式驱动，可用于高速电梯，但其体积大、耗电多、效率低、造价高、维护量大。晶闸管直接供电给直流电动机的系统在电梯上应用较晚，需要解决低速段的舒适感问题。与机组形式的直流电梯相比，可以节省占地面积 35%，重量减轻 40%，节能 20% ~30%。世界上最高速度 10m/s 的电梯就是采用这种驱动系统，其调速比达 1∶1200。

1983 年第一台变压变频电梯诞生，性能完全达到直流电梯的水平。它具有体积小、重量轻、效率高、节省电能等一系列优点，是现代化电梯理想的电力驱动系统。由于电梯轿厢是沿垂直方向做上下直线运动的，更理想的驱动方案是交流直线电动机驱动系统，从而省去了由旋转运动变为直线运动的变换机构。

1989 年诞生了第一台交流直线电动机变频驱动电梯，它取消了电梯的机房，对电梯的传统技术作了重大的革新，使电梯技术进入了一个崭新的时期。

由于晶闸管调压调速装置的一些固有缺点，使其调速范围不够宽，调节不够平滑，特别是在低速段时不平稳，舒适感与平层精度不够理想，难以实现再生制动等。如果均匀地改变定子供电电源的频率，则可平滑地改变交流电动机的同步转速。在调速时，为了保持电动机的最大转矩不变，需要维持气隙磁通恒定，这就要求定子电压也随之作相应调节，通常是保持 U/f = 常数。因此，要求向电动机供电的同时要兼有调压与调频两种功能，通常简称 VVVF 型变频器；用于电梯时常称为VVVF型电梯，简称变频电梯。

8.5.2 电梯的工作原理

如图 8-45 所示为电梯驱动机构原理。动力来自电动机，一般选 11kW 或 15kW 的异步电动机。曳引机的作用有三点：一是调速，二是驱动曳引钢丝绳，三是在电梯停车时实施制动。为了加大载重能力，钢丝绳的一端是轿厢，另一端加装了配重装置，配重的重量随电梯载重量的大小而变化。计算公式如下：配重的重量 = 载重量 ×45% + 轿厢自重。公式中的 45% 是平衡系数，一般要求平衡系数在 40% ~ 50% 之间。这种驱动机构可使电梯的载重能力大为提高，在电梯空载上行或重载下行时，电动机的负载最小，甚至是处在发电状态；而电梯在重载上行和空载下行时，电动机的负载最大，是处在驱动状态，这就要求电动机在四象限内运行。为满足乘客的舒

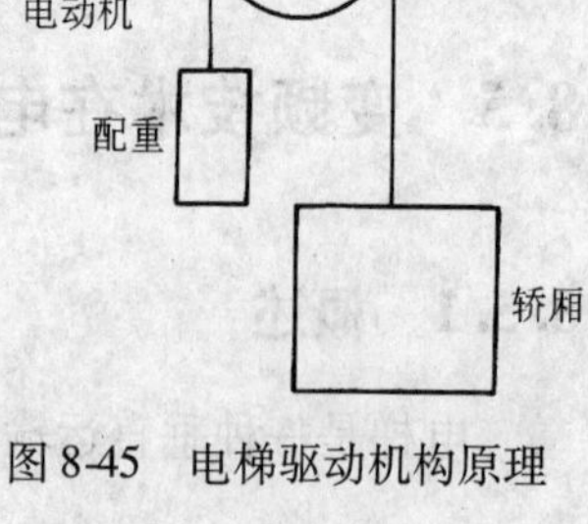

图 8-45 电梯驱动机构原理

适感和平层精度，要求电动机在各种负载下都有良好的调速性能和准确停车性能。为满足这些要求，采用变频器控制电动机是最合适的。变频器不但可以提供良好的调速性能，能节约大量电能，这是目前电梯大量采用变频控制的主要原因。

下面以目前最典型的正弦输入和正弦输出电压源变频驱动系统为例，来说明 VVVF 变频电梯电力传动系统的工作原理，见图 8-46。

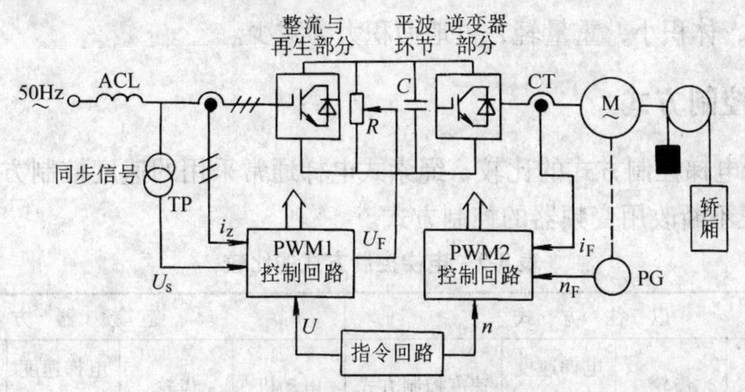

图 8-46　电压源变频电梯电力传动系统框图

1. 系统构成

主要由以下几部分构成：

1）整流与再生部分。这部分的功能有两个，一是将电网三相正弦交流电压整流成直流，向逆变部分提供直流电源；二是在减速制动时，有效地控制传动系统能量回馈给电网。主电路器件是 IGBT 模块或 IPM 模块。根据系统的运行状态，既可作整流器使用，也可作为有源逆变器使用。在传动系统采用能耗制动方案时，这部分可单独采用二极管整流模块，而无需 PWM 控制电路等相关部分。

2）逆变器部分。逆变器部分同样是由 IGBT 或 IPM 模块组成，其作为无源逆变器，向交流电动机供电。

3）平波部分。在电压源系统中，由电解电容器构成平波器。如果是电流源，将由电感器组成。

4）检测部分。PG 作为交流电动机速度与位置传感器，CT 作为主电路交流电流检测器，TP 作为与三相交流电网同步的信号检测，*R* 为直流母线电压检测器。

5）控制电路。控制电路一般由微机、DSP、PLC 等构成，可选 16 位或 32 位微机。控制电路主要完成电力传动系统的指令形成，电流、速度和位置控制，产生 PWM 控制信号，故障诊断、检测和显示，电梯的控制逻辑管理、通信和群控等任务。

2. 工作原理

如图 8-46 所示，电压反馈信号 U_F 与交流电源同步信号 U_S 送入 PWM1 电路产生符合电动机作为电动状态运行的 PWM1 信号，控制正弦与再生部分中的开关器件，使之只作为二极管整流桥工作。当电动机减速或制动时便产生再生作用，功率开关器件在 PWM1 信号作用下进入再生状态，电能回馈给交流电网。交流电抗器 ACL 主要是限制回馈到电网的再生电流，减少对电网的干扰，又能起到保护功率开关器件的作用。

逆变器将直流电转换成幅值与频率可调的交流电，输入交流电动机驱动电梯运行。实行电流环与速度环的PID控制并产生正弦PWM2信号，输出正弦电流。

3. 系统特点

1）使用交流感应电动机，结构简单，制造容易，维护少，适于高速运行。

2）电力传动效率高，节省电能。电梯属于一种位势负载，在运行时具有动能；因此在制动时，将其能量回馈电网具有很大意义。

3）结构紧凑，体积小，重量轻，占地面积大为减少。

8.5.3 电梯的控制方式

表8-9所示为电梯控制方式的比较，绳索式电梯通常采用的速度控制方式有很多种，但为了改善性能，正不断改用变频器的控制方式。

表8-9 电梯控制方式的比较

<table>
<tr><th rowspan="2">分类</th><th colspan="4">以往方式</th><th colspan="4">变频器方式</th></tr>
<tr><th>电动机</th><th>齿轮</th><th>电梯速度/(m/min)</th><th>速度控制方式</th><th>电动机</th><th>齿轮</th><th>电梯速度/(m/min)</th><th>速度控制方式</th></tr>
<tr><td rowspan="4">中低速</td><td rowspan="3">笼型电动机</td><td rowspan="4">带齿轮</td><td>15~30</td><td>1挡速度</td><td rowspan="6">笼型电动机</td><td rowspan="4">带齿轮</td><td rowspan="4">30~105</td><td rowspan="6">变频器</td></tr>
<tr><td>45~160</td><td>2挡速度</td></tr>
<tr><td>45~105</td><td>定子电压晶闸管控制</td></tr>
<tr><td rowspan="3">直流（他励）电动机</td><td>90,105</td><td>发电机-电动机组方式</td></tr>
<tr><td>高速</td><td rowspan="2">不带齿轮</td><td>120~240</td><td rowspan="2">晶闸管直流供电方式</td><td>带斜齿轮</td><td>120~240</td></tr>
<tr><td>超高速</td><td>300以上</td><td>不带齿轮</td><td>300以上</td></tr>
</table>

中、低速电梯所采用的速度控制方式主要是笼型电动机的晶闸管定子电压控制，这种方式很难实现转矩控制，且低速时由于使用在低效率区，能量损耗大，此外功率因数也很低。

另外，高速、超高速电梯所采用的晶闸管直流供电方式由于使用直流电动机，增加了维护换向器和电刷等麻烦，而且晶闸管相位控制在低速运行时功率因数较低，采用变频器可克服这些缺点。

图8-47所示为高速、超高速电梯系统。由于其电动机输出功率大，会产生电动机噪声，因此整流器采用了晶闸管，同时采用PAM控制方式。

整流器采用晶闸管可逆方式，起到了将负载端产生的再生功率送回电源的作用。对于中、低速电梯，其系统的整流器使用二极管，变频器使用晶体管。

从电梯的电动机侧看，包括绳索在内的机械系统具有5~10Hz的固有振荡频率。如果电动机产生的转矩波动与该固有频率一致，就会产生谐振，影响乘坐的舒适性，因此应尽量使电动机电流接近正弦波。

变频器控制超高速电梯的运行特性如图8-48所示。从舒适性考虑，加减速的最大值通常限制在$0.9m/s^2$以下。

由于必须使电梯从零速到最高速平滑地变化，变频器的输出频率也应从几乎是零频率开始到额定频率为止平滑地变化。

对于中、低速电梯，变频方式与通常的定子电压控制相比较，耗电量减少1/2以上，且平均功率因数显著改善，电源设备容量也下降了1/2以上。

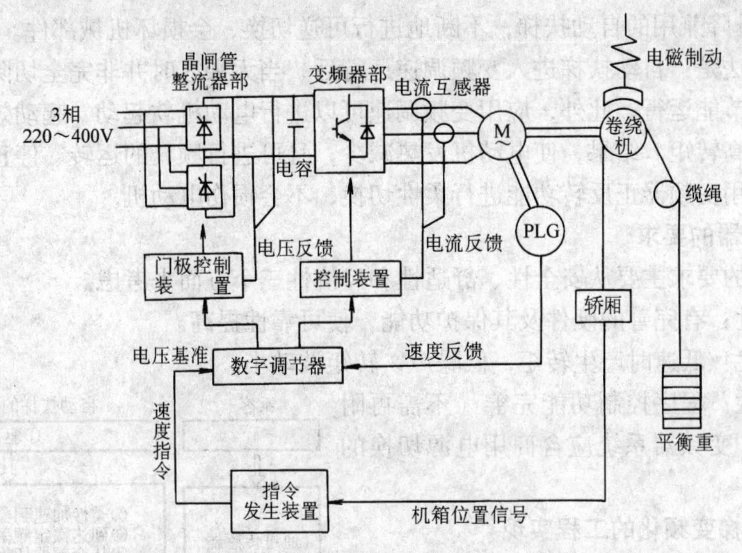

图8-47 高速、超高速电梯变频器控制方式构成图

对于高速、超高速电梯，就节能而言，由于电动机效率提高，功率因数改善，因此输入电流减少，整流器损耗相应减少。与通常的晶闸管直流供电方式相比，可预期有5%～10%的改善。另外，由于平均功率因数的提高，电梯的电源设备容量可能减少20%～30%。

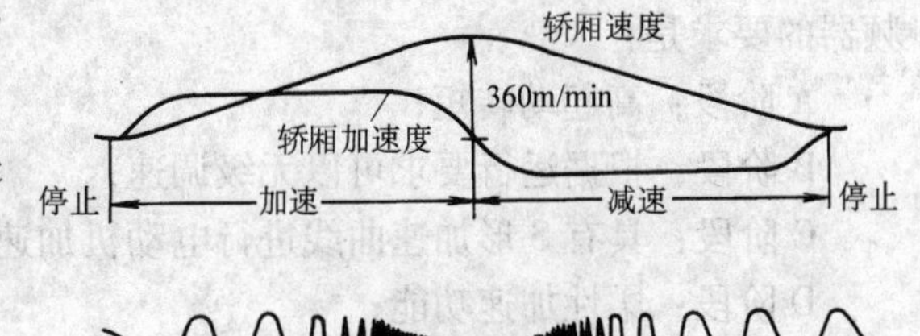

图8-48 变频器控制超高速电梯的运行特性

8.5.4 自动扶梯

自动扶梯和电梯一样是公共场所运送乘客的最典型设备，广泛应用于商厦、机场、地铁、宾馆等场所，但它大多是由商用电源供电，并不进行调速。所以，以节电为目的的变频调速自动扶梯可谓方兴未艾。对自动扶梯单、双向智能变频可节电40%以上，在客流量间歇性较大的场合，节能效果会更加可观。如对扶梯实行有人自动匀加速额定速度运行，无人自动匀减速低速运行，空载节能可高达60%。

1. 自动扶梯变频化的要点

一般由商用电源供电的自动扶梯是恒速运行的，从早到晚不管有无乘客均连续运行，因此，能量消耗大，传送带磨损严重。而节电的变频自动扶梯则在乘客的上梯和落口处设置专用的传感器，当检测出无乘客时，让驱动电动机从商用电源上断开，使自动扶梯停止运动，达到节电的目的。

由于自动扶梯是公共场所运送乘客的主要设备，不能简单地像货物传送带一样，任意地从商用电源接入、切出，若处理不当有可能造成设备和人身的事故。所以应注意以下几个问题：

1）自动扶梯停止时，乘客可能会误解自动扶梯发生故障，造成误判断。

2）电动机接入电源时，会产生大的起动冲击电流。

3）对于升降兼用的自动扶梯，不断地进行可逆切换，会损坏机械部件。

具体的做法是：自动扶梯进入变频调速运行后，当无乘客时并非完全切除交流电源，而是先降频低速节能运行。此外，应用变频调速可以进行电动机软起动，起动效率高，小的起动电流能产生高转矩。结果，使电动机发热减少，且可进行频繁的运转、停止。对于可逆自动扶梯也可利用变频器正反转功能进行柔性切换，不会损伤电动机。

2. 对变频器的要求

对变频器的要求主要从安全性、舒适性和经济性三个方面来考虑。

1）安全性：有完善的硬件及其保护功能，使可靠性提高。

2）舒适性：低速时产生转矩，低噪声，转矩波动小。

3）经济性：程序控制功能完善（不需再附加外部设备）。变频器系统应含商用电源切换的部件。

3. 自动扶梯变频化的工程实现

控制的关键是实现无乘客时能自动进入低速运转，如图8-49所示为自动扶梯的控制流程图。

图8-50所示为控制时序图。其各阶段对变频器的要求是：

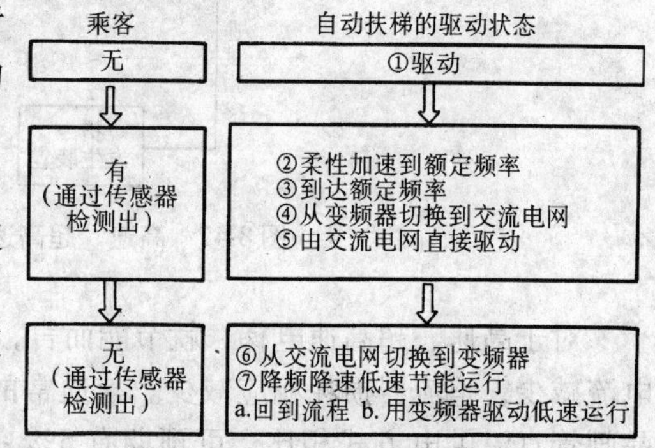

图8-49 自动扶梯的控制流程图

A阶段：高起动转矩；

B阶段：根据运行要求可以无级调速；

C阶段：具有S形加速曲线进行电动机加速；

D阶段：柔性加速功能；

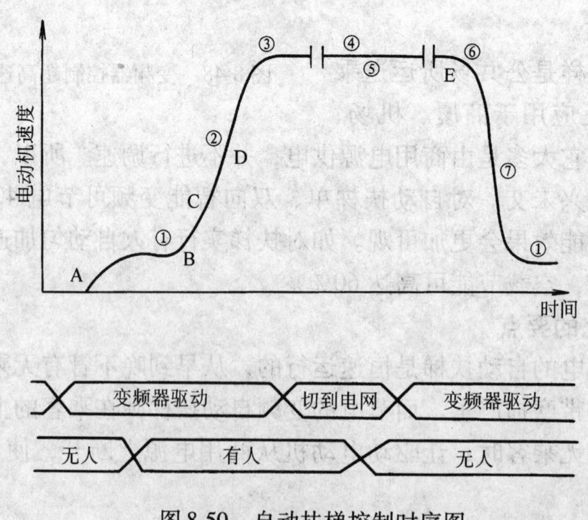

图8-50 自动扶梯控制时序图

E 阶段：根据速度传感器检测信号平滑地对变频器进行切换。

自动扶梯的电动机应按最大乘客数的负荷来选择，但由于电动机已处于变频节能状态下运行，故变频器的容量可以比电动机容量小。

8.6 变频技术在生产线中的应用

8.6.1 胶片生产线

胶片生产线要对被加工物进行连续处理，所以要联合控制多台电动机，而且由于环境恶劣，需要性能良好、维护简单的传动装置。目前，笼型电动机配上变频器能获得与直流电动机同等以上的控制性能，而且维护性也大大改善。

胶片生产线传动系统的组成如图 8-51 所示。挤出机挤出的原料由铸造部造成板状，再由纵向延伸部沿传送方向延展，由横向延伸部一边加热一边横向延展。这样沿两个方向延展后的胶片最后由引取机牵引出来，用卷取机收卷。

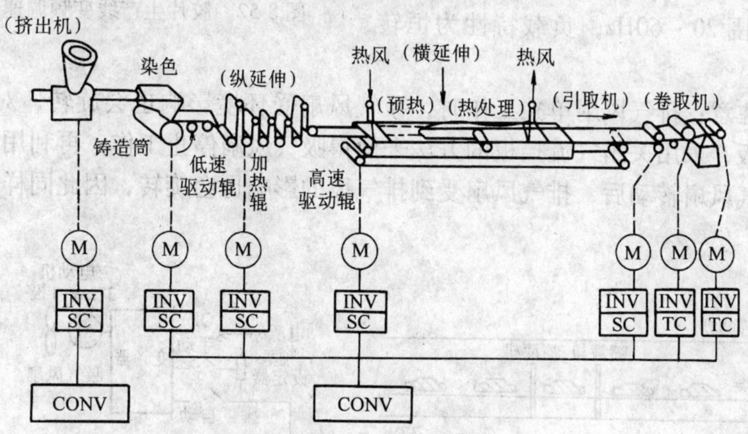

图 8-51 胶片生产线传动系统图

由于胶片生产线的产品较薄，为防止破断，应有高精度的延展，进行高精度的速度控制。各部分之间采用拉力控制，使胶片生产线分别按纵横方向所定的伸展率进行延展。对卷取机设置了调节辊、负载测量装置等位置或张力传感器，实行张力控制以提高张力精度。进行这些控制的变频器主电路，采用直流配电方式的晶体管变频器。

胶片生产线变频调速运行方式如图 8-52 所示。它要求高精度的同步性和很小的加减速度。胶片生产线在达到加料速度前只是工作辊单独起动，加料并且稳定后再同步加速。达到运行速度后需要长时间稳定运行。

由于采用笼型电动机，使传动系统的维护性大幅度改善。除此之外，采用直流配电方式晶体管变频器还带来其他效果：

1）由于全部传动电动机都分别配置了变频器，使同步性及负载分配的控制高性能化。

2）由于变频器部分采用了 PWM 控制，则变频器部分只要电压一定就可以了。

3）由于使用交流电动机不需要维护电动机及电刷，使维护工作简化。

4）可以采用共用整流器直流配电方式，整流器容量减小 30% ~40%，变频器部分用多段累积方式以节省空间。

8.6.2　喷涂生产线的吸排气装置

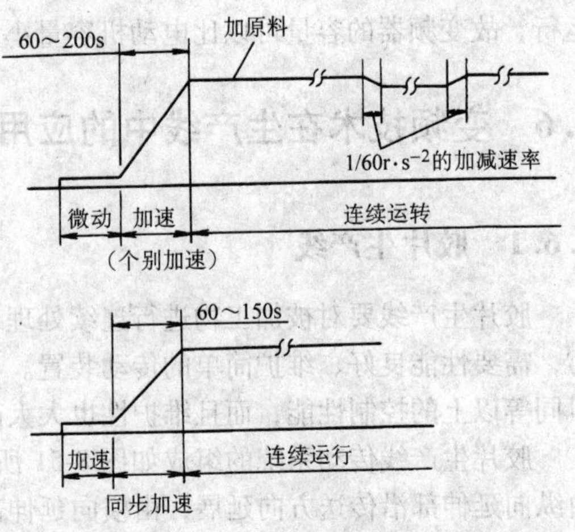

图 8-52　胶片生产线变频调速运行方式

为了提高喷涂质量，喷涂室的空气流动应当加以控制。以往是利用吸排气扇的入口风门来加以控制。现在采用变频器对转速加以控制，可以降低喷涂表面粗糙度，也可以大幅度削减电能的损耗，达到节能的目的。

系统的结构组成：如图 8-53 所示为小汽车车体喷涂生产线吸排气装置用变频器控制的运行方式，由内压传感器检测出喷涂室内压力，达到合适内压后利用变频器程序控制的输出信号进行排气和吸气的运转。输出信号为 4 ~ 20mA，调频范围 20 ~ 60Hz，负载特性为恒转矩。

使用时应注意：排气风扇单独工作时，吸气风扇受环境影响也会旋转，对于这种情况，可设置气流挡板，采用关闭气流挡板的方法来使得吸气风扇停止工作，再利用变频器加以起动。另外，吸气风扇转动后，排气风扇受到排气风的影响也会旋转，因此同样需要进行上述的起动。

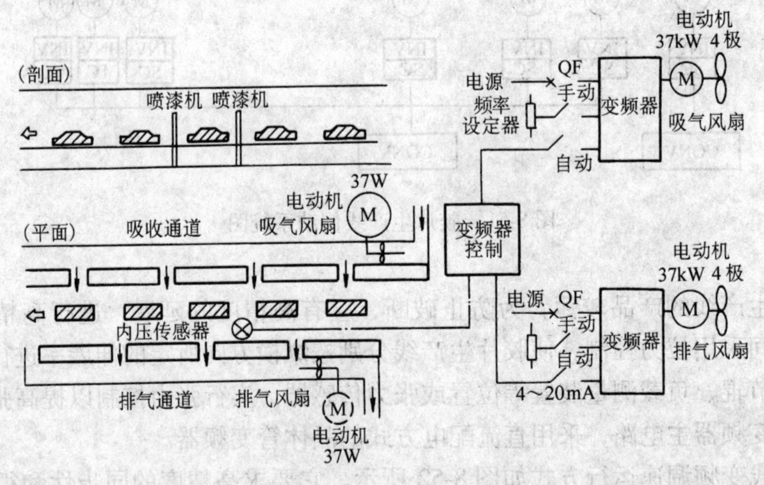

图 8-53　汽车喷涂生产线吸排气变频器控制系统图

8.7　变频调速技术在教学实验设备中的应用

我国各大中院校在化学实验过程中会产生大量的酸碱等有害腐蚀性气体，为保护师生健康和提高教学质量，必须将有毒气体排出教室进行处理，为此有的学校采用一台塑料离心通风机，功率为4kW，风量为6840～12700m^3/h，全压785～1138Pa，使每个实验室平均2～3min换气一次。而以前的调速控制系统采用励磁调速电动机，或分级调速，达不到通风要求的额定转速，使性能参数大为降低。应用交流变频调速技术后，由于其安装方便，操作简单，且具有机械特性硬、调速范围宽、精度高、功率因数高和效率高等一系列优点，又容易实现闭环自控，成为交流电动机最理想的无级调速方法。

1. 变频调速器在通风排毒系统中的应用

以前的风机一直采用在额定转速下运行的方式，每一个抽风口风速达最大风速，风速过大会产生一种尖锐的声音，增加噪声，尤其一到冬天，学生会感觉到更冷，这样不利于课堂的教学，同时也造成了大量的电能浪费，而变频技术利用风机的耗电量与转速的三次方成正比，降低转速则耗电量将大幅度降低的原理来进行控制，这样既满足了工艺要求，又节约了大量的电能。图8-54为程序运行控制原理图。

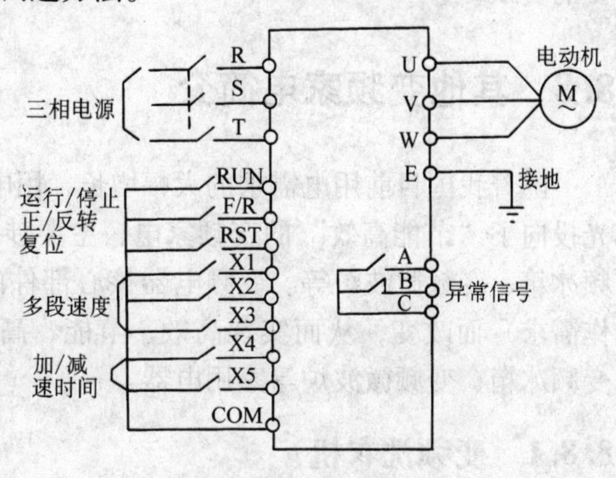

图8-54　控制原理图

程序运行指可编程的多段速度定时运行，教师可以根据自己上课要求，分段设定运行速度、时间等参数，变频器则根据设定参数自动按程序运行，例如，一堂课45分钟，教学的要求见表8-10，程序运行逻辑图如图8-55所示。

表8-10　教学要求及功能参数

参数 \ 顺序	第一阶段	第二阶段	第三阶段	第四阶段
教学要求	教室快速换气	教师上课要求低速静音	学生准备实验	学生动手实验强力抽风
运行频率/Hz	50	20	30	50
运行时间/min	5	15	5	20
运行方向	正转	正转	正转	正转

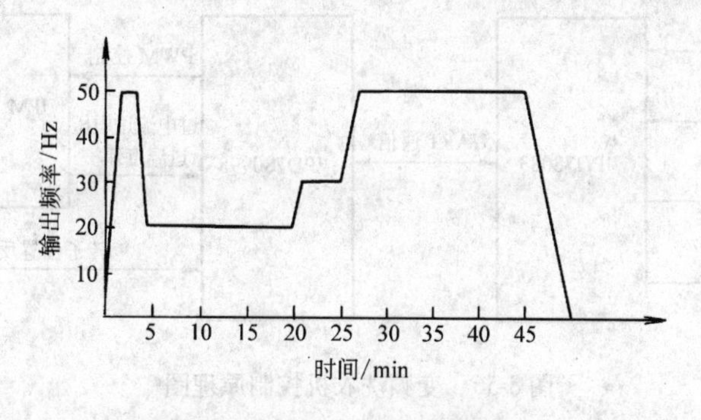

图8-55　程序运行逻辑图

2. 使用效果

变频通风调速系统的应用，对于经销者来说，提高了产品档次和竞争能力，同时节约了许多维修及差旅费用；而对于用户来讲，在方便实验进行的同时，也取得了明显的节能降噪作用，根据电动机耗电量与转速的三次方成正比的关系，采用变频器以后，平均节能在40%以上，同时由于变频器的采用把原来65dB的噪声，降到了55dB，为师生健康作出了重要的贡献。

8.8 其他变频家电简介

随着我国目前用电需求的大幅增长，用电紧张的情况时有发生，因而不少家电企业把目光投向了“节能高效”的变频家电，主要涉及变频照明器具、变频洗衣机、变频空调、变频冰箱、变频微波炉等。变频电器核心部件的工作频率可根据外部环境的变化（即实际工作需求）而改变，从而实现高效、节能、高使用寿命等效果。下面简单介绍变频洗衣机、变频冰箱、变频微波炉等家用电器。

8.8.1 变频洗衣机

在用洗衣机洗衣服时，薄厚不同的衣服，应该有不同的洗法；不同的季节，水温不同，应该有不同的洗法；而相同的衣服，因人而异有不同的洗法；不同量的衣服用不同量的水洗等等。这些要求，通过变频洗衣机都可以满足。这里介绍家用变频洗衣机。

1. 变频洗衣机的工作原理

变频是一种电动机调速控制技术，变频洗衣机不同于普通洗衣机之处在于其电动机、动力传动系统以及控制方法的不同。变频洗衣机的推出目的，主要是解决电动机的可调速。如用波轮洗衣机洗衣服，刚开始2分钟，选用低水位洗，洗涤剂浓度比较高，水少，衣服浮不起来，压在波轮上，单位面积的重量增加了。若用原来的较高转速洗，波轮一转，会伤衣服；此时若采用低速则较好。变频洗衣机相应能够匹配它的转速，达到低水位低转速。变频洗衣机还能实现无级调速，使理想程序的选择变成可能。

如图8-56所示，变频洗衣机采用直流无刷电动机，开发智能功率模块（Intelligent Power Mould，IPM）和脉宽调制变频PWM控制模块，充分利用变频调速技术的优势，从而实现洗衣机的洗涤转速可调、脱水转速可调以及洗涤时间“节拍”水位联调。

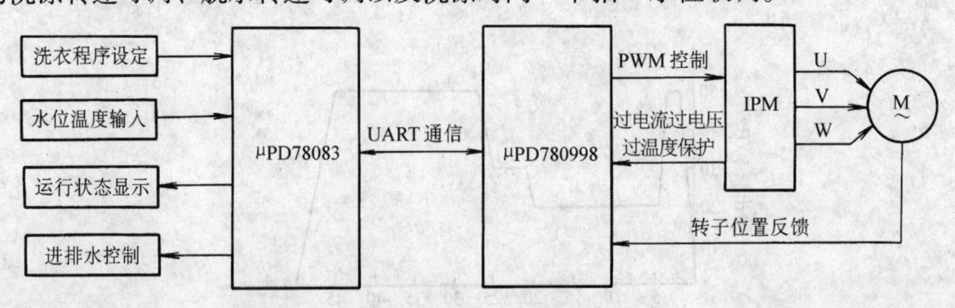

图8-56 变频洗衣机控制原理图

该控制的特点有：

1）采用直流无刷电动机，变频后可精密自动控制波轮的速度（转速）和旋转力（力矩）。

2）缠绕少，衣物伤害小，实现人性化的洗涤。

3）软制动，制动平缓。

4）变水位洗涤，洗净率高。

5）开关电源，保证宽电压运行。

6）独特设计，减小起动电流。

7）EMC 电磁抗干扰。

2. 变频洗衣机实现了节能、节水、静音、环保的综合效应

节能：变频洗衣机采用高效率、高转矩的直流无刷电动机，可以根据负荷（洗涤物）所需力度控制功率，减少电力的浪费。不仅如此，通过控制起动速度，使起动平衡地进行，耗能少。过去的洗衣机电动机的效率仅为 40% ~50%，而直流变频洗衣机的效率可达到 80% 以上，从而实现节约能源的目的。

静音：发挥直流无刷电动机的优点——高转矩，减少变速时发出的齿轮声和皮带声，所以噪声小（可使洗衣机运行中的噪声降低 10dB 以上）。另外，以下几方面也可以达到静音的目的。

1）通过变频控制，实现对负荷（洗涤量）的直接控制，减小水对洗涤筒的冲击。

2）使用低速运转功能，降低电动机发热升温。

3）冷却用风叶轮可减小一些，从而减少风声。

节水：变频洗衣机实现水位与洗涤转速的最佳匹配。洗涤时低水位，提高了洗涤剂的浓度，并由于低转速达到最佳洗净度；漂洗时高水位，漂洗效果十分良好，能用较少的水达到很好的洗涤效果。

另外，将变频及控制技术中低噪声、低振动和机械技术溶为一体，突破了传统机构上的局限，取消了复杂的行星离合减速器和三角皮带（V 带）等易损件，结构大大简化。其整机重量减少 15%，洗涤功能进一步优化。用电量和噪声也大幅下降，同时在机电技术方面的改进，使整机成本大大降低。

8.8.2 变频冰箱

变频冰箱是在原普通冰箱的基础上，采用了专用变频压缩机和驱动器，增加了变频控制系统，利用模糊控制原理实现系统的最佳运行，冰箱压缩机转速可在 2000 ~4000r/min 之间变化，从而大大提高了制冷效率。当冰箱内温度很高时，变频压缩机运转速度可达 4000r/min，使冰箱内温度迅速降低，确保快速制冷；而当冰箱内温度较低时，变频压缩机即进行低速运转，冰箱内温度波动的范围较普通冰箱小得多。

在通过变频技术来调节压缩机的转速时，通过提取冰箱各间室温度与设定温度的差值，作为连续控制信号输入到变频器中，从而实现自动改变输出交流电频率的目的。这样，在维持冰箱于设定温度稳定运转过程中，压缩机基本维持着连续的低速运转，与传统依靠通断调节的定速机种相比，可明显延长压缩机的使用寿命，从而达到节能、省电的目的，使冰箱处于最佳效率状态下运行。如日本东芝公司生产的 GR—356M12 变频冰箱，采用 PWM 变频器，整个系统在工频电源起动之后，通过变频器快速运转，然后进行工频电源运转或者变频器运转。压缩机由3个传感器和过载继电器保护，可以防止过电流，还可以防止温度异常或连续变频运转引起的工作介质蒸发不充分而产生的低效率液体压缩现象。

变频技术的应用让冰箱在节能、保鲜和静音三大方面实现了质的飞跃。一方面，变频冰箱比一般冰箱的箱内温差小，对食品保鲜更加有利；另一方面，冰箱内存入食品多、温差大、环境温度高时，变频冰箱会比一般冰箱增大制冷能力50%以上，快速的冷冻不会产生大的冰晶而刺破食品细胞膜，使解冻后食品的营养损失率可减少50%以上。此外，由于采用变频技术，冰箱在开机、停机时使转速平滑过渡，不会像一般冰箱那样瞬间实现，因而能有效地降低起停噪声。由于电冰箱处于全天工作，采用变频制冷后，压缩机始终处在低速运行状态，可以彻底消除因压缩机起动引起的噪声，节能效果更加明显。

8.8.3 变频微波炉

变频微波炉代表了世界微波炉的发展方向，具有很高的技术含量。变频微波炉以变频器代替了传统的微波炉内变压器，利用高频电能给磁控管必要的升压驱动，可以将50Hz的电源频率任意地转换成20~50kHz的高频率，通过改变频率来得到不同的输出功率，解决了传统微波炉通过对恒定输出功率反复开/关进行火力调控而使食物加热不均匀的弊端，实现了真正意义上的均匀火力调控，经烹饪的食物不仅口感好，而且营养保存更多。除此以外，与传统微波炉相比，变频微波炉还具有机身轻巧、噪声小、烹饪速度快、用电省等优点。如日本松下公司新近推出的NN—V691JFS微波炉，由于采用了变频电源系统，烹饪时间缩短了近50%，同样由于变频技术的采用，缩小了变压器的体积，使机身重量减轻了30%，而有效空间增大了20%以上。

由此可见，微波炉搭载变频器之后的优点有：第一，能任意调节电力，并根据不同食品选择最佳加热方式，缩短时间，降低电耗；第二，在外形尺寸不变的情况下，由于变频系统中使用了小的铁心，同普通的笨重的变压器铁心相比体积减小，微波炉也能获得更大的腔体尺寸。

8.9 习题

1. 什么是高频照明？有哪些特点？
2. 镇流器的鉴别应注意哪些问题？
3. 什么是变频电源？
4. 什么是不间断电源（UPS）？功用是什么？
5. 简述中央空调系统的构成。变频控制应用在哪里？
6. 结合家用空调变频器控制框图，简述工作过程。
7. 简述变频电梯的系统组成和工作原理。

参考文献

[1] 黄俊,王兆安．电力电子变流技术[M]．北京:机械工业出版社,1993.
[2] 聂代祚．电力半导体器件[M]．北京:电子工业出版社,1994.
[3] 郑忠杰．晶闸管变流技术[M]．北京:机械工业出版社,1996.
[4] 莫正康．半导体变流技术[M]．北京:机械工业出版社,1997.
[5] 许振茂,译．变频调速器使用手册[M]．北京:兵器工业出版社,1998.
[6] 徐以荣,冷增祥．电力电子技术基础[M]．南京:东南大学出版社,1999.
[7] 胡崇岳．现代变流调速技术[M]．北京:机械工业出版社,2001.
[8] 吴忠智,黄立培,吴加林．调速用变频器及配套设备选用指南[M]．北京:机械工业出版社,2001.
[9] 王志良．电力电子新器件及其应用技术[M]．北京:国防工业出版社,1995.
[10] 张燕宾．变频调速应用实践[M]．北京:机械工业出版社,2001.
[11] 吴忠智,吴加林．变频器应用手册[M]．北京:机械工业出版社,2001.
[12] 吕志斗．实用广谱变频节能技术[M]．沈阳:辽宁科学技术出版社,2000.
[13] 王维平．现代电力电子技术及应用[M]．南京:东南大学出版社,2001.
[14] 韩安荣．通用变频器及其应用[M]．北京:机械工业出版社,2002.
[15] 孙传森,钱平．变频器技术[M]．北京:高等教育出版社,2005.
[16] 王廷才,王伟．变频器原理及应用[M]．北京:机械工业出版社,2005.
[17] 张燕宾．SPWM 变频调速应用技术[M].3 版．北京:机械工业出版社,2005.
[18] 张燕宾．电动机变频调速图解[M]．北京:中国电力出版社,2003.